高等学校船舶与海洋工程专业力学类教材

高等船舶流体力学

朱仁庆　陈淑玲　倪永燕　编

国防工業出版社

·北京·

内 容 简 介

本书系统介绍船舶与海洋工程专业所涉及的高等流体力学知识，主要包括流体力学常用数学知识、流体运动的基本方程组、理想流体动力学、流体涡旋运动的基本理论、势流理论、黏性流体动力学、自由表面流动理论等内容。

本书可作为船舶与海洋工程及其相近工科专业研究生的流体力学课程教材，也可供相关专业教学和研究人员参考。

图书在版编目(CIP)数据

高等船舶流体力学 / 朱仁庆，陈淑玲，倪永燕编.
北京：国防工业出版社，2025. 7. -- ISBN 978-7-118-13615-9

Ⅰ. U661.1

中国国家版本馆 CIP 数据核字第 20251WN413 号

※

国防工业出版社 出版发行
（北京市海淀区紫竹院南路 23 号　邮政编码 100048）
河北文盛印刷有限公司印刷
新华书店经售

*

开本 787×1092　1/16　**印张** 19½　**字数** 448 千字
2025 年 7 月第 1 版第 1 次印刷　**印数** 1—2000 册　**定价** 59.80 元

国防书店：(010)88540777　书店传真：(010)88540776
发行业务：(010)88540717　发行传真：(010)88540762

前　　言

近些年，船舶流体力学所涉及的难点和热点问题不断涌现，成为开展前沿理论探索、技术创新最为活跃的科学领域之一。这也为高等学校船舶与海洋工程专业培养学生的流体力学工程应用及创新能力提出了更高的要求。

为了反映高等学校船舶与海洋工程专业特色，适应新的研究生培养方案，编写组根据多年高等流体力学课程教学积累，结合船舶流体力学的发展和水动力学的前沿技术，并考虑到研究生课程短学时的教学因素，编写了本教材。本书主要有以下四个特点：

一是强化数学物理知识在流体力学中的应用。注重应用高等数学知识和数学物理方法推导流体力学的基本方程及其求解，加强研究生对流体力学问题的建模和获得解析解的能力。二是优化章节编排以适合研究生阶段学习。打破传统教材的静力学→运动学→动力学、理想流体→黏性流体、基本理论→专题应用等的编排方式，而是以流体力学总方程（N－S 方程）为主线，以积分和微分形式流体力学方程的导出以及典型条件下解析解的求解为支线来编排教材内容，并使例题和习题尽可能与实际工程中提炼出来的流体力学简化模型相对应。三是突出船舶与海洋工程特色，同时兼顾通用性。在内容组织上既保留经典的高等流体力学理论，又将流体力学知识贯穿于船舶与海洋工程的应用中；既突出船舶与海洋工程专业所需的理论知识，又适当兼顾其他专业的使用。四是充分反映流体力学学科的最新发展成果，特别是在 CFD 所涉及的湍流模型、自由表面运动描述与求解方面，提炼近 20 年流体力学的新理论、新方法和新成果，使内容体现船舶流体力学学科的前沿进展，以符合工程应用实际。

全书共 7 章，朱仁庆负责第 1 章、第 6 章、第 7 章的编写及全书统稿；陈淑玲负责第 2 章、第 3 章的编写；倪永燕负责第 4 章、第 5 章的编写。研究生卢莉莉、黄斐、王兴印、张智宗、刘红藏、史越、涂瑞华等为书中插图绘制提供了帮助，在此一并表示感谢！

本书编写过程中，借鉴了同类教材有关成果，特在此向有关作者致谢！

本书的出版得到了国家自然科学基金项目（编号：52271318）、江苏省高校优势学科建设工程项目、江苏科技大学研究生精品教材建设项目资助。

由于编者水平有限，书中不妥与错误之处在所难免，恳请广大读者给予批评指正。

编者

2025 年 7 月

目 录

第 1 章 流体力学常用的数学知识 …… 1
1.1 场、标量场、矢量场的概念 …… 1
1.1.1 场 …… 1
1.1.2 标量场的等值面、方向导数和梯度 …… 1
1.1.3 矢量的基本运算 …… 2
1.1.4 矢量场的矢量线、通量、散度和旋度 …… 3
1.2 无源场、有势场和调和场 …… 4
1.2.1 无源场 …… 4
1.2.2 有势场 …… 5
1.2.3 调和场 …… 5
1.3 汉密尔顿算子和拉普拉斯算子 …… 5
1.3.1 汉密尔顿算子 …… 5
1.3.2 拉普拉斯算子 …… 5
1.4 高斯公式、格林公式与斯托克斯公式及变化率公式 …… 6
1.4.1 高斯公式 …… 6
1.4.2 三维格林公式 …… 7
1.4.3 广义斯托克斯公式 …… 9
1.4.4 变化率公式 …… 10
1.5 格林定理 …… 11
1.5.1 平面格林定理 …… 11
1.5.2 空间格林定理 …… 11
1.6 正交曲线坐标系、正交性、拉梅系数 …… 12
1.6.1 正交曲线坐标系 …… 12
1.6.2 正交性 …… 15
1.6.3 拉梅系数 …… 16
1.6.4 正交曲线坐标系中微元弧长、微元面积和微元体积 …… 16
1.7 曲线坐标系下坐标轴向量的偏导数 …… 17
1.8 汉密尔顿算子、梯度、散度、旋度及拉普拉斯算子在正交曲线坐标系中的表达式 …… 19
习题 …… 19
第 2 章 流体力学基本方程组 …… 21
2.1 流体力学基本方程组的一般论述 …… 21
2.1.1 流体运动所遵循的物理定律 …… 21

2.1.2 物理定律的表达方法…… 21
2.2 雷诺输运定理…… 22
2.2.1 系统…… 22
2.2.2 控制体…… 22
2.2.3 雷诺输运定理(流体系统内物理量对时间随体导数公式) …… 23
2.3 微分形式的流体力学基本方程组…… 25
2.3.1 微分形式的连续方程…… 25
2.3.2 微分形式的运动方程(动量方程) …… 32
2.3.3 微分形式的能量方程…… 42
2.4 积分形式的流体力学方程组…… 45
2.4.1 积分形式的连续性方程…… 45
2.4.2 积分形式的运动方程(动量方程) …… 45
2.4.3 积分形式的动量矩方程…… 45
2.4.4 积分形式的能量方程…… 45
2.5 状态方程及内能…… 46
2.5.1 状态方程…… 46
2.5.2 正压流体与斜压流体…… 47
2.5.3 完全气体的内能与熵…… 48
2.6 初始条件及边界条件…… 49
2.6.1 初始条件…… 49
2.6.2 边界条件…… 49
2.7 流体运动的分类…… 50
2.7.1 定常流动和非定常流动…… 50
2.7.2 均匀流动与非均匀流动…… 51
2.7.3 缓变流与急变流…… 52
2.7.4 有压流、无压流与射流 …… 52
2.7.5 空间流动(三维流动)、平面流动和轴对称流动(二维流动) …… 52
2.7.6 其他分类方法…… 54
习题 …… 55
第3章 理想流体运动方程的积分关系式和应用 …… 57
3.1 理想流体运动方程的进一步简化…… 57
3.1.1 欧拉运动方程的各种形式…… 57
3.1.2 理想流体运动微分方程组的封闭性…… 58
3.2 伯努利积分…… 59
3.2.1 伯努利积分的形式…… 59
3.2.2 伯努利积分的应用条件…… 60
3.3 拉格朗日积分…… 61
3.4 两种积分的意义和应用…… 62
3.4.1 积分的意义…… 62

3.4.2 伯努利积分的应用 …… 63
3.4.3 拉格朗日积分的应用 …… 68
3.5 动量定理、动量矩定理及其应用 …… 71
3.5.1 动量定理、动量矩定理 …… 71
3.5.2 动量定理、动量矩定理的应用 …… 72
习题 …… 83
第4章 流体涡旋运动理论 …… 86
4.1 涡旋运动的基本概念 …… 86
4.2 速度环量定理(斯托克斯定理) …… 87
4.2.1 速度环量 …… 87
4.2.2 速度环量定理 …… 88
4.2.3 复连域斯托克斯定理 …… 90
4.3 黏性流体涡量输运方程及速度环量的变化 …… 93
4.3.1 黏性流体涡量输运方程 …… 93
4.3.2 黏性流体中速度环量的变化 …… 94
4.4 理想流体涡量输运方程及其涡旋运动的性质 …… 95
4.4.1 理想流体涡量输运方程 …… 95
4.4.2 理想流体涡旋运动的性质 …… 95
4.5 涡旋在理想不可压缩流体中所引起的速度场 …… 101
4.5.1 涡旋场诱导的速度场 …… 101
4.5.2 涡旋场诱导的速度场:毕奥－萨伐定理 …… 102
4.5.3 涡群的运动 …… 106
4.6 涡旋运动的产生、扩散和衰减 …… 108
4.7 卡门涡街 …… 109
习题 …… 111
第5章 势流理论 …… 115
5.1 不可压缩势流问题的基本方程和边界条件 …… 115
5.1.1 不可压缩势流问题的基本方程 …… 115
5.1.2 势流问题的边界条件 …… 115
5.1.3 势流问题的初始条件 …… 116
5.1.4 势流问题的求解方法 …… 117
5.1.5 速度势函数的力学意义 …… 117
5.1.6 速度势函数和无旋运动的某些性质 …… 117
5.2 平面运动和空间轴对称运动的流函数 …… 119
5.2.1 不可压缩流体平面运动的流函数 …… 119
5.2.2 不可压缩流体轴对称运动的流函数 …… 126
5.3 平面流动的复势和复速度 …… 128
5.3.1 复势和复速度 …… 128
5.3.2 复势的可叠加性 …… 129

5.3.3 平面基本流动的复势 …… 130
5.4 不可压缩势流平面流动的奇点叠加法 …… 132
5.4.1 均匀流和点源的叠加 …… 132
5.4.2 均匀流和一对等强度源汇的叠加 …… 133
5.4.3 均匀流和偶极的叠加 …… 134
5.4.4 绕圆柱体无环量流动 …… 136
5.4.5 绕圆柱体有环量流动 …… 141
5.5 不可压缩势流平面流动的保角变换法 …… 144
5.5.1 保角变换的概念和对应的流动关系 …… 145
5.5.2 几种常用的保角变换关系 …… 146
5.5.3 绕平板无环流流动 …… 149
5.5.4 绕平板有环流流动 …… 152
5.6 不可压缩势流平面流动的镜像法 …… 154
5.6.1 平壁面镜像定理 …… 155
5.6.2 圆柱面镜像定理 …… 157
5.7 定常绕流中柱体受力的复势表示 …… 158
5.7.1 作用力和作用力矩的布拉休斯公式 …… 158
5.7.2 库塔-茹可夫斯基升力定理 …… 160
5.8 不可压缩势流空间轴对称流动 …… 162
5.8.1 基本流动 …… 162
5.8.2 基本流动叠加 …… 165
5.9 附加质量及其性质 …… 169
5.9.1 相对运动速度势和绝对运动速度势 …… 169
5.9.2 非定常运动速度势的求解 …… 170
5.9.3 附加惯性力和附加质量 …… 172
5.10 无界流域中运动物体所受的力 …… 176
习题 …… 180
第6章 黏性流体动力学 …… 184
6.1 不可压缩黏性流体层流运动 …… 184
6.1.1 N-S方程的简化形式 …… 184
6.1.2 平行平板间的定常层流流动 …… 185
6.1.3 圆管内的定常层流运动 …… 187
6.1.4 往复振荡平板引起的层流流动 …… 191
6.2 不可压缩黏性流体湍流运动 …… 192
6.2.1 湍流求解方法 …… 195
6.2.2 RANS方程 …… 195
6.2.3 湍流模型 …… 198
6.3 不可压缩黏性流体圆管内湍流流动 …… 209
6.3.1 基本概念 …… 209

6.3.2 圆管内的湍流速度分布 …… 212
6.3.3 圆管中的摩擦阻力系数 …… 215
6.3.4 管道流动局部损失 …… 219
6.3.5 管路计算 …… 223
6.4 边界层流动分离和控制 …… 227
6.4.1 边界层的概念 …… 227
6.4.2 边界层流动状态 …… 228
6.4.3 边界层分离及引起的阻力 …… 229
6.5 黏性不可压缩流体无界绕流阻力的计算 …… 233
6.5.1 圆柱与圆球绕流阻力 …… 233
6.5.2 流动阻力及其减小的办法 …… 236
习题 …… 239
第7章 自由表面流动的基本理论 …… 241
7.1 自由表面流动定解条件 …… 241
7.1.1 基于黏流模型的基本方程和边界条件 …… 241
7.1.2 基于势流模型的基本方程和定解条件 …… 242
7.2 基于势流模型的线性自由表面波理论 …… 245
7.2.1 平面驻波 …… 247
7.2.2 平面进行波 …… 254
7.2.3 浅水波 …… 259
7.2.4 波群与群速度 …… 263
7.2.5 波能的转移及兴波阻力 …… 265
7.2.6 兴波阻力 …… 269
7.2.7 线性波浪的非线性特性 …… 270
7.3 基于势流模型的非线性自由表面波理论 …… 271
7.3.1 斯托克斯波 …… 271
7.3.2 椭圆余弦波 …… 278
7.3.3 孤立波 …… 281
7.3.4 随机波理论 …… 282
7.3.5 畸形波 …… 289
7.3.6 波浪理论的适用性 …… 291
7.3.7 运动物体受到的波浪力 …… 291
7.4 自由表面流动处理技术 …… 293
7.4.1 流体体积函数(VOF)法 …… 293
7.4.2 水平截距(Level - set)法 …… 294
7.4.3 光滑粒子流体动力学(SPH)方法 …… 295
习题 …… 299
参考文献 …… 301

第1章　流体力学常用的数学知识

场论与矢量分析、高等数学中微积分是高等流体力学的数学基础,同时方程在不同坐标系下的表达需要用到曲线坐标系的知识。本章给出学习高等流体力学所需要的上述知识要点,方便读者理解流体力学内容。

1.1　场、标量场、矢量场的概念

1.1.1　场

1. 场的定义

若在空间中某个区域内定义标量函数或矢量函数,则称定义在此空间区域内的函数为场,即场是具有物理量的空间。如果这个物理量是标量,则称这个场为标量场或数量场,如温度场、密度场、压力场等,统一用 $u=u(\boldsymbol{r},t)$ 表示;如果这个物理量是矢量,则称为矢量场,如速度场、加速度场、涡量场等,统一用 $\boldsymbol{A}(\boldsymbol{r},t)$ 表示。

2. 场的研究方法

场和函数相对应,标量场对应标量函数,矢量场对应矢量函数。场的研究方法:将物理量作为空间点位置 $\boldsymbol{r}$ 和时间 t 的函数,在场论分析中把时间 t 作为参变量处理,即分析 t 时刻物理量在空间的分布情况。

1.1.2　标量场的等值面、方向导数和梯度

1. 标量场的等值面

在场中 t 时刻,由标量函数 $u=u(\boldsymbol{r},t)$ 数值相同点所组成的曲面称为等值面或等位面,即

$$u=u(\boldsymbol{r},t)=c(t) \tag{1.1.1}$$

二维问题为等值线或等位线。

2. 标量场的差量、方向导数和梯度

在标量场 u 内任取一点 M,过这点作一射线 l,在其上取一邻近的点 M',两者间距为 Δl,如图1.1.1所示。

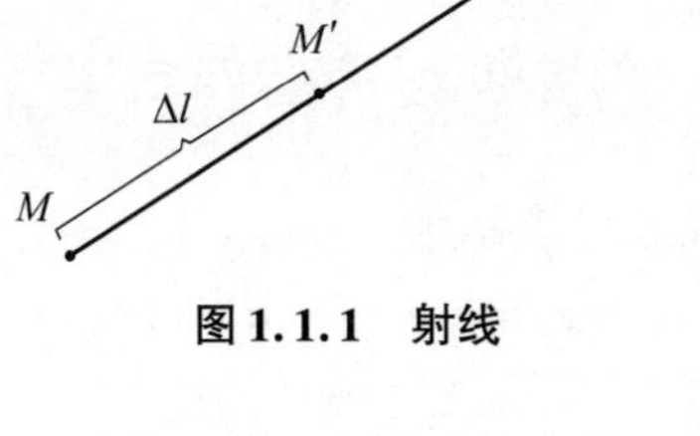

图1.1.1　射线

M 点与 M' 点 u 的差量为

$$\Delta u = u(\boldsymbol{r}',t) - u(\boldsymbol{r},t) = u(M') - u(M) \tag{1.1.2}$$

方向导数在直角坐标系中表达为

$$\frac{\partial u}{\partial l} = \lim_{\Delta l \to 0}\frac{\Delta u}{\Delta l} = \frac{\partial u}{\partial x}\cos(\hat{l,x}) + \frac{\partial u}{\partial y}\cos(\hat{l,y}) + \frac{\partial u}{\partial z}\cos(\hat{l,z}) \tag{1.1.3a}$$

式中：$\frac{\partial u}{\partial x},\frac{\partial u}{\partial y},\frac{\partial u}{\partial z}$为函数 u 在 M 点处的偏导数；$\cos(\hat{l,x})$，$\cos(\hat{l,y})$，$\cos(\hat{l,z})$为方向 l 的方向余弦，它们相对应 l 的单位向量 $\boldsymbol{l}_0$ 的坐标分量，即 $\boldsymbol{l}_0 = \cos(\hat{l,x})\boldsymbol{i} + \cos(\hat{l,y})\boldsymbol{j} + \cos(\hat{l,z})\boldsymbol{k}$。

式(1.1.3a)可改写为

$$\frac{\partial u}{\partial l} = \left(\frac{\partial u}{\partial x}\boldsymbol{i} + \frac{\partial u}{\partial y}\boldsymbol{j} + \frac{\partial u}{\partial z}\boldsymbol{k}\right)\cdot \boldsymbol{l}_0 = \mathrm{grad}u \cdot \boldsymbol{l}_0 \tag{1.1.3b}$$

则

$$\mathrm{grad}u = \frac{\partial u}{\partial x}\boldsymbol{i} + \frac{\partial u}{\partial y}\boldsymbol{j} + \frac{\partial u}{\partial z}\boldsymbol{k} \tag{1.1.4}$$

式(1.1.4)为标量场的梯度定义式。梯度有如下性质：

性质(1)为

$$\mathrm{d}u = \mathrm{d}\boldsymbol{l}\cdot \mathrm{grad}u \tag{1.1.5}$$

性质(2)为

$$\mathrm{grad}u = \frac{\partial u}{\partial n}\boldsymbol{n}_0 \tag{1.1.6}$$

式中：$\boldsymbol{n}_0$ 为等值面 $u=c$ 的法线指向 u 增大方向的单位向量；$\partial u/\partial n$ 是 u 沿 $\boldsymbol{n}_0$ 方向的方向导数，即 $|\mathrm{grad}u|$。因此通过该性质，可以求得等值面法线方向的单位向量：

$$\boldsymbol{n}_0 = \pm\frac{\mathrm{grad}u}{|\mathrm{grad}u|} \tag{1.1.7}$$

式中："±"表示曲面有内侧和外侧之分，对于封闭曲面，通常取外法线为正。

1.1.3 矢量的基本运算

1. 矢量运算符号规定

1)爱因斯坦求和符号

数学式子任意一项中出现一对符号相同的指标，称为爱因斯坦(Einstein)求和符号。它是哑指标，表示求和，例如：

$$A_i\boldsymbol{e}_i = A_1\boldsymbol{e}_1 + A_2\boldsymbol{e}_2 + A_3\boldsymbol{e}_3 = \boldsymbol{A} \tag{1.1.8}$$

式中：A_i，$\boldsymbol{e}_i$ 分别是矢量在正交坐标系中的坐标分量和坐标轴的单位向量。又如：

$$k_1a_ib_i + k_2\boldsymbol{e}_j\cdot\boldsymbol{e}_j = k_1(a_1b_1 + a_2b_2 + a_3b_3) + 3k_2$$

2)克罗内克符号

任意两个正交单位矢量点积用克罗内克(Kronecker)符号 δ_{ij}表示，即

$$\boldsymbol{e}_i\cdot\boldsymbol{e}_j = \delta_{ij} = \begin{cases}1, i=j\\0, i\neq j\end{cases}\quad (i,j=1,2,3) \tag{1.1.9}$$

式中：i,j 是自由指标，其中 $\delta_{11}=\delta_{22}=\delta_{33}=1$，$\delta_{13}=\delta_{31}=\delta_{12}=\delta_{21}=\delta_{23}=\delta_{32}=0$。

3)置换符号

任意两个正交单位矢量叉积可表示为

$$\boldsymbol{e}_i\times\boldsymbol{e}_j = e_{ijk}\boldsymbol{e}_k(i,j,k=1,2,3) \tag{1.1.10}$$

式中：e_{ijk}称为置换符号，又称为里奇(Ricci)符号，其数值如下：

$$e_{ijk}=\begin{cases}0(i,j,k\text{ 中有 2 个或 3 个自由指标值相同})\\1(i,j,k\text{ 中按 12312 顺序任取 3 个排列})\\-1(i,j,k\text{ 中按 13213 顺序任取 3 个排列})\end{cases}\tag{1.1.11}$$

其中：$\boldsymbol{e}_{123}=\boldsymbol{e}_{231}=\boldsymbol{e}_{312}=1$，$\boldsymbol{e}_{132}=\boldsymbol{e}_{213}=\boldsymbol{e}_{321}=-1$，其余分量为零。由此可见，$e_{ijk}$中任意两个指标对换，对应分量值差一个负号，如 $\boldsymbol{e}_{123}=-\boldsymbol{e}_{213}$，故 e_{ijk}称为置换符号。

2. 矢量运算常用公式

$$\boldsymbol{a}\pm\boldsymbol{b}=a_i\boldsymbol{e}_i\pm b_i\boldsymbol{e}_i=(a_i\pm b_i)\boldsymbol{e}_i\tag{1.1.12}$$

$$\boldsymbol{a}\cdot\boldsymbol{b}=a_i\boldsymbol{e}_i\cdot b_j\boldsymbol{e}_j=a_ib_j\boldsymbol{e}_i\cdot\boldsymbol{e}_j=a_ib_j\delta_{ij}=a_ib_i\tag{1.1.13}$$

$$\boldsymbol{a}\times\boldsymbol{b}=a_i\boldsymbol{e}_i\times b_j\boldsymbol{e}_j=a_ib_j\boldsymbol{e}_i\times\boldsymbol{e}_j=a_ib_je_{ijk}\boldsymbol{e}_k=\begin{vmatrix}\boldsymbol{e}_1&\boldsymbol{e}_2&\boldsymbol{e}_3\\a_1&a_2&a_3\\b_1&b_2&b_3\end{vmatrix}\tag{1.1.14}$$

$$\begin{aligned}\boldsymbol{a}\cdot(\boldsymbol{b}\times\boldsymbol{c})&=a_i\boldsymbol{e}_i\cdot(b_j\boldsymbol{e}_j\times c_k\boldsymbol{e}_k)=a_ib_jc_k\boldsymbol{e}_i\cdot(\boldsymbol{e}_j\times\boldsymbol{e}_k)\\&=a_ib_jc_k\boldsymbol{e}_i\cdot\varepsilon_{jkl}\boldsymbol{e}_l=a_ib_jc_k\varepsilon_{jki}=a_ib_jc_k\varepsilon_{ijk}\\&=\begin{vmatrix}a_1&a_2&a_3\\b_1&b_2&b_3\\c_1&c_2&c_3\end{vmatrix}\end{aligned}\tag{1.1.15a}$$

$$\boldsymbol{a}\cdot(\boldsymbol{b}\times\boldsymbol{c})=(\boldsymbol{a}\times\boldsymbol{b})\cdot\boldsymbol{c}=\boldsymbol{c}\cdot(\boldsymbol{a}\times\boldsymbol{b})=(\boldsymbol{c}\times\boldsymbol{a})\cdot\boldsymbol{b}\tag{1.1.15b}$$

$$\boldsymbol{a}\times(\boldsymbol{b}\times\boldsymbol{c})=(\boldsymbol{a}\cdot\boldsymbol{c})\boldsymbol{b}-(\boldsymbol{a}\cdot\boldsymbol{b})\boldsymbol{c}\tag{1.1.16}$$

$$(\boldsymbol{a}\times\boldsymbol{b})\cdot(\boldsymbol{c}\times\boldsymbol{d})=(\boldsymbol{a}\cdot\boldsymbol{c})(\boldsymbol{b}\cdot\boldsymbol{d})-(\boldsymbol{b}\cdot\boldsymbol{c})(\boldsymbol{a}\cdot\boldsymbol{d})\tag{1.1.17}$$

1.1.4　矢量场的矢量线、通量、散度和旋度

1. 矢量场的矢量线

1）定义

矢量线是一条光滑曲线，其上每一点处的切线方向表示该点处的矢量方向。

2）方程

$$\mathrm{d}\boldsymbol{r}\times\boldsymbol{A}=0\text{ 或}\frac{\mathrm{d}x}{A_x}=\frac{\mathrm{d}y}{A_y}=\frac{\mathrm{d}z}{A_z}\tag{1.1.18}$$

式中：$\mathrm{d}\boldsymbol{r}$ 为曲线上的微分段，即 $\mathrm{d}\boldsymbol{r}=\mathrm{d}x\boldsymbol{i}+\mathrm{d}y\boldsymbol{j}+\mathrm{d}z\boldsymbol{k}$。

2. 矢量场的通量及散度

1）通量

$$Q=\iint_S\boldsymbol{A}\cdot\mathrm{d}\boldsymbol{S}=\iint_S\boldsymbol{A}\cdot\boldsymbol{n}\mathrm{d}S=\iint_S A_n\mathrm{d}S\tag{1.1.19}$$

式中：$\boldsymbol{S}$ 为有向曲面，必须确定其法线方向为哪一侧。若 $\boldsymbol{S}$ 为封闭曲面，则 $\boldsymbol{n}$ 以外法线方向为正，此时通量计算表达式改写为

$$Q=\oint\!\!\!\oint_S\boldsymbol{A}\cdot\mathrm{d}\boldsymbol{S}\tag{1.1.20}$$

式中：Q 为代数值，若 $Q\neq0$，则表示 $\boldsymbol{S}$ 曲面所包围的空间有源（$Q>0$）或汇（$Q<0$）。$\boldsymbol{A}$ 为

速度场时，通量就是体积流量。

2）散度

矢量 $\boldsymbol{A}$ 在 M 点的散度定义为

$$(\mathrm{div}\boldsymbol{A})_M = \lim_{\Delta V \to M} \frac{\oiint_S \boldsymbol{A} \cdot \mathrm{d}\boldsymbol{S}}{\Delta V} = \left(\frac{\partial A_x}{\partial x} + \frac{\partial A_y}{\partial y} + \frac{\partial A_z}{\partial z} \right)_M \tag{1.1.21}$$

式中：ΔV 为包围 M 点的微元体积；$\boldsymbol{S}$ 为对应 ΔV 的边界曲面，取外法线方向为正。

3. 矢量场的环量和旋度

1）环量

$$\Gamma = \oint_l \boldsymbol{A} \cdot \mathrm{d}\boldsymbol{l} \tag{1.1.22}$$

式中：$\boldsymbol{l}$ 为有向曲线，必须定向。若 $\boldsymbol{l}$ 为封闭曲线，则其方向符合右手螺旋法则。

2）旋度

如果研究某一点 M 的环量状态，即

$$\lim_{l \to M} \frac{\oint_l \boldsymbol{A} \cdot \mathrm{d}\boldsymbol{l}}{\Delta S} \overset{\text{stokes formula}}{=} \lim_{\Delta S \to 0} \frac{\iint_S \begin{vmatrix} \boldsymbol{i} & \boldsymbol{j} & \boldsymbol{k} \\ \frac{\partial}{\partial x} & \frac{\partial}{\partial y} & \frac{\partial}{\partial z} \\ A_x & A_y & A_z \end{vmatrix} \cdot \mathrm{d}\boldsymbol{S}}{\Delta S} =$$

$$= \lim_{\Delta S \to 0} \frac{\left\{ \begin{vmatrix} \boldsymbol{i} & \boldsymbol{j} & \boldsymbol{k} \\ \frac{\partial}{\partial x} & \frac{\partial}{\partial y} & \frac{\partial}{\partial z} \\ A_x & A_y & A_z \end{vmatrix} \cdot \boldsymbol{n}_0 \right\} \Delta S}{\Delta S} = \begin{vmatrix} \boldsymbol{i} & \boldsymbol{j} & \boldsymbol{k} \\ \frac{\partial}{\partial x} & \frac{\partial}{\partial y} & \frac{\partial}{\partial z} \\ A_x & A_y & A_z \end{vmatrix} \cdot \boldsymbol{n}_0$$

则

$$\mathrm{rot}\boldsymbol{A} = \begin{vmatrix} \boldsymbol{i} & \boldsymbol{j} & \boldsymbol{k} \\ \frac{\partial}{\partial x} & \frac{\partial}{\partial y} & \frac{\partial}{\partial z} \\ A_1 & A_2 & A_3 \end{vmatrix} \tag{1.1.23}$$

式中：rot$\boldsymbol{A}$ 称为向量 $\boldsymbol{A}$ 的旋度。

1.2 无源场、有势场和调和场

1.2.1 无源场

1. 定义

若 div$\boldsymbol{A}=0$，则称 $\boldsymbol{A}$ 为无源场。

2. 性质

$$\oiint_S \boldsymbol{A} \cdot \mathrm{d}\boldsymbol{S} = 0$$

表示无源场中,通过任意封闭面的流量为零,即流进流出曲面的流量是相等的。

1.2.2 有势场

1. 定义

若 $\mathrm{rot}\boldsymbol{A}=0$,则称 $\boldsymbol{A}$ 为有势场。

2. 性质

$$\boldsymbol{A}=\mathrm{grad}u$$

式中:u 为 $\boldsymbol{A}$ 的势或势函数。有势场必定是无旋场。

1.2.3 调和场

1. 定义

若 $\mathrm{div}\boldsymbol{A}=0$,$\mathrm{rot}\boldsymbol{A}=0$ 同时满足,则称 $\boldsymbol{A}$ 为调和场。

2. 性质

$\boldsymbol{A}$ 的势 u 满足拉普拉斯方程为

$$\frac{\partial^2 u}{\partial x^2}+\frac{\partial^2 u}{\partial y^2}+\frac{\partial^2 u}{\partial z^2}=0$$

1.3 汉密尔顿算子和拉普拉斯算子

1.3.1 汉密尔顿算子

利用汉密尔顿(Hamilton)算子∇(读作 Nabla),可以简便推导或证明有关方程或公式,以简单书写数学式子。∇是一个具有微分及向量运算的双重算子,适用于任意正交曲线坐标系,但其具体形式随坐标系不同而不同。下面以直角坐标系下的形式加以说明。

1. 直角坐标系下的表达式

$$\nabla=\boldsymbol{i}\frac{\partial}{\partial x}+\boldsymbol{j}\frac{\partial}{\partial y}+\boldsymbol{k}\frac{\partial}{\partial z}=\boldsymbol{e}_i\frac{\partial}{\partial x_i} \tag{1.3.1}$$

2. 运算法则

先进行微分运算,再进行向量运算,如

$$\nabla u=\boldsymbol{i}\frac{\partial u}{\partial x}+\boldsymbol{j}\frac{\partial u}{\partial y}+\boldsymbol{k}\frac{\partial u}{\partial z}=\boldsymbol{e}_i\frac{\partial u}{\partial x_i}=\mathrm{grad}u \tag{1.3.2}$$

$$\nabla\cdot\boldsymbol{A}=\boldsymbol{e}_i\frac{\partial}{\partial x_i}\cdot\boldsymbol{A}=\boldsymbol{e}_i\cdot\frac{\partial \boldsymbol{A}}{\partial x_i}=\frac{\partial A_1}{\partial x}+\frac{\partial A_2}{\partial y}+\frac{\partial A_3}{\partial z}=\mathrm{div}\boldsymbol{A} \tag{1.3.3}$$

$$\nabla\times\boldsymbol{A}=\boldsymbol{e}_i\frac{\partial}{\partial x_i}\times\boldsymbol{A}=\boldsymbol{e}_i\times\frac{\partial \boldsymbol{A}}{\partial x_i}=\begin{vmatrix}\boldsymbol{i} & \boldsymbol{j} & \boldsymbol{k}\\ \dfrac{\partial}{\partial x} & \dfrac{\partial}{\partial y} & \dfrac{\partial}{\partial z}\\ A_1 & A_2 & A_3\end{vmatrix}=\mathrm{rot}\boldsymbol{A} \tag{1.3.4}$$

式(1.3.2)~式(1.3.4)分别为用汉密尔顿算子进行梯度、散度和旋度的运算式子。

1.3.2 拉普拉斯算子

物理量梯度的散度运算称为拉普拉斯(Laplace)运算,通常用算子∇^2表示(也可用 Δ

表示),即

$$\nabla^2(\ )=\Delta(\ )=\frac{\partial^2(\ )}{\partial x^2}+\frac{\partial^2(\ )}{\partial y^2}+\frac{\partial^2(\ )}{\partial z^2}=\nabla\cdot[\nabla(\ )] \tag{1.3.5}$$

例题 1.1:

证明:(1) $\nabla(\boldsymbol{a}\cdot\boldsymbol{b})=\boldsymbol{a}\cdot\nabla\boldsymbol{b}+\boldsymbol{b}\cdot\nabla\boldsymbol{a}+\boldsymbol{b}\times(\nabla\times\boldsymbol{a})+\boldsymbol{a}\times(\nabla\times\boldsymbol{b})$;

(2) $\nabla\boldsymbol{b}\cdot\boldsymbol{a}=\boldsymbol{a}\cdot\nabla\boldsymbol{b}+\boldsymbol{a}\times(\nabla\times\boldsymbol{b})$;

(3) $\nabla\cdot(\boldsymbol{a}\times\boldsymbol{b})=(\nabla\times\boldsymbol{a})\cdot\boldsymbol{b}-(\nabla\times\boldsymbol{b})\cdot\boldsymbol{a}$。

证明:先证(3)。

$$\begin{aligned}\nabla\cdot(\boldsymbol{a}\times\boldsymbol{b})&=\boldsymbol{e}_i\frac{\partial}{\partial x_i}\cdot(\boldsymbol{a}\times\boldsymbol{b})=\boldsymbol{e}_i\cdot\frac{\partial}{\partial x_i}(\boldsymbol{a}\times\boldsymbol{b})\\&=\boldsymbol{e}_i\cdot\left(\frac{\partial\boldsymbol{a}}{\partial x_i}\times\boldsymbol{b}\right)+\boldsymbol{e}_i\cdot\left(\boldsymbol{a}\times\frac{\partial\boldsymbol{b}}{\partial x_i}\right)\\&=\left(\boldsymbol{e}_i\times\frac{\partial\boldsymbol{a}}{\partial x_i}\right)\cdot\boldsymbol{b}-\left(\boldsymbol{e}_i\times\frac{\partial\boldsymbol{b}}{\partial x_i}\right)\cdot\boldsymbol{a}=(\nabla\times\boldsymbol{a})\cdot\boldsymbol{b}-(\nabla\times\boldsymbol{b})\cdot\boldsymbol{a}\end{aligned}$$

$$\begin{aligned}(2)\ \boldsymbol{a}\times(\nabla\times\boldsymbol{b})&=\boldsymbol{a}\times\left(\boldsymbol{e}_i\frac{\partial}{\partial x_i}\times\boldsymbol{b}\right)=\boldsymbol{a}\times\left(\boldsymbol{e}_i\times\frac{\partial\boldsymbol{b}}{\partial x_i}\right)\\&=\left(\boldsymbol{a}\cdot\frac{\partial\boldsymbol{b}}{\partial x_i}\right)\boldsymbol{e}_i-(\boldsymbol{a}\cdot\boldsymbol{e}_i)\frac{\partial\boldsymbol{b}}{\partial x_i}=\boldsymbol{e}_i\frac{\partial\boldsymbol{b}}{\partial x_i}\cdot\boldsymbol{a}-\boldsymbol{a}\cdot\boldsymbol{e}_i\frac{\partial\boldsymbol{b}}{\partial x_i}\\&=\nabla\boldsymbol{b}\cdot\boldsymbol{a}-\boldsymbol{a}\cdot\nabla\boldsymbol{b}\end{aligned}$$

所以,$\nabla\boldsymbol{b}\cdot\boldsymbol{a}=\boldsymbol{a}\cdot\nabla\boldsymbol{b}+\boldsymbol{a}\times(\nabla\times\boldsymbol{b})$

$$\begin{aligned}(1)\ \nabla(\boldsymbol{a}\cdot\boldsymbol{b})&=\boldsymbol{e}_i\frac{\partial}{\partial x_i}(\boldsymbol{a}\cdot\boldsymbol{b})=\boldsymbol{e}_i\frac{\partial\boldsymbol{a}}{\partial x_i}\cdot\boldsymbol{b}+\boldsymbol{e}_i\boldsymbol{a}\cdot\frac{\partial\boldsymbol{b}}{\partial x_i}=\nabla\boldsymbol{a}\cdot\boldsymbol{b}+\nabla\boldsymbol{b}\cdot\boldsymbol{a}\\&\overset{\text{from}(2)}{=}\boldsymbol{a}\cdot\nabla\boldsymbol{b}+\boldsymbol{b}\cdot\nabla\boldsymbol{a}+\boldsymbol{b}\times(\nabla\times\boldsymbol{a})+\boldsymbol{a}\times(\nabla\times\boldsymbol{b})\end{aligned}$$

这里用到了矢量运算的两个重要计算公式,即式(1.1.15)和式(1.1.16)

1.4 高斯公式、格林公式与斯托克斯公式及变化率公式

1.4.1 高斯公式

1. 高斯公式

假设函数 $\boldsymbol{A}=(A_1,A_2,A_3)$ 及其偏导数在空间域 Ω 及在边界 S 上连续,则有

$$\oiint_S\boldsymbol{A}\cdot\boldsymbol{n}\mathrm{d}S=\iiint_\Omega\nabla\cdot\boldsymbol{A}\mathrm{d}V \tag{1.4.1}$$

2. 广义高斯公式

$$\oiint_S\boldsymbol{n}\circ f\mathrm{d}S=\iiint_\Omega\nabla\circ f\mathrm{d}V \tag{1.4.2}$$

式中:$\circ=\begin{cases}\cdot\ (\text{当} f \text{为矢量})\\ \times\ (\text{当} f \text{为矢量})\\ \text{无}(\text{当} f \text{为数量})\end{cases}$

实际上还可以进一步推广,当点积“·”和叉积“×”运算时,f 可以为二阶张量;当无时,f 可为矢量。

3. 通用表达式

$$\oiint_S L(\boldsymbol{n})\,\mathrm{d}S = \iiint_\Omega L(\nabla)\,\mathrm{d}V \tag{1.4.3}$$

这里假定函数 $L(\nabla)$ 中位于汉密尔顿算子之前变量均是常量。

1.4.2　三维格林公式

1. 格林第一公式

$$\oiint_S \varphi\frac{\partial\psi}{\partial n}\mathrm{d}S = \iiint_\Omega (\varphi\,\nabla^2\psi + \nabla\varphi\cdot\nabla\psi)\,\mathrm{d}V \tag{1.4.4}$$

2. 格林第二公式

$$\oiint_S \left(\varphi\frac{\partial\psi}{\partial n} - \psi\frac{\partial\varphi}{\partial n}\right)\mathrm{d}S = \iiint_\Omega (\varphi\,\nabla^2\psi + \psi\,\nabla^2\varphi)\,\mathrm{d}V \tag{1.4.5}$$

式中：Ω 为三维空间域；S 是 Ω 的封闭面。

下面根据格林第二公式推导出一个封闭曲面积分平均值公式。

如图 1.4.1 所示，在域内任取一点 P_0，用 $S_R(P_0)$ 表示以点 P_0 为中心、以 R 为半径的球面，用 r_{P_0P} 表示定点 P_0 到动点 P 的距离，取 $\phi = 1/r_{P_0P}$，可知 ϕ 在不含 P_0 的域内满足拉普拉斯方程，P_0 是它的奇点。用小球面 $S_\varepsilon(P_0)$ 将点 P_0 包围在其内部。Ω 为小球面外、大球面内的空间域。

在域 Ω 中，ϕ 没有奇点，将公式(1.4.5)应用于满足拉普拉斯方程的 ϕ 和 ψ，得

$$\oiint_S \left(\phi\frac{\partial\psi}{\partial n} - \psi\frac{\partial\phi}{\partial n}\right)\mathrm{d}S = \oiint_S \left[1/r_{P_0P}\frac{\partial\psi}{\partial n} - \psi\frac{\partial}{\partial n}(1/r_{P_0P})\right]\mathrm{d}S = 0 \tag{1.4.6}$$

式中：S 是由小球面和大球面所组成的域 Ω 的边界面。在大球面上，$r_{P_0P} = R$，法线方向就是 r_{P_0P} 增大的方向，所以

$$\frac{1}{r_{P_0P}} = \frac{1}{R},\ \frac{\partial}{\partial n}\left(\frac{1}{r_{P_0P}}\right) = -\frac{1}{R^2}$$

在小球面上，有

$$\frac{1}{r_{P_0P}} = \frac{1}{\varepsilon},\ \frac{\partial}{\partial n}\left(\frac{1}{r_{P_0P}}\right) = \frac{1}{\varepsilon^2}$$

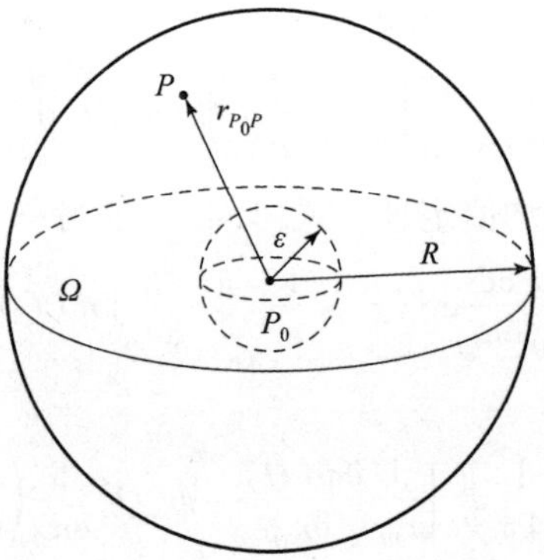

图 1.4.1　格林第二公式证明用图

式(1.4.6)可改写为

$$\frac{1}{R}\oiint_{S_R(P_0)}\frac{\partial\psi}{\partial n}\mathrm{d}S+\frac{1}{R^2}\oiint_{S_R(P_0)}\psi\mathrm{d}S+\frac{1}{\varepsilon}\oiint_{S\varepsilon(P_0)}\frac{\partial\psi}{\partial n}\mathrm{d}S-\frac{1}{\varepsilon^2}\oiint_{S\varepsilon(P_0)}\psi\mathrm{d}S=0 \tag{1.4.7}$$

由于 ψ 满足拉普拉斯方程,所以式(1.4.7)中第一个与第三个积分项都为零,此外由中值定理得

$$\frac{1}{\varepsilon^2}\oiint_{S\varepsilon(P_0)}\psi\mathrm{d}S=\frac{1}{\varepsilon^2}[\psi(P_0)+O(1)]4\pi\varepsilon^2=4\pi\psi(P_0)+O(1)\ (\varepsilon\to0^+)$$

故由式(1.4.7)可得平均值公式:

$$\psi(P_0)=\frac{1}{4\pi R^2}\oiint_{S_R(P_0)}\psi\mathrm{d}S \tag{1.4.8}$$

3. 格林第三公式

如图1.4.2所示,设 ϕ 在 Ω 中满足拉普拉斯方程,P 是域中一固定点,用 r_{PQ} 表示定点 P 到动点 Q 的距离,$1/r_{PQ}$ 在不含有 P 的域内满足拉普拉斯方程。现以定点 P 为中心,以 ε 为半径作一小球 Ω_ε,使 ε 足够小,使得域 Ω_ε 完全包含在域 Ω 内,用 $S_\varepsilon(P)$ 表示小球面。

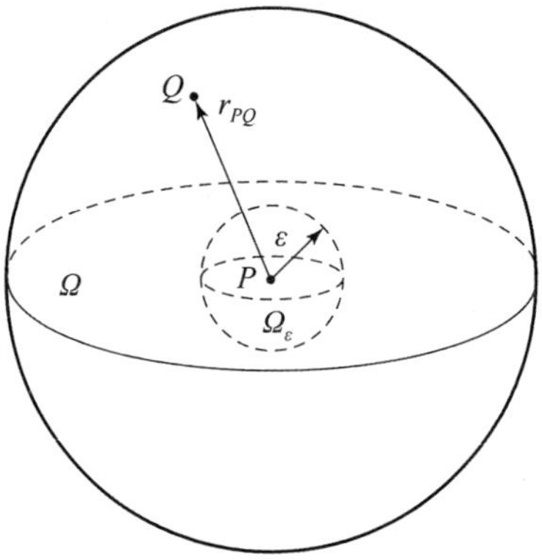

图1.4.2　格林第三公式证明用图

在两个球面之间的域 $\Omega-\Omega_\varepsilon$ 中,对函数 ϕ 和 $1/r_{PQ}$ 应用格林第二公式(1.4.5)得

$$\oiint_{S+S_\varepsilon(P)}\left(\phi(Q)\frac{\partial}{\partial n_Q}\left(\frac{1}{r_{PQ}}\right)-\frac{1}{r_{r_{PQ}}}\frac{\partial\phi}{\partial n_Q}\right)\mathrm{d}S_Q=0 \tag{1.4.9}$$

由于 $S_\varepsilon(P)$ 上 n_Q 与 r_{PQ} 反向,所以

$$\oiint_{S_\varepsilon(P)}\phi(Q)\frac{\partial}{\partial n_Q}\left(\frac{1}{r_{PQ}}\right)\mathrm{d}S_Q=\frac{1}{\varepsilon^2}\oiint_{S_\varepsilon(P)}\phi(Q)\mathrm{d}S_Q=4\pi\phi(P)$$

式中:最后一个等号来自积分均值定理。式(1.4.9)的另一个积分为

$$\oiint_{S_\varepsilon(P)}-\frac{1}{r_{PQ}}\frac{\partial\phi}{\partial n_Q}\mathrm{d}S_Q=-\frac{1}{\varepsilon}\oiint_{S_\varepsilon(P)}\frac{\partial}{\partial n_Q}[\phi(Q)]\mathrm{d}S_Q=0$$

由此得格林第三公式:

$$\phi(P)=\frac{1}{4\pi}\oiint_{S}\left[\frac{1}{r_{PQ}}\frac{\partial\phi(Q)}{\partial n_Q}-\phi(Q)\frac{\partial}{\partial n_Q}\left(\frac{1}{r_{PQ}}\right)\right]\mathrm{d}S_Q \tag{1.4.10}$$

式中:P 是域 Ω 内的点。

格林第三公式的意义：满足拉普拉斯方程的函数在域内任意一点的值，都可以用边界上的值和法向导数来表示。格林第三公式是计算力学边界元或者边界积分法的基础。

上述讨论的是三维问题。对于平面问题，同样有 3 个格林公式，具体为

平面格林第一公式：

$$\oint_l \frac{\partial\psi}{\partial n}\mathrm{d}l = \iint_D (\phi\,\nabla^2\psi + \nabla\phi\cdot\nabla\psi)\,\mathrm{d}x\mathrm{d}y \tag{1.4.11}$$

平面格林第二公式：

$$\oint_l \left(\phi\frac{\partial\psi}{\partial n} - \psi\frac{\partial\phi}{\partial n}\right)\mathrm{d}l = \iint_D (\phi\,\nabla^2\psi + \psi\,\nabla^2\phi)\,\mathrm{d}x\mathrm{d}y \tag{1.4.12}$$

式中：l 为平面域 D 的封闭围道线。

$$\phi(P) = \frac{1}{2\pi}\oint_l \left[\phi(Q)\frac{\partial}{\partial n_Q}(\ln r_{PQ}) - \ln r_{PQ}\frac{\partial\phi(Q)}{\partial n_Q}\right]\mathrm{d}l_Q \tag{1.4.13}$$

式中：P 在域 D 的内部。

1.4.3　广义斯托克斯公式

1. 斯托克斯公式

$$\oint_l \boldsymbol{B}\cdot\mathrm{d}\boldsymbol{l} = \iint_S (\nabla\times\boldsymbol{B})\cdot\mathrm{d}\boldsymbol{S} = \iint_S (\nabla\times\boldsymbol{B})\cdot\boldsymbol{n}\mathrm{d}S \tag{1.4.14}$$

其中：$\boldsymbol{B}$ 在 $S+l$ 上一阶偏导数连续；$\boldsymbol{n}$ 为曲面各点处的法线方向，与 $\boldsymbol{l}$ 构成右手螺旋系。

2. 广义斯托克斯公式 1

$$\oint_l \mathrm{d}\boldsymbol{l}\times\boldsymbol{B} = \iint_S [\boldsymbol{n}\times(\nabla\times\boldsymbol{B}) + (\boldsymbol{n}\cdot\nabla)\boldsymbol{B} - (\nabla\cdot\boldsymbol{B})\boldsymbol{n}]\,\mathrm{d}S \tag{1.4.15}$$

3. 广义斯托克斯公式 2

式(1.4.15)中取 $\boldsymbol{B}=\phi\boldsymbol{w}$，则得广义斯托克斯公式 2

$$\oint_l \mathrm{d}\boldsymbol{l}\times(\phi\boldsymbol{w}) = \iint_S [\phi\boldsymbol{n}\times(\nabla\times\boldsymbol{w}) + \phi(\boldsymbol{n}\cdot\nabla)\boldsymbol{w} + (\boldsymbol{n}\cdot\boldsymbol{w})\nabla\phi - (\nabla\phi\cdot\boldsymbol{w})\boldsymbol{n} - (\nabla\cdot\boldsymbol{w})\phi\boldsymbol{n}]\,\mathrm{d}S \tag{1.4.16}$$

如果式(1.4.16)中的 $\boldsymbol{w}$ 为梯度场，即 $\boldsymbol{w}=\nabla\psi$，而且假设 $\boldsymbol{w}$ 还是无源场，即 ψ 满足拉普拉斯方程，则(1.4.16)式改写为

$$\oint_l \mathrm{d}\boldsymbol{l}\times(\phi\,\nabla\psi) = \iint_S \left[\phi\frac{\partial}{\partial n}(\nabla\psi) + \frac{\partial\psi}{\partial n}\nabla\phi - (\nabla\phi\cdot\nabla\psi)\boldsymbol{n}\right]\mathrm{d}S \tag{1.4.17}$$

如果 ϕ 也满足拉普拉斯方程，则有

$$\oint_l \mathrm{d}\boldsymbol{l}\times(\psi\,\nabla\phi) = \iint_S \left[\psi\frac{\partial}{\partial n}(\nabla\phi) + \frac{\partial\phi}{\partial n}\nabla\psi - (\nabla\psi\cdot\nabla\phi)\boldsymbol{n}\right]\mathrm{d}S \tag{1.4.18}$$

由式(1.4.17)、式(1.4.18)可知，当 ϕ 和 ψ 都满足拉普拉斯方程时，有下面的关系式：

$$\begin{aligned}&\iint_S \left[\phi\frac{\partial}{\partial n}(\nabla\psi) - \frac{\partial\phi}{\partial n}\nabla\psi\right]\mathrm{d}S - \oint_l \mathrm{d}\boldsymbol{l}\times(\phi\,\nabla\psi) = \\ &\iint_S \left[\psi\frac{\partial}{\partial n}(\nabla\phi) - \frac{\partial\psi}{\partial n}\nabla\phi\right]\mathrm{d}S - \oint_l \mathrm{d}\boldsymbol{l}\times(\psi\,\nabla\phi)\end{aligned} \tag{1.4.19}$$

4. 广义斯托克斯公式 3

由式(1.4.14),可经推导得

$$\oint_l (\mathrm{d}\boldsymbol{l}\times\boldsymbol{B})\times\boldsymbol{r}=\iint_S \{(\nabla\cdot\boldsymbol{B})(\boldsymbol{r}\times\boldsymbol{n})+\boldsymbol{B}\times\boldsymbol{n}-\boldsymbol{r}\times[(\boldsymbol{n}\cdot\nabla)]\boldsymbol{B}-[\boldsymbol{r}\cdot(\nabla\times\boldsymbol{B})]\boldsymbol{n}+(\boldsymbol{r}\cdot\boldsymbol{n})\nabla\times\boldsymbol{B}\}\mathrm{d}S \tag{1.4.20}$$

下面就广义斯托克斯公式 1 作具体推导。取式(1.4.14)中 $\boldsymbol{B}$ 为 $\boldsymbol{A}\times\boldsymbol{C}$,这里 $\boldsymbol{C}$ 为常矢量。由矢量运算公式(1.1.15)得

$$\boldsymbol{B}\cdot\mathrm{d}\boldsymbol{l}=(\boldsymbol{A}\times\boldsymbol{C})\cdot\mathrm{d}\boldsymbol{l}=(\mathrm{d}\boldsymbol{l}\times\boldsymbol{A})\cdot\boldsymbol{C}$$

故式(1.4.14)左边为$(\mathrm{d}\boldsymbol{l}\times\boldsymbol{A})\cdot\boldsymbol{C}$,右边为

$$(\nabla\times\boldsymbol{B})\cdot\boldsymbol{n}=[\nabla\times(\boldsymbol{A}\times\boldsymbol{C})]\cdot\boldsymbol{n}=[(\boldsymbol{C}\cdot\nabla)\boldsymbol{A}-(\nabla\cdot\boldsymbol{A})C]\cdot\boldsymbol{n}$$

利用关系式:

$$(\nabla\times\boldsymbol{A})\cdot(\boldsymbol{C}\times\boldsymbol{n})=[(\boldsymbol{C}\cdot\nabla)\boldsymbol{A}]\cdot\boldsymbol{n}-[(\boldsymbol{n}\cdot\nabla)\boldsymbol{A}]\cdot\boldsymbol{C} \tag{1.4.21}$$

则

$$\begin{aligned}(\nabla\times\boldsymbol{B})\cdot\boldsymbol{n}&=[(\boldsymbol{n}\cdot\nabla)\boldsymbol{A}]\cdot\boldsymbol{C}+(\nabla\times\boldsymbol{A})\cdot(\boldsymbol{C}\times\boldsymbol{n})-(\nabla\cdot\boldsymbol{A})(\boldsymbol{C}\cdot\boldsymbol{n})\\&=[\boldsymbol{n}\times(\nabla\times\boldsymbol{A})+(\boldsymbol{n}\cdot\nabla)\boldsymbol{A}-(\nabla\cdot\boldsymbol{A})\boldsymbol{n}]\cdot\boldsymbol{C}\end{aligned}$$

因此将 $\boldsymbol{B}=\boldsymbol{A}\times\boldsymbol{C}$ 代入式(1.4.14),其右边为

$$\left\{\iint_S [\boldsymbol{n}\times(\nabla\times\boldsymbol{A})+(\boldsymbol{n}\cdot\nabla)\boldsymbol{A}-(\nabla\cdot\boldsymbol{A})\boldsymbol{n}]\mathrm{d}S\right\}\cdot\boldsymbol{C}$$

左边为

$$\oint_l \boldsymbol{B}\cdot\mathrm{d}\boldsymbol{l}=\oint_l(\mathrm{d}\boldsymbol{l}\times\boldsymbol{A})\cdot\boldsymbol{C}$$

考虑 $\boldsymbol{C}$ 的任意性,则有

$$\iint_S [\boldsymbol{n}\times(\nabla\times\boldsymbol{A})+(\boldsymbol{n}\cdot\nabla)\boldsymbol{A}-(\nabla\cdot\boldsymbol{A})\boldsymbol{n}]\mathrm{d}S=\oint_l \mathrm{d}\boldsymbol{l}\times\boldsymbol{A}$$

将矢量 $\boldsymbol{A}$ 换为 $\boldsymbol{B}$,就得到公式(1.4.15)。

1.4.4 变化率公式

1. 迁移定理

$$\frac{\mathrm{d}}{\mathrm{d}t}\int_{a(t)}^{b(t)} f(x,t)\mathrm{d}x=\int_{a(t)}^{b(t)}\frac{\partial f}{\partial t}\mathrm{d}x+\left\{f[b(t),t]\frac{\mathrm{d}b}{\mathrm{d}t}-f[a(t),t]\frac{\mathrm{d}a}{\mathrm{d}t}\right\} \tag{1.4.22}$$

式中:右边第一项是考虑被积函数随 t 变化的贡献,大括号中的项为积分区间随 t 变化的贡献。若把 t 看作时间变量,则 $\mathrm{d}b/\mathrm{d}t$ 和$(-\mathrm{d}a/\mathrm{d}t)$就是区间$[a,b]$向外扩展(迁移)的速度。同样,对于二维和三维积分,类似,如式(1.4.22)有

$$\frac{\mathrm{d}}{\mathrm{d}t}\iint_{a(t)} f\mathrm{d}S=\iint_{a(t)}\frac{\partial f}{\partial t}\mathrm{d}S+\int_{l(t)} f(\boldsymbol{v}\cdot\boldsymbol{n})\mathrm{d}l \tag{1.4.23}$$

$$\frac{\mathrm{d}}{\mathrm{d}t}\iiint_{V(t)} f\mathrm{d}V=\iiint_{V(t)}\frac{\partial f}{\partial t}\mathrm{d}V+\oiint_{S(t)} f(\boldsymbol{v}\cdot\boldsymbol{n})\mathrm{d}S \tag{1.4.24}$$

式(1.4.23)、式(1.4.24)中:f 是(x,y,z,t)函数;$a(t)$和 $V(t)$分别表示与时间有关的积分平面域和空间域;$l(t)$和 $S(t)$分别是 $a(t)$和 $V(t)$的边界曲线和边界曲面;$\boldsymbol{v}$ 是边界各点运动速度;$\boldsymbol{n}$ 是边界上单位外法线向量。

变化率公式(1.4.22)~式(1.4.24)又称为迁移定理。该公式的含义:变化率由两部分组成,一部分是积分函数 f 随时间变化的影响,另一部分是积分域随时间变化的影响。

具体推导及记忆可以借助力学的物质导数概念,即将 t 看作是时间变量。先推导式(1.4.22):

$$\frac{\mathrm{d}}{\mathrm{d}t}\int_{a(t)}^{b(t)} f(x,t)\,\mathrm{d}x = \int_{a(t)}^{b(t)}\left[\frac{\mathrm{d}f}{\mathrm{d}t}\mathrm{d}x + f\frac{\mathrm{d}}{\mathrm{d}t}(\mathrm{d}x)\right] =$$

$$\int_{a(t)}^{b(t)}\left[\frac{\partial f}{\partial t}\mathrm{d}x + u\frac{\partial f}{\partial x}\mathrm{d}x + f\mathrm{d}u\right] = \int_{a(t)}^{b(t)}\left[\frac{\partial f}{\partial t}\mathrm{d}x + u\mathrm{d}f + f\mathrm{d}u\right] =$$

$$\int_{a(t)}^{b(t)}\left[\frac{\partial f}{\partial t}\mathrm{d}x + \mathrm{d}(fu)\right] = \int_{a(t)}^{b(t)}\frac{\partial f}{\partial t}\mathrm{d}x + \left\{f[b(t),t]\frac{\mathrm{d}b}{\mathrm{d}t} - f[a(t),t]\frac{\mathrm{d}a}{\mathrm{d}t}\right\}$$

这就是式(1.4.22)。

$$\frac{\mathrm{d}}{\mathrm{d}t}\iiint_{V(t)} f\mathrm{d}V = \iiint_{V(t)}\frac{\mathrm{d}}{\mathrm{d}t}(f\mathrm{d}V) = \iiint_{V(t)}\frac{\mathrm{d}f}{\mathrm{d}t}\mathrm{d}V + \iiint_{V(t)} f\frac{\mathrm{d}}{\mathrm{d}t}(\mathrm{d}V) =$$

$$\iiint_{V(t)}\frac{\mathrm{d}f}{\mathrm{d}t}\mathrm{d}V + \iiint_{V(t)} f(\nabla\cdot\boldsymbol{v})\mathrm{d}V =$$

$$\iiint_{V(t)}\left[\frac{\partial f}{\partial t} + (\boldsymbol{v}\cdot\nabla)f + f(\nabla\cdot\boldsymbol{v})\right]\mathrm{d}V =$$

$$\iiint_{V(t)}\left[\frac{\partial f}{\partial t} + \nabla\cdot(\boldsymbol{v}f)\right]\mathrm{d}V =$$

$$\iiint_{V(t)}\frac{\partial f}{\partial t}\mathrm{d}V + \oint\!\!\!\oint_{S(t)} f(\boldsymbol{v}\cdot\boldsymbol{n})\mathrm{d}S$$

这就是式(1.4.24)。这里用到了物质体积膨胀率与散度之间的关系:

$$\frac{\mathrm{d}}{\mathrm{d}t}(\mathrm{d}V) = (\nabla\cdot\boldsymbol{v})\mathrm{d}V$$

2. 曲面积分和曲线积分的变化率公式

对于有向曲面和曲线积分,同样有变化率公式:

$$\frac{\mathrm{d}}{\mathrm{d}t}\iint_{S(t)}\boldsymbol{q}\cdot\boldsymbol{n}\mathrm{d}S = \iint_{S(t)}\left[\frac{\partial\boldsymbol{q}}{\partial t} + \boldsymbol{v}(\nabla\cdot\boldsymbol{q}) + \nabla\times(\boldsymbol{q}\times\boldsymbol{v})\right]\cdot\boldsymbol{n}\mathrm{d}S \tag{1.4.25}$$

$$\frac{\mathrm{d}}{\mathrm{d}t}\int_{l(t)}\boldsymbol{q}\cdot\mathrm{d}\boldsymbol{l} = \int_{l(t)}\left[\frac{\partial\boldsymbol{q}}{\partial t} + (\nabla\times\boldsymbol{q})\times\boldsymbol{v}\right]\cdot\mathrm{d}\boldsymbol{l} \tag{1.4.26}$$

1.5　格林定理

1.5.1　平面格林定理

如果函数 $p(x,y)$,$Q(x,y)$ 在封闭区域及其边界上具有一阶连续偏导数,则曲线积分 $\int P\mathrm{d}x + Q\mathrm{d}y$ 与路径无关之必要且充分条件是 $\frac{\partial P}{\partial y} = \frac{\partial Q}{\partial x}$ 恒能满足。

1.5.2　空间格林定理

设 $P(x,y,z)$,$Q(x,y,z)$,$R(x,y,z)$ 及其偏导数 $\frac{\partial P}{\partial y},\frac{\partial P}{\partial z},\frac{\partial Q}{\partial z},\frac{\partial Q}{\partial x},\frac{\partial R}{\partial x},\frac{\partial R}{\partial y}$ 等在空间闭区域

中及其边界上皆为单值连续函数,若在区域中如下关系式处处成立:

$$\begin{cases}\dfrac{\partial Q}{\partial z}=\dfrac{\partial R}{\partial y}\\ \dfrac{\partial R}{\partial x}=\dfrac{\partial P}{\partial z}\\ \dfrac{\partial P}{\partial y}=\dfrac{\partial Q}{\partial x}\end{cases}$$

则必存在一个由如下线积分所定义的函数 $F(x,y,z)$,即

$$F(x,y,z)=\int P\mathrm{d}x+Q\mathrm{d}y+R\mathrm{d}z$$

这一积分与路径无关,且有如下关系:

$$\begin{cases}\dfrac{\partial F}{\partial x}=P\\ \dfrac{\partial F}{\partial y}=Q\\ \dfrac{\partial F}{\partial z}=R\end{cases}$$

格林定理对理解和求解流体力学中的速度势、流函数非常重要。

1.6 正交曲线坐标系、正交性、拉梅系数

1.6.1 正交曲线坐标系

1. 定义

空间任意一点 M,其矢径为 $\boldsymbol{R}_M=x\boldsymbol{i}+y\boldsymbol{j}+z\boldsymbol{k}=q_1\boldsymbol{e}_1+q_2\boldsymbol{e}_2+q_3\boldsymbol{e}_3=\boldsymbol{R}$

若

$$\begin{cases}x=x(q_1,q_2,q_3)\\ y=y(q_1,q_2,q_3)\\ z=z(q_1,q_2,q_3)\end{cases}\text{或者}\begin{cases}q_1=q_1(x,y,z)\\ q_2=q_2(x,y,z)\\ q_3=q_3(x,y,z)\end{cases}\tag{1.6.1}$$

则任意 $M(x,y,z)$ 就有一组完全确定的 (q_1,q_2,q_3) 值与之对应,反之亦然。$q_1=\text{const.}$,$q_2=\text{const.}$,$q_3=\text{const.}$ 相互正交,则 (q_1,q_2,q_3) 称为曲线坐标系。通常根据数学物理问题的性质及边界情况来选取合适的坐标系。流体力学中采用的正交坐标系通常为直角坐标系 (x,y,z)、柱坐标系 (r,ε,z)、球坐标系 (R,θ,ε)、边界层坐标系和自然坐标系等。前三种是最基本的坐标系,如图 1.6.1 所示。

柱坐标 (r,ε,z) 与直角坐标 (x,y,z) 之间的变换关系为

$$\begin{cases}x=x(r,\varepsilon,z)=r\cos\varepsilon\\ y=y(r,\varepsilon,z)=r\sin\varepsilon\\ z=z(r,\varepsilon,z)=z\end{cases}\rightleftharpoons\begin{cases}r=\sqrt{x^2+y^2}\\ \varepsilon=\arctan\dfrac{y}{x}\\ z=z\end{cases}\tag{1.6.2}$$

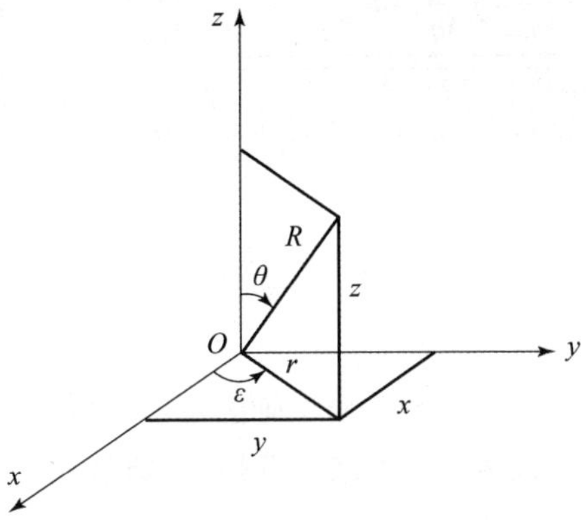

图 1.6.1　直角坐标系、柱坐标系、球坐标系之间关系图

球坐标(R,θ,ε)与直角坐标(x,y,z)之间的变换关系为

$$\begin{cases} x = R\sin\theta\cos\varepsilon \\ y = R\sin\theta\sin\varepsilon \\ z = R\cos\theta \end{cases} \rightleftharpoons \begin{cases} R = \sqrt{x^2 + y^2 + z^2} \\ \theta = \arccos \dfrac{z}{\sqrt{x^2 + y^2 + z^2}} \\ \varepsilon = \arctan \dfrac{y}{x} \end{cases} \tag{1.6.3}$$

2. 坐标轴单位矢量 $\boldsymbol{e}_i$

两个坐标面的交线称为坐标线，且为 $\mathrm{d}q_i > 0$ 方向的单位向量称为坐标轴的单位矢量，用 $\boldsymbol{e}_i$ 表示（图 1.6.2）。

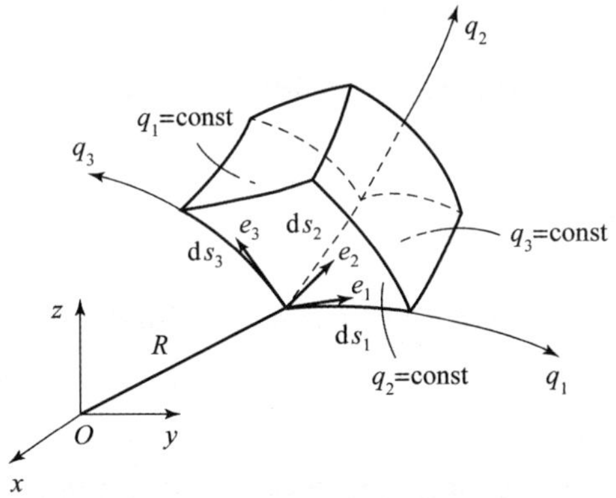

图 1.6.2　坐标轴单位矢量

曲线坐标系中坐标轴上的单位矢量 $\boldsymbol{e}_i$ 随点 M 的位置而变，即 $\boldsymbol{e}_i = \boldsymbol{e}_i(q_1, q_2, q_3)$，这是曲线坐标系与直角坐标系的差别。

由矢径 $\boldsymbol{R} = x\boldsymbol{i} + y\boldsymbol{j} + z\boldsymbol{k} = q_1\boldsymbol{e}_1 + q_2\boldsymbol{e}_2 + q_3\boldsymbol{e}_3$ 及 $\boldsymbol{e}_i$ 的定义，得

$$\boldsymbol{e}_i = \frac{\mathrm{d}\boldsymbol{l}_i}{|\mathrm{d}\boldsymbol{l}_i|} = \frac{\dfrac{\partial \boldsymbol{R}}{\partial q_i}\mathrm{d}q_i}{\left|\dfrac{\partial \boldsymbol{R}}{\partial q_i}\right|\mathrm{d}q_i} = \frac{\boldsymbol{i}\dfrac{\partial x}{\partial q_i}\mathrm{d}q_i + \boldsymbol{j}\dfrac{\partial y}{\partial q_i}\mathrm{d}q_i + \boldsymbol{k}\dfrac{\partial z}{\partial q_i}\mathrm{d}q_i}{\sqrt{\left(\dfrac{\partial x}{\partial q_i}\right)^2 + \left(\dfrac{\partial y}{\partial q_i}\right)^2 + \left(\dfrac{\partial z}{\partial q_i}\right)^2}\mathrm{d}q_i} =$$

$$\frac{\boldsymbol{i}\dfrac{\partial x}{\partial q_i}+\boldsymbol{j}\dfrac{\partial y}{\partial q_i}+\boldsymbol{k}\dfrac{\partial z}{\partial q_i}}{\sqrt{\left(\dfrac{\partial x}{\partial q_i}\right)^2+\left(\dfrac{\partial y}{\partial q_i}\right)^2+\left(\dfrac{\partial z}{\partial q_i}\right)^2}} \tag{1.6.4a}$$

或者由梯度性质可知

$$\boldsymbol{e}_i=\frac{\nabla q_i}{|\nabla q_i|} \tag{1.6.4b}$$

式中：下标 i 为自由指标。

例题 1.2：求柱坐标系和球坐标系下坐标轴的单位矢量。

解：(1)根据柱坐标系与直角坐标系之间变换关系式(1.6.2)，可得

$$\frac{\partial x}{\partial r}=\cos\varepsilon,\frac{\partial x}{\partial \varepsilon}=-r\sin\varepsilon,\frac{\partial x}{\partial z}=0;$$

$$\frac{\partial y}{\partial r}=\sin\varepsilon,\frac{\partial y}{\partial \varepsilon}=r\cos\varepsilon,\frac{\partial y}{\partial z}=0;$$

$$\frac{\partial z}{\partial r}=0,\frac{\partial z}{\partial \varepsilon}=0,\frac{\partial z}{\partial z}=1;$$

将上述结果代入式(1.6.4)，得

$$\begin{cases}\boldsymbol{e}_r=\boldsymbol{i}\cos\varepsilon+\boldsymbol{j}\sin\varepsilon\\ \boldsymbol{e}_\varepsilon=-\boldsymbol{i}\sin\varepsilon+\boldsymbol{j}\cos\varepsilon\\ \boldsymbol{e}_z=\boldsymbol{k}\end{cases} \tag{1.6.5}$$

(2)由球坐标系与直角坐标系间的变换关系式(1.6.3)，得

$$\frac{\partial x}{\partial R}=\sin\theta\cos\varepsilon,\frac{\partial x}{\partial \theta}=R\cos\theta\cos\varepsilon,\frac{\partial x}{\partial \varepsilon}=-R\sin\theta\sin\varepsilon;$$

$$\frac{\partial y}{\partial R}=\sin\theta\sin\varepsilon,\frac{\partial y}{\partial \theta}=R\cos\theta\sin\varepsilon,\frac{\partial y}{\partial \varepsilon}=R\sin\theta\cos\varepsilon;$$

$$\frac{\partial z}{\partial R}=\cos\theta,\frac{\partial z}{\partial \theta}=-R\sin\theta,\frac{\partial z}{\partial \varepsilon}=0$$

将上述结果代入式(1.6.4)，得

$$\begin{cases}\boldsymbol{e}_R=\boldsymbol{e}_z\cos\theta+\boldsymbol{e}_r\sin\theta=\boldsymbol{i}\sin\theta\cos\varepsilon+\boldsymbol{j}\sin\theta\sin\varepsilon+\boldsymbol{k}\cos\theta\\ \boldsymbol{e}_\theta=\boldsymbol{e}_r\cos\theta-\boldsymbol{e}_z\sin\theta=\boldsymbol{i}\cos\theta\cos\varepsilon+\boldsymbol{j}\cos\theta\sin\varepsilon-\boldsymbol{k}\sin\theta\\ \boldsymbol{e}_\varepsilon=-\boldsymbol{i}\sin\varepsilon+\boldsymbol{j}\cos\varepsilon\end{cases} \tag{1.6.6}$$

例题 1.3：采用坐标变化关系求柱坐标和球坐标系下梯度∇u 的表达式。

解：直角坐标系下梯度表达式为

$$\nabla u=\frac{\partial u}{\partial x}\boldsymbol{i}+\frac{\partial u}{\partial y}\boldsymbol{j}+\frac{\partial u}{\partial z}\boldsymbol{k}$$

(1)柱坐标系下的梯度表达式：

由直角坐标系与柱坐标系的变换关系为

$r=\sqrt{x^2+y^2},\varepsilon=\arctan\dfrac{y}{x},z=z$ 得

$$\frac{\partial}{\partial x}=\frac{\partial}{\partial r}\frac{\partial r}{\partial x}+\frac{\partial}{\partial \varepsilon}\frac{\partial \varepsilon}{\partial x}=\cos\varepsilon\frac{\partial}{\partial r}-\frac{\sin\varepsilon}{r}\frac{\partial}{\partial \varepsilon}$$

$$\frac{\partial}{\partial y}=\frac{\partial}{\partial r}\frac{\partial r}{\partial y}+\frac{\partial}{\partial \varepsilon}\frac{\partial \varepsilon}{\partial y}=\sin\varepsilon\frac{\partial}{\partial r}+\frac{\cos\varepsilon}{r}\frac{\partial}{\partial \varepsilon}$$

而 $\boldsymbol{i}=\boldsymbol{e}_r\cos\varepsilon-\boldsymbol{e}_\varepsilon\sin\varepsilon$，$\boldsymbol{j}=\boldsymbol{e}_r\sin\varepsilon+\boldsymbol{e}_\varepsilon\cos\varepsilon$，$\boldsymbol{k}=\boldsymbol{e}_z$，所以

$$\nabla u=\left(\cos\varepsilon\frac{\partial u}{\partial r}+\frac{\sin\varepsilon}{r}\frac{\partial u}{\partial \varepsilon}\right)(\boldsymbol{e}_r\cos\varepsilon-\boldsymbol{e}_\varepsilon\sin\varepsilon)+\left(\sin\varepsilon\frac{\partial u}{\partial r}+\frac{\cos\varepsilon}{r}\frac{\partial u}{\partial \varepsilon}\right)(\boldsymbol{e}_r\sin\varepsilon+\boldsymbol{e}_\varepsilon\cos\varepsilon)+\frac{\partial u}{\partial z}\boldsymbol{e}_z=$$

$$\frac{\partial u}{\partial r}\boldsymbol{e}_r+\frac{1}{r}\frac{\partial u}{\partial r}\boldsymbol{e}_\varepsilon+\frac{\partial u}{\partial z}\boldsymbol{e}_z$$

(2)球坐标系中梯度表达式：

由直角坐标系与球坐标系的变换关系为

$$由\begin{cases}R=\sqrt{x^2+y^2+z^2}\\ \theta=\arccos\dfrac{z}{\sqrt{x^2+y^2+z^2}}\\ \varepsilon=\arctan\dfrac{y}{x}\end{cases}，得$$

$$\begin{cases}\dfrac{\partial}{\partial x}=\dfrac{\partial}{\partial R}\dfrac{\partial R}{\partial x}+\dfrac{\partial}{\partial \theta}\dfrac{\partial \theta}{\partial x}+\dfrac{\partial}{\partial \varepsilon}\dfrac{\partial \varepsilon}{\partial x}=\sin\theta\cos\varepsilon\dfrac{\partial}{\partial R}-R\cos\theta\cos\varepsilon\dfrac{\partial}{\partial \theta}-\dfrac{\sin\varepsilon}{R\sin\theta}\dfrac{\partial}{\partial \varepsilon}\\ \dfrac{\partial}{\partial y}=\dfrac{\partial}{\partial R}\dfrac{\partial R}{\partial y}+\dfrac{\partial}{\partial \theta}\dfrac{\partial \theta}{\partial y}+\dfrac{\partial}{\partial \varepsilon}\dfrac{\partial \varepsilon}{\partial y}=\sin\theta\sin\varepsilon\dfrac{\partial}{\partial R}-R\cos\theta\sin\varepsilon\dfrac{\partial}{\partial \theta}+\dfrac{\cos\varepsilon}{R\sin\theta}\dfrac{\partial}{\partial \varepsilon}\\ \dfrac{\partial}{\partial z}=\dfrac{\partial}{\partial R}\dfrac{\partial R}{\partial z}+\dfrac{\partial}{\partial \theta}\dfrac{\partial \theta}{\partial z}+\dfrac{\partial}{\partial \varepsilon}\dfrac{\partial \varepsilon}{\partial z}=\cos\theta\dfrac{\partial}{\partial R}-\dfrac{\cos^2\theta}{\sin\theta}\dfrac{\partial}{\partial \theta}\end{cases}$$

$$而\begin{cases}\boldsymbol{i}=\boldsymbol{e}_r\cos\varepsilon-\boldsymbol{e}_\varepsilon\sin\varepsilon=(\boldsymbol{e}_R\sin\theta+\boldsymbol{e}_\theta\cos\theta)\cos\varepsilon-\boldsymbol{e}_\varepsilon\sin\varepsilon\\ \boldsymbol{j}=\boldsymbol{e}_r\sin\varepsilon+\boldsymbol{e}_\varepsilon\cos\varepsilon=\boldsymbol{e}_R\sin\theta\sin\varepsilon+\boldsymbol{e}_\theta\cos\theta\sin\varepsilon+\boldsymbol{e}_\varepsilon\cos\varepsilon\\ \boldsymbol{k}=\boldsymbol{e}_R\cos\theta-\boldsymbol{e}_\theta\sin\theta\end{cases}$$

将上述各式代入直角坐标系表达的梯度表达式，得

$$\nabla u=\left(\sin\theta\cos\varepsilon\frac{\partial u}{\partial R}-R\cos\theta\cos\varepsilon\frac{\partial u}{\partial \theta}-\frac{\sin\varepsilon}{R\sin\theta}\frac{\partial u}{\partial \varepsilon}\right)(\boldsymbol{e}_R\sin\theta\cos\varepsilon+\boldsymbol{e}_\theta\cos\theta\cos\varepsilon-\boldsymbol{e}_\varepsilon\sin\varepsilon)+$$

$$\left(\sin\theta\sin\varepsilon\frac{\partial u}{\partial R}-R\cos\theta\sin\varepsilon\frac{\partial u}{\partial \theta}+\frac{\cos\varepsilon}{R\sin\theta}\frac{\partial u}{\partial \varepsilon}\right)(\boldsymbol{e}_R\sin\theta\sin\varepsilon+\boldsymbol{e}_\theta\cos\theta\sin\varepsilon+\boldsymbol{e}_\varepsilon\cos\varepsilon)+$$

$$\left(\cos\theta\frac{\partial u}{\partial R}-\frac{1-R^2\cos^2\theta}{R\sin\theta}\frac{\partial u}{\partial \theta}\right)(\boldsymbol{e}_R\cos\theta-\boldsymbol{e}_\theta\sin\theta)=\frac{\partial u}{\partial R}\boldsymbol{e}_R+\frac{1}{R}\frac{\partial u}{\partial \theta}\boldsymbol{e}_\theta+\frac{\partial u}{R\sin\theta\,\partial \varepsilon}\boldsymbol{e}_\varepsilon$$

1.6.2　正交性

坐标轴正交的条件如下：

若
$$\boldsymbol{e}_i\cdot\boldsymbol{e}_j=\delta_{ij}=\begin{cases}1,i=j\\0,i\neq j\end{cases}\quad(i,j=1,2,3)\tag{1.6.7a}$$

这适用于已知 $\begin{cases}x=x(q_1,q_2,q_3)\\y=y(q_1,q_2,q_3)\\z=z(q_1,q_2,q_3)\end{cases}$ 的情况。

或者
$$\nabla q_i\cdot\nabla q_j=0,i\neq j\quad(i,j=1,2,3)\tag{1.6.7b}$$

这用于已知$\begin{cases} q_1 = q_1(x,y,z) \\ q_2 = q_2(x,y,z) \\ q_3 = q_3(x,y,z) \end{cases}$的情况。

1.6.3 拉梅系数

1. 定义

坐标轴增量 $\mathrm{d}q_i$ 的微元弧长 $\mathrm{d}l_i$ 与 $\mathrm{d}q_i$ 的比值 h_i，称为拉梅系数。

2. 计算公式

(1)若已知 $\boldsymbol{R} = x\boldsymbol{i} + y\boldsymbol{j} + z\boldsymbol{k} = \boldsymbol{R}(q_1, q_2, q_3)$，则

$$h_i = \frac{\mathrm{d}l_i}{\mathrm{d}q_i} = \frac{\left|\frac{\partial \boldsymbol{R}}{\partial q_i}\right| \mathrm{d}q_i}{\mathrm{d}q_i} = \left|\frac{\partial \boldsymbol{R}}{\partial q_i}\right| = \sqrt{\left(\frac{\partial x}{\partial q_i}\right)^2 + \left(\frac{\partial y}{\partial q_i}\right)^2 + \left(\frac{\partial z}{\partial q_i}\right)^2} \quad (i = 1,2,3) \tag{1.6.8}$$

(2)若已知 $q_i = q_i(x,y,z)$，则

$$h_i = \frac{\mathrm{d}l_i}{\mathrm{d}q_i} = \frac{\mathrm{d}l_i}{\nabla q_i \cdot \mathrm{d}\boldsymbol{l}_i} = \frac{\mathrm{d}l_i}{\nabla q_i \cdot \boldsymbol{e}_i \mathrm{d}l_i} = \frac{1}{\nabla q_i \cdot \boldsymbol{e}_i} = \frac{1}{|\nabla q_i|} \quad (i = 1,2,3) \tag{1.6.9}$$

3. 直角坐标系、柱坐标系和球坐标系下的拉梅系数

(1)直角坐标系中：

$$\begin{cases} h_1 = h_x = 1 \\ h_2 = h_y = 1 \\ h_3 = h_z = 1 \end{cases} \tag{1.6.10}$$

(2)柱坐标系中：

$$\begin{cases} h_1 = h_r = 1 \\ h_2 = h_\varepsilon = r \\ h_3 = h_z = 1 \end{cases} \tag{1.6.11}$$

(3)球坐标系中：

$$\begin{cases} h_1 = h_R = 1 \\ h_2 = h_\theta = R \\ h_3 = h_\varepsilon = R\sin\theta \end{cases} \tag{1.6.12}$$

1.6.4 正交曲线坐标系中微元弧长、微元面积和微元体积

(1)微元弧长和线元：

微元弧长为

$$\begin{aligned} \mathrm{d}l &= \sqrt{(\mathrm{d}x)^2 + (\mathrm{d}y)^2 + (\mathrm{d}z)^2} = \sqrt{\left(\frac{\partial x}{\partial q_i}\mathrm{d}q_i\right)^2 + \left(\frac{\partial y}{\partial q_i}\mathrm{d}q_i\right)^2 + \left(\frac{\partial z}{\partial q_i}\mathrm{d}q_i\right)^2} \\ &= \sqrt{(\mathrm{d}l_1)^2 + (\mathrm{d}l_2)^2 + (\mathrm{d}l_3)^2} = \sqrt{(h_1\mathrm{d}q_1)^2 + (h_2\mathrm{d}q_2)^2 + (h_3\mathrm{d}q_3)^2} = |\mathrm{d}\boldsymbol{R}| \end{aligned} \tag{1.6.13}$$

各坐标轴上的线元为

$$
\begin{cases}
\mathrm{d}l_1 = h_1 \mathrm{d}q_1 \\
\mathrm{d}l_2 = h_2 \mathrm{d}q_2 \\
\mathrm{d}l_3 = h_3 \mathrm{d}q_3
\end{cases}
\tag{1.6.14}
$$

(2)各坐标面上的面元:

$$
\begin{cases}
\mathrm{d}S_1 = h_2 h_3 \mathrm{d}q_2 \mathrm{d}q_3 \\
\mathrm{d}S_2 = h_1 h_3 \mathrm{d}q_1 \mathrm{d}q_3 \\
\mathrm{d}S_3 = h_1 h_2 \mathrm{d}q_1 \mathrm{d}q_2
\end{cases}
\tag{1.6.15}
$$

(3)由线元组成的体元:

$$
\mathrm{d}V = h_1 h_2 h_3 \mathrm{d}q_1 \mathrm{d}q_2 \mathrm{d}q_3 \tag{1.6.16}
$$

对柱坐标系,相应有(图 1.6.3(a))

$$
\text{线元:}\begin{cases}
\mathrm{d}l_1 = \mathrm{d}r \\
\mathrm{d}l_2 = r\mathrm{d}\varepsilon \\
\mathrm{d}l_3 = \mathrm{d}z
\end{cases};\text{面元:}\begin{cases}
\mathrm{d}S_1 = r\mathrm{d}\varepsilon\mathrm{d}z \\
\mathrm{d}S_2 = \mathrm{d}r\mathrm{d}z \\
\mathrm{d}S_3 = r\mathrm{d}r\mathrm{d}\varepsilon
\end{cases};\text{体元:}\mathrm{d}V = r\mathrm{d}r\mathrm{d}\varepsilon\mathrm{d}z
$$

对球坐标系,相应有(图 1.6.3(b))

$$
\text{线元:}\begin{cases}
\mathrm{d}l_1 = \mathrm{d}R \\
\mathrm{d}l_2 = R\mathrm{d}\theta \\
\mathrm{d}l_3 = R\sin\theta\mathrm{d}\varepsilon
\end{cases};\text{面元:}\begin{cases}
\mathrm{d}S_1 = R^2\sin\theta\mathrm{d}\theta\mathrm{d}\varepsilon \\
\mathrm{d}S_2 = R\sin\theta\mathrm{d}R\mathrm{d}\varepsilon \\
\mathrm{d}S_3 = R\mathrm{d}R\mathrm{d}\theta
\end{cases};\text{体元:}\mathrm{d}V = R^2\sin\theta\mathrm{d}R\mathrm{d}\theta\mathrm{d}\varepsilon
$$

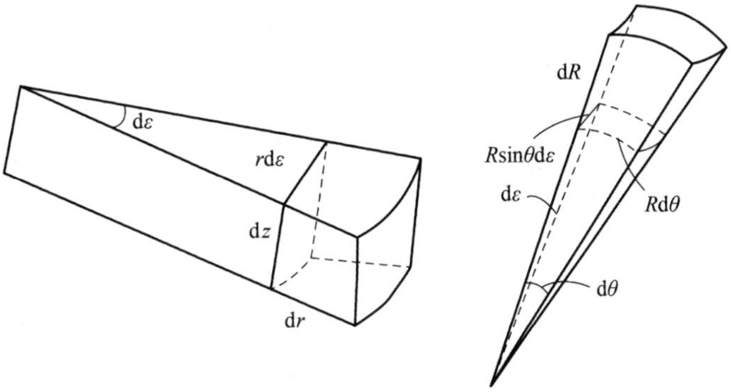

图 1.6.3　柱坐标系和球坐标系下的微元图

1.7　曲线坐标系下坐标轴向量的偏导数

约定拉梅系数 h_i 中的下标 i 与其他量的下标 i 在算式中同一项中出现时,不作求和运算,则

$$
\frac{\partial \boldsymbol{e}_i}{\partial q_j} = \frac{1}{h_i}\frac{\partial h_j}{\partial q_i}\boldsymbol{e}_j \quad (i \neq j) \tag{1.7.1}
$$

式中:i,j 为自由指标,i 与 i 及 j 与 j 不是哑指标。

当 $i=j$ 时

$$
\frac{\partial \boldsymbol{e}_i}{\partial q_i} = \frac{\partial}{\partial q_i}(\boldsymbol{e}_j \times \boldsymbol{e}_k) = \frac{\partial \boldsymbol{e}_j}{\partial q_i} \times \boldsymbol{e}_k + \boldsymbol{e}_j \times \frac{\partial \boldsymbol{e}_k}{\partial q_i} = \frac{1}{h_j}\frac{\partial h_i}{\partial q_j}\boldsymbol{e}_j + \frac{1}{h_k}\frac{\partial h_i}{\partial q_k}\boldsymbol{e}_k \tag{1.7.2a}
$$

展开后为

$$\begin{cases}\dfrac{\partial \boldsymbol{e}_1}{\partial q_1} = -\left(\dfrac{1}{h_2}\dfrac{\partial h_1}{\partial q_2}\boldsymbol{e}_2 + \dfrac{1}{h_3}\dfrac{\partial h_1}{\partial q_3}\boldsymbol{e}_3\right) \\ \dfrac{\partial \boldsymbol{e}_2}{\partial q_2} = -\left(\dfrac{1}{h_1}\dfrac{\partial h_2}{\partial q_1}\boldsymbol{e}_1 + \dfrac{1}{h_3}\dfrac{\partial h_2}{\partial q_3}\boldsymbol{e}_3\right) \\ \dfrac{\partial \boldsymbol{e}_3}{\partial q_3} = -\left(\dfrac{1}{h_1}\dfrac{\partial h_3}{\partial q_1}\boldsymbol{e}_1 + \dfrac{1}{h_2}\dfrac{\partial h_3}{\partial q_2}\boldsymbol{e}_2\right)\end{cases} \tag{1.7.2b}$$

1. 柱坐标系中坐标轴矢量的偏导数

$$\begin{cases}\dfrac{\partial \boldsymbol{e}_r}{\partial \varepsilon} = \boldsymbol{e}_\varepsilon \\ \dfrac{\partial \boldsymbol{e}_\varepsilon}{\partial \varepsilon} = -\boldsymbol{e}_r \\ \text{其他为零}\end{cases} \tag{1.7.3}$$

2. 球坐标系中坐标轴矢量的偏导数

$$\begin{cases}\dfrac{\partial \boldsymbol{e}_R}{\partial \theta} = \boldsymbol{e}_\theta, \dfrac{\partial \boldsymbol{e}_\theta}{\partial \theta} = -\boldsymbol{e}_R, \dfrac{\partial \boldsymbol{e}_R}{\partial \varepsilon} = \sin\theta \boldsymbol{e}_\varepsilon \\ \dfrac{\partial \boldsymbol{e}_\theta}{\partial \varepsilon} = \cos\theta \boldsymbol{e}_\varepsilon, \dfrac{\partial \boldsymbol{e}_\varepsilon}{\partial \varepsilon} = -(\cos\theta \boldsymbol{e}_\theta + \sin\theta \boldsymbol{e}_R) \\ \text{其他为零}\end{cases} \tag{1.7.4}$$

也可以通过几何图形关系(图 1.7.1)求得,或者直接通过曲线坐标轴单位矢量与直角坐标轴单位矢量之间关系(图 1.7.2)直接求导得到。

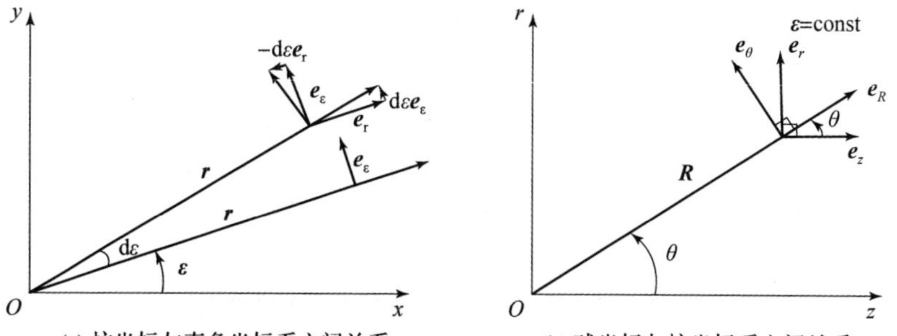

(a) 柱坐标与直角坐标系之间关系　　(b) 球坐标与柱坐标系之间关系

图 1.7.1　柱坐标和球坐标系中坐标轴单位矢量对其坐标轴的偏导用图

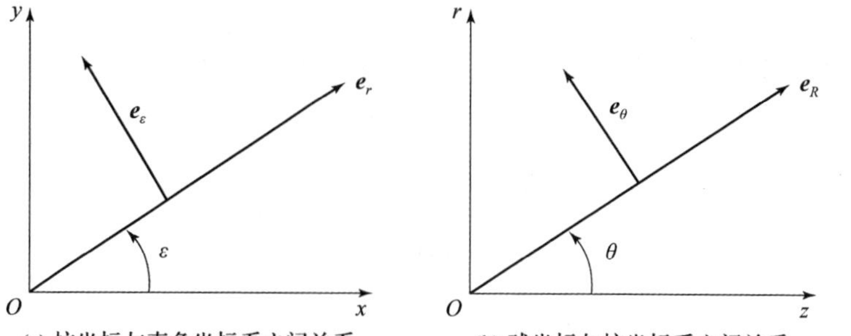

(a) 柱坐标与直角坐标系之间关系　　(b) 球坐标与柱坐标系之间关系

图 1.7.2　柱坐标和球坐标系中坐标轴单位矢量与直角坐标系中的关系

由图 1.7.2 得

$$\begin{cases} \boldsymbol{e}_r = \boldsymbol{i}\cos\varepsilon + \boldsymbol{j}\sin\varepsilon \\ \boldsymbol{e}_\varepsilon = -\boldsymbol{i}\sin\varepsilon + \boldsymbol{j}\cos\varepsilon \\ \boldsymbol{e}_z = \boldsymbol{k} \end{cases} \tag{1.7.5}$$

$$\begin{cases} \boldsymbol{e}_R = \boldsymbol{e}_z\cos\theta + \boldsymbol{e}_r\sin\theta = \boldsymbol{i}\sin\theta\cos\varepsilon + \boldsymbol{j}\sin\theta\sin\varepsilon + \boldsymbol{k}\cos\theta \\ \boldsymbol{e}_\theta = \boldsymbol{e}_r\cos\theta - \boldsymbol{e}_z\sin\theta = \boldsymbol{i}\cos\theta\cos\varepsilon + \boldsymbol{j}\cos\theta\sin\varepsilon - \boldsymbol{k}\sin\theta \\ \boldsymbol{e}_\varepsilon = -\boldsymbol{i}\sin\varepsilon + \boldsymbol{j}\cos\varepsilon \end{cases} \tag{1.7.6}$$

由式(1.7.5)和式(1.7.6)求偏导同样可得到式(1.7.3)与式(1.7.4)。

1.8　汉密尔顿算子、梯度、散度、旋度及拉普拉斯算子在正交曲线坐标系中的表达式

1. 汉密尔顿算子

$$\nabla = \boldsymbol{e}_i \frac{1}{h_i}\frac{\partial}{\partial q_i}(i \text{ 为哑标}) \tag{1.8.1}$$

2. 梯度

$$\nabla u = \boldsymbol{e}_i \frac{1}{h_i}\frac{\partial u}{\partial q_i} \tag{1.8.2}$$

3. 散度

$$\nabla \cdot \boldsymbol{A} = \frac{1}{h_1 h_2 h_3}\left[\frac{\partial(A_1 h_2 h_3)}{\partial q_1} + \frac{\partial(A_2 h_1 h_3)}{\partial q_2} + \frac{\partial(A_3 h_1 h_2)}{\partial q_3}\right] \tag{1.8.3}$$

4. 旋度

$$\nabla \times \boldsymbol{A} = \frac{1}{h_1 h_2 h_3}\begin{vmatrix} h_1\boldsymbol{e}_1 & h_2\boldsymbol{e}_2 & h_3\boldsymbol{e}_3 \\ \dfrac{\partial}{\partial q_1} & \dfrac{\partial}{\partial q_2} & \dfrac{\partial}{q_3} \\ h_1 A_1 & h_2 A_2 & h_3 A_3 \end{vmatrix} \tag{1.8.4}$$

5. 拉普拉斯运算

$$\nabla^2 u = \frac{1}{h_1 h_2 h_3}\left[\frac{\partial}{\partial q_1}\left(\frac{h_2 h_3}{h_1}\frac{\partial u}{\partial q_1}\right) + \frac{\partial}{\partial q_2}\left(\frac{h_1 h_3}{h_2}\frac{\partial u}{\partial q_2}\right) + \frac{\partial}{\partial q_3}\left(\frac{h_1 h_2}{h_3}\frac{\partial u}{\partial q_3}\right)\right] \tag{1.8.5}$$

习　题

1-1　证明以下各式：(1)$\nabla \cdot (\nabla \times \boldsymbol{a}) = 0$；(2)$\nabla \times (\nabla\varphi) = 0$；(3)$\nabla \times (\nabla \times \boldsymbol{a}) = \nabla(\nabla \cdot \boldsymbol{a}) - \nabla^2\boldsymbol{a}$。

1-2　设 $\boldsymbol{a}$ 为常矢量，$\boldsymbol{r} = x\boldsymbol{i} + y\boldsymbol{j} + z\boldsymbol{k}$ 为矢径，$r = |\boldsymbol{r}|$，求(1)$\nabla \cdot (r\boldsymbol{a})$；(2)$\nabla \cdot (r^2\boldsymbol{a})$；(3)$\nabla \cdot (r^n\boldsymbol{a})$，$n$ 为整数。

1-3　证明以下各式，式中 $|\boldsymbol{V}| = V$，$\boldsymbol{\Omega} = \nabla \times \boldsymbol{V}$：(1)$(\boldsymbol{V} \cdot \nabla)\boldsymbol{V} = \nabla\left(\frac{V^2}{2}\right) - \boldsymbol{V} \times \boldsymbol{\Omega}$；(2)$\nabla \times \nabla^2\boldsymbol{V} = \nabla^2\boldsymbol{\Omega}$；(3)$\nabla \cdot (\boldsymbol{V}\boldsymbol{V}) = \boldsymbol{V}(\nabla \cdot \boldsymbol{V}) + \boldsymbol{V} \cdot \nabla\boldsymbol{V}$。

1-4　求标量场 $\varphi = x^2z^3 + 2y^2z$ 在点 $M(2,0,-1)$ 处沿 $\boldsymbol{l} = 2x\boldsymbol{i} - xy^2\boldsymbol{j} + 3z^4\boldsymbol{k}$ 方向的方向导数。

1-5 求速度场 $\boldsymbol{v}=(x^2-y^2+x)\boldsymbol{i}-(2xy+y)\boldsymbol{j}$ 通过曲面 $x^2+y^2=z \quad (0<z<h)$ 的体积流量，并说明流量通过该曲面的走向。

1-6 已知函数 φ 沿封闭曲面 S 外法线的方向导数为常数 C，Ω 为 S 所围的空间区域，A 为 S 的面积。试证：

$$\iiint_{\Omega} \nabla \cdot \nabla\varphi \mathrm{d}V = CA$$

1-7 矢量场 $\boldsymbol{a}=(2x+y)\boldsymbol{i}+(x+4y+2z)\boldsymbol{j}+(2y-6z)\boldsymbol{k}$ 是否为调和场？若是，求其调和函数。

1-8 已知矢量场 $\boldsymbol{a}(r,\theta,z)=-2r\cos\theta\boldsymbol{e}_r+r\sin\theta\boldsymbol{e}_\theta$，求满足 $\boldsymbol{a}=\nabla\varphi$ 的势函数 φ 及 $\nabla\cdot\boldsymbol{a}$，其中 (r,θ,z) 为柱坐标。

1-9 设有平面曲线坐标系 $\xi=x^2-y^2$，$\eta=2xy$，试问：(1) 是否为正交曲线坐标系；(2) 求拉梅系数。

1-10 分别在柱坐标系和球坐标系下表达 $(\boldsymbol{V}\cdot\nabla)\boldsymbol{V}$ 和 $\Delta\varphi$。

第 2 章　流体力学基本方程组

流体力学具有四大支柱:一是连续介质假设。基于此假设,流场的宏观物理量可用空间点及时间的连续函数表达。二是物理学的基本定律。流体力学的基本方程组可按照有关物理学定律,采用数学方法推导出。三是场论和微积分。场论和微积分是研究流体运动的基础,在流体力学中有着广泛的运用。四是边界层理论。它将流体与固体的相互作用有机统一。本章主要从物理学定律出发介绍流体运动所满足的基本方程,以及初始条件和边界条件,为流体力学运动模型的建立奠定基础。

2.1　流体力学基本方程组的一般论述

流体力学基本方程组是将流体运动所遵循的物理定律,用相应数学方程形式表达的一组方程,结合流动必须满足的边界条件及初始条件,形成流体运动的定解条件,然后采用解析或半解析半数值或者完全数值的方法,求解流体运动未知物理量。可见,建立完整的流体力学基本方程组,是流体力学理论的核心,是流体运动求解的关键。

2.1.1　流体运动所遵循的物理定律

流体运动必须遵循的定律,有

(1)质量守恒定律(物质不灭定律);

(2)动量(矩)守恒定律;

(3)能量守恒定律(热力学第一定律);

(4)熵不等式(热力学第二定律)。

上述四大物理定律制约着流体的运动,其中前面两个(定律(1)(2))是力学层面的,后面两个(定律(3)(4))是热力学层面的。此外,除了这些定律组成的方程组以外,有时还须补充其他方程,如本构方程、状态方程等,使得方程组能够封闭,再加上边界条件和初始条件,因而获得定解。对于船舶与海洋工程水动力学,主要涉及船舶与海洋结构物所处环境的风浪流等流体运动,温度的变化一般可以忽略不计,因此只需要满足前两个定律就可。

2.1.2　物理定律的表达方法

1. 拉格朗日方法和欧拉方法的表达

初等流体力学介绍了描述流体运动的两种方法:拉格朗日方法和欧拉方法。拉格朗日方法又称为质点方法,着眼于各个流体质点的运动,描述的是流体质点自始至终的运动过程及它们的物理量随时间的变化规律。欧拉方法称为空间点方法,着眼点是空间点,描述的是各个时刻、各个空间点上流体质点物理量的变化情况。

若用拉格朗日方法描述流体运动,则形成拉格朗日型的流体力学基本方程组;若用欧拉方法描述流体运动,则形成欧拉型的流体力学基本方程组。究竟采用哪种形式的方程组,应根据具体问题而定,如侧重研究流体质点的运动规律,则适用拉格朗日方法;侧重研究物理量在空间的分布,则适用欧拉方法。拉格朗日方法在船舶与海洋工程流体力学研究中较少采用,主要在分析某些流体运动(如波浪运动、卡门涡街、台风移动等)或在计算流体力学中计算某些问题时(如波面的追踪、流固耦合作用),才采用拉格朗日方法。实际上,拉格朗日方法着眼于流体质点,将物理量视为随体坐标与时间的函数;欧拉方法着眼于空间点,将物理量视为空间坐标与时间的函数,但它们描述的均是流体质点物理量在运动中的变化,因此两者之间可以相互转换。

2. 微分形式和积分形式的表达

微分形式需对流体取微元体,应用基本定律直接导出,也可以对流体取有限体积,先由基本定律积分后,再利用积分域的任意性而得到;积分形式需对流体取有限体积,通过基本定律经积分得到。

微分形式和积分形式的表达各有优缺点,积分形式在求总体量(如作用于某一物面上的压强合力)时较为简便,但它不能获得物理量的局部分布(如压强分布函数),需要求物理量在空间分布时,要用微分形式。此外,用积分形式可允许物理量在域中不连续,而微分形式不允许;积分形式常与有限元、边界元等数值方法配合,微分形式与有限差分、有限体积等数值方法结合。

2.2 雷诺输运定理

2.2.1 系统

包含确定不变物质的任何集合称为“系统”。系统外的一切称为“外界”,系统的边界是系统和外界分开的真实的或假想的表面。在流体力学中,系统是指由确定的流体质点所组成的流体团。

系统边界具有以下特点:

(1)系统边界随流体一起运动,系统的体积和边界面的形状和大小可以随时间变化;

(2)在系统边界处没有质量交换,即没有流体流进或流出系统的边界;

(3)在系统边界上受到外界作用在系统上的表面力;

(4)在系统边界上可以有能量交换,即可以有能量(热和功)进入或外出系统。

由于力学中的一些基本定律是建立在质点或质点系上的,因此当研究对象为系统时,流体力学中的一些运动定律可以直接用原始的数学形式表示出来。显然,用系统的概念来研究流体运动是拉格朗日方法的范畴。

但是在大多数流体力学问题中,将系统作为研究对象得出的一些基本方程,应用起来并不方便,而且工程上更关心流体物理量在空间的分布,如速度分布、压强分布和温度分布等。因此需要引进与欧拉方法相对应的控制体的概念。

2.2.2 控制体

“控制体”是指被流体流过的、相对于某个坐标系来说,固定不变的任何空间体积,控制体的边界面称为“控制面”。一些复杂问题，如求解液货船弹性变形舱室内的液体晃荡问题，还需用到可运动、可变形的控制体。

控制面有如下特点：

(1) 控制体的边界（控制面）相对于坐标系来说是固定不变的；

(2) 控制面上可以有质量交换，即有流体流进或流出控制面；

(3) 在控制面上受到控制体以外物体，加在控制体内物体上的力；

(4) 在控制面上可以有能量交换，即可以有能量（热和功）进入或外出系统。

常用 S 表示控制面，V 表示控制体体积（有时也用 CS 和 CV 表示）。

显然要将力学基本定律建立在控制体上，必须对建立在系统上的基本方程作适当的转换。下面就介绍用于两者转换的输运定理。

2.2.3　雷诺输运定理（流体系统内物理量对时间随体导数公式）

1. 定理

任一瞬时系统 $V(t)$ 内物理量随时间的变化率等于该瞬时同形状、同体积控制体 V 内物理量的变化率与通过控制面 S 的输运量之和，即

$$\frac{\mathrm{D}N}{\mathrm{D}t}=\frac{\mathrm{D}}{\mathrm{D}t}\left[\iiint_{V(t)} Q\mathrm{d}V\right]=\frac{\partial}{\partial t}\iiint_{V} Q\mathrm{d}V+\oiint_{S} Qv_n\mathrm{d}A \tag{2.2.1}$$

即“输运公式”，也称为“雷诺输运定理”，在非惯性坐标系中同样适用。其中

$$N=\iiint_{V(t)} Q\mathrm{d}V=\iiint_{V(t)} \eta\rho\mathrm{d}V$$

式中：当 $\eta=1$ 时，N 表示系统 $V(t)$ 内流体质量；当 $\eta=\boldsymbol{v}$ 时，N 表示系统 $V(t)$ 内流体动量；当 $\eta=\boldsymbol{r}\times\boldsymbol{v}$ 时，N 表示系统 $V(t)$ 内流体动量矩；当 $\eta=e+\dfrac{v^2}{2}$ 时，N 表示系统 $V(t)$ 内流体能量。

2. 定理证明

如图 2.2.1 所示，t 时刻体积为 $V(t)$ 的系统（图中虚线包围区域，此时与控制体 V 重合）经历 Δt 后，运动到新的位置 $V(t+\Delta t)$（图中实线包围区域），系统边界面由 $S(t)$ 变为 $S(t+\Delta t)$。

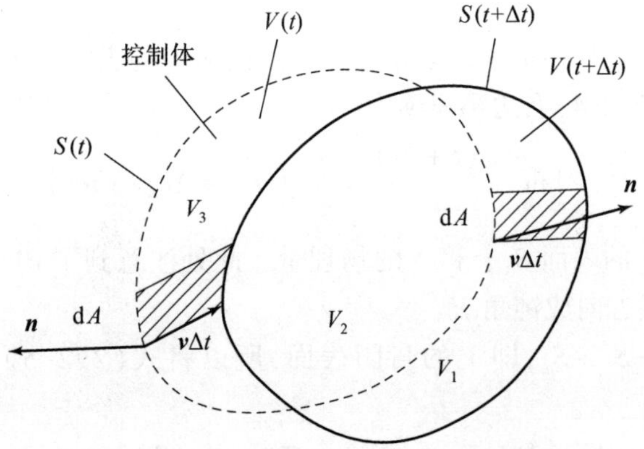

图 2.2.1　可变体积上积分的时间导数

根据时间导数定义：

$$\frac{\mathrm{D}N}{\mathrm{D}t}=\lim_{\Delta t\to 0}\frac{N(t+\Delta t)-N(t)}{\Delta t} \tag{2.2.2}$$

将 $V(t+\Delta t)$ 分成两部分，即与 $V(t)$ 重合部分 V_2 和新占空间部分 V_1，同时系统又从 $V(t)$ 内空出区域 V_3，因此有

$$V(t+\Delta t)=V_1+V_2=V_1+(V_2+V_3)-V_3=V_1+V-V_3$$

于是

$$N(t+\Delta t)=N_{V_1}(t+\Delta t)+N_V(t+\Delta t)-N_{V_3}(t+\Delta t) \tag{2.2.3}$$

将式(2.2.3)代入式(2.2.2)式，得

$$\begin{aligned}\frac{\mathrm{D}N}{\mathrm{D}t}&=\lim_{\Delta t\to 0}\frac{N(t+\Delta t)-N(t)}{\Delta t}=\lim_{\Delta t\to 0}\frac{N_{V_1}(t+\Delta t)+N_V(t+\Delta t)-N_{V_3}(t+\Delta t)-N_V(t)}{\Delta t}\\&=\lim_{\Delta t\to 0}\frac{N_V(t+\Delta t)-N_V(t)}{\Delta t}+\lim_{\Delta t\to 0}\frac{N_{V_1}(t+\Delta t)}{\Delta t}-\lim_{\Delta t\to 0}\frac{N_{V_3}(t+\Delta t)}{\Delta t}\end{aligned} \tag{2.2.4}$$

式(2.2.4)右边第一项是同一空间上不同时刻的积分，所以为

$$\lim_{\Delta t\to 0}\frac{N_V(t+\Delta t)-N_V(t)}{\Delta t}=\frac{\partial N}{\partial t} \tag{2.2.5}$$

对于式(2.2.4)右边第二项，注意到体积分为

$$N_{V_1}(t+\Delta t)=\iiint_{V_1}Q(\boldsymbol{r},t+\Delta t)\mathrm{d}V$$

式中：积分元 $\mathrm{d}V$ 可以取图 2.2.1 所示 V_1 中的柱形体元，其底面积为空间 V 的边界面上的面元 $\mathrm{d}A$，棱边长为 $|\boldsymbol{v}\Delta t|$，这里 $\boldsymbol{v}$ 为流体质点相对于面元 $\mathrm{d}A$ 的速度矢量。因为 V 边界上的外法线单位向量为 $\boldsymbol{n}$，则体积元为

$$\mathrm{d}V=\boldsymbol{v}\cdot\boldsymbol{n}\mathrm{d}A\Delta t$$

所以，式(2.2.4)右边第二项可写为

$$\lim_{\Delta t\to 0}\frac{N_{V_1}(t+\Delta t)}{\Delta t}=\lim_{\Delta t\to 0}\frac{\iiint_{V_1}Q(\boldsymbol{r},t+\Delta t)\mathrm{d}V}{\Delta t}=\lim_{\Delta t\to 0}\frac{\iint_{S_1}Q(\boldsymbol{r},t+\Delta t)\boldsymbol{v}\cdot\boldsymbol{n}\mathrm{d}A\Delta t}{\Delta t}=$$

$$\iint_{S_1}Q(\boldsymbol{r},t+\Delta t)\boldsymbol{v}\cdot\boldsymbol{n}\mathrm{d}A \tag{2.2.6}$$

式中：S_1 为 V 与 V_1 之公共表面，右边表示单位时间内从 V 的表面 S_1 上移出的物理量。

同理可得到式(2.2.4)右边第三项为

$$-\lim_{\Delta t\to 0}\frac{N_{V_3}(t+\Delta t)}{\Delta t}=\iint_{S_2}Q(\boldsymbol{r},t+\Delta t)\boldsymbol{v}\cdot\boldsymbol{n}\mathrm{d}A \tag{2.2.7}$$

表示单位时间内从 V 的表面 S_3 上移入的物理量。此处注意到了 $\mathrm{d}V=-\boldsymbol{v}\cdot\boldsymbol{n}\mathrm{d}A\Delta t$，因为 V_3 中速度方向与法线方向成钝角。

另外注意到 $S=S_1+S_2$，即 V 的封闭表面，所以将式(2.2.5)～式(2.2.7)代入式(2.2.4)得

$$\frac{\mathrm{D}N}{\mathrm{D}t}=\frac{\mathrm{D}}{\mathrm{D}t}\left[\iiint_{V(t)}Q\mathrm{d}V\right]=\frac{\partial}{\partial t}\iiint_{V}Q\mathrm{d}V+\oiint_{S}Q\boldsymbol{v}\cdot\boldsymbol{n}\mathrm{d}A$$

这就是式(2.2.1)。该公式对于固定的或运动的、不变形或可变形的控制体都适用。若该控制体是固定且不变形的,则输运公式改写为

$$\frac{\mathrm{D}N}{\mathrm{D}t}=\frac{\mathrm{D}}{\mathrm{D}t}\left[\iiint_{V(t)} Q\mathrm{d}V\right]=\iiint_{V}\frac{\partial Q}{\partial t}\mathrm{d}V+\oint_{S} Q\boldsymbol{v}\cdot\boldsymbol{n}\mathrm{d}A \tag{2.2.8}$$

式(2.2.8)也可用于以常速度运动但不变形的控制体,这是由于常速度对净输运的物理量没有贡献,故用相对速度或绝对速度都可。

输运公式也可以按照 1.4.4 小节中迁移定理的推导方式直接导出:

$$\frac{\mathrm{D}N}{\mathrm{D}t}=\frac{\mathrm{D}}{\mathrm{D}t}\left[\iiint_{V(t)} Q\mathrm{d}V\right]=\iiint_{V}\frac{\mathrm{D}}{\mathrm{D}t}(Q\mathrm{d}V)=\iiint_{V}\left[\frac{\mathrm{D}Q}{\mathrm{D}t}\mathrm{d}V+Q\frac{\mathrm{D}V}{\mathrm{D}t}\right]=$$

$$\iiint_{V}\left[\left(\frac{\partial Q}{\partial t}+(\boldsymbol{v}.\nabla)Q\right)\mathrm{d}V+Q\,\nabla.\boldsymbol{v}\mathrm{d}V\right]=\iiint_{V}\left[\left(\frac{\partial Q}{\partial t}+(\boldsymbol{v}.\nabla)Q\right)+\nabla.(\boldsymbol{v}Q)-(\boldsymbol{v}.\nabla)Q\right]\mathrm{d}V=$$

$$\iiint_{V}\left[\frac{\partial Q}{\partial t}+\nabla.(\boldsymbol{v}Q)\right]\mathrm{d}V=\iiint_{V}\frac{\partial Q}{\partial t}\mathrm{d}V+\oint_{S}\boldsymbol{n}.\boldsymbol{v}Q\mathrm{d}S=\iiint_{V}\frac{\partial Q}{\partial t}\mathrm{d}V+\oint_{S}Q\boldsymbol{v}\cdot\boldsymbol{n}\mathrm{d}A$$

3. 输运定理物理意义

输运定理表明:某一时刻可变体积上系统的总物理量随时间的变化率,等于该时刻所在空间域(控制体)中物理量的时间变化率与单位时间内通过该空间域边界(控制面)净输运的流体物理量之和。

输运定理作用:将拉格朗日型的系统物理量导数表示成欧拉型,实际就是拉格朗日运动方程表达转化为欧拉方法表达形式。

2.3　微分形式的流体力学基本方程组

2.3.1　微分形式的连续方程

流体运动必须遵循质量守恒定律,即包含在一流体系统中的流体质量在运动过程中保持不变,或者说在一固定空间中的流体质量的减少率等于在此期间通过其表面流出的质量流量。本小节将从质量守恒定律推导出流体运动满足质量守恒定律的方程形式——连续方程。

1. 方程的推导

推导连续方程的方法有多种,下面分别介绍 4 种常用方法。

第 1 种方法:"微分体积法"或"微元体法"。为了直观方便,在流场中取出一固定不动、形状为规则六面体的微分体积(控制体),其各侧面分别与三个坐标轴平行,棱边分别为 dx,dy,dz(图 2.3.1)。

流体运动时,流体将通过控制面流入和流出控制体,并使控制体内的流体质量发生变化,下面来计算流入和流出控制体的流体质量。

设 t 时刻 A 点流体的密度为 $\rho(x,y,z,t)$,速度为 $\boldsymbol{v}(x,y,z,t)$,其分量为 v_x,v_y,v_z。六面体每个面元上只有一个速度分量使相应的质量流入和流出控制体,下面先计算与 x 轴垂直的两个面上的质量流量。

一方面,在 $ABCD$ 面上,Δt 时间内将有

$$\rho v_x\Delta t\mathrm{d}y\mathrm{d}z$$

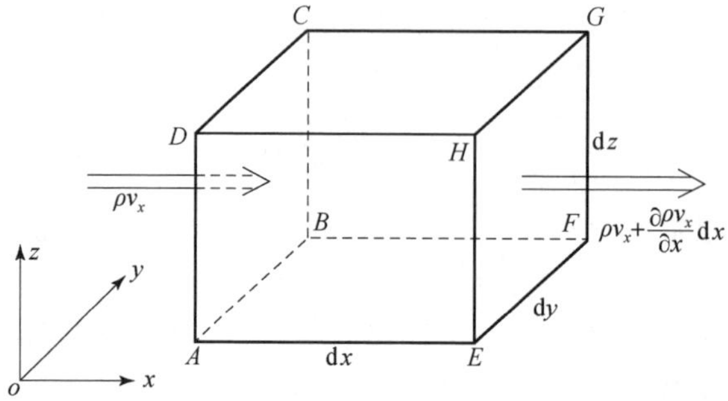

图 2.3.1　规则六面体微分体积

的流体质量流入控制体，而在 *EFGH* 面上，Δt 时间内将有

$$\rho v_x \Delta t \mathrm{d}y\mathrm{d}z + \frac{\partial}{\partial x}(\rho v_x \Delta t \mathrm{d}y\mathrm{d}z)\mathrm{d}x$$

的流体质量流出该六面体。因此，Δt 时间内，通过这两个面净流出的流体质量为

$$\frac{\partial}{\partial x}(\rho v_x)\Delta t \mathrm{d}y\mathrm{d}z\mathrm{d}x$$

同理，可以计算出 Δt 时间内，通过 *DAEH* 及 *BFGC* 这两个面净流出的流体质量为

$$\frac{\partial}{\partial y}(\rho v_y)\Delta t \mathrm{d}x\mathrm{d}z\mathrm{d}y$$

Δt 时间内，通过 *AEFB* 及 *DHGC* 这两个面净流出的流体质量为

$$\frac{\partial}{\partial z}(\rho v_z)\Delta t \mathrm{d}x\mathrm{d}y\mathrm{d}z$$

由上面可以得到 Δt 时间内，通过微元六面体净流出的流体质量为

$$\left[\frac{\partial}{\partial x}(\rho v_x) + \frac{\partial}{\partial y}(\rho v_y) + \frac{\partial}{\partial z}(\rho v_z)\right]\mathrm{d}x\mathrm{d}y\mathrm{d}z\Delta t$$

另一方面，微元体内流体质量在 Δt 时间内的变化为

$$\left[\rho \mathrm{d}x\mathrm{d}y\mathrm{d}z + \frac{\partial}{\partial t}(\rho \mathrm{d}x\mathrm{d}y\mathrm{d}z)\Delta t\right] - \rho \mathrm{d}x\mathrm{d}y\mathrm{d}z = \frac{\partial}{\partial t}(\rho \mathrm{d}x\mathrm{d}y\mathrm{d}z)\Delta t$$

由于计算时以流出微元体的质量为正，因此微元体内流体质量在 Δt 时间内减少量为

$$-\frac{\partial}{\partial t}(\rho \mathrm{d}x\mathrm{d}y\mathrm{d}z)\Delta t$$

依据质量守恒定律：Δt 时间内通过空间控制体六个面净流出的质量应等于单位时间控制体内的质量减少，有

$$\left[\frac{\partial}{\partial x}(\rho v_x) + \frac{\partial}{\partial y}(\rho v_y) + \frac{\partial}{\partial z}(\rho v_z)\right]\mathrm{d}x\mathrm{d}y\mathrm{d}z\Delta t = -\frac{\partial}{\partial t}(\rho \mathrm{d}x\mathrm{d}y\mathrm{d}z)\Delta t$$

简化得

$$\frac{\partial \rho}{\partial t} + \frac{\partial}{\partial x}(\rho v_x) + \frac{\partial}{\partial y}(\rho v_y) + \frac{\partial}{\partial z}(\rho v_z) = 0 \tag{2.3.1a}$$

这就是直角坐标系下导出的连续方程。

利用散度公式：

$$\mathrm{div}\boldsymbol{A} = \frac{\partial A_1}{\partial x} + \frac{\partial A_2}{\partial y} + \frac{\partial A_3}{\partial z} = \nabla \cdot \boldsymbol{A}$$

式中：A_1，A_2，A_3为向量 $\boldsymbol{A}$ 的各分量；∇为汉密尔顿算子。

式(2.3.1a)可以改写为矢量形式:

$$\frac{\partial\rho}{\partial t}+\mathrm{div}(\rho\boldsymbol{v})=\frac{\partial\rho}{\partial t}+\nabla\cdot(\rho\boldsymbol{v})=0 \tag{2.3.1b}$$

根据散度运算,式(2.3.1b)进一步改写为

$$\frac{\mathrm{D}\rho}{\mathrm{D}t}+\rho\mathrm{div}\boldsymbol{v}=\frac{\mathrm{D}\rho}{\mathrm{D}t}+\rho\nabla\cdot\boldsymbol{v}=0 \tag{2.3.1c}$$

第 2 种方法:数学物理的方法。在流场中任取一流域 V(控制体),其控制面为 S(图 2.3.2)。

此时质量守恒定律的描述为单位时间内 V 中流体质量增加 = 单位时间内流进 S 的质量,即

$$\frac{\partial}{\partial t}\iiint_V\rho\mathrm{d}V=-\oint_s\rho(\boldsymbol{v}\cdot\boldsymbol{n})\mathrm{d}A\overset{\text{广义高斯公式}}{=}-\iiint_V\nabla\cdot(\rho\boldsymbol{v})\mathrm{d}V$$

或写成

$$\iiint_V\left[\frac{\partial\rho}{\partial t}+\nabla\cdot(\rho\boldsymbol{v})\right]\mathrm{d}V=0 \tag{2.3.2}$$

为积分形式连续方程。

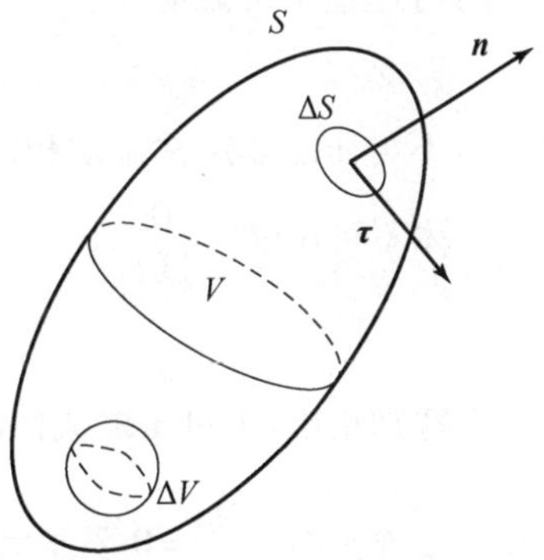

图 2.3.2　控制体

由于 V 是任取的,所以$\frac{\partial\rho}{\partial t}+\nabla\cdot(\rho\boldsymbol{v})=0$,即式(2.3.1b);或$\frac{\mathrm{D}\rho}{\mathrm{D}t}+\rho(\nabla\cdot\boldsymbol{v})=0$,即式(2.3.1c)。

第 3 种方法,采用雷诺输运定理。在流场中任取一流域 $V(t)$,其质量为

$$m=\iiint_{V(t)}\rho\mathrm{d}V$$

由质量守恒定律,得

$$\frac{\mathrm{D}m}{\mathrm{D}t}=\frac{\mathrm{D}}{\mathrm{D}t}\iiint_{V(t)}\rho\mathrm{d}V=0$$

由输运定理,则

$$\frac{\mathrm{D}}{\mathrm{D}t}\iiint_{V(t)}\rho\mathrm{d}V=\iiint_V\frac{\partial\rho}{\partial t}\mathrm{d}V+\iint_S[\boldsymbol{n}\cdot(\rho\boldsymbol{v})]\mathrm{d}A=0$$

即

$$\iiint_V\left[\frac{\partial\rho}{\partial t}+\nabla\cdot(\rho\boldsymbol{v})\right]\mathrm{d}V=0$$

由于控制体 V 是任意的,所以$\frac{\partial\rho}{\partial t}+\nabla\cdot(\rho\boldsymbol{v})=0$,即式(2.3.1b);或$\frac{\mathrm{D}\rho}{\mathrm{D}t}+\rho(\nabla\cdot\boldsymbol{v})=0$,即式(2.3.1c)。

第 4 种方法,采用拉格朗日方法。流体微团 $\delta\tau$ 中有 δm 质量,则根据质量守恒定律:

$$\frac{\mathrm{D}}{\mathrm{D}t}\delta m=\frac{\mathrm{D}}{\mathrm{D}t}(\rho\delta\tau)=\rho\frac{\mathrm{D}}{\mathrm{D}t}(\delta\tau)+\frac{\mathrm{D}\rho}{\mathrm{D}t}\delta\tau=\rho\nabla\cdot\boldsymbol{v}\delta\tau+\frac{\mathrm{D}\rho}{\mathrm{D}t}\delta\tau=0$$

所以$\frac{\mathrm{D}\rho}{\mathrm{D}t}+\rho(\nabla\cdot\boldsymbol{v})=0$,即式(2.3.1c)。这里应用到了流场速度的散度就是单位流体体积膨胀率的物理概念。

无论理想流体还是真实流体,均应满足连续方程,否则流动为不可能。因此,在求解

流体力学问题时,首先应该判断流动是否符合连续性条件。

2. 不同流动状态下的连续方程形式

1)可压缩非定常流动

$$\frac{\partial\rho}{\partial t}+\nabla\cdot(\rho\boldsymbol{v})=0$$

2)可压缩定常流动

$$\nabla\cdot(\rho\boldsymbol{v})=0$$

3)不可压缩非定常流动和定常流动

流体不可压缩时,$\frac{\mathrm{D}\rho}{\mathrm{D}t}=0$,所以由式(2.3.1c)得

$$\nabla\cdot\boldsymbol{v}=0$$

需特别指出:不可压缩流体的数学表达$\frac{\mathrm{D}\rho}{\mathrm{D}t}=0$ 和不可压缩均质流体的数学表示 $\rho=$ 常数不是等价的。$\frac{\mathrm{D}\rho}{\mathrm{D}t}=0$ 表示流场中每个质点的密度在它的全过程中不变,但不同质点的密度可以不同,因此不可压缩流体的密度不一定处处都是同一常数,只有不可压缩均质流体,密度才处处时时为同一常数。

3. 连续方程的几种不同表达形式

1)管内定常运动(一维流动)

根据图 2.3.3 可得

$$\rho_1v_1A_1=\rho_2v_2A_2 \text{ 或 } \rho vA=\text{const}$$

式中:A_1,A_2 为横截面积;v_1,ρ_1,v_2,ρ_2 是横截面上平均流速和密度。

对于不可压缩流体:

$$v_1A_1=v_2A_2$$

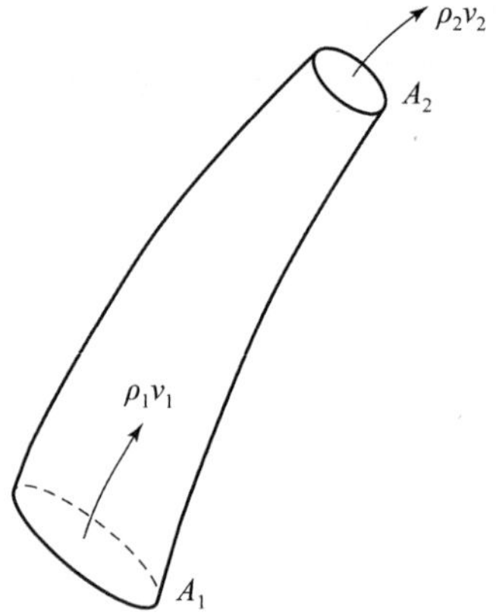

图 2.3.3 管内定常运动

2)平面流动

(1)直角坐标系(x,y)为

$$\frac{\partial\rho}{\partial t}+\frac{\partial(\rho v_x)}{\partial x}+\frac{\partial(\rho v_y)}{\partial y}=0$$

(2)极坐标系(r,ε)为

$$\frac{\partial\rho}{\partial t}+\frac{1}{r}\frac{\partial(\rho v_r r)}{\partial r}+\frac{1}{r}\frac{\partial(\rho v_\varepsilon)}{\partial\varepsilon}=0$$

3)空间流动

(1)直角坐标系(x,y,z)为

$$\frac{\partial\rho}{\partial t}+\frac{\partial(\rho v_x)}{\partial x}+\frac{\partial(\rho v_y)}{\partial y}+\frac{\partial(\rho v_z)}{\partial z}=0$$

(2)柱坐标系(r,ε,z)为

$$\frac{\partial\rho}{\partial t}+\frac{\partial(\rho v_r r)}{r\partial r}+\frac{\partial(\rho v_\varepsilon)}{r\partial\varepsilon}+\frac{\partial(\rho v_z)}{\partial z}=0$$

(3)球坐标系(R,θ,ε)为

$$\frac{\partial\rho}{\partial t}+\frac{1}{R^2\sin\theta}\left[\frac{\partial(\rho v_R R^2\sin\theta)}{\partial R}+\frac{\partial(\rho v_\theta R\sin\theta)}{\partial\theta}+\frac{\partial(\rho v_\varepsilon R)}{\partial\varepsilon}\right]=0$$

例题 2.1:用微元六面体推导以下曲线坐标系中的连续性方程:

(1)柱坐标;

(2)球坐标;

(3)一般曲线坐标。

解:(1)取出一微元体,如图 2.3.4 所示。

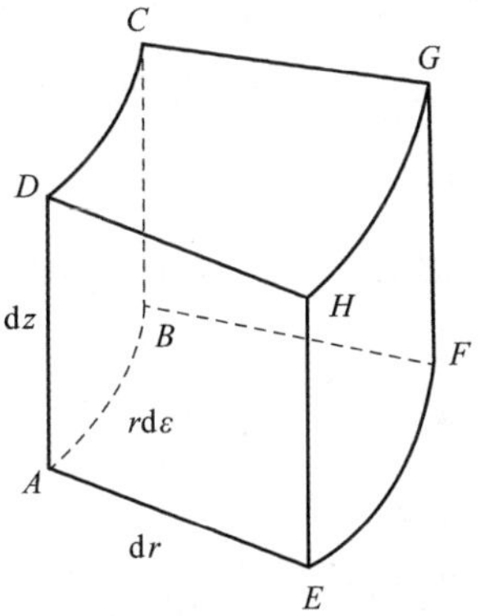

图 2.3.4　柱坐标系下的微元六面体

Δt 时间内,$ABCD$ 面上将有 $\rho v_r r\mathrm{d}\varepsilon\mathrm{d}z\Delta t$ 的流量进入六面体,而在 $EFGH$ 面上,将有

$$\rho v_r r\mathrm{d}\varepsilon\mathrm{d}z\Delta t+\frac{\partial}{\partial r}(\rho v_r r\mathrm{d}\varepsilon\mathrm{d}z\Delta t)\mathrm{d}r+\cdots$$

的流体质量流出该六面体。这样 Δt 时间内通过这两个面,就有

$$\frac{\partial}{\partial r}(\rho v_r r\mathrm{d}\varepsilon\mathrm{d}z\Delta t)\mathrm{d}r=\frac{\partial}{\partial r}(\rho v_r r)\mathrm{d}r\mathrm{d}\varepsilon\mathrm{d}z\Delta t$$

的流体质量净流出该六面体。

同理可计算出 Δt 时间内通过 $AEHD$ 及 $BFGC$ 这两个面净流出的流体质量为

$$\frac{\partial}{\partial\varepsilon}(\rho v_\varepsilon\mathrm{d}r\mathrm{d}z\Delta t)\mathrm{d}\varepsilon=\frac{\partial}{\partial\varepsilon}(\rho v_\varepsilon)\mathrm{d}r\mathrm{d}\varepsilon\mathrm{d}z\Delta t$$

通过 $AEFB$ 和 $DHGC$ 这两个面净流出的流体质量为

$$\frac{\partial}{\partial z}(\rho v_z r\mathrm{d}\varepsilon\mathrm{d}r\Delta t)\mathrm{d}z=\frac{\partial}{\partial z}(\rho v_z)r\mathrm{d}r\mathrm{d}\varepsilon\mathrm{d}z\Delta t$$

在 Δt 时间内,六面体内的减少的质量为

$$-\frac{\partial\rho}{\partial t}r\mathrm{d}r\mathrm{d}\varepsilon\mathrm{d}z\Delta t$$

根据质量守恒定律:通过六个面净流出的质量等于控制体内流体质量的减少量,因此有

$$-\frac{\partial\rho}{\partial t}r\mathrm{d}r\mathrm{d}\varepsilon\mathrm{d}z\Delta t=\left[\frac{\partial(r\rho v_r)}{\partial r}+\frac{\partial(\rho v_\varepsilon)}{\partial\varepsilon}+\frac{\partial(\rho v_z)}{\partial z}r\right]\mathrm{d}r\mathrm{d}\varepsilon\mathrm{d}z\Delta t$$

约去等式两边 $r\mathrm{d}r\mathrm{d}\varepsilon\mathrm{d}z\Delta t$,有

$$\frac{\partial\rho}{\partial t}+\frac{1}{r}\frac{\partial(r\rho v_r)}{\partial r}+\frac{\partial(\rho v_\varepsilon)}{r\partial\varepsilon}+\frac{\partial(\rho v_z)}{\partial z}=0$$

(2)取出一个微元六面体,如图 2.3.5 所示。

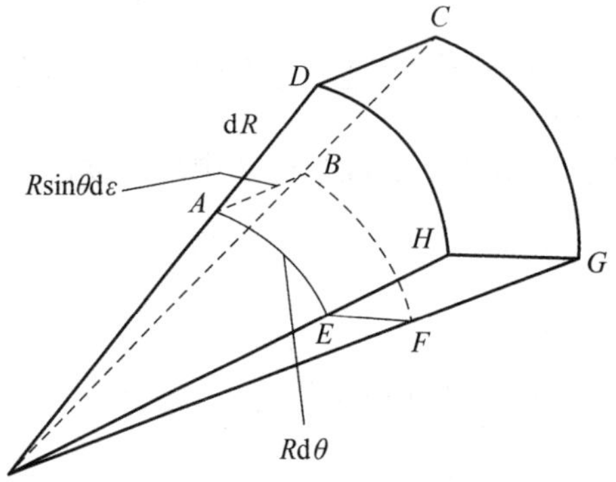

图 2.3.5　球坐标系下的微元六面体

Δt 内通过 $ABCD$、$EFGH$ 两面净质量为

$$\left[\rho v_\theta R\sin\theta \mathrm{d}\varepsilon \mathrm{d}R\Delta t+\frac{\partial(\rho v_\theta R\sin\theta)}{\partial\theta}\mathrm{d}\varepsilon \mathrm{d}R\mathrm{d}\theta\Delta t\right]-\rho v_\theta R\sin\theta \mathrm{d}\varepsilon \mathrm{d}R\Delta t=$$

$$\frac{\partial(\rho v_\theta R\sin\theta)}{\partial\theta}\mathrm{d}R\mathrm{d}\theta\mathrm{d}\varepsilon\Delta t$$

同理,Δt 内通过 $AEFB$ 和 $DHGC$ 两面净质量为

$$\frac{\partial(\rho v_R R^2\sin\theta)}{\partial R}\mathrm{d}R\mathrm{d}\theta\mathrm{d}\varepsilon\Delta t$$

Δt 内通过 $AEHD$ 和 $BFGC$ 两面净质量为

$$\frac{\partial(\rho v_\varepsilon R)}{\partial\varepsilon}\mathrm{d}R\mathrm{d}\theta\mathrm{d}\varepsilon\Delta t$$

在 Δt 内,六面体内减少的质量为

$$-\frac{\partial\rho}{\partial t}R^2\sin\theta\mathrm{d}R\mathrm{d}\theta\mathrm{d}\varepsilon\Delta t$$

根据质量守恒定律,有

$$\frac{\partial\rho}{\partial t}R^2\sin\theta\mathrm{d}R\mathrm{d}\theta\mathrm{d}\varepsilon\Delta t+\frac{\partial(\rho v_R R^2\sin\theta)}{\partial R}\mathrm{d}R\mathrm{d}\theta\mathrm{d}\varepsilon\Delta t+\frac{\partial(\rho v_\theta R\sin\theta)}{\partial\theta}\mathrm{d}R\mathrm{d}\theta\mathrm{d}\varepsilon\Delta t+$$

$$\frac{\partial(\rho v_\varepsilon R)}{\partial\varepsilon}\mathrm{d}R\mathrm{d}\theta\mathrm{d}\varepsilon\Delta t=0$$

两边同除以 $R^2\sin\theta\mathrm{d}R\mathrm{d}\theta\mathrm{d}\varepsilon\Delta t$,得

$$\frac{\partial\rho}{\partial t}+\frac{\partial(\rho v_R R^2)}{R^2\,\partial R}+\frac{\partial(\rho v_\theta\sin\theta)}{R\sin\theta\,\partial\theta}+\frac{\partial(\rho v_\varepsilon)}{R\sin\theta\,\partial\varepsilon}=0$$

(3)一般曲线坐标系:

由第 1 章曲线坐标系下散度的运算公式,可以将连续方程式(2.3.1b)改写为

$$\frac{\partial\rho}{\partial t}+\frac{1}{h_1h_2h_3}\left[\frac{\partial(\rho h_2h_3v_1)}{\partial q_1}+\frac{\partial(\rho h_1h_3v_2)}{\partial q_2}+\frac{\partial(\rho h_1h_2v_3)}{\partial q_3}\right]=0$$

将柱坐标系和球坐标系下的拉美系数代入上式,就可得到相应的连续方程表达式。

例题 2.2:对于速度场

$$v_i=\frac{x_i}{1+t}\quad(i=1,2,3,)$$

证明：$\rho xyz=\rho_0 abc$，其中：a,b,c 是拉格朗日变量，ρ_0 是初始密度，$\rho_0=\rho(a,b,c,0)$。

证明：

$\rho \mathrm{d}\tau=\rho_0 \mathrm{d}\tau_0$

又$\begin{cases} x_{0i}=x_i(a,b,c,t_0) \\ x_i=x_i(a,b,c,t) \end{cases}$

$\mathrm{d}\tau_0=\mathrm{d}x_0\mathrm{d}y_0\mathrm{d}z_0=D_0\mathrm{d}a\mathrm{d}b\mathrm{d}c$

$\mathrm{d}\tau=\mathrm{d}x\mathrm{d}y\mathrm{d}z=D\mathrm{d}a\mathrm{d}b\mathrm{d}c$

所以 $\rho_0 D_0=\rho D$

由于$\dfrac{\mathrm{d}x_i}{\mathrm{d}t}=\dfrac{x_i}{1+t}$

所以 $\ln x_i=c_i\ln(1+t)$，即 $x_i=c_i(1+t)$

因当 $t=0$ 时，$x_i=a_i$ 故 $c_i=a_i$，因而 $x_i=a_i(1+t)$，即

$$\begin{cases} x=a(1+t) \\ y=b(1+t) \\ z=c(1+t) \end{cases}$$

由此

$\mathrm{d}\tau_0=\mathrm{d}a\mathrm{d}b\mathrm{d}c$

$\mathrm{d}\tau=(1+t)^3\mathrm{d}a\mathrm{d}b\mathrm{d}c$

由 $\rho_0\mathrm{d}\tau_0=\rho\mathrm{d}\tau$ 得

$$\rho_0\mathrm{d}a\mathrm{d}b\mathrm{d}c=\rho\,(1+t)^3\mathrm{d}a\mathrm{d}b\mathrm{d}c$$

两边积分得

$$\rho_0 abc=\rho\,(1+t)^3 abc=\rho xyz$$

例题 2.3：证明速度场

$$v_i=\frac{Ax_i}{R^3}\quad(i=1,2,3,)$$

满足不可压缩流体的连续性方程，式中：A 为常数，$R^2=x^2+y^2+z^2$。

证法 1：

由 $v_x=\dfrac{Ax}{(x^2+y^2+z^2)^{\frac{3}{2}}}, v_y=\dfrac{Ay}{(x^2+y^2+z^2)^{\frac{3}{2}}}, v_z=\dfrac{Az}{(x^2+y^2+z^2)^{\frac{3}{2}}}$得

$$\nabla\cdot\boldsymbol{v}=\frac{\partial v_x}{\partial x}+\frac{\partial v_y}{\partial y}+\frac{\partial v_z}{\partial z}=\frac{3A}{R^3}-3\frac{A(x^2+y^2+z^2)}{(x^2+y^2+z^2)^{\frac{5}{2}}}=0$$

可见满足不可压流体的连续性方程。

证法 2：

将速度用球坐标系（图 2.3.6）形式表达：

根据球坐标系与直角坐标系之间转换关系：

$$\begin{cases} \boldsymbol{i}=\boldsymbol{e}_r\cos\varepsilon-\boldsymbol{e}_\varepsilon\sin\varepsilon \\ \boldsymbol{j}=\boldsymbol{e}_r\sin\varepsilon+\boldsymbol{e}_\varepsilon\cos\varepsilon \end{cases}$$

$$\begin{cases} \boldsymbol{e}_r=\boldsymbol{e}_\theta\cos\theta+\boldsymbol{e}_R\sin\theta \\ \boldsymbol{k}=\boldsymbol{e}_R\cos\theta-\boldsymbol{e}_\theta\sin\theta \end{cases}$$

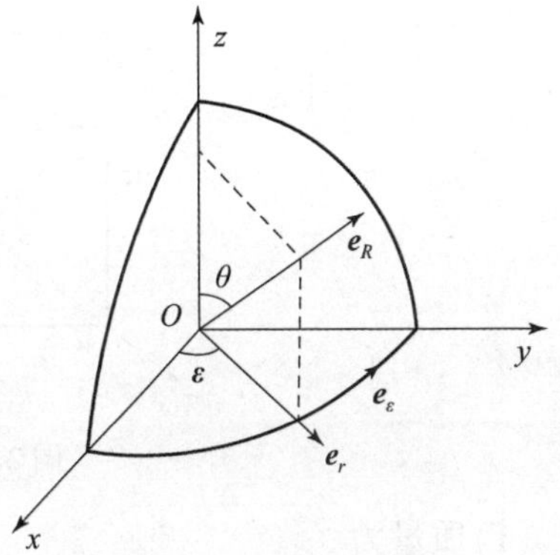

图 2.3.6　球坐标系

$$\begin{cases} x = R\sin\theta\cos\varepsilon \\ y = R\sin\theta\sin\varepsilon \\ z = R\cos\theta \end{cases}$$

得到速度在球坐标系中的表达式为

$$\boldsymbol{v} = \frac{AR(\boldsymbol{i}\sin\theta\cos\varepsilon + \boldsymbol{j}\sin\theta\sin\varepsilon + \boldsymbol{k}\cos\theta)}{R^3} = \frac{A}{R^2}[\sin\theta\cos^2\varepsilon(\boldsymbol{e}_\theta\cos\theta + \boldsymbol{e}_R\sin\theta) - \boldsymbol{e}_\varepsilon\sin\theta\cos\varepsilon +$$

$$\sin\theta\sin^2\varepsilon(\boldsymbol{e}_\theta\cos + \boldsymbol{e}_R\sin\theta) + \boldsymbol{e}_\varepsilon\sin\theta\sin\varepsilon\cos\varepsilon +$$

$$\boldsymbol{e}_R\cos^2\theta - \boldsymbol{e}_\theta\cos\theta\sin\theta] = \frac{A}{R^2}\boldsymbol{e}_R = v_R\boldsymbol{e}_R \Rightarrow \begin{cases} v_R = \dfrac{A}{R^2} \\ v_\theta = 0 \\ v_\varepsilon = 0 \end{cases}$$

代入球坐标形式的速度散度公式,得$\nabla \cdot \boldsymbol{v} = 0$,故满足不可压缩流体的连续方程。

例题 2.4:已知二维不可压缩流体的运动速度分布为 $v_x = x^2 - y^2 + x, v_y = -(2xy + y)$,试问该流场连续流动是否可能?

解:对于不可压缩流动,其连续方程应该为速度的散度等于零。而

$$\nabla \cdot \boldsymbol{v} = \frac{\partial v_x}{\partial x} + \frac{\partial v_y}{\partial y} = 2x - 2x = 0$$

所以该流动是连续的,即流动是可能的。

2.3.2 微分形式的运动方程(动量方程)

动量平衡是流体运动所遵循的另一个普遍定律,其含义是对一给定的流体系统,其动量的时间变化率等与作用其上的外力总和。

1. 运动方程的推导

如图 2.3.7 所示,在黏性流体中取一微元平行六面体,其边长分别为 dx,dy,dz。下面分析作用于控制体内流体的力。

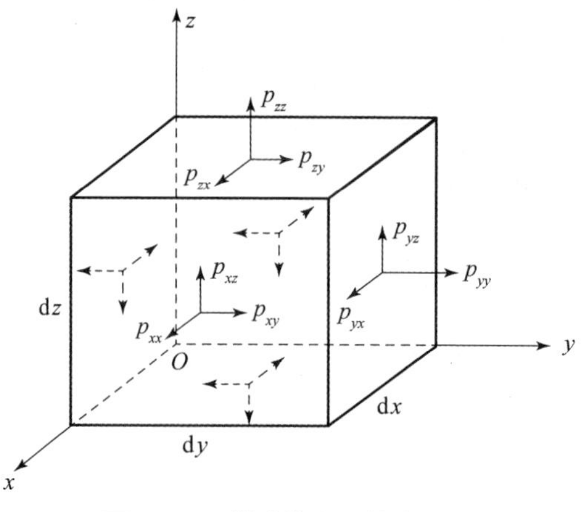

图 2.3.7 微分体积上的表面力

1)质量力

单位质量力为 $\boldsymbol{f}$,其在 x,y,z 坐标轴的投影为 f_x,f_y,f_z,因此微元控制体所受到的总质

量力在三个坐标轴上的投影分别为

$$\begin{cases} F_x = f_x \cdot \rho \mathrm{d}x\mathrm{d}y\mathrm{d}z \\ F_y = f_y \cdot \rho \mathrm{d}x\mathrm{d}y\mathrm{d}z \\ F_z = f_z \cdot \rho \mathrm{d}x\mathrm{d}y\mathrm{d}z \end{cases}$$

2)表面力

微元控制体各个控制面上的单位表面力:$p_{xx}, p_{yy}, p_{zz}, \tau_{yz}, \tau_{zy}, \tau_{zx}, \tau_{xz}, \tau_{xy}, \tau_{yx}$,其中第一个下标表示作用面的法线方向,第二个下标表示应力的作用方向。为便于下面推导有关公式,这里规定应力的作用方向以图 2.3.7 中的方向为正,即当作用面的外法线方向与坐标轴正向一致时,应力以顺坐标轴正向为正,当作用面的外法线方向与坐标轴负向相同时,应力以沿坐标轴负向为正。

根据牛顿第二运动定律$\sum \boldsymbol{F} = m\boldsymbol{a}$,可以得到 $\boldsymbol{x}$ 方向的平衡方程:

$$f_x\rho \mathrm{d}x\mathrm{d}y\mathrm{d}z - p_{xx}\mathrm{d}y\mathrm{d}z + \left(p_{xx} + \frac{\partial p_{xx}}{\partial x}\mathrm{d}x\right)\mathrm{d}y\mathrm{d}z - \tau_{yx}\mathrm{d}x\mathrm{d}z + \left(\tau_{yx} + \frac{\partial \tau_{yx}}{\partial y}\mathrm{d}y\right)\mathrm{d}x\mathrm{d}z -$$

$$\tau_{zx}\mathrm{d}x\mathrm{d}y + \left(\tau_{zx} + \frac{\partial \tau_{zx}}{\partial z}\mathrm{d}z\right)\mathrm{d}x\mathrm{d}y = (\rho \mathrm{d}x\mathrm{d}y\mathrm{d}z)\frac{\mathrm{d}v_x}{\mathrm{d}t}$$

将上式化简,令 $\mathrm{d}x, \mathrm{d}y, \mathrm{d}z \to 0$,可得下面第一式并同理可得另外两式,即

$$\begin{cases} \dfrac{\mathrm{D}v_x}{\mathrm{D}t} = f_x + \dfrac{1}{\rho}\left(\dfrac{\partial p_{xx}}{\partial x} + \dfrac{\partial \tau_{yx}}{\partial y} + \dfrac{\partial \tau_{zx}}{\partial z}\right) = f_x + \dfrac{1}{\rho}(\nabla \cdot \boldsymbol{p}_x) \\ \dfrac{\mathrm{D}v_y}{\mathrm{D}t} = f_y + \dfrac{1}{\rho}\left(\dfrac{\partial \tau_{xy}}{\partial x} + \dfrac{\partial p_{yy}}{\partial y} + \dfrac{\partial \tau_{zy}}{\partial z}\right) = f_y + \dfrac{1}{\rho}(\nabla \cdot \boldsymbol{p}_y) \\ \dfrac{\mathrm{D}v_z}{\mathrm{D}t} = f_z + \dfrac{1}{\rho}\left(\dfrac{\partial \tau_{xz}}{\partial x} + \dfrac{\partial \tau_{yz}}{\partial y} + \dfrac{\partial p_{zz}}{\partial z}\right) = f_y + \dfrac{1}{\rho}(\nabla \cdot \boldsymbol{p}_z) \end{cases} \tag{2.3.3a}$$

其中

$$\begin{cases} \boldsymbol{p}_x = p_{xx}\boldsymbol{i} + p_{xy}\boldsymbol{j} + p_{xz}\boldsymbol{k} = p_{xx}\boldsymbol{i} + \tau_{xy}\boldsymbol{j} + \tau_{xz}\boldsymbol{k} \\ \boldsymbol{p}_y = p_{yx}\boldsymbol{i} + p_{yy}\boldsymbol{j} + p_{yz}\boldsymbol{k} = \tau_{yx}\boldsymbol{i} + p_{yy}\boldsymbol{j} + \tau_{yz}\boldsymbol{k} \\ \boldsymbol{p}_z = p_{zx}\boldsymbol{i} + p_{zy}\boldsymbol{j} + p_{zz}\boldsymbol{k} = \tau_{zx}\boldsymbol{i} + \tau_{zy}\boldsymbol{j} + p_{zz}\boldsymbol{k} \end{cases}$$

式(2.3.3a)即为以应力表示的黏性流体运动微分方程。将上述三式分别乘以 $\boldsymbol{i}, \boldsymbol{j}, \boldsymbol{k}$,然后相加可得到以应力表示的黏性流体运动微分方程的矢量形式:

$$\frac{\mathrm{D}\boldsymbol{v}}{\mathrm{D}t} = \boldsymbol{F}_b + \frac{1}{\rho}\left(\frac{\partial \boldsymbol{p}_x}{\partial x} + \frac{\partial \boldsymbol{p}_y}{\partial y} + \frac{\partial \boldsymbol{p}_z}{\partial z}\right) = \boldsymbol{F}_b + \frac{1}{\rho}\nabla \cdot \boldsymbol{P} \tag{2.3.3b}$$

式中

$$\boldsymbol{P} = \begin{pmatrix} p_{xx} & \tau_{xy} & \tau_{xz} \\ \tau_{yx} & p_{yy} & \tau_{yz} \\ \tau_{zx} & \tau_{zy} & p_{zz} \end{pmatrix}$$

即流场中任意一点处的 9 个应力分量组成的应力张量。因此,式(2.3.3b)也可以采用物理数学描述方法推导出。

在流域内任取一个控制体如图 2.3.8 所示。

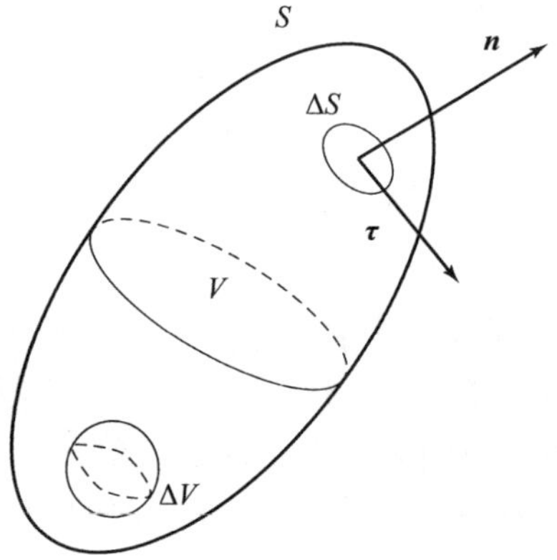

图 2.3.8 控制体

列出运动方程：

$$\frac{\mathrm{D}}{\mathrm{D}t}\iiint_{V(t)}\rho\boldsymbol{v}\mathrm{d}V = \iiint_{V}\rho\frac{\mathrm{D}\boldsymbol{v}}{\mathrm{D}t}\mathrm{d}V = \iiint_{V}\boldsymbol{F}_b\rho\mathrm{d}V + \oint_{S}\boldsymbol{p}_n\mathrm{d}A \tag{2.3.4}$$

其中：左边第一个等号是应用连续方程得来的，即

$$\frac{\mathrm{D}}{\mathrm{D}t}\iiint_{V(t)}\rho\boldsymbol{v}\mathrm{d}V = \iiint_{V}\left(\frac{\mathrm{D}\rho\boldsymbol{v}}{\mathrm{D}t}\mathrm{d}V + \rho\boldsymbol{v}\frac{\mathrm{D}\mathrm{d}V}{\mathrm{D}t}\right) = \iiint_{V}\left(\frac{\mathrm{D}\rho\boldsymbol{v}}{\mathrm{D}t}\mathrm{d}V + \rho\boldsymbol{v}\nabla\cdot\boldsymbol{v}\mathrm{d}V\right)$$

$$= \iiint_{V}\left(\rho\frac{\mathrm{D}\boldsymbol{v}}{\mathrm{D}t}\mathrm{d}V + \boldsymbol{v}\frac{\mathrm{D}\rho}{\mathrm{D}t}\mathrm{d}V + \rho\boldsymbol{v}\nabla\cdot\boldsymbol{v}\mathrm{d}V\right) = \iiint_{V}\rho\frac{\mathrm{D}\boldsymbol{v}}{\mathrm{D}t}\mathrm{d}V$$

$$\begin{aligned}
&\oint_{s}\boldsymbol{p}_n\mathrm{d}A = \oint_{s}(p_{nx}\boldsymbol{i} + p_{ny}\boldsymbol{j} + p_{nz}\boldsymbol{k})\mathrm{d}A = \boldsymbol{i}\oint_{s}(p_{xx}\cos\alpha + \tau_{xy}\cos\beta + \tau_{xz}\cos\gamma)\mathrm{d}A + \\
&\boldsymbol{j}\oint_{s}(\tau_{yx}\cos\alpha + p_{yy}\cos\beta + \tau_{yz}\cos\gamma)\mathrm{d}A + \boldsymbol{k}\oint_{s}(\tau_{zx}\cos\alpha + \tau_{zy}\cos\beta + p_{zz}\cos\gamma)\mathrm{d}A = \\
&\boldsymbol{i}\oint_{s}(p_{xx}\boldsymbol{i} + \tau_{xy}\boldsymbol{j} + \tau_{xz}\boldsymbol{k})\cdot\boldsymbol{n}\mathrm{d}A + \boldsymbol{j}\oint_{s}(\tau_{yx}\boldsymbol{i} + p_{yy}\boldsymbol{j} + \tau_{yz}\boldsymbol{k})\cdot\boldsymbol{n}\mathrm{d}A + \boldsymbol{k}\oint_{s}(\tau_{zx}\boldsymbol{i} + \tau_{zy}\boldsymbol{j} + p_{zz}\boldsymbol{k})\cdot\boldsymbol{n}\mathrm{d}A = \\
&\boldsymbol{i}\oint_{s}\boldsymbol{p}_x\cdot\boldsymbol{n}\mathrm{d}A + \boldsymbol{j}\oint_{s}\boldsymbol{p}_y\cdot\boldsymbol{n}\mathrm{d}A + \boldsymbol{k}\oint_{s}\boldsymbol{p}_z\cdot\boldsymbol{n}\mathrm{d}A = \boldsymbol{i}\iiint_{V}\nabla\cdot\boldsymbol{p}_x\mathrm{d}V + \boldsymbol{j}\iiint_{V}\nabla\cdot\boldsymbol{p}_y\mathrm{d}V + \boldsymbol{k}\iiint_{V}\nabla\cdot\boldsymbol{p}_z\mathrm{d}V = \\
&\boldsymbol{i}\iiint_{V}\left[\frac{\partial p_{xx}}{\partial x} + \frac{\partial\tau_{xy}}{\partial y} + \frac{\partial\tau_{xz}}{\partial z}\right]\mathrm{d}V + \boldsymbol{j}\iiint_{V}\left[\frac{\partial\tau_{yx}}{\partial x} + \frac{\partial p_{yy}}{\partial y} + \frac{\partial\tau_{yz}}{\partial z}\right]\mathrm{d}V + \boldsymbol{k}\iiint_{V}\left[\frac{\partial\tau_{zx}}{\partial x} + \frac{\partial_{zy}}{\partial y} + \frac{\partial p_{zz}}{\partial z}\right]\mathrm{d}V = \\
&\iiint_{V}\left[\frac{\partial\boldsymbol{p}_x}{\partial x} + \frac{\partial\boldsymbol{p}_y}{\partial y} + \frac{\partial\boldsymbol{p}_z}{\partial z}\right]\mathrm{d}V
\end{aligned} \tag{2.3.5}$$

式(2.3.5)推导应用了广义的高斯公式。实际还可以利用第 1 章的广义高斯公式更简明地推导得到：

$$\oint_{s}\boldsymbol{p}_n\mathrm{d}A = \oint_{S}\boldsymbol{n}\cdot\boldsymbol{P}\mathrm{d}A = \iiint_{V}\nabla\cdot\boldsymbol{P}\mathrm{d}V = \iiint_{V}\left[\frac{\partial\boldsymbol{p}_x}{\partial x} + \frac{\partial\boldsymbol{p}_y}{\partial y} + \frac{\partial\boldsymbol{p}_z}{\partial z}\right]\mathrm{d}V \tag{2.3.6}$$

将式(2.3.6)代入式(2.3.4)就可以得到式(2.3.3)。

在应力形式的运动微分方程中共有 10 个未知量：$v_x, v_y, v_z, \rho, p_{xx}, p_{yy}, p_{zz}, \tau_{xy}, \tau_{yz}, \tau_{zx}$，需要 10 个方程求解，然而已有的基本微分方程共有 4 个(连续方程、运动方程)，因此还需要补充 6 个方程才能使方程组封闭。这 6 个补充方程正是上节给出的本构方程，即广义牛顿内摩擦定律。

2. 运动方程的几种特殊形式

N－S 方程介绍如下：

(1) 本构方程。

斯托克斯假设：

①应力张量是应变率张量的线性函数；

②流体是各向同性的，也就是指流体的性质与方向无关；

③当流体静止时，应变率为零，流体中的应力就是流体的静压强。

由假设①，流体应力张量可表达为

$$\boldsymbol{P} = a\boldsymbol{S} + b\boldsymbol{I} \tag{2.3.7}$$

式中：$\boldsymbol{S}$ 为应变率张量；$\boldsymbol{I}$ 为二阶单位张量；a 和 b 为标量常量。应变率张量 $\boldsymbol{S}$ 为

$$\boldsymbol{S} = \begin{bmatrix} \dfrac{\partial v_x}{\partial x} & \dfrac{1}{2}\left(\dfrac{\partial v_x}{\partial y} + \dfrac{\partial v_y}{\partial x}\right) & \dfrac{1}{2}\left(\dfrac{\partial v_x}{\partial z} + \dfrac{\partial v_z}{\partial x}\right) \\ \dfrac{1}{2}\left(\dfrac{\partial v_y}{\partial x} + \dfrac{\partial v_x}{\partial y}\right) & \dfrac{\partial v_y}{\partial y} & \dfrac{1}{2}\left(\dfrac{\partial v_y}{\partial z} + \dfrac{\partial v_z}{\partial y}\right) \\ \dfrac{1}{2}\left(\dfrac{\partial v_z}{\partial x} + \dfrac{\partial v_x}{\partial z}\right) & \dfrac{1}{2}\left(\dfrac{\partial v_z}{\partial y} + \dfrac{\partial v_y}{\partial z}\right) & \dfrac{\partial v_z}{\partial z} \end{bmatrix}$$

即由 3 个线变形速率和 6 个角变形速率组成。根据广义牛顿内摩擦定律：

$$\begin{cases} \tau_{zy} = \tau_{yz} = \mu\left(\dfrac{\partial v_z}{\partial y} + \dfrac{\partial v_y}{\partial z}\right) = 2\mu\varepsilon_{yz} \\ \tau_{zx} = \tau_{xz} = \mu\left(\dfrac{\partial v_x}{\partial z} + \dfrac{\partial v_z}{\partial x}\right) = 2\mu\varepsilon_{zx} \\ \tau_{yx} = \tau_{xy} = \mu\left(\dfrac{\partial v_y}{\partial x} + \dfrac{\partial v_x}{\partial y}\right) = 2\mu\varepsilon_{xy} \end{cases}$$

得

$$a = 2\mu$$

又由式(2.3.7)得

$$\begin{cases} p_{xx} = 2\mu\dfrac{\partial v_x}{\partial x} + b \\ p_{yy} = 2\mu\dfrac{\partial v_y}{\partial y} + b \\ p_{zz} = 2\mu\dfrac{\partial v_z}{\partial z} + b \end{cases}$$

以上三式相加，得

$$p_{xx} + p_{yy} + p_{zz} = 2\mu\left(\frac{\partial v_x}{\partial x} + \frac{\partial v_y}{\partial y} + \frac{\partial v_z}{\partial z}\right) + 3b = 2\mu\nabla\cdot\boldsymbol{v} + 3b$$

因此

$$b = \frac{1}{3}(p_{xx} + p_{yy} + p_{zz}) - \frac{2\mu}{3}\nabla\cdot\boldsymbol{v} \tag{2.3.8}$$

将式(2.3.8)代入式(2.3.7)，有

$$\boldsymbol{P}=2\mu\boldsymbol{S}+\left\{\frac{1}{3}(p_{xx}+p_{yy}+p_{zz})-\frac{2\mu}{3}\nabla\cdot\boldsymbol{v}\right\}\boldsymbol{I} \tag{2.3.9}$$

由假设③,得

$$\boldsymbol{P}=-p\boldsymbol{I} \tag{2.3.10}$$

比较式(2.3.9)、式(2.3.10)知,$\frac{1}{3}(p_{xx}+p_{yy}+p_{zz})$应包含$-p$这一项,而且由于$(p_{xx}+p_{yy}+p_{zz})$是应力张量的一个不变量,根据各项同性的假设,其也应该与应变率张量的不变量$S_{xx}+S_{yy}+S_{zz}=\left(\frac{\partial v_x}{\partial x}+\frac{\partial v_y}{\partial y}+\frac{\partial v_z}{\partial z}\right)=\nabla\cdot\boldsymbol{v}$有关,因此

$$\frac{1}{3}(p_{xx}+p_{yy}+p_{yy})=-p+\mu'\mathrm{div}\boldsymbol{v} \tag{2.3.11}$$

式中:μ'为一系数,可令

$$\lambda=\mu'-\frac{2}{3}\mu$$

将式(2.3.11)代入式(2.3.9),得

$$\boldsymbol{P}=2\mu\boldsymbol{S}+\left\{-p+\left(\mu'-\frac{2\mu}{3}\right)\nabla\cdot\boldsymbol{v}\right\}\boldsymbol{I}=2\mu\boldsymbol{S}+\{-p+\lambda\mathrm{div}\boldsymbol{v}\}\boldsymbol{I} \tag{2.3.12}$$

(2)N-S方程的导出。

假设流体为牛顿流体,即满足牛顿内摩擦定律。由流体本构方程式(2.3.12)得

$$\nabla\cdot\boldsymbol{P}=\nabla\cdot\{2\mu\boldsymbol{S}+[-p+\lambda\nabla\cdot\boldsymbol{v}]\boldsymbol{I}\}=\nabla\cdot(2\mu\boldsymbol{S})-\nabla p-\frac{2}{3}\nabla(\mu\nabla\cdot\boldsymbol{v}) \tag{2.3.13}$$

将式(2.3.13)代入式(2.3.3)得到N-S方程:

$$\rho\frac{\mathrm{D}\boldsymbol{v}}{\mathrm{D}t}=\rho\boldsymbol{F}_b+\nabla\cdot(2\mu\boldsymbol{S})-\nabla p-\frac{2}{3}\nabla(\mu\nabla\cdot\boldsymbol{v}) \tag{2.3.14a}$$

由于流体质点物理量欧拉法表达的物质导数为

$$\frac{\mathrm{D}\boldsymbol{v}}{\mathrm{D}t}=\frac{\partial\boldsymbol{v}}{\partial t}+(\boldsymbol{v}\cdot\nabla)\boldsymbol{v}$$

式(2.3.14a)可以改写为

$$\rho\left(\underset{①}{\frac{\partial\boldsymbol{v}}{\partial t}}+\underset{②}{(\boldsymbol{v}\cdot\nabla)\boldsymbol{v}}\right)=\underset{③}{\rho\boldsymbol{F}_b}+\underset{④}{\nabla\cdot(2\mu\boldsymbol{S})}-\underset{⑤}{\nabla p}-\underset{⑥}{\frac{2}{3}\nabla(\mu\nabla\cdot\boldsymbol{v})} \tag{2.3.14b}$$

(3)N-S方程中各项物理含义:①为单位体积的局部惯性力;②为单位体积的变位惯性力;③为单位体积的质量力;④为黏性变形应力;⑤为单位体积的压强梯度力;⑥为黏性体膨胀力。

(4)N-S方程的简化。

①兰姆-葛罗米柯方程:

根据场论知识:

$$\nabla\frac{v^2}{2}=\frac{1}{2}\nabla(\boldsymbol{v}\cdot\boldsymbol{v})=(\boldsymbol{v}\cdot\nabla)\boldsymbol{v}-(\nabla\times\boldsymbol{v})\times\boldsymbol{v}$$

将上式代入式(2.3.14b)左边得

$$\rho\left(\frac{\partial\boldsymbol{v}}{\partial t}+\nabla\frac{v^2}{2}+\nabla\times\boldsymbol{v}\times\boldsymbol{v}\right)=\rho\boldsymbol{F}_b+\nabla\cdot(2\mu\boldsymbol{S})-\nabla p-\frac{2}{3}\nabla(\mu\nabla\cdot\boldsymbol{v}) \tag{2.3.14c}$$

如果μ=常数，则上述方程又可改写为

$$\rho\frac{\mathrm{D}\boldsymbol{v}}{\mathrm{D}t}=\rho\boldsymbol{F}_b-\nabla p+\mu\nabla^2\boldsymbol{v}+\frac{1}{3}\mu\nabla(\nabla\cdot\boldsymbol{v})\tag{2.3.14d}$$

②不可压缩流体 N－S 方程：

由于流体不可压缩，即$\nabla\cdot\boldsymbol{v}=0$，当$\mu$=常数时，则 N－S 方程变为

$$\rho\frac{\mathrm{D}\boldsymbol{v}}{\mathrm{D}t}=\rho\boldsymbol{F}_b-\nabla p+\mu\nabla^2\boldsymbol{v}\tag{2.3.15}$$

③欧拉运动方程：

对于理想流体，因黏性系数$\mu=0$，$\boldsymbol{P}=-p\boldsymbol{I}$，则 N－S 方程退缩为欧拉运动方程，即

$$\rho\frac{\mathrm{D}\boldsymbol{v}}{\mathrm{D}t}=\rho\boldsymbol{F}_b-\nabla p\tag{2.3.16}$$

④静力学方程：

当流体静止时，即$\boldsymbol{v}=0$，运动方程简化为静力学微分方程：

$$\rho\boldsymbol{F}_b-\nabla p=0\tag{2.3.17}$$

⑤非惯性坐标系下运动方程：

当流体运动在非惯性系中描述时，需要将惯性系下运动方程转换到非惯性系中。根据理论力学知识，绝对速度$\boldsymbol{v}_a$、相对速度$\boldsymbol{v}_r$和牵连速度$\boldsymbol{v}_e$之间的关系为

$$\boldsymbol{v}_a=\boldsymbol{v}_r+\boldsymbol{v}_e$$

其中：牵连速度为

$$\boldsymbol{v}_e=\boldsymbol{v}_o+\boldsymbol{\omega}\times\boldsymbol{r}$$

式中：$\boldsymbol{v}_o$为动坐标系平动速度；$\boldsymbol{\omega}$为旋转角速度；$\boldsymbol{r}$为质点矢径。这里介绍根据惯性系与非惯性系下有向物理量的时间导数关系进行推导的方法。根据理论力学知

$$\frac{\mathrm{D}(\ )}{\mathrm{D}t}=\frac{\mathrm{d}(\ )}{\mathrm{d}t}+\boldsymbol{\omega}\times(\ )\tag{2.3.18}$$

式中：$\frac{\mathrm{D}(\ )}{\mathrm{D}t}$表示在惯性系中求导；$\frac{\mathrm{d}(\ )}{\mathrm{d}t}$表示在非惯性系中求导。

将绝对速度代入式(2.3.18)，得

$$\frac{\mathrm{D}\boldsymbol{v}_a}{\mathrm{D}t}=\frac{\mathrm{D}\boldsymbol{v}_r}{\mathrm{D}t}+\frac{\mathrm{D}\boldsymbol{v}_e}{\mathrm{D}t}$$

式中

$$\frac{\mathrm{D}\boldsymbol{v}_r}{\mathrm{D}t}=\frac{\mathrm{d}\boldsymbol{v}_r}{\mathrm{d}t}+\boldsymbol{\omega}\times\boldsymbol{v}_r$$

$$\begin{aligned}\frac{\mathrm{D}\boldsymbol{v}_e}{\mathrm{D}t}&=\frac{\mathrm{D}\boldsymbol{v}_o}{\mathrm{D}t}+\frac{\mathrm{D}(\boldsymbol{\omega}\times\boldsymbol{r})}{\mathrm{D}t}=\frac{\mathrm{D}\boldsymbol{v}_o}{\mathrm{D}t}+\frac{\mathrm{D}\boldsymbol{\omega}}{\mathrm{D}t}\times\boldsymbol{r}+\boldsymbol{\omega}\times\frac{\mathrm{D}\boldsymbol{r}}{\mathrm{D}t}\\&=\frac{\mathrm{D}\boldsymbol{v}_o}{\mathrm{D}t}+\left(\frac{\mathrm{d}\boldsymbol{\omega}}{\mathrm{d}t}+\boldsymbol{\omega}\times\boldsymbol{\omega}\right)\times\boldsymbol{r}+\boldsymbol{\omega}\times\left(\frac{\mathrm{d}\boldsymbol{r}}{\mathrm{d}t}+\boldsymbol{\omega}\times\boldsymbol{r}\right)\\&=\frac{\mathrm{D}\boldsymbol{v}_o}{\mathrm{D}t}+\frac{\mathrm{d}\boldsymbol{\omega}}{\mathrm{d}t}\times\boldsymbol{r}+\boldsymbol{\omega}\times(\boldsymbol{\omega}\times\boldsymbol{r})+\boldsymbol{\omega}\times\boldsymbol{v}_r\end{aligned}$$

所以

$$\frac{\mathrm{D}\boldsymbol{v}_a}{\mathrm{D}t}=\frac{\mathrm{D}\boldsymbol{v}_r}{\mathrm{D}t}+\frac{\mathrm{D}\boldsymbol{v}_e}{\mathrm{D}t}=\frac{\mathrm{D}\boldsymbol{v}_o}{\mathrm{D}t}+\frac{\mathrm{d}\boldsymbol{\omega}}{\mathrm{d}t}\times\boldsymbol{r}+\boldsymbol{\omega}\times(\boldsymbol{\omega}\times\boldsymbol{r})+2\boldsymbol{\omega}\times\boldsymbol{v}_r+\frac{\mathrm{d}\boldsymbol{v}_r}{\mathrm{d}t}$$

将上式绝对加速度替代式(2.3.3)左边,得

$$\rho \frac{\mathrm{d}\boldsymbol{v}_r}{\mathrm{d}t}=\rho\boldsymbol{F}_b+\mathrm{div}\boldsymbol{P}-\rho(\boldsymbol{a}_e+\boldsymbol{a}_c) \tag{2.3.19}$$

式中:$\boldsymbol{a}_e$ 是牵连加速度;$\boldsymbol{a}_c$ 是科里奥利加速度(Coriolis acceleration),分别为

$$\boldsymbol{a}_e=\frac{\mathrm{d}\boldsymbol{v}_0}{\mathrm{d}t}+\frac{\mathrm{d}\boldsymbol{\omega}}{\mathrm{d}t}\times\boldsymbol{r}+\boldsymbol{\omega}\times(\boldsymbol{\omega}\times\boldsymbol{r}),\boldsymbol{a}_c=2\boldsymbol{\omega}\times\boldsymbol{v}_r$$

因此式(2.3.19)也可以直接由理论力学绝对加速度、相对加速度、牵连加速度和科里奥利加速度导出。

流体运动连续方程和 N-S 方程构成了流体运动方程组,如果流体密度和黏性系数均为常数,则 N-S 方程包含 3 个速度分量、1 个压强共 4 个变量,N-S 方程组共 3 个方程,加上连续性方程共 4 个方程,构成封闭方程组,在理论上是可解的。但由于 N-S 方程为二阶非线性非齐次偏微分方程,数学求解十分困难,只有少数简单问题才可以得到解析解,如平行平板间和圆管中的层流问题等。目前工程上通常采用数值计算方法求解 N-S 方程获得近似解,这将在第 7 章中专门讨论。下面将通过例题来介绍如何对均质不可压缩理想流体运动进行求解。

例题 2.5:如图 2.3.9 所示的一等截面管子 ABC 在 B 处成直角,AB 竖直,BC 水平,$AB=BC=a$,管内充满液体,液体是无黏的,密度 ρ 为常数。证明:当打开 C 处阀门的瞬时,垂直管中的压强立即降低一半(设大气压忽略不计)。

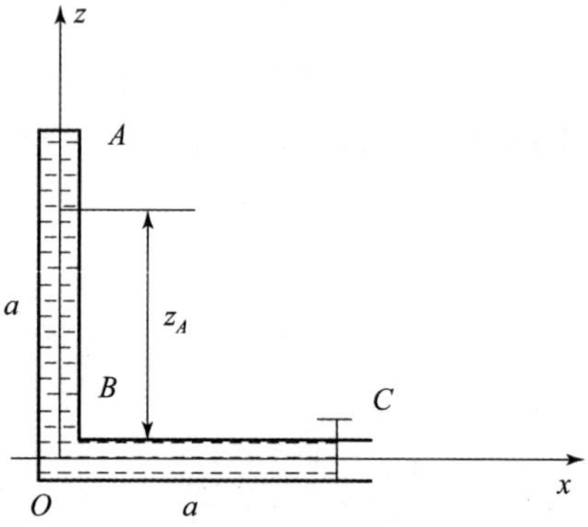

图 2.3.9　等截面直角管放水

证明:取管轴为坐标轴 s,直角拐点 B 为原点,液体在管中作的是一维运动,流体沿管流速为 v。由一维运动连续方程得

$$\frac{\partial v}{\partial s}=0\Rightarrow v=v(t)$$

由于管子为等截面管,故在同一时刻,各类速度相同,运动方程为

$$\rho\left(\frac{\partial v}{\partial t}+v\frac{\partial v}{\partial s}\right)=-\frac{\partial p}{\partial s}-\rho g\sin\theta\begin{cases}\text{直管中 }\theta=90^\circ\\\text{水平管中 }\theta=0^\circ\end{cases}$$

即

$$\rho\frac{\partial v}{\partial t}=-\frac{\partial p}{\partial s}-\rho g\sin\theta \tag{2.3.20}$$

取 $\sin\theta=\dfrac{\mathrm{d}z}{\mathrm{d}s}$

则对(2.3.20)式积分得

$$s\frac{\partial v}{\partial t}=-\frac{p}{g}-gz+c(t) \tag{2.3.21}$$

当 $t=0$ 时，式(2.3.21)为

$$s\frac{\partial v}{\partial t}=-\frac{p}{g}-gz+c(0)$$

由边界条件：$s=a,z=0,p=p_0=0$（相对压强）；$s=-a,z=a,p=p_0=0$（相对压强），得

$$\begin{cases}c(0)=\dfrac{ga}{2}\\[2ex]\dfrac{\partial v}{\partial t}=\dfrac{g}{2}\end{cases}$$

此时刻管中各点处压强为

$$p=-\frac{\rho gs}{2}-\rho gz+\frac{\rho ga}{2}$$

垂直管中任一点处 $s=-z$，所以 $p=\dfrac{\rho g}{2}(a-z)$

而静止时 $p=\rho g(a-z)$，故结论成立。

例题 2.6：一中空且压强为零的球形气泡被无限液体包围，在无限远处，有压强 π 作用，证明：若当气泡突然破灭时，液体中任一距气泡心处 R 处的压强立即降为

$$\pi\left(1-\frac{a}{R}\right)$$

式中：a 为气泡半径，并求内液面此后的运动规律，不计质量力，密度认为常数。

证明：假设流体黏性可以忽略不计，应用球坐标形式列出流体运动连续方程及欧拉方程：

$$\frac{1}{R^2}\frac{\partial(R^2v_R)}{\partial R}+\frac{1}{R\sin\theta}\frac{\partial(v_\theta\sin\theta)}{\partial\theta}+\frac{1}{R\sin\theta}\frac{\partial(v_\varepsilon)}{\partial\varepsilon}=0$$

$$\begin{cases}\dfrac{\partial v_R}{\partial t}+v_R\dfrac{\partial v_R}{\partial R}+\dfrac{v_\theta}{R}\dfrac{\partial v_\theta}{\partial R}+\dfrac{v_\varepsilon}{R\sin\theta}\dfrac{\partial v_\varepsilon}{\partial R}-\dfrac{v_\theta^2+v_\varepsilon^2}{R}=F_{bR}-\dfrac{\partial p}{\rho\,\partial R}\\[2ex]\dfrac{\partial v_\theta}{\partial t}+v_R\dfrac{\partial v_\theta}{\partial R}+\dfrac{v_\theta}{R}\dfrac{\partial v_\theta}{\partial\theta}+\dfrac{v_\varepsilon}{R\sin\theta}\dfrac{\partial v_\varepsilon}{\partial\theta}-\dfrac{v_Rv_\theta}{R}-\dfrac{v_\varepsilon^2\cot\theta}{R}=F_{b\theta}-\dfrac{\partial p}{\rho R\,\partial\theta}\\[2ex]\dfrac{\partial v_\varepsilon}{\partial t}+v_R\dfrac{\partial v_\varepsilon}{\partial R}+\dfrac{v_\theta}{R}\dfrac{\partial v_\varepsilon}{\partial\theta}+\dfrac{v_\varepsilon}{R\sin\theta}\dfrac{\partial v_\varepsilon}{\partial\varepsilon}-\dfrac{v_Rv_\varepsilon}{R}-\dfrac{v_\varepsilon v_\theta\cot\theta}{R}=F_{b\varepsilon}-\dfrac{\partial p}{\rho R\sin\theta\,\partial\varepsilon}\end{cases}$$

(1)球面瞬间破损时：

由题意知，$v_\theta=v_\varepsilon=0$，$\boldsymbol{F}_b=0$，则连续方程简化为

$$\frac{\partial(R^2v_R)}{\partial R}=0$$

积分得

$$R^2v_R=c_1(t)$$

欧拉方程简化为

$$\frac{\partial v_R}{\partial t}+v_R\frac{\partial v_R}{\partial R}=-\frac{\partial p}{\rho\,\partial R}$$

将 $v_R = c_1(t)/R^2$ 代入上式得

$$\rho\left(\frac{c_1'(t)}{R^2} + \frac{\partial}{\partial R}\frac{v_R^2}{2}\right) = -\frac{\partial p}{\partial R}$$

积分得

$$-c_1'(t)\frac{\rho}{R} + \frac{\rho v_R^2}{2} + p = c_2(t)$$

当 $t=0$ 时，$R \to \infty$ 处，$v_R = 0$，$p = \pi$；$R = a$ 处，$v_R = 0$，$p = 0$，所以

$$\begin{cases} c_2(0) = \pi \\ c_1'(0) = -\dfrac{a\pi}{\rho} \end{cases}$$

由上两式得

$$p\big|_{t=0} = c_2(0) + c_1'(t)\frac{\rho}{R} = \pi - \frac{a\pi}{R} = \pi\left(1 - \frac{a}{R}\right)$$

(2)当球面破碎后，液体向中心运动：

令球面速度为 $v_R = \dot{R}_b$，则离开球中心 R 处液体速度为

$$v_R = \frac{R_b^2 \dot{R}_b}{R^2}$$

由运动方程 $\dfrac{\partial v_R}{\partial t} + \dfrac{\partial}{\partial R}\left(\dfrac{v_R^2}{2}\right) = -\dfrac{1}{\rho}\dfrac{\partial p}{\partial x}$ 积分得

$$-\frac{(\partial R_b \dot{R}_b^2 + R_b^2 \ddot{R}_b)}{R} + \frac{1}{2}\frac{R_b^4 \dot{R}_b^2}{R^4} + \frac{p}{\rho} = c(t)$$

由于 $R \to \infty$ 时，$p = p_\infty = \pi$，则

$$c(t) = \frac{\pi}{\rho}$$

从而流场中各点压强 $\dfrac{p}{\rho} = \dfrac{\pi}{\rho} + \dfrac{2R_b\dot{R}_b^2 + R_b^2\ddot{R}_b}{R} - \dfrac{1}{2}\dfrac{R_b^4\dot{R}_b^2}{R^4}$

由已知条件：球为中空且压强为零，则

$$R = R_b \text{ 时}, p = 0 \Rightarrow -R_b\ddot{R}_b - \frac{3}{2}\dot{R}_b = \frac{\pi}{\rho}$$

令 $\dot{R}_b = f$，则 $\dot{R}_b = f$，$\ddot{R}_b = \dfrac{\mathrm{d}f}{\mathrm{d}R_b}\cdot f \Rightarrow -\dfrac{\mathrm{d}R_b}{R_b} = \dfrac{f\mathrm{d}f}{\left(\dfrac{\pi}{\rho} + \dfrac{3}{2}f^2\right)}$

求解此微分方程为

$$\ln R_b^{-1} = \frac{\dfrac{1}{3}\mathrm{d}\left(\dfrac{\pi}{\rho} + \dfrac{3}{2}f^2\right)}{\left(\dfrac{\pi}{\rho} + \dfrac{3}{2}f^2\right)} \Rightarrow R_b^{-3} = c\left(\frac{\pi}{\rho} + \frac{3}{2}f^2\right) \Rightarrow c = a^{-3}\cdot\frac{\rho}{\pi} \Rightarrow$$

$$R_b^{-3} = a^{-3}\frac{\rho}{\pi}\left(\frac{\pi}{\rho} + \frac{3}{2}f^2\right)$$

即

$$\frac{a^3}{R_b^3}\frac{\pi}{\rho}-\frac{\pi}{\rho}=\frac{3}{2}f^2$$

气泡破损后，球形气泡此后的运动规律为

$$v_R^2=f^2=\frac{2}{3}\frac{\pi}{\rho}\left(\frac{a^3}{R_b^3}-1\right)$$

例题 2.7：一球形气泡被无限液体包围，在无限远处有压强 π 作用。证明：当球面以某种规律运动时，球面上任一时刻的压强为

$$\pi+\frac{1}{2}\rho\left[\frac{\mathrm{d}^2R^2}{\mathrm{d}t^2}+\left(\frac{\mathrm{d}R}{\mathrm{d}t}\right)^2\right]$$

证明：设球面半径为 R_b，其运动规律为 $\dot{R}_b(t)$。根据质量守恒定律，任一点处 R 的速度为

$$v_R=\frac{R_b^2\dot{R}_b}{R^2}$$

已知边界条件：

在球面上（$R=R_b$），$v_R=\dot{R}_b(t)=\dfrac{\mathrm{d}R_b}{\mathrm{d}t}$；在无穷远处（$R\to\infty$），$v_R=0$，$p=\pi$

对 $R=R_b$，$R\to\infty$ 两点条件代入运动方程得

$$\rho\left[\frac{\partial v_R}{\partial t}+\frac{\partial}{\partial R}\frac{v_R^2}{2}\right]=-\frac{\partial p}{\partial R}$$

而 $\dfrac{\partial v_R}{\partial t}=\dfrac{2R_b\dot{R}_b^2+R_b^2\ddot{R}_b}{R^2}$，两边积分得

$$-\frac{(2R_b\dot{R}_b^2+R_b^2\ddot{R}_b)}{R}+\frac{1}{2}\left(\frac{R_b^4\dot{R}_b^2}{R^4}\right)+\frac{p}{\rho}=c(t)$$

因为 $R\to\infty$，$v_R\to0$，$p=\pi$，故 $c(t)=\dfrac{\pi}{\rho}$

从而

$$p=\pi+\rho\left[\frac{2R_b\dot{R}_b^2+R_b^2\ddot{R}_b}{R}-\frac{1}{2}\left(\frac{R_b^4\dot{R}_b^2}{R^4}\right)\right]$$

当 $R=R_b$ 时

$$p=\pi+\rho\left[R_b\ddot{R}_b+\frac{3}{2}\dot{R}_b^2\right]=\pi+\frac{\rho}{2}\left[\frac{\mathrm{d}^2R_b^2}{\mathrm{d}t^2}+\left(\frac{\mathrm{d}R_b}{\mathrm{d}t}\right)^2\right]$$

例题 2.8：试推导无黏性流体的拉格朗日坐标的运动方程。

解：利用欧拉运动方程为

$$\begin{cases}\rho\dfrac{\mathrm{D}v_x}{\mathrm{D}t}=\rho F_{bx}-\dfrac{\partial p}{\partial x}\\[2mm]\rho\dfrac{\mathrm{D}v_y}{\mathrm{D}t}=\rho F_{by}-\dfrac{\partial p}{\partial y}\\[2mm]\rho\dfrac{\mathrm{D}v_z}{\mathrm{D}t}=\rho F_{bz}-\dfrac{\partial p}{\partial z}\end{cases}$$

将其中的加速度用$\partial^2 x/\partial t^2$,$\partial^2 y/\partial t^2$,$\partial^2 z/\partial t^2$代替,又设质量力$F_{bx}$,$F_{by}$,$F_{bz}$已用拉格朗日变量表示,剩下的是如何以$\partial p/\partial a$,$\partial p/\partial b$,$\partial p/\partial c$来代替$\partial p/\partial x$,$\partial p/\partial y$,$\partial p/\partial z$。

因为

$$\frac{\partial p}{\partial a}=\frac{\partial p}{\partial x}\frac{\partial x}{\partial a}+\frac{\partial p}{\partial y}\frac{\partial y}{\partial a}+\frac{\partial p}{\partial z}\frac{\partial z}{\partial a}=\rho\left(F_{bx}-\frac{\partial^2 x}{\partial t^2}\right)\frac{\partial x}{\partial a}+\rho\left(F_{by}-\frac{\partial^2 y}{\partial t^2}\right)\frac{\partial y}{\partial a}+\rho\left(F_{bz}-\frac{\partial^2 z}{\partial t^2}\right)\frac{\partial z}{\partial a}$$

故

$$\left(F_{bx}-\frac{\partial^2 x}{\partial t^2}\right)\frac{\partial x}{\partial a}+\left(F_{by}-\frac{\partial^2 y}{\partial t^2}\right)\frac{\partial y}{\partial a}+\left(F_{bz}-\frac{\partial^2 z}{\partial t^2}\right)\frac{\partial z}{\partial a}=\frac{1}{\rho}\frac{\partial p}{\partial a}$$

同理,有

$$\left(F_{bx}-\frac{\partial^2 x}{\partial t^2}\right)\frac{\partial x}{\partial b}+\left(F_{by}-\frac{\partial^2 y}{\partial t^2}\right)\frac{\partial y}{\partial b}+\left(F_{bz}-\frac{\partial^2 z}{\partial t^2}\right)\frac{\partial z}{\partial b}=\frac{1}{\rho}\frac{\partial p}{\partial b}$$

$$\left(F_{bx}-\frac{\partial^2 x}{\partial t^2}\right)\frac{\partial x}{\partial c}+\left(F_{by}-\frac{\partial^2 y}{\partial t^2}\right)\frac{\partial y}{\partial c}+\left(F_{bz}-\frac{\partial^2 z}{\partial t^2}\right)\frac{\partial z}{\partial c}=\frac{1}{\rho}\frac{\partial p}{\partial c}$$

2.3.3 微分形式的能量方程

能量守恒定律是流体运动遵循的一个普遍规律。能量方程建立在热力学第一定律基础上。热力学第一定律内容:对某一流体系统所做的功和加给系统的热量,将等于系统的能量增加值。

假设外界给系统单位时间内所作的功为$\mathrm{d}W/\mathrm{d}t$,单位时间加给系统的热量为Q,则系统能量E的变化率为

$$\frac{\mathrm{D}E}{\mathrm{D}t}=\frac{\mathrm{d}W}{\mathrm{d}t}+Q \tag{2.3.22}$$

其中:系统能量为

$$E=\int e_s\rho\mathrm{d}\tau=\int\left(e+\frac{1}{2}v^2+gz)\right)\rho\mathrm{d}\tau$$

式中:e为单位质量的内能;$\frac{1}{2}v^2$为单位质量的动能;gz为单位质量的重力势能。

1. 能量方程

类似推导运动方程,采用微元体方法推导能量方程。微元体采用直角坐标系的微元六面体(控制体),在t时刻,微元体内的流体为一个系统。

首先计算系统内流体总能量随时间的变化率。与计算系统内动量变化一样,微元系统内能量的时间变化率由两部分组成:一部分是控制体内能量的变化,其单位时间的变化率为

$$\frac{\partial}{\partial t}(\rho e_s)\,\mathrm{d}x\mathrm{d}y\mathrm{d}z$$

另一部分为经过控制面迁移的能量引起,单位时间经全部控制面净流出的能量为

$$\left[\frac{\partial}{\partial x}(\rho v_x e_s)+\frac{\partial}{\partial y}(\rho v_y e_s)+\frac{\partial}{\partial z}(\rho v_z e_s)\right]\mathrm{d}x\mathrm{d}y\mathrm{d}z$$

因而系统内流体总能量随时间的变化率为

$$\frac{\mathrm{D}E}{\mathrm{D}t}=\left[\frac{\partial}{\partial t}(\rho e_s)+\frac{\partial}{\partial x}(\rho v_x e_s)+\frac{\partial}{\partial y}(\rho v_y e_s)+\frac{\partial}{\partial z}(\rho v_z e_s)\right]\mathrm{d}x\mathrm{d}y\mathrm{d}z$$

$$= \left[\frac{\mathrm{D}}{\mathrm{D}t}(\rho e_s) + \rho e_s \nabla \cdot \boldsymbol{v}\right] \mathrm{d}x\mathrm{d}y\mathrm{d}z = \rho \frac{\mathrm{D}e_s}{\mathrm{D}t} \mathrm{d}x\mathrm{d}y\mathrm{d}z \tag{2.3.23}$$

这里用到流体运动的连续方程。

式(2.3.23)也可以通过拉格朗日方法直接导得

$$\frac{\mathrm{D}E}{\mathrm{D}t} = \frac{\mathrm{D}}{\mathrm{D}t}(\rho e_s \mathrm{d}x\mathrm{d}y\mathrm{d}z) = \rho \frac{\mathrm{D}e_s}{\mathrm{D}t}\mathrm{d}x\mathrm{d}y\mathrm{d}z + e_s \frac{\mathrm{D}}{\mathrm{D}t}(\rho \mathrm{d}x\mathrm{d}y\mathrm{d}z)$$

根据系统内质量守恒要求,右边第 2 项为零,因此同样得到式(2.3.23)。

其次计算体积力和表面力对微元体所做的功。单位时间内体积力做的功为

$$\rho \boldsymbol{F}_{b1} \cdot \boldsymbol{v} \mathrm{d}x\mathrm{d}y\mathrm{d}z$$

表面力所做的功为

$$\left[\frac{\partial}{\partial x}(\boldsymbol{p}_x \cdot \boldsymbol{v}) + \frac{\partial}{\partial y}(\boldsymbol{p}_y \cdot \boldsymbol{v}) + \frac{\partial}{\partial z}(\boldsymbol{p}_z \cdot \boldsymbol{v})\right] \mathrm{d}x\mathrm{d}y\mathrm{d}z = \nabla \cdot (\boldsymbol{P} \cdot \boldsymbol{v}) \mathrm{d}x\mathrm{d}y\mathrm{d}z$$

这样,质量力(除去重力)以及表面力单位时间内做的功为

$$\frac{\mathrm{d}W}{\mathrm{d}t} = [\rho \boldsymbol{F}_{b1} \cdot \boldsymbol{v} + \nabla \cdot (\boldsymbol{P} \cdot \boldsymbol{v})] \mathrm{d}x\mathrm{d}y\mathrm{d}z \tag{2.3.24}$$

再次计算外界加给微元体的能量,包括通过热辐射和热传导施加的能量。设单位时间内由辐射传入单位质量流体热量为 q,则单位时间内在微元体内产生的辐射热为

$$\rho q \mathrm{d}x\mathrm{d}y\mathrm{d}z$$

通过流体表面传导到微元流体的热量,可以通过傅里叶定律计算,即单位时间内通过微元体六个面传导的热量为

$$\left[\frac{\partial}{\partial x}\left(k\frac{\partial T}{\partial x}\right) + \frac{\partial}{\partial y}\left(k\frac{\partial T}{\partial y}\right) + \frac{\partial}{\partial z}\left(k\frac{\partial T}{\partial z}\right)\right] \mathrm{d}x\mathrm{d}y\mathrm{d}z = \nabla \cdot (k\nabla T) \mathrm{d}x\mathrm{d}y\mathrm{d}z$$

从而,加给微元流体的总热量为

$$Q = [\nabla \cdot (k \mathrm{grad} T) + \rho q] \mathrm{d}x\mathrm{d}y\mathrm{d}z \tag{2.3.25}$$

根据能量守恒的热力学第一定律式(2.3.22)以及式(2.3.23)～式(2.3.25)得

$$\rho \frac{\mathrm{D}e_s}{\mathrm{D}t} = \rho \boldsymbol{F}_{b1} \cdot \boldsymbol{v} + \nabla \cdot (\boldsymbol{P} \cdot \boldsymbol{v}) + \nabla \cdot (k \mathrm{grad} T) + \rho q \tag{2.3.26}$$

式中:$\boldsymbol{F}_{b1}$不包括重力;q 为单位体积质量上的热辐射热量。

2. 动能(机械能方程)

由应力表达的运动方程(2.3.3)两边同时点乘 $\cdot \boldsymbol{v}$ 得

$$\rho \frac{\mathrm{D}}{\mathrm{D}t}\left(\frac{v^2}{2}\right) = \rho \boldsymbol{F}_b \cdot \boldsymbol{v} + \boldsymbol{v} \cdot (\nabla \cdot \boldsymbol{P}) \tag{2.3.27}$$

称为动能方程,也称为机械能方程。

3. 内能方程

注意到:

$$\nabla \cdot (\boldsymbol{P} \cdot \boldsymbol{v}) = \boldsymbol{v} \cdot (\nabla \cdot \boldsymbol{P}) + \boldsymbol{p}_x \cdot \frac{\partial \boldsymbol{v}}{\partial x} + \boldsymbol{p}_y \cdot \frac{\partial \boldsymbol{v}}{\partial y} + \boldsymbol{p}_z \cdot \frac{\partial \boldsymbol{v}}{\partial z} = \boldsymbol{v} \cdot (\nabla \cdot \boldsymbol{P}) + \boldsymbol{P} : \boldsymbol{S} \tag{2.3.28}$$

式中:$\boldsymbol{P}:\boldsymbol{S}$ 为应力张量和应变率张量的数乘,即各自 9 个分量的乘积。

将式(2.3.28)代入能量方程式(2.3.26)并减去动能方程式(2.3.27),得

$$\rho\frac{\mathrm{D}e}{\mathrm{D}t}=\boldsymbol{P}:\boldsymbol{S}+\nabla\cdot(k\mathrm{grad}T) \tag{2.3.29}$$

表示表面力所作的功$\nabla\cdot(\boldsymbol{P}\cdot\boldsymbol{v})$,前一部分可以转化为动能,后一部分不能转化为动能,只能转化为内能。而转化成内能的一部分功 $\boldsymbol{P}:\boldsymbol{S}$,又可分成两部分,即

$$\boldsymbol{P}:\boldsymbol{S}=\left\{-p\boldsymbol{I}+2\mu\left(\boldsymbol{S}-\frac{1}{3}\mathrm{div}\boldsymbol{v}\right)\boldsymbol{I}\right\}:\boldsymbol{S}=-p\mathrm{div}\boldsymbol{v}+2\mu\boldsymbol{S}:\boldsymbol{S}-\frac{2\mu}{3}(\mathrm{div}\boldsymbol{v})^2=-p\mathrm{div}\boldsymbol{v}+\boldsymbol{\Phi} \tag{2.3.30}$$

由于 $\boldsymbol{\Phi}$ 总是大于零并与黏性有关,故称为黏性耗散功(函数),而 $-p\mathrm{div}\boldsymbol{v}$ 表示流体压缩时($\mathrm{div}\boldsymbol{v}<0$),功转化成内能,膨胀时($\mathrm{div}\boldsymbol{v}>0$)内能对流体做功。

将式(2.3.30)代入式(2.3.29)并忽略热辐射得

$$\rho\frac{\mathrm{D}e}{\mathrm{D}t}+p\nabla\cdot\boldsymbol{v}=\nabla\cdot(k\mathrm{grad}T)+\boldsymbol{\Phi} \tag{2.3.31}$$

讨论:

1)不可压缩流体

由于 $e=CT$,$\mathrm{div}\boldsymbol{v}=0$,代入式(2.3.30)得

$$\rho C\frac{\mathrm{D}T}{\mathrm{D}t}=\mathrm{div}(k\mathrm{grad}T)+\boldsymbol{\Phi} \tag{2.3.32}$$

式中:C 为流体的比热,$C=\dfrac{\mathrm{d}e}{\mathrm{d}T}$。当流体不可压缩时,可以不再区分定压 C_p 比热和定容比热 C_V,采用统一的比热 C。

2)完全气体

由于焓 $i=e+pv=C_pT$,$\dfrac{\mathrm{D}\rho}{\mathrm{D}t}+\rho(\nabla\cdot\boldsymbol{v})=0$ 代入式(2.3.30)得

$$\rho\frac{\mathrm{D}i}{\mathrm{D}t}=\frac{\mathrm{D}p}{\mathrm{D}t}+\mathrm{div}(k\mathrm{grad}T)+\boldsymbol{\Phi} \tag{2.3.33a}$$

$$\rho C_p\frac{\mathrm{D}T}{\mathrm{D}t}=\frac{\mathrm{D}p}{\mathrm{D}t}+\mathrm{div}(k\mathrm{grad}T)+\boldsymbol{\Phi} \tag{2.3.33b}$$

3)可逆过程热力学第一定律

由于可逆过程热力学第一定律 $T\mathrm{d}S=\mathrm{d}Q=\mathrm{d}e+p\mathrm{d}V$ 以及连续方程$\dfrac{\mathrm{D}\rho}{\mathrm{D}t}+\rho(\nabla\cdot\boldsymbol{v})=0$,因此可得

$$\rho\frac{\mathrm{D}e}{\mathrm{D}t}+p\nabla\cdot\boldsymbol{v}=\rho T\frac{\mathrm{D}S}{\mathrm{D}t}$$

代入式(2.3.31)得

$$\rho T\frac{\mathrm{D}S}{\mathrm{D}t}=\mathrm{div}(k\mathrm{grad}T)+\boldsymbol{\Phi} \tag{2.3.34}$$

这就是用熵表达的能量方程。

无论是连续方程、动量方程还是能量方程,均可表达为

$$\frac{\partial(\rho\phi)}{\partial t}+\mathrm{div}(\rho\phi\boldsymbol{v})=\mathrm{div}(\Gamma\mathrm{grad}\phi)+S_\phi \tag{2.3.35}$$

称为流体输运方程。式中：Γ 为扩散函数，如黏性系数 μ 和热传导系数 k 等；S_ϕ 为源函数；ϕ 取不同值代表不同的方程，如 $\phi=1$ 代表连续方程，取 $\phi=\boldsymbol{v}$，表示动量方程，$\phi=e$，表达能量方程。

2.4　积分形式的流体力学方程组

2.4.1　积分形式的连续性方程

在 2.3.1 小节，采用数学物理方法或者输运定理推导得到了积分形式的连续方程，即式(2.3.2)为

$$\iiint_V \left[\frac{\partial \rho}{\partial t} + \nabla \cdot (\rho \boldsymbol{v})\right] \mathrm{d}V = 0$$

2.4.2　积分形式的运动方程(动量方程)

在 2.3.2 小节，采用数学物理方法推导得到了积分形式的运动方程，即式(2.3.4)为

$$\iiint_V \rho \frac{\mathrm{D}\boldsymbol{v}}{\mathrm{D}t} \mathrm{d}V = \iiint_V \rho \boldsymbol{F}_b \mathrm{d}V + \iiint_V \mathrm{div}\boldsymbol{P} \mathrm{d}V$$

例题 2.9：推导出非惯性坐标系中积分形式的运动方程。

解：$\boldsymbol{a}_e = \frac{\mathrm{D}\boldsymbol{v}_0}{\mathrm{D}t} + \frac{\mathrm{d}\boldsymbol{\omega}}{\mathrm{d}t} \times \boldsymbol{r} + \boldsymbol{\omega} \times (\boldsymbol{\omega} \times \boldsymbol{r})$；$\boldsymbol{a}_c = 2\boldsymbol{\omega} \times \boldsymbol{v}_r$；$\frac{\mathrm{D}\boldsymbol{v}}{\mathrm{D}t} = \frac{\mathrm{D}(\boldsymbol{v}_0 + \boldsymbol{\omega} \times \boldsymbol{r} + \boldsymbol{v}_r)}{\mathrm{D}t} = \frac{\mathrm{d}\boldsymbol{v}_r}{\mathrm{d}t} + \boldsymbol{a}_e + \boldsymbol{a}_c$

代入惯性坐标系运动方程得

$$\iiint_V \rho \frac{\mathrm{d}\boldsymbol{v}_r}{\mathrm{d}t} \mathrm{d}V = \iiint_V \rho \boldsymbol{F}_b \mathrm{d}V + \iiint_V \mathrm{div}\boldsymbol{P} - \iiint_V \rho(\boldsymbol{a}_e + \boldsymbol{a}_c) \mathrm{d}V$$

2.4.3　积分形式的动量矩方程

根据动量矩定理：系统流体动量矩的变化率等于系统受到的合外力矩，得

$$\iiint_V \rho \boldsymbol{r} \times \frac{\mathrm{D}\boldsymbol{v}}{\mathrm{D}t} \mathrm{d}V = \iiint_V \rho \boldsymbol{r} \times \boldsymbol{F}_b \mathrm{d}V + \oint_S \boldsymbol{r} \times \boldsymbol{p}_n \mathrm{d}S \tag{2.4.1a}$$

应用广义高斯公式，式(2.4.1a)还可以改写为

$$\iiint_V \rho \boldsymbol{r} \times \frac{\mathrm{D}\boldsymbol{v}}{\mathrm{D}t} \mathrm{d}V = \iiint_V \rho \boldsymbol{r} \times \boldsymbol{F}_b \mathrm{d}V + \iiint_V \left[\frac{\partial}{\partial x}(\boldsymbol{r} \times \boldsymbol{p}_x) + \frac{\partial}{\partial y}(\boldsymbol{r} \times \boldsymbol{p}_y) + \frac{\partial}{\partial z}(\boldsymbol{r} \times \boldsymbol{p}_z)\right] \mathrm{d}V \tag{2.4.1b}$$

2.4.4　积分形式的能量方程

由 2.3.3 小节中微分形式的能量方程为

$$\frac{\mathrm{D}E}{\mathrm{D}t} = \iiint_V \frac{\mathrm{D}}{\mathrm{D}t} \rho e_s \mathrm{d}V = \frac{\mathrm{d}W}{\mathrm{d}t} + Q$$

其中

$$E = \iiint_V e_s \rho \mathrm{d}V = \iiint_V \left(e + \frac{1}{2}v^2 + gz\right)\rho \mathrm{d}V$$

$$Q = Q_r + Q_h = \iiint_V \rho q \mathrm{d}V + \oiint_S k \frac{\partial T}{\partial n}\mathrm{d}A$$

$$\frac{\mathrm{d}W}{\mathrm{d}t} = \frac{\mathrm{d}W_m}{\mathrm{d}t} + \frac{\mathrm{d}W_b}{\mathrm{d}t} + \frac{\mathrm{d}W_s}{\mathrm{d}t}$$

式中：$\frac{\mathrm{d}W_m}{\mathrm{d}t}$为单位时间外界对控制体内流体所做的机械功；$\frac{\mathrm{d}W_b}{\mathrm{d}t} = \iiint_V \boldsymbol{F}_{b1} \cdot \boldsymbol{v}\mathrm{d}V$ 为单位时间质量力 $\boldsymbol{F}_{b1}$（重力除外）对控制体内流体所做的功；$\frac{\mathrm{d}W_s}{\mathrm{d}t} = \oiint_S \boldsymbol{p}_n \cdot \boldsymbol{v}\mathrm{d}A$ 为单位时间表面力所做的功，对于理想流体$\frac{\mathrm{d}W_s}{\mathrm{d}t} = \oiint_S \boldsymbol{p}_n \cdot \boldsymbol{v}\mathrm{d}A = \oiint_S -p\boldsymbol{n} \cdot \boldsymbol{v}\mathrm{d}A = \oiint_S -\frac{p}{\rho}\rho\boldsymbol{n} \cdot \boldsymbol{v}\mathrm{d}A$。如果忽略辐射传热 Q_r 以及$\frac{\mathrm{d}W_b}{\mathrm{d}t}$，则能量方程可以写为

$$\frac{\partial}{\partial t}\iiint_V \rho e_s \mathrm{d}V + \oiint_S \left(e_s + \frac{p}{\rho}\right)(\boldsymbol{v} \cdot \boldsymbol{n})\mathrm{d}A = Q_h + \frac{\mathrm{d}W_m}{\mathrm{d}t} = \oiint_S k\frac{\partial T}{\partial n}\mathrm{d}A + \frac{\mathrm{d}W_m}{\mathrm{d}t} \tag{2.4.2a}$$

如果忽略 Q_r 以及$\frac{\mathrm{d}W_m}{\mathrm{d}t}$，则能量方程可以写为

$$\iiint_V \frac{\mathrm{D}}{\mathrm{D}t}\rho e_s \mathrm{d}V = Q_h + \frac{\mathrm{d}W_b}{\mathrm{d}t} + \frac{\mathrm{d}W_s}{\mathrm{d}t} = \oiint_S k\frac{\partial T}{\partial n}\mathrm{d}A + \iiint_V \boldsymbol{F}_{b1} \cdot \boldsymbol{v}\mathrm{d}V + \oiint_S \boldsymbol{p}_n \cdot \boldsymbol{v}\mathrm{d}A \tag{2.4.2b}$$

应用广义高斯公式得

$$\iiint_V \frac{\mathrm{D}}{\mathrm{D}t}\rho e_s \mathrm{d}V = \iiint_V \nabla \cdot (k\nabla T)\mathrm{d}V + \iiint_V \boldsymbol{F}_{b1} \cdot \boldsymbol{v}\mathrm{d}V + \iiint_V \nabla \cdot (\boldsymbol{P} \cdot \boldsymbol{v})\mathrm{d}V \tag{2.4.2c}$$

式(2.4.2a)～式(2.4.2c)均为积分形式的能量方程。

2.5 状态方程及内能

2.5.1 状态方程

前面章节介绍了质量守恒定律、动量守恒定律、动量矩守恒定律以及能量守恒定律在流体力学中的应用，推导出了相应的微分和积分形式的方程，它们将流体运动的速度、压强、密度和温度联系了起来。下面再介绍一个将密度、压强、温度联系起来的基本关系式：状态方程。

假设流体处于平衡状态，则可以通过压强、容积 V 和温度 T 描述该状态。

1. 完全气体状态方程

对于完全气体，其状态方程可以写为

$$pV = nR_0T \tag{2.5.1a}$$

式中：n 为气体的摩尔数；R_0 为普适气体常数，$R_0 = 8.31 \times 10^7 \mathrm{J/K \cdot mol}$。对于单位质量气体，得

$$pv = \frac{R_0}{M}T = RT \tag{2.5.1b}$$

或者

$$p = \rho RT \tag{2.5.1c}$$

式中：v 为单位质量流体的体积；M 为摩尔质量；$R = R_0/M$ 为气体常数，其随不同气体而改变，如空气为 $R = 287\text{J/kg} \cdot \text{K}$，蒸汽为 $R = 462\text{J/kg} \cdot \text{K}$。式(2.5.1)又称为克拉珀龙方程(Clapeyron equation)。在常温下，一般气体都可近似按完全气体处理。

2. 高度压缩气体状态方程

在高度压缩的气体中，必须考虑气体之间的作用力以及分子占有体积的影响，其状态方程通常采用范德瓦尔斯方程(van der Waals equation)表达：

$$\left(p + \frac{\alpha}{v^2}\right)(v - \beta) = RT \tag{2.5.2}$$

式中：α/v^2 代表气体分子间的引力作用；β 代表分子的体积。其具体数值可查范德瓦尔斯常数表。

3. 混合气体状态方程

空气是由多种气体成分组成的混合物体，根据道尔顿分压定律，即混合气体的压强等于各组分的分压强之和，有

$$p = \sum_{i=1}^{m} p_i \tag{2.5.3}$$

$$pv = \sum_{i=1}^{m} n_i RT = nRT \tag{2.5.4}$$

4. 大气，即湿空气

若把大气视为湿空气，即干空气与水汽之混合物，则大气的状态方程可以写为

$$\rho = \rho(p, T, q)$$

式中：q 为单位质量空气中含有水汽的质量，称为比湿。

5. 海水

海水状态方程参照大气表达，可写为

$$\rho = \rho(p, T, \zeta)$$

式中：ζ 为盐度，等于单位质量海水中溶解盐的质量。海水状态方程也很复杂，其中有一种表达为

$$\frac{1}{\rho} = 0.7022 + \frac{100(17.5723 + 0.1101T - 0.000639T^2 - 0.39986\zeta - 0.000107T\zeta)}{p + 5880.9 + 37.592T - 0.3495T^2 + 2.2524\zeta} \tag{2.5.5}$$

式中：p 的单位为 bar(1bar = 10^5Pa)；T 的单位为℃；ζ 为 1/1000；ρ 的单位为 g/cm^3。

2.5.2　正压流体与斜压流体

1. 斜压流体

当流体密度同时为压强和温度函数时，即

$$\rho = f(p, T)$$

称为斜压流体，此时等密度面与等压强面互相斜交。

2. 正压流体

当流体密度仅为压强函数时，即

$$\rho = f(p)$$

称为正压流体，此时等密度面与等压强面互相正交。

完全气体运动时，若过程是等温或者绝热，则密度仅是压强的函数，即

$$\begin{cases} \text{等温度化}: p/\rho = c \\ \text{等熵绝热}: p/\rho^{\gamma} = c \end{cases}$$

式中：$\gamma = C_p/C_V$ 绝热系数，从而这两种气体为正压流体。

3. 不可压缩流体

质点的密度不变的流体称为不可压缩流体，即

$$\frac{D\rho}{Dt} = 0$$

对于不可压缩均质流体，则流体各质点的密度为同一常数，在流场中处处时时不变。

2.5.3 完全气体的内能与熵

取温度 T 和单位质量流体的体积 v 作为独立物态参数，则内能为

$$e = U(T, v)$$

全微分，得

$$de = \frac{\partial e}{\partial T}dT + \frac{\partial e}{\partial v}dv$$

有热力学第一定律和第二定律及能量方程，得

$$dS = \frac{1}{T}(de + pdv) = \frac{1}{T}\left(\frac{\partial e}{\partial T}dT + \frac{\partial e}{\partial v}dv + pdv\right)$$

右边项为全微分，故有混合导数为

$$\frac{\partial}{\partial v}\left(\frac{1}{T}\frac{\partial e}{\partial T}\right) = \frac{\partial}{\partial T}\left(\frac{1}{T}\frac{\partial e}{\partial v} + \frac{R}{v}\right)$$

由此，得

$$\frac{\partial e}{\partial v} = 0$$

即内能 $e = e(T)$ 仅为温度的函数。由

$$e = \int C_V dT$$

当温度变化范围不大时，$e = C_V T$。

由于 $C_p = C_V + R$，则

$$dS = \frac{C_v}{T}dT + \frac{R}{v} = C_v\left(\frac{dT}{T} + \frac{R}{C_v}\frac{dv}{v}\right)$$

又有

$$\frac{R}{C_v} = \frac{C_p - C_v}{C_v} = \gamma - 1$$

所以

$$S = C_V \ln \frac{p}{R} v^{\gamma} = C_V \ln \frac{p}{\rho^{\gamma}} + 常数 \tag{2.5.6}$$

这就是完全气体熵的表达式。

2.6　初始条件及边界条件

前面根据守恒定律推导出了流体运动应满足的方程,这里以微分形式的运动方程为例,并将状态方程和本构方程一起列举,以便讨论其求解的初始和边界条件。

连续方程为

$$\frac{\mathrm{D}\rho}{\mathrm{D}t} + \rho \mathrm{div}\boldsymbol{v} = 0$$

运动方程(动量方程)为

$$\frac{\mathrm{D}\boldsymbol{v}}{\mathrm{D}t} = \boldsymbol{F}_b + \frac{1}{\rho}\left(\frac{\partial \boldsymbol{p}_x}{\partial x} + \frac{\partial \boldsymbol{p}_y}{\partial y} + \frac{\partial \boldsymbol{p}_z}{\partial z}\right) = \boldsymbol{F}_b + \frac{1}{\rho}\nabla \cdot \boldsymbol{P}$$

能量方程为

$$\rho \frac{\mathrm{D}e}{\mathrm{D}t} + p\nabla \cdot \boldsymbol{v} = \nabla \cdot (k\mathrm{grad}T) + \Phi$$

状态方程为

$$\rho = f(p, T)$$

本构方程为

$$\boldsymbol{P} = 2\mu \boldsymbol{S} + [-p + \lambda \nabla \cdot \boldsymbol{v}]\boldsymbol{I}$$

总计 12 个方程,其中未知量也是 12 个,即速度 3 个,密度、压强和温度各 1 个和应力 6 个,认为方程组是封闭的,但要求出特定的解,需要给出初始条件和边界条件。

2.6.1　初始条件

通常初始条件由 t_0 时刻的各未知物理量的函数分布给出,即

$$\varphi(\boldsymbol{r}, t_0) = \varphi_0(\boldsymbol{r})$$

式中:φ 代表 12 个未知物理量的通用表达。如果流体作定常运动,则无初始条件。

2.6.2　边界条件

边界条件是指流体域的边界上需要满足的运动学和动力学条件。流域边界包括固壁、自由表面(液液、气液)等。边界条件的提出必须符合特定的问题且恰当,即物理上是正确的,数量上是完备的,不能出现矛盾或者数量上的多或少,导致问题没有定解。

1. 流固分界面条件

(1)黏性流体无滑移条件:

$$\boldsymbol{v}|_f = \boldsymbol{v}|_s$$

式中:下标 f 代表流体;s 代表固体。

(2)无黏流体滑移条件：

$$\boldsymbol{v}_n\big|_f=\boldsymbol{v}_n\big|_s$$

(3)无温差条件：

$$T\big|_f=T\big|_s$$

或绝热条件：

$$\left.\frac{\partial T}{\partial n}\right|_s=0$$

2. 液液分界面条件

分界面两侧流体应满足

$$\boldsymbol{v}_1=\boldsymbol{v}_2,T_1=T_2,p_1=p_2$$

式中：下标 1 和 2 分别对应两种不同的流体。此外还应满足应力及热传导热条件：

$$\tau=\mu_1\left.\frac{\partial u}{\partial n}\right|_1=\mu_2\left.\frac{\partial u}{\partial n}\right|_2,Q=k_1\left.\frac{\partial T}{\partial n}\right|_1=k_2\left.\frac{\partial T}{\partial n}\right|_2$$

3. 液气分界面条件

(1)自由面运动学条件：

若自由表面方程为 $F(x,y,z,t)=0$ 并假定自由表面上的流体质点永远在自由面上，则

$$\frac{\mathrm{D}}{\mathrm{D}t}F(x,y,z,t)=\frac{\partial F}{\partial t}+\boldsymbol{v}\cdot\nabla F=0$$

(2)自由面动力学条件：

若忽略自由表面张力影响，则切向和法向应力条件可表示为

$$\frac{\partial v_n}{\partial\tau}+\frac{\partial v_\tau}{\partial n}=0$$

$$-p+2\mu\frac{\partial v_n}{\partial n}=-p_0$$

式中：v_n 和 v_τ 分别为波面的法向速度和为切向速度；p_0 为自由表面空气压强，一般取大气压强 p_a 作为常量。当不考虑黏性影响时，则 $p=p_a$

4. 无限远处条件

现实中许多流体力学问题涉及无限宽广流域，如舰艇在海洋中运动的问题，因海域是无限大的，这就需要正确给出无限远处的条件。如果参考系取在动体上，则无限远的条件为

$$当\ r\to\infty\ 时,p=p_\infty,v=v_\infty$$

以上这些条件，后面章节将结合具体问题，作详细的介绍和讨论。

2.7 流体运动的分类

流体运动方程的简化和求解，与流体运动的分类密切相关。下面介绍几种流动分类的常用方法。

2.7.1 定常流动和非定常流动

定常流动：在任何固定点，所有物理量均不随时间而变的流体运动。此时的流场称为定

常场。图 2.7.1 所示为一水箱放水试验,图 2.7.1(a)水箱中液面保持不变,图 2.7.1(b)水箱中水位因泄水而不断降低。经观察发现,图 2.7.1(a)中的水柱形状保持不变,而图 2.7.1(b)中水柱随时间变化而不断变化。前者为定常流动,而后者为非定常流动。

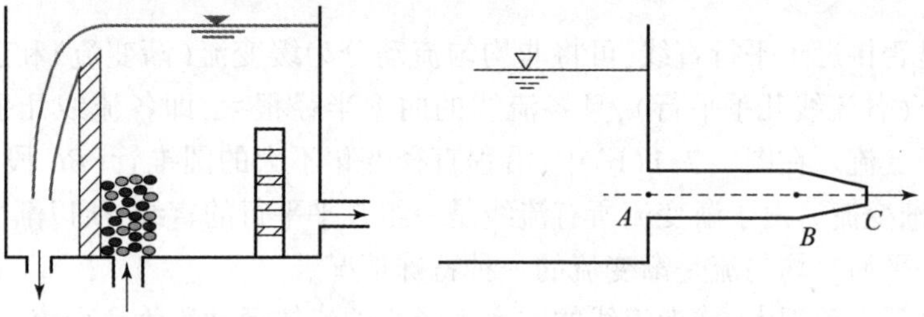

(a) 定常流动　　(b) 非定常流动

图 2.7.1　水箱放水时流体运动

定常流动和非定常流动属于欧拉方法范畴,而且还与研究问题时采取的坐标系有关,即具有相对性。例如:一艘船舶在无界静水中匀速直线航行时,站在船上的人观察得到的船体周围的水体运动是定常的,而在大地坐标系中观察到的水体运动却是非定常的。

定常运动中,流体质点物理量可表达为

$$\begin{cases} \boldsymbol{v} = \boldsymbol{v}(\boldsymbol{r}) \\ \boldsymbol{a} = \boldsymbol{a}(\boldsymbol{r}) \\ \rho = \rho(\boldsymbol{r}) \\ p = p(\boldsymbol{r}) \end{cases}$$

式中:$\boldsymbol{r} = x\boldsymbol{i} + y\boldsymbol{j} + z\boldsymbol{k}$。

物理量的随体导数或物质导数为

$$\frac{\mathrm{D}f}{\mathrm{D}t} = (\boldsymbol{v} \cdot \nabla) f$$

式中:f 可以是标量也可以是矢量。

2.7.2　均匀流动与非均匀流动

均匀流动:流场中质点的所有物理量不随空间点而变,仅随时间而变流动。例如:图 2.7.1(b)所示直管 A—B 段中的流体运动就是均匀流动。

在均匀流场中,各物理量数学表达为

$$\begin{cases} \boldsymbol{v} = \boldsymbol{v}(t) \\ \boldsymbol{a} = \boldsymbol{a}(t) \\ \rho = \rho(t) \\ p = p(t) \end{cases}$$

物理量的随体导数或物质导数为

$$\frac{\mathrm{D}f}{\mathrm{D}t} = \frac{\partial f}{\partial t}$$

由上面分析知,流体质点的加速度可以划分为由于流动非均匀性所引起的变位加速度和由流动非定常所引起的局部加速度两部分,即

总加速度 = 局部加速度 + 变位加速度
（非定常引起）（非均匀引起）

2.7.3 缓变流与急变流

按流线是否接近于平行直线,可将非均匀流动分为缓变流(渐变流)和急变流。各流线间夹角很小(各流线几乎平行),且各流线的曲率半径很大,即各流线几乎是直线的流体运动称为渐变流。在图2.7.1(b)中,沿程直径变化不大的圆锥管(*BC* 段)中的流体运动,可认为是渐变流。由于渐变流所有流线是一组几乎平行的直线,所以渐变流的过流断面可认为是一平面。均匀流是渐变流的一种特殊情况。

各流线之间夹角很大,或者流线的曲率半径小的流体运动称为急变流。图2.7.1(b)中,管径突然缩小处(*A* 处)的流体运动应作为急变流处理。

急变流和渐变流的这种分类不是绝对的。渐变流的情况较简单些,易于进行分析、计算。哪些流动区域为渐变流或急变流要具体分析,要看对计算结果所要求的计算精度程度,以及由于当作渐变流来处理后所引起的误差大小而定。

2.7.4 有压流、无压流与射流

按限制总流的边界情况,可将流体运动分为有压流、无压流和射流。边界全部为固体(如为液体流动没有自由液面)的流体运动称为有压流或有压管流。管道流动即为有压流。

边界部分为固体、部分为大气,具有自由表面的液体运动称为无压流或明渠流。河渠中水流运动即为无压流。

流体经由孔口或管嘴喷射到某一空间,由于运动流体脱离了原来限制它的固体边界,因此在充满流体的空间继续流动的这种流体运动称为射流。水经孔口射入大气的水流运动即为射流。

2.7.5 空间流动(三维流动)、平面流动和轴对称流动(二维流动)

1. 空间流动

一般情况下,流体流动在一定空间范围内流动,属于三维空间范畴,此时质点的物理量与空间三个坐标变量有关。

2. 平面流动和轴对称流动

在某些条件下,可以将空间运动简化为二维平面流及轴对称流。

1)平面流动

如果能在空间中作出一个相互平行的平面族,每一个流体质点都只在一个对应的平面内运动,并且所有这些平面上流动情况均相同,则这种流动称为平面平行流,简称平面流。例如:绕无限长圆柱、无限长机翼的流动(图2.7.2)。如果作一个相互平行的平面族 *P*、*Q* 等,便可以看到流动包含在各个平面内,并且所有平面上的流动图形都是相同的。在空泡水洞中,虽然模型不是无限长,但由于模型的两端紧贴壁面,使得流动的情况完全符合定义所规定的条件,所以也是平面流动。当流体流动不是沿着垂直于轴线方向时,或者流体流动不是沿轴线均匀分布的,流动便不是平面流了。

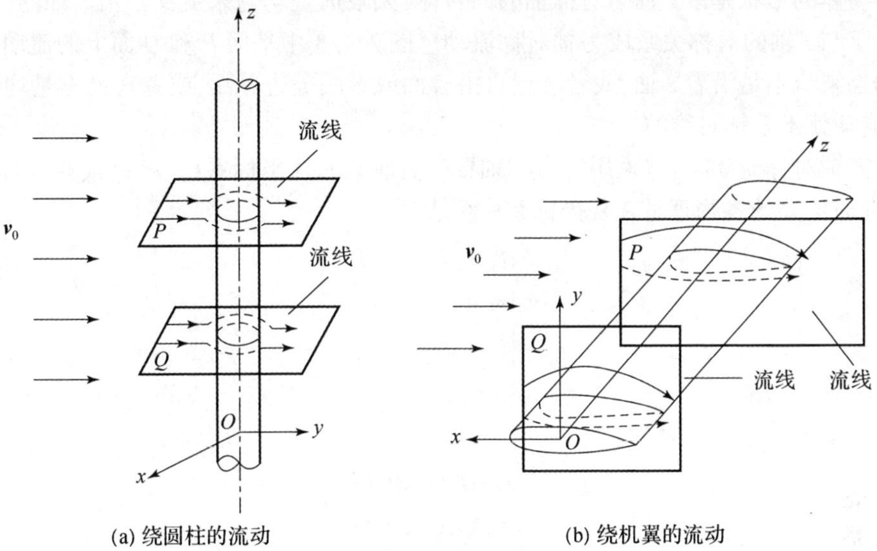

图 2.7.2　平面流动

平面流动在直角坐标系中物理量表达为

$$\begin{cases} v_x = v_x(x, y, t) \\ v_y = v_y(x, y, t) \\ v_z = 0 \\ p = p(x, y, t) \end{cases}$$

或者在柱坐标系中物理量表达为

$$\begin{cases} v_r = v_r(r, \theta, t) \\ v_\theta = v_\theta(r, \theta, t) \\ v_z = 0 \\ p = p(r, \theta, t) \end{cases}$$

2）轴对称流动

如果流动位于包含 z 轴的子午面中,并且在每一个这样的子午面中,流动分布的图形和对应点的所有物理量都是相同的,这种流动称为轴对称流（图 2.7.3）。所谓对应点就是在子午面上,圆心在 z 轴的圆周上的各点。

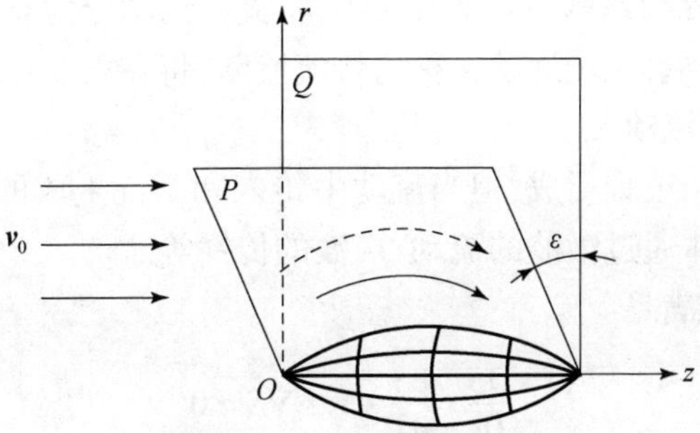

图 2.7.3　轴对称流动

当物体的形状是以 z 轴为对称轴的回转体，无限远处均匀来流又是沿 z 轴的，则这种流动由于与 z 轴的对称关系成为轴对称流动。图 2.7.3 中平面 P 和 Q 面上的流动完全相同。如果来流不是沿着 z 轴，或者靠近自由表面或水底等边界面，或者来流不是均匀分布的，则流动就不是轴对称的。

研究轴对称流动时，常采用将对称轴置于 z 轴上的柱坐标系 (r,ε,z) 或球坐标系 (R,θ,ε)，此时流动的各物理量在柱坐标系中可表达为

$$\begin{cases} v_r = v_r(r,z,t) \\ v_z = v_z(r,z,t) \\ v_\varepsilon = 0 \\ p = p(r,z,t) \end{cases}$$

或者在球坐标系中表达为

$$\begin{cases} v_r = v_r(R,\theta,t) \\ v_z = v_z(R,\theta,t) \\ v_\varepsilon = 0 \\ p = p(R,\theta,t) \end{cases}$$

3. 一维流动

若流体质点物理量仅是空间一个坐标和时间的函数，这种流动称为一维流。由于元流同一过流断面上的运动物理量可认为是相等的，所以元流中任意点的运动物理量只与流程坐标 s（通常为曲线坐标）有关，即一维流。在实际工程中，通常利用过流断面平均速度的概念，将总流近似处理为一维流动。

2.7.6 其他分类方法

1. 理想流和黏性流

按照是否忽略黏性，将流体运动分为理想流模型和黏性流模型，其中黏性流又分为层流和湍流。

2. 可压缩流和不可压缩流

流体压缩与不可压缩不能从流体种类来划分，只能从流体运动速度与当地声速比，即用马赫数来判断。当 $Ma<0.3$ 时，可当作不可压缩流处理，否则为可压缩流。

3. 有旋流动和无旋流动

按照流体运动的涡量 $\boldsymbol{\Omega}=\nabla\times\boldsymbol{v}$ 是否为零，将流体运动分为有旋和无旋流动。有旋流动将在第 5 章中详细介绍，无旋运动又称为势流流动，将在第 5 章进一步讲述。

4. 绝热流动与等熵流动

严格来讲，绝热流动很难形成，但当流动中传入和系统生成的热量都非常小，则可近似看成绝热流动，如流体通过激波的流动、声波的传播等。

等熵运动是指熵 S 满足

$$\frac{\mathrm{D}S}{Dt}=\frac{\partial S}{\partial T}+\boldsymbol{v}\cdot\nabla S=0$$

的运动。

习 题

2-1 利用广义高斯定理证明:单位体积流体当体积趋向零时,受到的表面合力为$\nabla \cdot \boldsymbol{P}$。

2-2 已知流场中任意一点处的流体应力分量为p_{ij},试证明在以该点为中心的半径为a的球面上,当$a \to 0$时,法向应力的算术平均值的负值为$-\frac{1}{3}p_{ii}$,即

$$\lim_{a \to 0}\frac{-1}{4\pi a^2}\oiint_A p_{nn}\mathrm{d}A = -\frac{1}{3}p_{ii}$$

2-3 请推导出柱坐标系下流体黏性系数为常数的N-S方程表达形式。

2-4 请推导出球坐标系下流体黏性系数为常数的N-S方程表达形式。

2-5 无限长环状液体在半径为a和b的柱体间。液柱面a上有常压强π作用(题图2-1)。证明:若内柱b突然破灭,则液体内半径r处的压强立即变为

$$\pi\frac{\ln r - \ln b}{\ln a - \ln b}$$

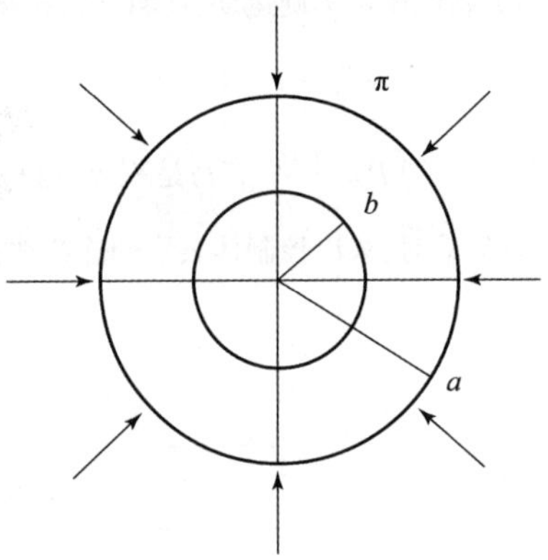

题图2-1

2-6 液体在等截面弯曲细管中作小振动,管中两液面处的管倾角分别为题图2-2所示,求振动规律及管中任意一点处的液体压强。

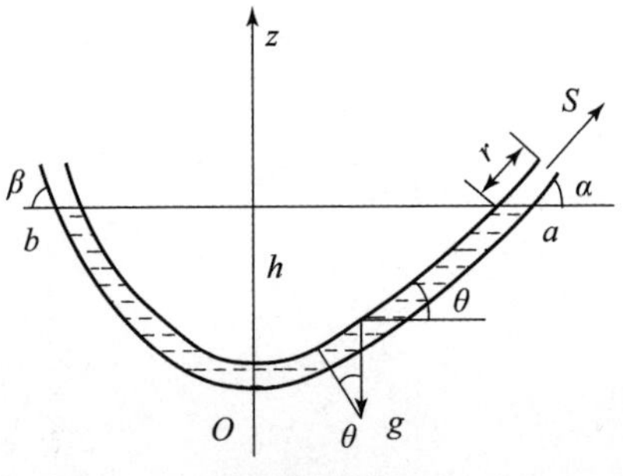

题图2-2

2-7 证明:若流体不可压,存在一函数ψ,恒满足维连续性方程,ψ由二维速度u、v决定,即

$$u = \frac{\partial \psi}{\partial y}, v = -\frac{\partial \psi}{\partial x}$$

若$u = x^2y + y^2$,$v = x^2 - y^2x$,求ψ。

2-8 二无限长环状液体在 $r=a$ 及 $r=b$ 之间,外柱面处 $r=a$ 有压强 π,内柱面突然破灭,证明:设 v 是内柱面 $r=r$ 处的速度,则

$$v^2=\frac{2\pi}{\rho r^2}\frac{b^2-r^2}{\ln[(r^2+a^2-b^2)/r^2]}$$

提示:边界条件设置,当 $t=0$ 时外柱面 $r=R$ 上,$v_R=\dot{R}$,$p=\pi$,内柱面 $r=r$ 上,$v_r=\dot{r}$,$p=0$,且有 $R^2=r^2+a^2-b^2$。

2-9 体积为$\frac{4}{3}\pi a^3$ 的液体充满于两同心球面之间,外球面有压强 π 作用,无质量力,内球面压强为零。开始时液体静止,内球面半径为 $2a$,证明:当球面半径变为 a 时,其速度为

$$\left(\frac{14}{3}\frac{\pi}{\rho}\frac{2^{1/3}}{2^{1/3}-1}\right)^{\frac{1}{2}}$$

2-10 在有势力作用下,正压无黏流体作定常运动,证明沿流线积分下式成立:

$$\frac{v^2}{2}+P+U=c(\psi),$$

式中:U 是力势;P 是压力函数,即 $P=\int\frac{\mathrm{d}p}{\rho}$;$c$ 是流线上为常数。

2-11 在有势力作用下,正压无黏流体作无旋运动,证明下式在全场成立:

$$\frac{\partial\varphi}{\partial t}+\frac{v^2}{2}+P+U=f(t)$$

式中:φ 为速度势:$v=\nabla\varphi$;P 是压力函数,即 $P=\int\frac{\mathrm{d}p}{\rho}$;$f(t)$ 是积分常数。

2-12 当控制体变形且作任意运动时,求以控制体表示的连续性方程。

第3章　理想流体运动方程的积分关系式和应用

第2章基于物体运动四大守恒定律,推导了流体运动必须满足的基本方程(微分与积分形式的方程组),并讨论了相应的初始条件和边界条件。从理论上讲,由这些方程和初始条件以及边界条件形成了问题求解的定解条件,但运动方程呈现复杂的非线性,许多问题难以直接求解。本章主要针对理想流体讨论如何在某些特殊条件下从运动方程获得相应的积分关系式,并通过例题介绍所得积分关系式的应用。

3.1　理想流体运动方程的进一步简化

黏性是流体的普遍属性,但当工程问题中流体黏性的影响可以忽略时,就可以采用理想流体运动模型来分析真实流体运动。对理想流体运动的有关结论可以通过适当的修正、补充,直接应用到真实流体运动中。在船舶与海洋工程领域中,常采用理想流体模型处理有关水动力学问题,其中波浪运动理论最为典型。

3.1.1　欧拉运动方程的各种形式

在第2章已经推导得到了理想流体运动的欧拉方程,其方程常用的形式为

(1)分量形式:

$$\begin{cases} \dfrac{\mathrm{D}v_x}{\mathrm{D}t} = F_{bx} - \dfrac{\partial p}{\rho\partial x} \\ \dfrac{\mathrm{D}v_y}{\mathrm{D}t} = F_{by} - \dfrac{\partial p}{\rho\partial y} \\ \dfrac{\mathrm{D}v_z}{\mathrm{D}t} = F_{bz} - \dfrac{\partial p}{\rho\partial z} \end{cases} \tag{3.1.1a}$$

(2)矢量形式:

$$\rho\frac{\mathrm{D}\boldsymbol{v}}{\mathrm{D}t} = \rho\boldsymbol{F}_b - \nabla p \text{ 或} \frac{\partial\boldsymbol{v}}{\partial t} + (\boldsymbol{v}\cdot\nabla)\boldsymbol{v} = \boldsymbol{F}_b - \frac{1}{\rho}\nabla p \tag{3.1.1b}$$

(3)兰姆-葛罗米柯形式:

根据场论有

$$\nabla\left(\frac{v^2}{2}\right) = \frac{1}{2}\nabla(\boldsymbol{v}\cdot\boldsymbol{v}) = (\boldsymbol{v}\cdot\nabla)\boldsymbol{v} - (\nabla\times\boldsymbol{v})\times\boldsymbol{v}$$

因此

$$\frac{\partial\boldsymbol{v}}{\partial t} + \nabla\left(\frac{v^2}{2}\right) + (\nabla\times\boldsymbol{v})\times\boldsymbol{v} = \boldsymbol{F}_b - \frac{1}{\rho}\nabla p \tag{3.1.1c}$$

兰姆-葛罗米柯形式的运动方程是推导理想流体运动两个重要积分(伯努利积分和拉格朗日积分)的基础。

3.1.2 理想流体运动微分方程组的封闭性

对于三维运动,未知物理量共有 8 个,其中速度 3 个,压强和密度各 1 个,质量力 3 个。通常认为质量力为已知,因此未知量为 5 个,现在只有 3 个方程,为了使方程组封闭,还需补充两个方程,其中 1 个为连续方程,另 1 个为状态方程。下面对流体不同形式的状态方程作简要介绍。

(1)不可压缩流体:

不可压缩流体的状态方程可以写为

$$\rho = C \tag{3.1.2}$$

(2)正压流体:

对于正压流体,流体密度与压强关系为

$$\rho = f(p) \tag{3.1.3}$$

对于等温和等熵绝热变化气体,它们的状态方程分别为

$$p/\rho = c \tag{3.1.4}$$

和

$$p/\rho^{\gamma} = c \tag{3.1.5}$$

式中:γ 为绝热系数,对于空气 $\gamma = 1.408$。

(3)斜压流体:

$$\rho = f(p, T) \tag{3.1.6}$$

对于斜压流体,由于出现了温度未知量,为使方程组封闭,所以又需补充一个能量方程。

下面就一定条件下的方程简化进行讨论。假定流体正压、质量力有势,则由流体正压条件,$\rho = f(p)$,引入压强函数 P,其满足

$$P = \int \frac{\mathrm{d}p}{\rho} = \int \frac{\mathrm{d}p}{f(p)} = P(x, y, z, t) \tag{3.1.7}$$

则

$$\frac{1}{\rho}\mathrm{d}p = \mathrm{d}P, \text{即} \frac{1}{\rho}\nabla p = \nabla P \tag{3.1.8}$$

根据理论力学知识,由质量力有势条件,可以引入一个力势函数 U:

$$U = -\int f_x \mathrm{d}x + f_y \mathrm{d}y + f_z \mathrm{d}z \tag{3.1.9}$$

即

$$\boldsymbol{f} = -\nabla U \tag{3.1.10}$$

将式(3.1.8)和式(3.1.10)代入式(3.1.1)可得

$$\frac{\partial \boldsymbol{v}}{\partial t} + \nabla\left(\frac{v^2}{2} + P + U\right) + (\nabla \times \boldsymbol{v}) \times \boldsymbol{v} = 0 \tag{3.1.11}$$

在理想流体条件下推导得到的欧拉运动方程依然是一个复杂的非线性运动方程,一般难以求解,只有在一些特定条件下才能获得解析解。下面将分别导出流体力学中两个非常著名的积分式:伯努利积分和拉格朗日积分。

3.2　伯努利积分

3.2.1　伯努利积分的形式

假设:(1)流体是理想的,运动是定常的;

(2)质量力有势;

(3)流体正压;

(4)沿流线(涡线)积分。

由假设(1)知,流体运动满足欧拉运动方程,$\frac{\partial \boldsymbol{v}}{\partial t}=0$;由假设(2)得 $\boldsymbol{F}_b=-\nabla U$;由假设(3)得 $\rho=f(p)$,即 $\nabla P=\frac{\nabla p}{\rho}$;由假设(4)得 $\boldsymbol{v}\times \mathrm{d}\boldsymbol{l}=0$

将上述假设(1)~(3)引出的结论代入式(3.1.1c)得

$$\nabla\left(\frac{v^2}{2}+P+U\right)+(\nabla\times\boldsymbol{v})\times\boldsymbol{v}=0 \tag{3.2.1}$$

两边 · d$\boldsymbol{l}$(d$\boldsymbol{l}$ 为流线段或涡线段),则

$$\mathrm{d}\boldsymbol{l}\cdot\nabla\left(\frac{v^2}{2}+P+U\right)+\mathrm{d}\boldsymbol{l}\cdot[(\nabla\times\boldsymbol{v})\times\boldsymbol{v}]=0 \tag{3.2.2}$$

由于 $(\nabla\times\boldsymbol{v})\times\boldsymbol{v}$ 的方向与 $\boldsymbol{v}$ 的方向相互垂直,而 d$\boldsymbol{l}$ 的方向又与 $\boldsymbol{v}$ 的方向一致,因此根据向量运算法则,式(3.2.2)左边第二项为0。注意到梯度性质,$\mathrm{d}\boldsymbol{l}\cdot\nabla\varphi=\mathrm{d}\varphi$,式(3.2.2)可简化为

$$\mathrm{d}\left(\frac{v^2}{2}+P+U\right)=0$$

积分得

$$\frac{v^2}{2}+P+U=C_l \tag{3.2.3}$$

式(3.2.3)称为伯努利积分,式中:C_l 为沿流线(涡线)积分常数。下面讨论积分的具体形式。

1. 质量力只有重力的流体

重力场中单位质量力为 $F_{bx}=F_{by}=0, F_{bz}=-g$,则重力势函数为 $U=gz$,从而式(3.2.3)可改写为

$$\frac{v^2}{2}+P+gz=C_l \tag{3.2.4}$$

2. 不可压均质流体

不可压均质流体的密度为 $\rho=C$,压力函数 $P=\frac{\int \mathrm{d}p}{\rho}=\frac{p}{\rho}$,从而式(3.2.3)式可改写为

$$\frac{v^2}{2}+\frac{p}{\rho}+U=C_l \tag{3.2.5}$$

3. 等温变化气体

等温气体状态方程为$\frac{p}{\rho}=C$，则压力函数$P=\int\frac{C}{p}\mathrm{d}p=C\ln p$，从而式(3.2.3)可改写为

$$\frac{v^2}{2}+C\ln p+U=C_l \tag{3.2.6}$$

4. 绝热等熵气体

绝热等熵气体状态方程为$\frac{p}{\rho^k}=C$，压力函数$P=\int\left(\frac{C}{p}\right)^{\frac{1}{k}}\mathrm{d}p=\frac{k}{k-1}\frac{p}{\rho}$，从而式(3.2.3)可改写为

$$\frac{v^2}{2}+\frac{k}{k-1}\frac{p}{\rho}+U=C_l \tag{3.2.7}$$

下面进一步讨论上述条件不同组合下的伯努利方程形式。

(1)不可压重力流体：

$$\frac{v^2}{2}+\frac{p}{\rho}+gz=C_l \tag{3.2.8a}$$

或者

$$\frac{v^2}{2g}+\frac{p}{\rho g}+z=C_l \tag{3.2.8b}$$

这是由伯努利在1738年首先通过对容器的小孔出流和变截面管道流动进行仔细观察和广泛测量后提出的。1757年，欧拉将其推广至可压缩流体运动。

(2)质量力影响可忽略的不可压缩流体：

$$\frac{v^2}{2g}+\frac{p}{\rho g}=C_l \tag{3.2.9a}$$

或者

$$\frac{1}{2}\rho v^2+p=C_l \tag{3.2.9b}$$

(3)绝热等熵气体。一般气体的质量力影响可以忽略不计，因此伯努利方程为

$$\frac{v^2}{2}+\frac{k}{k-1}\frac{p}{\rho}=C_l \tag{3.2.10}$$

3.2.2 伯努利积分的应用条件

应用伯努利积分时，应注意以下几点：

(1)伯努利积分仅对理想正压流体，在质量力有势和定常运动下沿同一流线的各点成立。但若各流线的起始处(如无穷远处或容器的液面处)具有相同的速度、压强和位置高度，则各流线的积分常数C_l相同，因而伯努利积分在任何时间对全流场的任何点都成立。

(2)伯努利积分虽然只沿同一流线成立，但在工程实践中也往往近似地用于准一维定常的管道流动。这时有两种处理方法：一种是取各截面上速度和压强等运动参数的平均值，另一种是对各项引进修正因子，以补偿各流动参数在截面上分布的不均匀性。

(3)伯努利积分是从理想流体的运动方程导出的，因而不含机械能损耗项。但从能量的角度看，伯努利积分是个能量守恒方程，因此在研究管道等流动时，只需加上一个机

械能损耗项,就可以考虑黏性的影响,这在管道流动计算中常作这样处理。

(4)对于时间变化非常缓慢的流动,有时可以近似地认为每一时刻的流动是定常的,然后采用准定常流动的方法处理,如液箱小孔出流计算。

(5)伯努利积分不宜应用于有较大逆压梯度和强烈掺和的流动(如突然扩大或收缩和水跃等),即急变流。

(6)伯努利积分不宜应用于局部压强等于或小于液体饱和蒸汽压强的区域,因为此区域发生了空化现象,流动不再连续。

(7)伯努利积分也不宜应用于通过动力装置(如泵、涡轮机等)的流动,因为此时流动中往往有机械能的输入或输出,但在装置的上下游,如果条件允许,则可以分别应用伯努利积分。

3.3 拉格朗日积分

假设:(1)流体是理想的、运动是无旋的;

(2)质量力有势;

(3)流体正压。

由假设(1)知,流体运动满足欧拉运动方程,无旋条件得$\nabla\times\boldsymbol{v}=0$,即$\boldsymbol{v}=\nabla\varphi$;由假设(2)得$\boldsymbol{F}_b=-\nabla U$;由假设(3)得$\rho=f(p)$,即$\nabla P=\dfrac{\nabla p}{\rho}$。将上述各式代入式(3.1.1c),并注意到$\dfrac{\partial\boldsymbol{v}}{\partial t}=\dfrac{\partial(\nabla\varphi)}{\partial t}=\nabla\dfrac{\partial\varphi}{\partial t}$得

$$\nabla\left(\frac{\partial\varphi}{\partial t}+\frac{v^2}{2}+P+U\right)=\mathbf{0}$$

积分得

$$\frac{\partial\varphi}{\partial t}+\frac{v^2}{2}+P+U=f(\mathrm{t}) \tag{3.3.1a}$$

令

$$\frac{\partial\Phi}{\partial t}=\frac{\partial\varphi}{\partial t}-f(t)$$

则

$$\Phi=\varphi-\int f(t)\,\mathrm{d}t$$

而$\boldsymbol{v}=\nabla\phi=\nabla\Phi$,因此式(3.3.1a)可改写为

$$\frac{\partial\Phi}{\partial t}+\frac{\boldsymbol{v}^2}{2}+P+U=0 \tag{3.3.1b}$$

式(3.3.1a)或式(3.3.1b)为不同形式的拉格朗日积分。

如果流动又是定常的,则

$$\nabla\left(\frac{v^2}{2}+P+U\right)=0$$

积分得

$$\frac{v^2}{2}+P+U=C \tag{3.3.2}$$

这里须注意 C_l 与 C 区别：C_l 是沿流线(涡线)积分常数，沿同一流线(涡线)C_l 相同，而 C 是通用常数(全场常数)，即场中各点都为同一常数。下面讨论具体条件下的拉格朗日积分。

对于不可压缩重力流场，$U=gz,P=\frac{p}{\rho}$，则

$$\frac{\partial\Phi}{\partial t}+\frac{v^2}{2}+\frac{p}{\rho}+gz=0 \tag{3.3.3}$$

若运动又是定常的，则拉格朗日积分和伯努利积分为同一形式：

$$\frac{v^2}{2}+\frac{p}{\rho}+gz=C \tag{3.3.4a}$$

或者写为

$$\frac{v^2}{2g}+\frac{p}{\rho g}+z=C \tag{3.3.4b}$$

3.4 两种积分的意义和应用

3.4.1 积分的意义

对于理想重力流体的定常运动，沿流线或涡线的伯努利积分为

$$\frac{v^2}{2g}+\frac{p}{\rho g}+z=C_l$$

即式(3.2.8b)。

如果理想重力流体运动不仅是定常的，而且是无旋的，那么全场可应用拉格朗日积分为

$$\frac{v^2}{2g}+\frac{p}{\rho g}+z=C$$

即式(3.3.4b)。

现在来讨论式(3.2.8b)和式(3.3.4b)中的各项物理意义。

1. 几何意义：每一项均表示高度

(1)$\frac{v^2}{2g}$为速度高度，用动压头 h_v 表示；

(2)$\frac{p}{\rho g}$为压力高度，用静压头 h_p 表示；

(3)z 为几何位置高度。

因此式(3.2.8b)表示在同一流线(涡线上)，总水头 $H=z+h_p+h_v$ 保持不变，具体如图 3.4.1 所示。而式(3.3.4b)表示在全流场中，H 处处相等。

2. 物理意义：每一项都表示单位重量流体所具有的某种能量

(1)$\frac{v^2}{2g}$为单位重量流体的动能，用 e_v 表示；

(2)$\frac{p}{\rho g}$为单位重量流体的压能，即单位重量流体压力所作的功，用 e_p 表示；

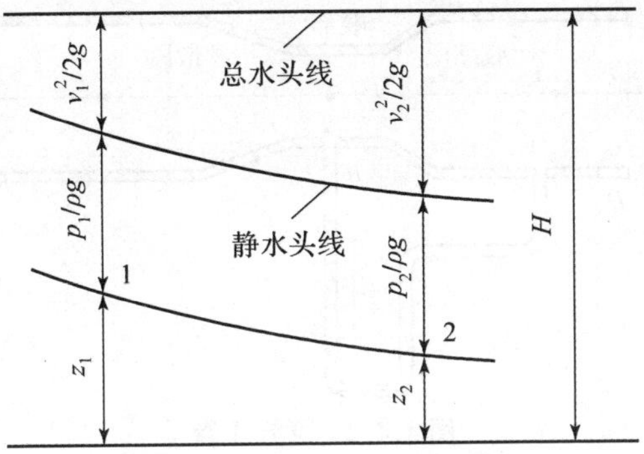

图 3.4.1　两种积分的几何意义

(3) z 为单位重量流体的势能,用 e_z 表示。

因此式(3.2.8b)表示在同一流线(涡线)上,单位重量的总能量 $E = e_z + e_p + e_v$ 始终保持不变,而式(3.3.4b)表示全场中单位重量的总能量 E 处处相等。

结论:在定常运动中,同一流体质点的各能量之和保持不变,这是能量守恒定律在流体力学中具体体现。

上面提到的压能,与位能和动能一样,是流体机械能的一种形式,是由于流体压强作功所产生的,可以与其他能量相互转换。另外流体的总能量保持不变,不等于每部分的能量都保持不变,它们之间是可以相互转换的。从图 3.4.1 就可以看出,当位能保持不变时,流体速度变大,即动能增加时,压能就相应减小,即压能转变为动能,反之动能转变为压能。

根据能量守恒观点,还可以将伯努利积分从只能在理想流中应用推广至黏性流体(真实流体)中,即

$$z_1 + \frac{p_1}{\rho g} + \frac{v_1^2}{2g} = z_2 + \rho g + \frac{v_2^2}{2g} + h_f \tag{3.4.1}$$

式中:h_f 为单位重量损失的能量,称为水头损失。

3.4.2　伯努利积分的应用

下面将介绍基于伯努利积分的测速计原理。

1. 文丘里管

文丘里管(Venturi tube)如图 3.4.2 所示,它由一节截面两头大,中间小的水平管组成。大端直径等于所需测量的管道直径,中间截面的最小部分——喉部,其约为大端截面的一半。设大截面面积为 A_1,待测流体密度为 ρ,速度为 v_1,喉部截面积为 A_2,U 形管中的液体密度为 ρ_f,液面高度差为 h。下面根据连续方程和伯努利积分推导出 v_1 的表达式。

列出连续方程为

$$A_1 v_1 = A_2 v_2 \tag{3.4.2}$$

假定各截面上的流动参数是均匀的,且不计管道中流体的质量力作用,对于一维管道流动,在管轴线 1 ~ 2 两点列出伯努利积分为

$$\frac{p_1}{\rho g} + \frac{v_1^2}{2g} = \frac{p_2}{\rho g} + \frac{v_2^2}{2g} \tag{3.4.3}$$

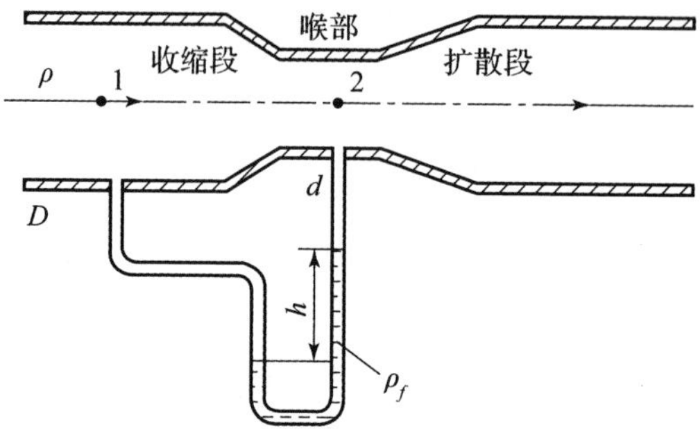

图 3.4.2　文丘里管

由测压计测量得

$$p_1 = p_2 + \rho_f gh \tag{3.4.4}$$

由式(3.4.2)～式(3.4.4)得

$$v_1 = \sqrt{\frac{2gh}{\left(\frac{A_1}{A_2}\right)^2 - 1} \frac{\rho_f}{\rho}} \tag{3.4.5}$$

实际流速 $v_1' < v_1$，即有一个修正量：

$$v_1 = \xi \sqrt{\frac{2gh}{\left(\frac{A_1}{A_2}\right)^2 - 1} \frac{\rho_f}{\rho}} \tag{3.4.6}$$

流量为

$$Q = v_1 A_1 = \xi \sqrt{\frac{2gh}{\frac{1}{A_2^2} - \frac{1}{A_1^2}} \frac{\rho_f}{\rho}} \tag{3.4.7}$$

式中：ξ 为"修正系数"，以修正理论计算和实际测量过程中的误差，其可以通过实验来测定。在式(3.4.6)和式(3.4.7)中，只要测得压力计的液面高度差，就可以计算管道中的流动速度和流量。

另外从推导出的公式看出，液面高度与被测流体速度平方成正比，因此当管道中流体速度增加到一定程度时，测量液体就会被吸入管道中，随流动的流体一起流走，这就是各类喷雾器和抽气、抽水机的工作原理。

2. 皮托管

首先介绍驻点概念。如图 3.4.3 所示，一物体置于来流中，在 A、B 两点速度为 0，则 A、B 称为"驻点"。

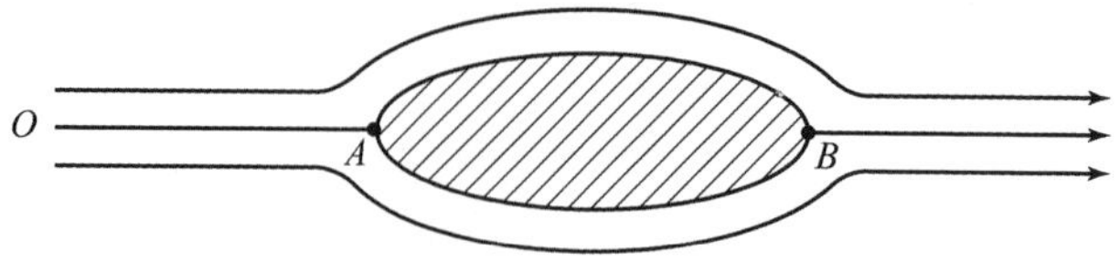

图 3.4.3　驻点

选 OA 作为一条流线，两端物理量分别为 $O:p,v;A:p_A,0$。在此流线上应用伯努利积分(不考虑质量力作用)：

$$p + \frac{1}{2}\rho v^2 = p_A \tag{3.4.8}$$

即总压由静压 p 和动压 $p_v = \frac{1}{2}\rho v^2$ 组成。只要知道 p、p_A 便可求出远前方来流速度

$$v = \sqrt{\frac{2(p_A - p)}{\rho}} \tag{3.4.9}$$

上面便是“皮托管(Pitot tube)原理”,它分为敞开式、组合式两种(图3.4.4)。

为了测量流体的流速,在同一水平位置 A、B 两点上各放一根管子,Ⅰ管的管口截面平行于来流,Ⅱ管的管口截面垂直于来流,如图3.4.4(a)所示。假设Ⅰ管的存在对于Ⅰ管管口处原来的流动没有影响,测压计所测得的 A 点压强为来流的压强,而Ⅱ管管口的压强为驻点压强。根据测压计原理,有

$$p_B - p_A = \rho_f g h$$

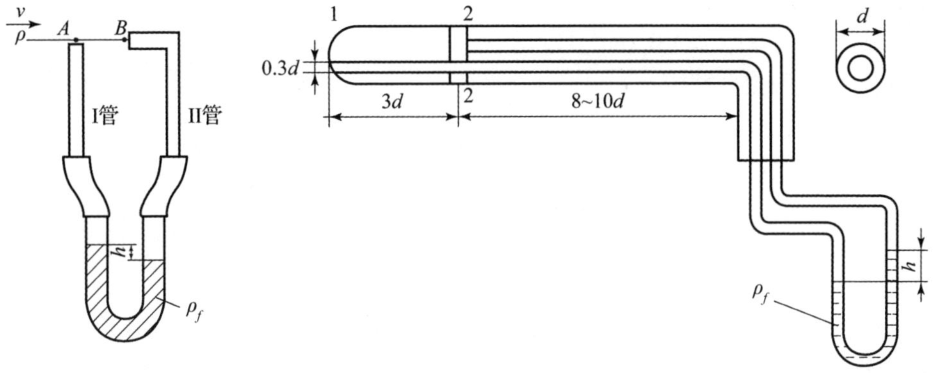

(a) 敞开式　　(b) 组合式

图3.4.4　皮托管

而 A,B 两点的速度分别为

$$v_A = v, v_B = 0$$

对 A,B 两点列出伯努利积分方程:

$$\frac{p_A}{\rho g} + \frac{v^2}{2g} = \frac{p_B}{\rho g} + 0$$

$$v = \sqrt{\frac{2g(p_B - p_A)}{\rho g}} = \sqrt{2gh\frac{\rho_f}{\rho}} \tag{3.4.10}$$

实际测量需要给予修正,即

$$v = \xi\sqrt{2gh\frac{\rho_f}{\rho}} \tag{3.4.11}$$

通常将Ⅰ管和Ⅱ管合在一起,形成如图3.4.4(b)所示的皮托管,图中1为总压孔,2为静压孔。

例题3.1:设水箱的水位保持9m,通过管径 $D = 75\text{mm}$ 的管道把水引至距地面0.6m处,如图3.4.5所示,计算管道内流量有多少?设想在截面3处安装一收缩口。问该收缩口的直径 d 小于怎样的一个数值后,将影响管道内流量?

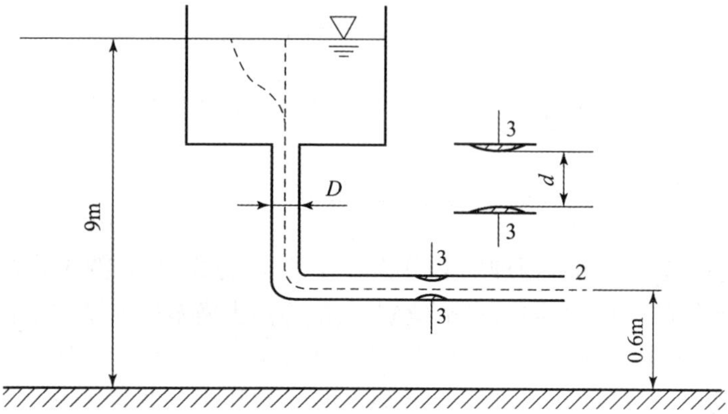

图 3.4.5　水箱放水

解:(1)取流线 1 ~2,两点处相应参数分别为

1 点:$v_1 = 0, p_1 = p_a, z_1 = 9\text{m}$

2 点:$v_2 = ?, p_2 = p_a, z_2 = 0.6\text{m}$

对 1,2 点应用伯努利积分:

$$\rho g z_1 = \frac{1}{2}\rho v_2^2 + \rho g z_2$$

$$v_2 = \sqrt{2g(z_1 - z_2)} = 12.84(\text{m/s})$$

$$Q = v_2 \cdot \frac{\pi}{4} d_2^2 = 57(\text{dm}^3/\text{s})$$

(2)当 $p_3 \leqslant p_v$ 时,不能正常流动,其中 p_v 为气化压强,其值取 $p_v = 2332.4\text{N/m}^2$。对 1 ~3 列出伯努利积分方程:

$$p_a + \rho g z_1 = \frac{1}{2}\rho v_3^2 + \rho g z_3 + p_v$$

$$v_3 \geqslant 19.04(\text{m/s})$$

$$d \leqslant \sqrt{\frac{Q}{\frac{\pi}{4} v_3}} = 61.7(\text{mm})$$

例题 3.2:一利用文丘里管抽吸船舶舱底污水的装置如图 3.4.6 所示。设污水密度为 ρ_m,液面距文丘里管中心线的高度为 h,截面 1 与 2 处的横截面的面积分别为 A_1 与 A_2,假定流体为无黏性和不可压缩的,忽略重力的影响,当空气在文丘里管中做定常运动时,$\boldsymbol{v}$ 为何值时方能将液体吸入管内?

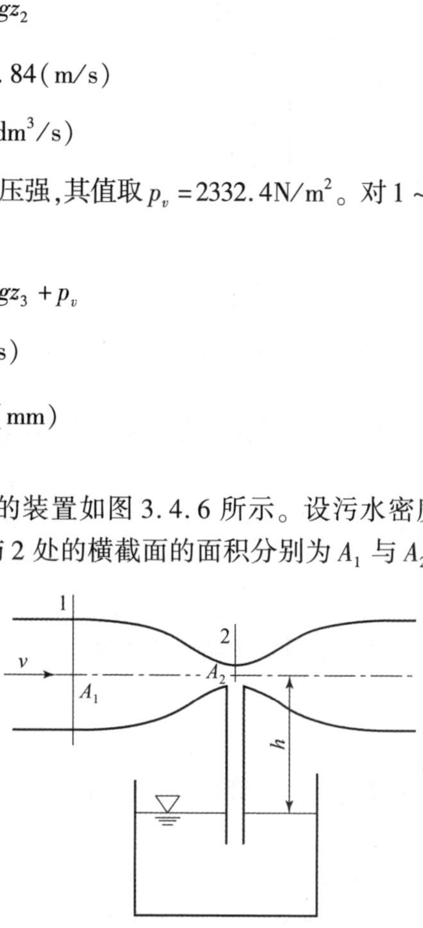

图 3.4.6　液舱抽水

解:根据连续方程得

$$v_1 A_1 = v_2 A_2 \tag{3.4.12}$$

取流线 1 ~2,列出伯努利积分方程:

$$z_1 + \frac{p_1}{\rho g} + \frac{v_1^2}{2g} = z_2 + \frac{p_2^2}{\rho g} + \frac{v_2^2}{2g} \tag{3.4.13}$$

根据题意:

$$p_a - p_2 \geqslant \rho_m gh, p_1 \approx p_a \tag{3.4.14}$$

联立式(3.4.12)~式(3.4.14)得

$$v = v_1 \geqslant \frac{A_2}{\sqrt{A_1^2 - A_2^2}}\sqrt{\frac{2\rho_m}{\rho}gh}$$

例题 3.3:有一流动,其速度分量为

$$v_x = 3x, v_y = -3y, v_z = 0$$

试求其运动微分方程,并求其当表面上(0,0)处的压力为零时,处于表面以下 1m 处 $A(2,2)$点压强。

解:由于

$$\frac{\partial v_x}{\partial x} + \frac{\partial v_y}{\partial y} + \frac{\partial v_z}{\partial z} = 3 - 3 + 0 = 0$$

满足不可压缩流动连续方程,故流动是连续可能的。由于表面上一点与表面下一点不在同一流线上,无法应用伯努利积分,因此可从欧拉方程的原始形式求解。

由欧拉运动方程$\frac{\mathrm{D}\boldsymbol{v}}{\mathrm{D}t} = \boldsymbol{f} - \frac{1}{\rho}\nabla p$,即

$$\begin{cases}
\frac{\mathrm{D}v_x}{\mathrm{D}t} = \frac{\partial v_x}{\partial t} + v_x\frac{\partial v_x}{\partial x} + v_y\frac{\partial v_x}{\partial y} + v_z\frac{\partial v_x}{\partial x} = f_x - \frac{1}{\rho}\frac{\partial p}{\partial x} \\
\frac{\mathrm{D}v_y}{\mathrm{D}t} = \frac{\partial v_y}{\partial t} + v_x\frac{\partial v_y}{\partial x} + v_y\frac{\partial v_y}{\partial y} + v_z\frac{\partial v_y}{\partial z} = f_y - \frac{1}{\rho}\frac{\partial p}{\partial y} \\
\frac{\mathrm{D}v_Z}{\mathrm{D}t} = \frac{\partial v_z}{\partial t} + v_x\frac{\partial v_z}{\partial x} + v_y\frac{\partial v_z}{\partial y} + v_z\frac{\partial v_z}{\partial z} = f_z - \frac{1}{\rho}\frac{\partial p}{\partial z}
\end{cases}$$

得

$$\begin{cases}
9x = 0 - \frac{1}{\rho}\frac{\partial p}{\partial x} \\
9y = 0 - \frac{1}{\rho}\frac{\partial p}{\partial y} \\
0 = -g - \frac{1}{\rho}\frac{\partial p}{\partial z}
\end{cases}
\Rightarrow
\begin{cases}
\frac{1}{\rho}\frac{\partial p}{\partial x} + 9x = 0 \\
\frac{1}{\rho}\frac{\partial p}{\partial y} + 9y = 0 \\
\frac{1}{\rho}\frac{\partial p}{\partial z} + g = 0
\end{cases}$$

利用上式得

$$-g \cdot \mathrm{d}z - \frac{1}{\rho}\mathrm{d}p = 9x\mathrm{d}x + 9y\mathrm{d}y$$

$$\frac{p}{\rho} = -\frac{9}{2}(x^2 + y^2) - gz + C$$

由(0,0,0)处,$p = 0$ 的条件,得到 $C = 0$

在(2,2,−1)处,$p = \rho(9.81 - 36) = -26.19\rho(\mathrm{Pa})$

本题也可以采用拉格朗日积分求解,请读者作为练习题自行求解。

例题 3.4:已知流场速度分布为$\begin{cases} v_\theta = r\omega \\ v_r = 0 \end{cases}$ $(r \leqslant r_0)$或$\begin{cases} v_x = -\omega y \\ v_y = \omega x \end{cases}$。在 r_0 处,$p = p_0$。试求 $r \leqslant r_0$ 区域内压力分布。

解:(1)判断流动连续性:

$$\frac{\partial r v_r}{\partial r}+\frac{\partial v_\theta}{\partial \theta}=0$$

满足连续性要求。

而

$$\nabla \times \boldsymbol{v}=2\omega \boldsymbol{k}$$

说明该不可压缩流体作定常、有旋运动。

上述判断表明该运动完全满足伯努利积分的条件。但由于流线为 $r=C$,为圆周线,无法求得整个区域内压力分布,故只能从欧拉运动方程出发进行求解。

由欧拉运动方程:

$$\begin{cases}\dfrac{\mathrm{d}v_x}{\mathrm{d}t}=f_x-\dfrac{1}{\rho}\dfrac{\partial p}{\partial x}\\ \dfrac{\mathrm{d}v_y}{\mathrm{d}t}=f_y-\dfrac{1}{\rho}\dfrac{\partial p}{\partial y}\end{cases}$$

即 $-\rho\omega^2(x\mathrm{d}x+y\mathrm{d}y)=-\mathrm{d}p$

积分得

$$p=\frac{\rho}{2}\omega^2(x^2+y^2)+C=\frac{\rho}{2}r^2\omega^2+C$$

这实际是龙卷风核心区域有旋流动的压强分布,说明在此区域内中心点速度为零,压强最小。因此不能随意根据伯努利积分得出“速度越小的地方,压强一定越大”的结论。

从例题 3.3 和例题 3.4 看出,当无法应用伯努利积分求解问题时,可以试着直接求解欧拉运动方程来获得相应的解。

3.4.3 拉格朗日积分的应用

例题 3.5:图 3.4.7 所示为一两端开口的盛液 U 形管。当水体平衡时,两边液面处于同样的水平高度。假定管子等截面,液柱总长度为 L,液体的黏性和表面张力可以忽略。请分析管中液体的自由晃荡频率。

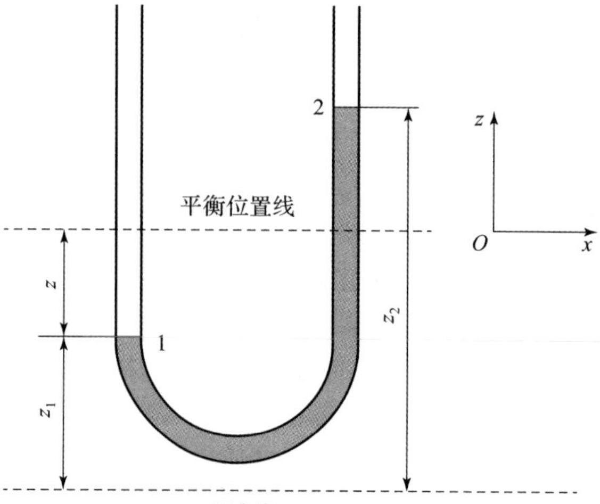

图 3.4.7 U 形管液体振荡模型

解:取如图 3.4.7 所示的坐标系和位置高度基准线(任意水平线即可)。当管内水体受到扰动后,就开始自由晃荡。设左边液面下降高度为 z,则右边液面高度升高 z,高度差为 $2z$。对液面 1 和 2 列出拉格朗日积分方程:

$$\left.\frac{\partial\varphi}{\partial t}\right|_1 + \frac{v_1^2}{2} + \frac{p_1}{\rho} + gz_1 = \left.\frac{\partial\varphi}{\partial t}\right|_2 + \frac{v_2^2}{2} + \frac{p_2}{\rho} + gz_2 \tag{3.4.15}$$

由连续方程得到任一横截面处的速度相等,同时速度仅为时间的函数,即

$$v_1 = v_2 = v(t) \tag{3.4.16}$$

由速度势定义有

$$\varphi = \varphi_0 + \int_1^2 v\mathrm{d}l \tag{3.4.17}$$

式(3.4.17)对时间求导,并注意到式(3.4.16)得

$$\left.\frac{\partial\varphi}{\partial t}\right|_1^2 = \frac{\partial}{\partial t}\int_1^2 v\mathrm{d}l = \int_1^2\left(\frac{\partial v}{\partial t}\mathrm{d}l + v\frac{\partial \mathrm{d}l}{\partial t}\right) = \int_1^2\left(\frac{\mathrm{d}v}{\mathrm{d}t}\mathrm{d}l + v\mathrm{d}v\right) = \int_1^2\frac{\mathrm{d}v}{\mathrm{d}t}\mathrm{d}l = L\frac{\mathrm{d}v}{\mathrm{d}t} \tag{3.4.18}$$

式(3.4.18)也可以由式(3.4.17)先积分:

$$\varphi = \varphi_0 + \int_1^2 v\mathrm{d}l = \varphi_0 + vL$$

然后对时间求导获得。

因两边管口敞开,所以

$$p_1 = p_2 = p_a \tag{3.4.19}$$

将式(3.4.16)、式(3.4.18)、式(3.4.19)代入式(3.4.15),注意到 $z_2 - z_1 = 2z$,得

$$L\frac{\mathrm{d}v}{\mathrm{d}t} + 2gz = 0$$

即

$$L\frac{\mathrm{d}^2 z}{\mathrm{d}t^2} + 2gz = 0 \tag{3.4.20}$$

这就是管中液柱振荡方程。根据理论力学振动理论,可以求得振荡圆频率为

$$\omega = \sqrt{\frac{2g}{L}}$$

周期为

$$T = 2\pi\sqrt{\frac{L}{2g}}$$

船舶工程中,常常采用"减摇水舱"来降低船舶在风浪中摇荡程度,即根据船舶摇荡的周期调整液舱的摇荡周期和相位,以抵消外界扰动引起的摇荡程度。该例题求解方法可用于计算 U 形减摇水舱的晃荡固有频率。

例题 3.6:液箱长管出流。水箱的底部与一长度为 L 直径为 D 的圆管相连,圆管出口处装有一阀门,开始时阀门关闭,水箱内水位高为 h,如图 3.4.8 所示。在阀门突然开启以后的短暂时间内,流动是非定常的,圆管内的体积流量随时间变化,假设:(1)圆管内流动为一维流动;(2)流动中没有能量损失;(3)除圆管进口附近外,忽略水箱中水体的下降速度;(4)液面上方和圆管出口处的压强均为大气压,试求出水流量随时间的变化规律。

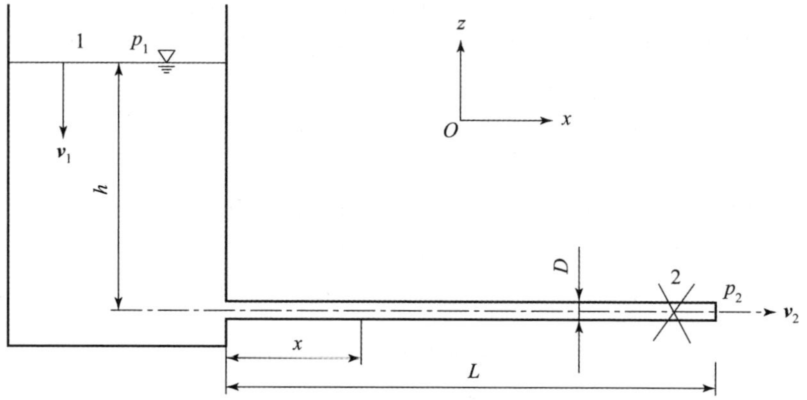

图 3.4.8 液箱长管出流

解:建立如图 3.4.8 所示的坐标系,基准线取在管轴线上。对液面 1 和出口 2 列出拉格朗日积分:

$$\left.\frac{\partial\varphi}{\partial t}\right|_1 + \frac{v_1^2}{2} + \frac{p_1}{\rho} + gz_1 = \left.\frac{\partial\varphi}{\partial t}\right|_2 + \frac{v_2^2}{2} + \frac{p_2}{\rho} + gz_2 \tag{3.4.21}$$

由连续方程得到圆管内任一横截面处的速度相等,同时速度仅为时间的函数,而水箱内水体下降速度较管内的要远远小得多,即

$$v_1 \approx 0, v_2 = v(t) \tag{3.4.22}$$

由速度势定义,有

$$\varphi = \varphi_0 + \int_1^2 v\mathrm{d}l \tag{3.4.23}$$

式(3.4.23)对时间求导,并注意到式(3.4.22),得

$$\left.\frac{\partial\varphi}{\partial t}\right|_1^2 = \frac{\partial}{\partial t}\int_1^2 v\mathrm{d}l = \int_1^2 \frac{\mathrm{d}v}{\mathrm{d}t}\mathrm{d}l = h\frac{\mathrm{d}v_1}{\mathrm{d}t} + L\frac{\mathrm{d}v_2}{\mathrm{d}t} = L\frac{\mathrm{d}v_2}{\mathrm{d}t} \tag{3.4.24}$$

因液面和管口敞开,所以

$$p_1 = p_2 = p_a \tag{3.2.25}$$

将式(3.4.22)、式(3.4.24)、式(3.4.25)代入式(3.4.21),注意到 $z_2 - z_1 = -h$ 得

$$2L\frac{\mathrm{d}v_2}{\mathrm{d}t} = 2gh - v_2^2$$

即

$$\frac{\mathrm{d}t}{2L} = \frac{\mathrm{d}v_2}{2gh - v_2^2} \tag{3.4.26}$$

对式(3.4.26)积分,并注意到初始条件,即 $t=0$ 时,$v_2=0$ 得

$$t = \frac{2L}{\sqrt{2gh}}\operatorname{arth}\frac{v_2}{\sqrt{2gh}}$$

或

$$v = \sqrt{2gh}\operatorname{th}\left(\frac{t}{2L}\sqrt{2gh}\right)$$

3.5　动量定理、动量矩定理及其应用

对于不可压缩理想流体，欧拉运动方程和连续方程构成了封闭的方程组，可以求得 $\boldsymbol{v}, \boldsymbol{p}$ 四个未知量，当然对于具体问题还必须加上适当的初始条件和边界条件。初始条件和边界条件总称为问题的“定解条件”。如果已经求得满足条件的欧拉运动方程的解，即

$$\begin{cases} \boldsymbol{v} = v(x, y, z, t) \\ \boldsymbol{p} = p(x, y, z, t) \end{cases}$$

则通过物面积分，就可以求出作用在物体上的力 $\boldsymbol{F}$ 和力矩 $\boldsymbol{M}$：

$$\begin{cases} \boldsymbol{F} = \iint\limits_S -p\boldsymbol{n}\mathrm{d}A \\ \boldsymbol{M} = \iint\limits_S -\boldsymbol{r} \times \boldsymbol{n}p\mathrm{d}A \end{cases} \tag{3.5.1}$$

但欧拉方程是一个非线性方程，在一般情况下，对它积分是困难的，只有在几种特殊情况下，才能获得解析解。例如：前面获得的伯努利积分、拉格朗日积分，而且它们仅是速度和压力之间关系式，只有在速度分布已知情况下，才能用于确定压力分布。

本节将依据第 2 章的动量和动量矩定理，根据边界条件直接求解作用在物体上力和力矩。它们无须知道流体内部速度分布，也无须区分内部流动是有旋的还是无旋的，只要知道速度，压强等物理量在某些边界上的分布就可以求出作用在物体上合力(矩)。

动量和动量矩定理在船舶流体力学中有广泛的应用，如快艇滑行、喷水推进器和气垫船等。

3.5.1　动量定理、动量矩定理

第 2 章中给出了积分形式的动量和动量矩方程：

$$\frac{\mathrm{D}}{\mathrm{D}t}\iiint\limits_{V(t)} \rho\boldsymbol{v}\mathrm{d}V = \iiint\limits_V \rho\boldsymbol{F}_b\mathrm{d}V + \iiint\limits_V \mathrm{div}\boldsymbol{P}\mathrm{d}V$$

$$\frac{\mathrm{D}}{\mathrm{D}t}\iiint\limits_{V(t)} \rho\boldsymbol{r} \times \boldsymbol{v}\mathrm{d}V = \iiint\limits_V \rho\boldsymbol{r} \times \boldsymbol{F}_b\mathrm{d}V + \oint\limits_{\mathrm{S}} \boldsymbol{r} \times \boldsymbol{p}_n\mathrm{dS}$$

对于理想流体运动，动量方程可以简化为

$$\frac{\mathrm{D}}{\mathrm{D}t}\iiint\limits_{V(t)} \rho\boldsymbol{v}\mathrm{d}V = \iiint\limits_V \rho\boldsymbol{F}_b\mathrm{d}V - \oint\limits_S p\boldsymbol{n}\mathrm{d}A \tag{3.5.2a}$$

根据输运定理，有

$$\frac{\mathrm{D}}{\mathrm{D}t}\iiint\limits_{V(t)} \rho\boldsymbol{v}\mathrm{d}V = \frac{\partial}{\partial t}\iiint\limits_V \rho\boldsymbol{v}\mathrm{d}V + \oint\limits_S \rho\boldsymbol{v}\boldsymbol{v}_n\mathrm{d}A$$

所以式(3.5.2a)可以改写为

$$\frac{\partial}{\partial t}\iiint\limits_V \rho\boldsymbol{v}\mathrm{d}V + \oint\limits_S \rho\boldsymbol{v}\boldsymbol{v}_n\mathrm{d}A = \iiint\limits_V \rho\boldsymbol{F}_b\mathrm{d}V - \oint\limits_S p\boldsymbol{n}\mathrm{d}A \tag{3.5.2b}$$

为理想流体运动一般形式的动量方程。

类似可得到流体运动的动量矩方程：

$$\frac{\partial}{\partial t}\iiint_V \rho(\boldsymbol{r}\times\boldsymbol{v})\mathrm{d}V+\oiint_s(\boldsymbol{r}\times\boldsymbol{v})\rho v_n\mathrm{d}A=\iiint_\Omega(\boldsymbol{r}\times\boldsymbol{F}_b)\rho\mathrm{d}V+\oiint_s(-\boldsymbol{r}\times\boldsymbol{n})p\mathrm{d}A \quad (3.5.3)$$

如果流体运动是定常的且积分域是固定不变的，则式(3.5.2b)和式(3.5.3)左边第1项均为零。

3.5.2 动量定理、动量矩定理的应用

例题3.7：如图3.5.1所示，不可压缩流体定常流过弯管，求流体作用于弯管上的合力 $\boldsymbol{R}$。假设进出口截面流动均匀，忽略黏性和质量力的影响，且已知 $\boldsymbol{v}_1, A_1, A_2, \rho, p_1$ 及出口截面的方向。

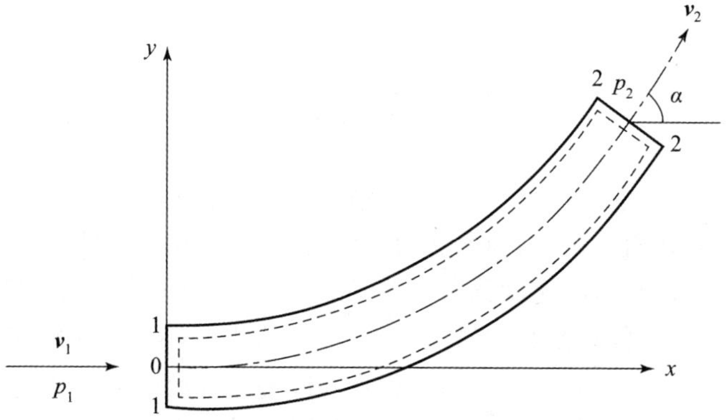

图3.5.1 定常流体运动对弯管的作用力

解：取如图3.5.1所示坐标系和控制体。

在该坐标系下：

$$\boldsymbol{n}_1=-\boldsymbol{i},\boldsymbol{n}_2=\boldsymbol{i}\cos\alpha+\boldsymbol{j}\sin\alpha$$

则

$$\boldsymbol{p}_{n1}=-\boldsymbol{n}_1p_1=p_1\boldsymbol{i},\boldsymbol{p}_{n2}=-\boldsymbol{n}_2p_2=-p_2(\boldsymbol{i}\cos\alpha+\boldsymbol{j}\sin\alpha) \quad (3.5.4)$$

对不可压缩流体应用连续方程：

$$v_1A_1=v_2A_2 \quad (3.5.5)$$

对1和2两点列出伯努利积分：

$$\frac{p_1}{\rho}+\frac{v_1^2}{2}=\frac{p_2}{\rho}+\frac{v_2^2}{2} \quad (3.5.6)$$

由式(3.5.5)、式(3.5.6)得

$$\begin{cases}v_2=\dfrac{v_1A_1}{A_2}\\ p_2=p_1+\dfrac{1}{2}\rho v_1^2\left(1-\dfrac{A_1^2}{A_2^2}\right)\end{cases} \quad (3.5.7)$$

对控制体内的流体应用动量定理：

$$\oiint_s \rho v_n \boldsymbol{v} \mathrm{d}A = \iiint_V \rho \boldsymbol{F}_b \mathrm{d}V + \oiint_s -p\boldsymbol{n}\mathrm{d}A \tag{3.5.8}$$

其中

$$\oiint_s \rho v_n \boldsymbol{v}\mathrm{d}A = \iint_{A_1} \rho v_n \boldsymbol{v}\mathrm{d}A + \iint_{A_2} \rho v_n \boldsymbol{v}\mathrm{d}A + \iint_{A_b} \rho v_n \boldsymbol{v}\mathrm{d}A = (-\rho v_1) v_1 A_1 \boldsymbol{i} + \rho v_2 A_2 v_2 (\boldsymbol{i}\cos\alpha + \boldsymbol{j}\sin\alpha) \tag{3.5.9}$$

$$\iiint_V \rho \boldsymbol{F}_b \mathrm{d}V = 0\text{(因忽略质量力)} \tag{3.5.10}$$

$$-\oiint_S p\boldsymbol{n}\mathrm{d}A = -\left[\iint_{A_1} p\boldsymbol{n}\mathrm{d}A + \iint_{A_b} p\boldsymbol{n}\mathrm{d}A + \iint_{A_2} p\boldsymbol{n}\mathrm{d}A\right] = p_1 A_1 \boldsymbol{i} + \boldsymbol{R} + [-p_2(\boldsymbol{i}\cos\alpha + \boldsymbol{j}\sin\alpha)]A_2 \tag{3.5.11}$$

将上面式(3.5.9)~式(3.5.11)代入式(3.5.8)得

$$-\rho_1 v_1^2 A_1 \boldsymbol{i} + \rho v_2^2 A_2 (\boldsymbol{i}\cos\alpha + \boldsymbol{j}\sin\alpha) = p_1 A_1 \boldsymbol{i} + \boldsymbol{R} - p_2 A_2 (\boldsymbol{i}\cos\alpha + \boldsymbol{j}\sin\alpha)$$

根据作用力与反作用力原理,由此解得弯管受到的流体作用力为

$$\boldsymbol{R}' = -\boldsymbol{R} = (p_1 A_1 + \rho v_1^2 A_1 - \rho v_2^2 A_2 \cos\alpha - p_2 A_2 \cos\alpha)\boldsymbol{i} - (p_2 A_2 \sin\alpha + \rho v_2^2 A_2 \sin\alpha)\boldsymbol{j}$$

即

$$\begin{cases} R'_x = p_1 A_1 + \rho v_1^2 A_1 - \rho v_1^2 \dfrac{A_1^2}{A_2}\cos\alpha - p_1 A_2 \cos\alpha - \dfrac{1}{2}\rho v_1^2 \left(A_2 - \dfrac{A_1^2}{A_2}\right)\cos\alpha \\ R'_y = -\left[p_1 A_2 \sin\alpha + \dfrac{1}{2}\rho v_1^2 \left(A_2 - \dfrac{A_1^2}{A_2}\right)\sin\alpha + \rho v_1^2 \cdot \dfrac{A_1^2}{A_2}\sin\alpha\right] \end{cases}$$

例 3.8:图 3.5.2 所示为水箱小孔出流。假设水箱中的液面高度 h 保持不变,出流小孔面积为 S_B,流动能量损失不计,试求小孔出流对水箱的反推力。

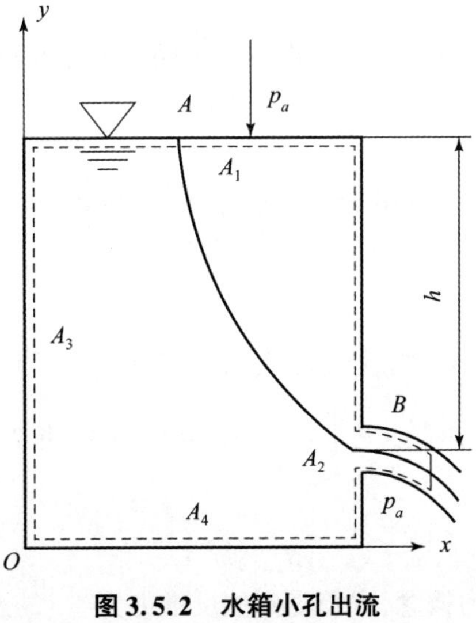

图 3.5.2　水箱小孔出流

解:选取如图 3.5.2 所示坐标系及控制面。

对 A,B 断面列出连续方程:

$$A_1 \cdot v_A = A_2 \cdot v_B$$

因为 $A_1 \gg A_2$，所以

$$v_A \approx 0$$

对端点在 A，B 断面的流线应用伯努利积分：

$$p_a + \frac{1}{2}\rho v_A^2 + \rho gh = p_a + \frac{1}{2}\rho v_B^2$$

求得

$$v_B = \sqrt{2gh}$$

这与理论力学中物体在无阻力作用下的自由落体速度完全一样。

对控制体应用动量定理：

$$\oiint_S \rho v_n \boldsymbol{v} \mathrm{d}A = \iiint_V \rho \boldsymbol{f} \mathrm{d}V - \oiint_S p\boldsymbol{n} \mathrm{d}A \tag{3.5.12}$$

由于除了出口处外，其他各侧面 v_n 都为零，则

$$\oiint_s \rho v_n \boldsymbol{v} \mathrm{d}A = \iint_{A_1+A_2+A_3+A_4} \rho \boldsymbol{v} \boldsymbol{v}_n \mathrm{d}A = \iint_{A_2} \rho v_n \boldsymbol{v} \mathrm{d}A = \rho v_B^2 A_2 \boldsymbol{i} \tag{3.5.13}$$

另

$$-\oiint_S p\boldsymbol{n}\mathrm{d}A = -\iint_{A_1+A_2+A_3+A_4} p\boldsymbol{n}\mathrm{d}A$$

$$= -\left[\iint_{A_1} p_a \boldsymbol{j}\mathrm{d}A + \iint_{A_3+A_2} p\boldsymbol{n}\mathrm{d}A - \iint_{A_2} p\boldsymbol{n}\mathrm{d}A + \iint_{A_2} p_a \boldsymbol{i}\mathrm{d}A - \left(\iint_{A_4} p_a \boldsymbol{j}\mathrm{d}A + \rho gV\boldsymbol{j}\right)\right]$$

式中：A_3 为容器侧壁减去 A_2 的面积；A_4 为底部面积；V 为水箱中流体体积。

而

$$\iint_{A_1} p_a \boldsymbol{j}\mathrm{d}A - \iint_{A_4} p_a \boldsymbol{j}\mathrm{d}A = 0$$

$$\iint_{A_2+A_3} p\boldsymbol{n}\mathrm{d}A = 0 \text{（侧投影面上的合力相互抵消）}$$

所以

$$-\oiint_S p\boldsymbol{n}\mathrm{d}A = -\left[\iint_{A_2}(p_a - p)\mathrm{d}A\right]\boldsymbol{i} + \rho gV\boldsymbol{j} \tag{3.5.14}$$

$$\iiint_V \rho \boldsymbol{f}\mathrm{d}V = -\rho gV\boldsymbol{j} \tag{3.5.15}$$

将式(3.5.13) ~ 式(3.5.15)代入式(3.5.12)得

$$\rho v_B^2 A_2 \boldsymbol{i} = \iint_{A_2}(p - p_a)\mathrm{d}A\boldsymbol{i} = R_x \boldsymbol{i} + R_y \boldsymbol{j}$$

最终获得

$$R_x = \rho v_B^2 A_2$$

根据作用力与反作用力概念，水箱受到的反推力为

$$R'_x = -R_x = -\rho v_B^2 S_B = -2\rho gh S_B$$

例题 3.9：流体对直平板斜向冲击如图 3.5.3 所示。设宽为 b_0 的二维流，以速度 v_0 向平板 AB 冲击，流束和平板夹角为 α，求理想流体对平板作用力及作用点位置。

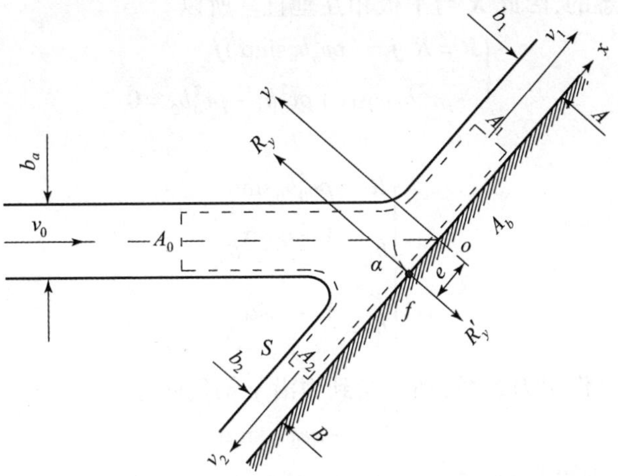

图 3.5.3　流体对平板的斜冲击

解:取如图 3.5.3 所示的坐标系及控制面。

已知 v_0、b_0、v_1、b_1、v_2、b_2 及 α,因流体周围与大气相接触,所以除了挡板 AB 表面 A_b 外,均受到大气压 p_a 作用。

对控制面的进出口断面列出连续方程:

$$b_0 v_0 = b_1 v_1 + b_2 v_2 \tag{3.5.16}$$

对流线 0 - 1 和 0 - 2 分别列出伯努利积分方程:

$$\begin{cases} \dfrac{v_0^2}{2} + \dfrac{p_a}{\rho} = \dfrac{v_1^2}{2} + \dfrac{p_1}{\rho} \\ \dfrac{v_0^2}{2} + \dfrac{p_a}{\rho} = \dfrac{v_2^2}{2} + \dfrac{p_2}{\rho} \end{cases}$$

得

$$v_0 = v_1 = v_2 \tag{3.5.17}$$

由式(3.5.16)又得

$$b_0 = b_1 + b_2 \tag{3.5.18}$$

对控制体内流体应用动量定理:

$$\oiint_S \rho v_n \boldsymbol{v} \mathrm{d}A = \oiint_S -p\boldsymbol{n} \mathrm{d}A \tag{3.5.19}$$

式中

$$\begin{aligned} \oiint_S \rho v_n \boldsymbol{v} \mathrm{d}A &= \iint_{A_0} \rho v_n \boldsymbol{v} \mathrm{d}A + \iint_{A_1+A_2} \rho v_n \boldsymbol{v} \mathrm{d}A + \iint_{A_b} \rho v_n \boldsymbol{v} \mathrm{d}A \\ &= -\rho v_0^2 b_0 (\boldsymbol{i}\cos\alpha - \boldsymbol{j}\sin\alpha) + \rho v_1^2 b_1 \boldsymbol{i} - \rho v_2^2 b_2 \boldsymbol{i} \end{aligned} \tag{3.5.20}$$

$$\oiint_S -p\boldsymbol{n}\mathrm{d}A = \iint_{S-A_b} -\boldsymbol{n} p_a \mathrm{d}S + \iint_{A_b} -\boldsymbol{n} p \mathrm{d}A = \underbrace{\oiint_S -\boldsymbol{n} p_a \mathrm{d}A}_{0} + \underbrace{\iint_{A_b} (-p\boldsymbol{n} + p_a \boldsymbol{n}) \mathrm{d}A}_{\boldsymbol{R}} \tag{3.5.21}$$

将式(3.5.20)、式(3.5.21)代入式(3.5.19)得

$$\boldsymbol{R} = (-\rho v_0^2 b_0 \cos\alpha + \rho v_1^2 b_1 - \rho v_2^2 b_2)\boldsymbol{i} + (\rho v_0^2 b_0 \sin\alpha)\boldsymbol{j}$$

由于流体是理想的，因此 $\boldsymbol{R}$ 与平板相互垂直。所以

$$\begin{cases}\boldsymbol{R}=R_y\boldsymbol{j}=(\rho v_0^2 b_0\sin\alpha)\boldsymbol{j}\\ -\rho v_0^2 b_0\cos\alpha+\rho v_0^2 b_1-\rho v_0^2 b_2=0\end{cases}$$

即

$$\begin{cases}R_y=\rho v_0^2 b_0\sin\alpha\\ b_1=\dfrac{1+\cos\alpha}{2}b_0\\ b_2=\dfrac{1-\cos\alpha}{2}b_0\end{cases}$$

根据作用力与反作用力关系，挡板受到力沿 y 轴负向，即

$$R_y'=-\rho v_0^2 b_0\sin\alpha$$

根据动量矩定理（O 为矩心）：

$$\iint_{S-A_b}(xv_y-yv_x)\rho v_n\mathrm{d}A=\oint_S p(xn_y-yn_x)\mathrm{d}A$$

$$左边=\iint_{A_0}(\cdots)+\iint_{A_1}(\cdots)+\iint_{A_2}(\cdots)=0+\left(-\frac{b_1v_1^2}{2}b_1\rho\right)+\frac{b_2^2}{2}v_2^2\rho$$

$$右边=xR_y-yR_x=R_ye\text{（这里假设作用点在 } x \text{ 轴正向）}$$

所以

$$-\rho v_1^2\frac{b_1^2}{2}+\rho v_2^2\frac{b_2^2}{2}=R_ye=e\rho v_0^2 b_0\sin\alpha$$

由此得到合力作用点为

$$e=-\frac{b_0}{2}\cot\alpha$$

式中："−"表示作用点与假设相反，在负 x 轴上（图3.5.3）。

根据上面几道例题，对于动量和动量矩定理的应用可以总结如下：

(1)控制面（体）尽可能选取：

①边界面或流面。这些面上没有流体进出，因而动量通量为零。

②速度及压力分布已知的面，如壁面、自由表面等。

(2) $\oint_S -p\boldsymbol{n}\mathrm{d}S$ 中包含了物体对流体作用力，此时分量式为

$$\begin{cases}R_x=\iint_{S-A_b}[p\cos(\boldsymbol{n},x)+\rho v_xv_n]\mathrm{d}A-\iiint_V\rho F_{bx}\mathrm{d}V\\ R_y=\iint_{S-A_b}[p\cos(\boldsymbol{n},y)+\rho v_yv_n]\mathrm{d}A-\iiint_V\rho F_{by}\mathrm{d}V\\ R_z=\iint_{S-A_b}[p\cos(\boldsymbol{n},z)+\rho v_zv_n]\mathrm{d}A-\iiint_V\rho F_{bz}\mathrm{d}V\end{cases}$$

大气压 p_a，不予考虑（因为 $\oint_S p_a\mathrm{d}A=0$）

(3)实际计算时，无须写出中间繁杂过程，根据相应问题及动量定理、动量矩定理：

动量变化率 = 合外力(同坐标轴正向一致的为正)

动量矩变化率 = 合外力矩(规定逆时针方向为正)

可直接写出表达式,只是应注意:

①v_n 以流出控制面为正,流进控制面为负;

②速度 $\boldsymbol{v}$ 和外力 $\boldsymbol{R}$ 等有向物理量的分量的正负,由所取的坐标系来判定,与坐标轴正向一致的为正,反之为负;

③求力矩时,将 $\boldsymbol{v}$ 对矩心取矩,其方向代表动量矩方向。力矩和动量矩一般规定逆时针方向为正。

按照上述总结的几条,请读者对上述几道例题重新演算一遍,推导、计算过程将大大简化。

例题 3.10:气垫船基本原理。

气垫船基本原理如图 3.5.4 所示。气体由顶部风扇抽入,从底部向周围喷出。气体喷出时喷柱宽度为 b_0,其速度 v_0 的方向先是与底部水平线成 θ 夹角,然后转为水平向两侧沿地面喷出。气垫船重量为 W,底部面积为 A。试求底部间隙 h 和艇重 W 之间的关系。

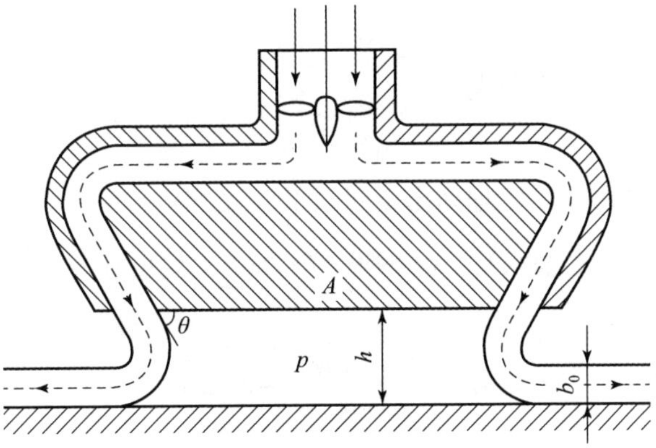

图 3.5.4　气垫船基本原理

解:假设艇底的气体压强为 p,以单位厚度的喷柱为讨论对象,选取如图 3.5.4 所示的坐标系和控制体(图中封闭虚线)。沿方向应用动量定理可得

$$\rho v_0^2 b_0.1 - \rho v_0 b_0.1(-v_0\cos\theta) = ph.1 \tag{3.5.22}$$

艇体重量全部由气垫形成的压强合力所承担,即

$$W = pA \tag{3.5.23}$$

将式(3.5.23)代入式(3.5.22)得

$$h = \rho v_0^2 b_0 (1+\cos\theta)\frac{A}{W} = K_0(1+\cos\theta)\frac{A}{W}$$

式中:$K_0 = \rho v_0^2 b_0$ 为喷出的气体动量,有风扇的功率所决定。艇重越大时,间隙越小;底面积越大时,间隙增大。因此气垫船的形状比较扁平,以使得底面积较大,从而获得较大间隙。

例题 3.11:滑行艇基本原理。

假设滑行艇 AB 与水面夹角为 α,水以速度 v_0 从右向左流动,如图 3.5.5 所示。水原

来的深度为 h_0,流经滑行艇后分为两部分:一部分宽度为 δ,以速度 v_2 沿艇艏喷出,另一部分水深为 h,以速度向艇艉流去。试求作用在滑行艇上的力。

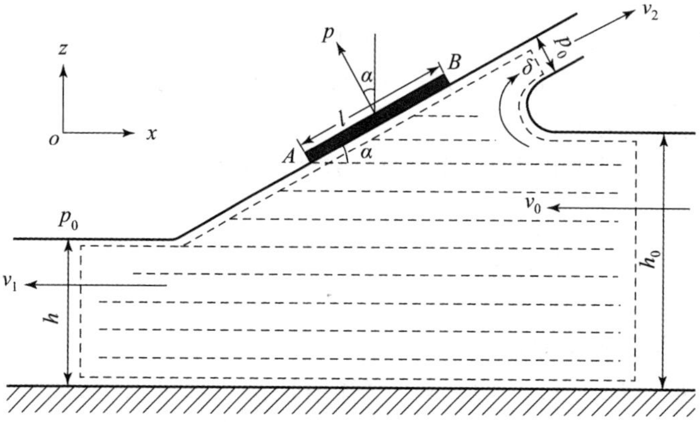

图 3.5.5　滑行艇基本原理

解:建立如图 3.5.5 所示的坐标系,选取相应的控制面(图中封闭虚线)。

类似例题 3.9,根据伯努利积分可知

$$v_0 = v_1 = v_2 \tag{3.5.24}$$

由式(3.5.24)及连续方程又得

$$h_0 = h + \delta \tag{3.5.25}$$

对选取的控制体应用动量定理列出 x 向动量方程,得

$$-\rho v_0^2 h + \rho v_0^2 \delta \cos\alpha + \rho v_0^2 h_0 = -P\sin\alpha \tag{3.5.26}$$

所以

$$P = -\rho v_0^2 \delta \frac{1+\cos\alpha}{\sin\alpha} = -\rho v_0^2 \delta \cot\frac{\alpha}{2}$$

由于上述研究对象为流体,根据作用与反作用的原理,滑行艇受到的流体作用力方向与图 3.5.5 中一致,大小与流体受到的力一样。

例题 3.12:理想推进器基本原理。

理想推进器是指①推进器为一轴向尺度趋于零,水可以自由通过的圆盘,此盘可以拨水向后,具有吸收外来功率并推水向后的功能;②水流速度和压力在盘面上均匀分布;③水为不可压缩的理想流体。

设推进器在无限静止流体中以速度 V_A 前进,为了采用定常流动的动量和动量矩定理,应用运动转换原理,认为水流以 V_A 速度流向静止的圆盘,圆盘的面积为 A_0。图 3.5.6 所示包围推进器的流管。由于推进器的作用,在流管中水质点的速度与流管外不同,在流管以外的水流速度和压力处处相等,均为 V_A 和 p_0,故流管的边界 ABC 和 $A'B'C'$ 是分界面。由于理想推进器具有吸收外来功率并推水向后的功能,因此当水流流经圆盘时,在盘的两侧的水流速度和压强均会有突变,分别如图 3.5.6(b)和图 3.5.6(c)所示,其中速度 u_{a1} 和 u_a 均为推进器的轴向诱导速度。根据上述假设和条件,试求理想推进器的推力和诱导速度。

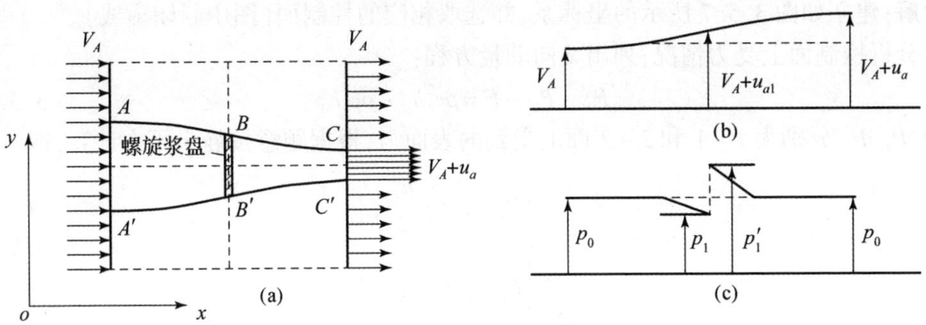

图 3.5.6　理想推进器

解:建立如图 3.5.6 所示的坐标系,并选取相应的控制体(图中封闭虚线)。

设推力为 T_1。根据动量定理,有

$$\rho A_0(V_A+u_{a1})(V_A+u_a)-\rho A_0(V_A+u_{a1})V_A=T_1 \tag{3.5.27}$$

即

$$T_1=\rho A_0(V_A+u_{a1})u_a$$

为了寻求速度 u_{a1} 和 u_a 之间的关系,在盘前和盘后分别应用伯努利积分:

$$p_0+\frac{1}{2}\rho V_A^2=p_1+\frac{1}{2}\rho(V_A+u_{a1})^2 \tag{3.5.28}$$

$$p_0+\frac{1}{2}\rho(V_A+u_a)^2=p_1'+\frac{1}{2}\rho(V_A+u_{a1})^2 \tag{3.5.29}$$

又由图 3.5.6(c)及式(3.5.27)得

$$(p_1'-p_1)A_0=T_1=\rho A_0(V_A+u_{al})u_a \tag{3.5.30}$$

故从式(3.5.28) ~ 式(3.5.30)得

$$u_{a1}=\frac{1}{2}u_a$$

同时看出,轴向诱导速度越大,推进器的推力就越大。

例题 3.13:明渠水流经过闸门的流动如图 3.5.7 所示。假定流体是理想的,流动是平面定常的,1 - 1 截面和 2 - 2 截面上流速均匀,压力分布与静水情况相同。若已知 ρ, h_1,h_2,试求单位宽度闸门上所受到的力。

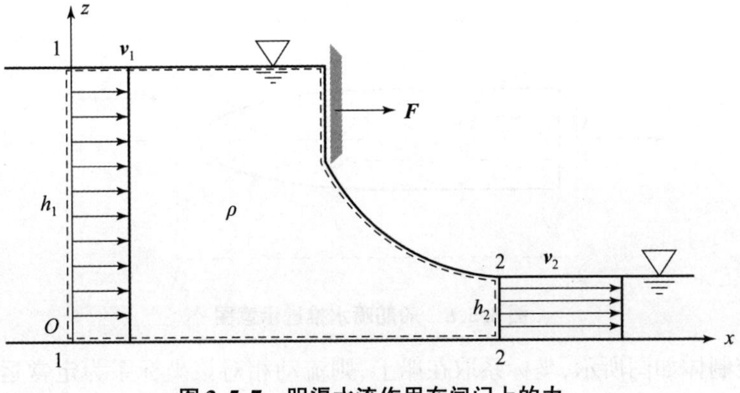

图 3.5.7　明渠水流作用在闸门上的力

解:建立如图3.5.7所示的坐标系,并选取相应的控制面(图中封闭虚线)。

分析控制面上受力情况,列出 x 向动量方程:

$$P_1 - P_2 - F = \rho v_2^2 h_2 - \rho v_1^2 h_1 \tag{3.5.31}$$

式中:P_1,P_2 分别为1－1和2－2面上受到的表面力,根据题意按静水压力计算,即

$$\begin{cases} P_1 = \rho g \cdot \dfrac{h_1^2}{2} \\ P_2 = \rho g \cdot \dfrac{h_2^2}{2} \end{cases} \tag{3.5.32}$$

v_1,v_2 关系由伯努利方程和连续方程确定,沿自由表面取流线1－2(图3.5.7)列出伯努利方程:

$$\begin{cases} p_1 + \rho g z_1 + \dfrac{1}{2}\rho v_1^2 = p_2 + \rho g z_2 + \dfrac{1}{2}\rho v_2^2 \\ p_1 = p_2 = p_a \\ z_1 = h_1, z_2 = h_2 \end{cases} \Rightarrow h_1 + \frac{v_1^2}{2g} = h_2 + \frac{v_2^2}{2g} \tag{3.5.33}$$

列出连续方程得

$$v_1 h_1 = v_2 h_2 \tag{3.5.34}$$

由式(3.5.33)、式(3.5.34)得

$$\begin{cases} v_1^2 = \dfrac{2gh_2^2}{h_1 + h_2} \\ v_2^2 = \dfrac{2gh_1^2}{h_1 + h_2} \end{cases} \tag{3.5.35}$$

将式(3.5.32)、式(3.5.35)代入式(3.5.31)并经整理得

$$F = \frac{\rho g (h_1 - h_2)^3}{2(h_1 + h_2)}$$

例题3.14:船舶可通过喷水装置加以推进(图3.5.8)。水由船头进入船内喷水管道,经泵增压后从船艉喷出,假定已知船速为 v,所需的推力为 F,喷管的直径为 d,如果忽略推进系统的损失,试求:体积流量 Q_v、喷水效率和所需功率。

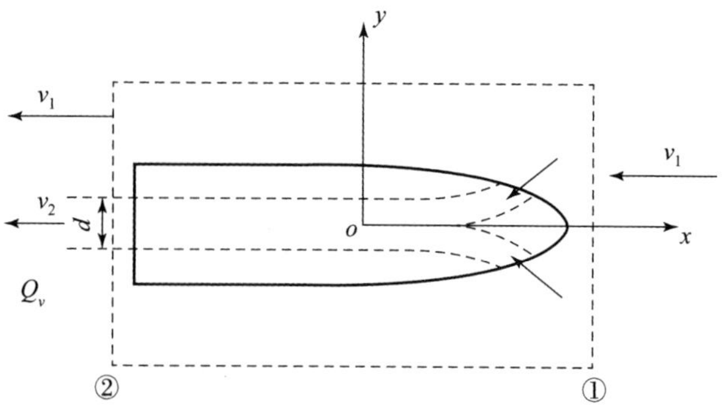

图3.5.8 船舶喷水推进示意图

解:取控制体如图所示,坐标系取在船上,则流动相对该坐标系为定常运动。假定进口与水平面夹角很小。由于固连于船上的动坐标系相对大地坐标系做匀速直线运动,因

此仍可应用定常运动动量方程式(3.5.2b)求得作用力,所以将速度转化为相对坐标系中的速度,得

$$F=\rho Q_v(v_2-v_1)$$

所需流量为

$$Q_v=\frac{F}{\rho(v_2-v_1)}$$

所需输出功率为

$$P_0=F\cdot v_1=\rho Q_v(v_2-v_1)v_1$$

所需输入功率为

$$P_1=\frac{\mathrm{d}w_s}{\mathrm{d}t}=\left[\frac{1}{2}\rho v_2^2-\frac{1}{2}\rho v_1^2\right]$$

$$\eta=\frac{P_0}{P_1}=\frac{v_1(v_2-v_1)}{\frac{1}{2}(v_2^2-v_1^2)}=\frac{1}{1+\frac{v_2-v_1}{2v_1}}$$

这道例题说明:适当选取合适的坐标系就可以将动量定理应用到运动物体受力计算。

例题 3.15:在一低速水槽中进行实验测量以确定圆柱的阻力,在圆柱前后各截面上测量速度分布,它们的压强均相等且均匀,如图 3.5.9 所示,实验的条件与结果如下:

$$v=50\mathrm{m/s},\rho=1.2\mathrm{kg/m^3},D=30\mathrm{mm},a=2.2D$$

$$u=\begin{cases}v\sin\left(\dfrac{\pi y}{2a}\right), & 0\leqslant y\leqslant a\\ v, & y>a\end{cases}$$

试求每单位宽度圆柱的阻力。

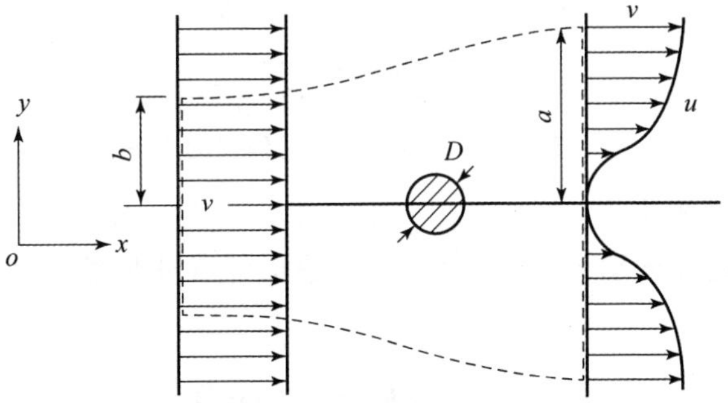

图 3.5.9　尾流测量圆柱阻力

解:取控制体如图 3.5.9 所示(图中封闭虚线)。

$2a$ 之间流量为

$$Q=2\int_0^a u\cdot\mathrm{d}y=2\int_0^a v\sin\left(\frac{\pi y}{2a}\right)\mathrm{d}y\cdot 1=-2v\cdot\frac{2a}{\pi}\cos\frac{\pi y}{2a}\Big|_0^a=\frac{4av}{\pi}$$

根据连续方程,对应均匀流宽度 $b=\frac{1}{2}\frac{Q}{v}=\frac{2a}{\pi}$

应用动量定理:

$$R=-\rho Q\cdot v+2\int_0^a\rho u^2\mathrm{d}y\cdot 1$$

$$= -\rho \cdot \frac{4av^2}{\pi} + 2\rho \int_0^a v^2 \sin^2\left(\frac{\pi y}{2a}\right) dy \cdot 1$$

$$= -\rho \cdot \frac{4av^2}{\pi} + 2\rho v^2 \int_0^a \frac{2a}{\pi} \sin^2\left(\frac{\pi y}{2a}\right) d\,\frac{\pi y}{2a}$$

$$= -\rho \cdot \frac{4av^2}{\pi} + \rho \frac{4av^2}{\pi}\left(\frac{1}{2} \cdot \frac{\pi y}{2a} - \frac{1}{4}\sin\frac{\pi y}{a}\right)\Bigg|_0^a$$

$$= \rho \frac{4av^2}{\pi}\left(\frac{\pi}{4} - 1\right)$$

$$= 1.2 \times \frac{4 \times 2.2 \times 30 \times 10^{-3} \times 50^2}{\pi}\left(\frac{\pi}{4} - 1\right) = -54.18(\mathrm{N/m})$$

这道例题说明：动量定理同样可以应用于黏性流体的运动。

例题 3.16：如图 3.5.10 所示，密度为 ρ 的液体，由出口面积为 A 的喷嘴以速度 u_0 水平射出，冲击到一个尾部具有半圆弧面的小车上。射流转折 180°，小车原先静止，其质量为 M，如不计空气及车轮的阻力，求：(1)小车运行的加速度与时间的关系；(2)车速达到 $U = 1/2u_0$ 时的时间。

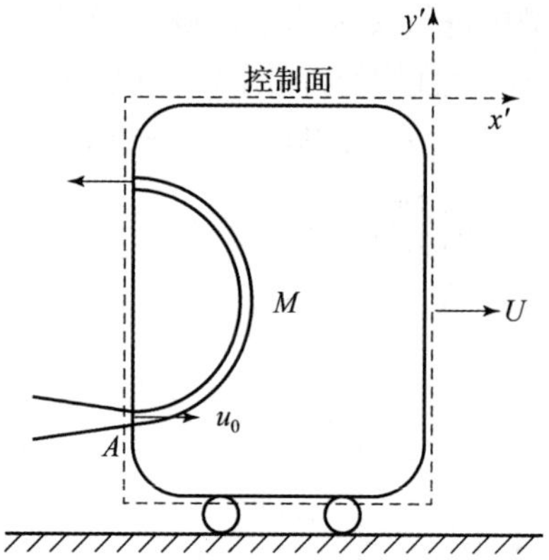

图 3.5.10 水流冲击变速运动的小车

解：(1)取动控制体及动坐标系如图 3.5.10 所示虚线。根据第 2 章中例题 2.9 非惯性坐标系中积分形式的运动方程，可以得到理想流体在非惯性坐标系中运动的动量方程为

$$\iiint_V \rho \frac{\partial \boldsymbol{v}_r}{\partial t} \mathrm{d}V + \oiint_S \rho \boldsymbol{v}_r v_{rn} \mathrm{d}A = \iiint_V \rho \boldsymbol{F}_b \mathrm{d}V - \oiint_s p \boldsymbol{n} \mathrm{d}A - \iiint_V \rho(\boldsymbol{a}_e + \boldsymbol{a}_c)\mathrm{d}V$$

由于流动相对于移动控制体是定常的，所以 $\iiint_V \rho \frac{\partial \boldsymbol{v}_r}{\partial t} \mathrm{d}V = 0$；若所有控制面上压强皆为大气压，则 $\oiint_s p_a \boldsymbol{n} \mathrm{d}A = 0$；$\boldsymbol{F}_b$ 为重力，在水平方向无分量；若动坐标系无旋转，则 $\boldsymbol{a}_c = 0$；小车加速度就是牵连加速度，即 $\boldsymbol{a}_e = a\mathbf{i}$。设流体受到作用力为 R_x，则小车受到水流的冲击力为 $-R_x$，故可直接列出 x'方向的非惯性坐标系下流体运动的动量方程：

$$R_x - a\iiint_V \rho \mathrm{d}V = \oiint_S \rho \boldsymbol{v}_r \boldsymbol{v}_{rn} \mathrm{d}A = -2\rho\,(u_0 - U)^2 A$$

其中小车的加速度为 a，则非惯性坐标系下小车运动方程为

$$-R_x+a\iiint_V\rho\mathrm{d}V=Ma$$

因而,得

$$Ma=2\rho(u_0-U)^2A$$

于是得到小车加速度为

$$a=\frac{2\rho(u_0-U)^2A}{M}=\frac{2\rho Au_0^2}{M}\left(1-\frac{U}{u_0}\right)^2$$

由于 $a=\dfrac{\mathrm{d}U}{\mathrm{d}t}$,则可得

$$\frac{U}{u_0(u_0-U)}=\frac{2\rho At}{M}$$

进一步求得 U 后,得

$$\frac{U}{u_0}=\frac{2\rho Au_0t}{M}\bigg/\left(1+\frac{2\rho Au_0t}{M}\right)=\frac{2\rho Au_0t}{M+2\rho Au_0t}$$

于是求得加速度为

$$a=\frac{2\rho(u_0-U)^2A}{M}=\frac{2\rho Au_0^2}{M}\left(1-\frac{U}{u_0}\right)^2=\frac{2\rho Au_0^2}{M}\left(\frac{M}{M+2\rho Au_0t}\right)^2$$

(2)车速达到 $U=\dfrac{1}{2}u_0$ 时,由

$$\frac{\frac{1}{2}u_0}{u_0\left(u_0-\frac{1}{2}u_0\right)}=\frac{2\rho At}{M}$$

得

$$t=\frac{M}{2\rho Au_0}$$

习　　题

3-1　证明文丘里管无论是水平放置还是倾斜放置如题图 3-1 所示,所测得的流量完全相同。

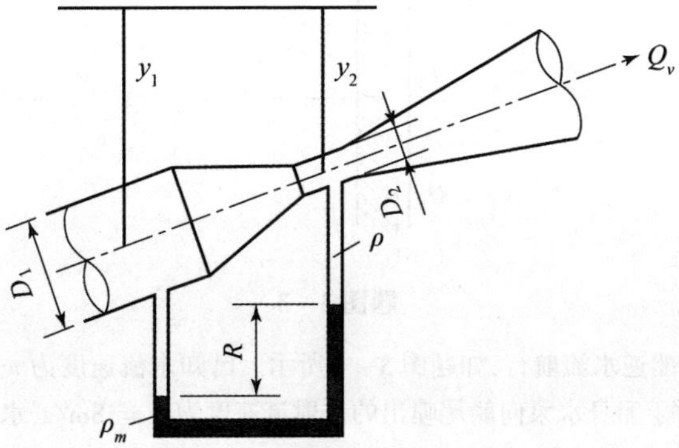

题图 3-1

3－2　两平板组成的收缩渠道如题图3－2所示，流体黏性忽略不计且为不可压缩的，流动对称于两平板延长线的交点 O（以 O 点为圆心的圆周上流速大小相等）。设 $OA = 1\text{m}$，$OB = 2\text{m}$，A 点处流向 O 点的流速为 2m/s。求沿壁面的压强分布，并求作用在壁面 AB 段的合力。

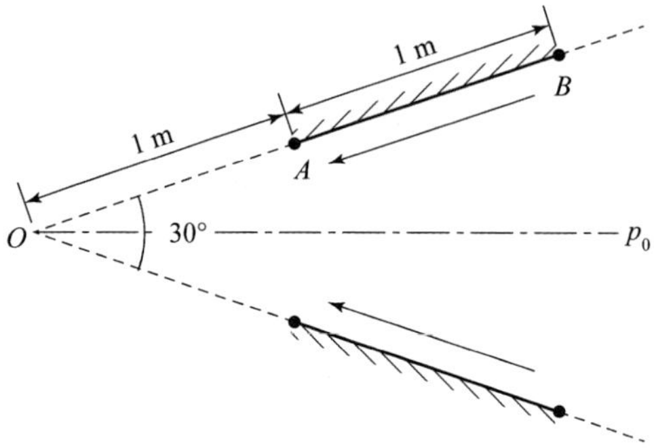

题图3－2

3－3　试用拉格朗日积分求解例题3.3。

3－4　试用拉格朗日积分求解例题2.5

3－5　试用拉格朗日积分求解例题2.7

3－6　试用拉格朗日积分求解习题2－5

3－7　已知平面不可压缩势流在 x 方向的速度分量为 $v_x = yt - x$，且 $x = y = 0$ 处，$v_y = 0$，$p = p_0$。试求 $t = 0$ 时过(1,1)点的流线，并求压强分布。

3－8　鱼雷在5m深的水下以50kn(1kn = 1.85km/h)的速度运动，根据理论力学相对性原理，可以假设鱼雷不动，流体从无限远处以流速50kn流过。若水体流过雷身表面时最大速度为无限远处的1.15倍，求雷身表面的最小压强为多少？又如水温当 $t = 15℃$ 时，产生空泡的绝对压强为 2332.4N/m^2。求雷身开始出现空泡时的速度（自由表面压强为1个大气压）。

3－9　将一平板水柱内，板垂直于水柱的轴线。已知水柱流速为 $v = 30\text{m/s}$，流量 $Q = 0.036\text{m}^3/\text{s}$，分流量 $Q = 0.012\text{m}^3/\text{s}$，如题图3－3所示。求作用在平板上的力 R 和偏转角 α。液体的黏性力和质量力忽略不计。

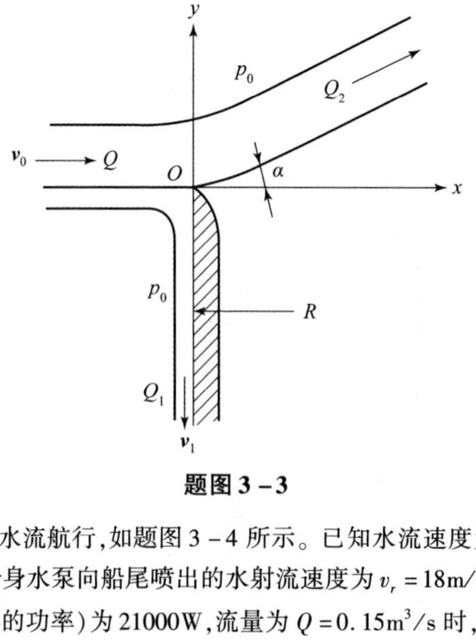

题图3－3

3－10　一喷水推进船逆水流航行，如题图3－4所示。已知水流速度为 $v = 1.5\text{m/s}$，船舶相对于陆地的航速 $v_0 = 9\text{m/s}$，相对于船身水泵向船尾喷出的水射流速度为 $v_r = 18\text{m/s}$，水是船首沿吸水道进入的。当水泵输出功率（从水泵获得的功率）为21000W，流量为 $Q = 0.15\text{m}^3/\text{s}$ 时，求射流对船身的反推力和泵喷推进系统的效率。

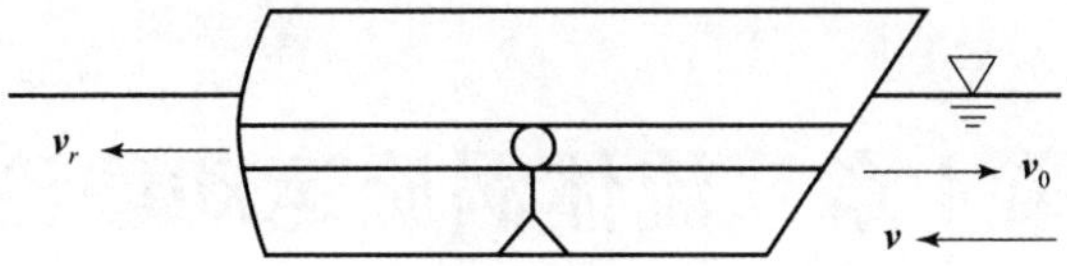

题图 3－4

3－11　管路系统中有一突然扩大管，小管与大管的横截面积分别为 A_1 与 A_2，它们的速度与压强分别为 v_1、p_1 与 v_2、p_2，如果液体是理想和不可压缩的，试证突然扩大段的损失为

$$\Delta h = \left(1 - \frac{A_1}{A_2}\right)^2 \frac{v_1^2}{2g}$$

提示：由于突然扩大，形成一个涡旋区，此区域压强近似为 p_1 如题图 3－5 所示。

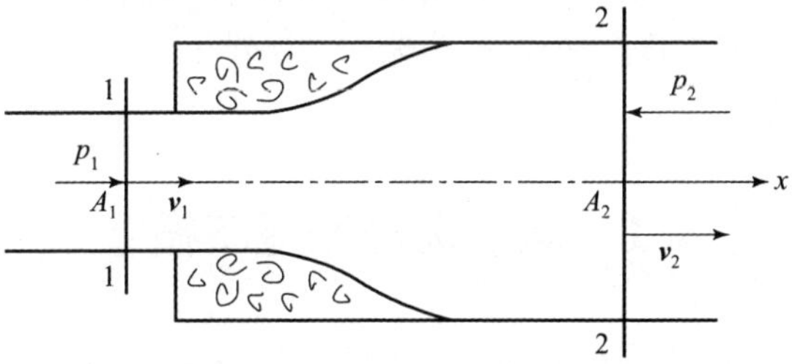

题图 3－5

3－12　如题图 3－6 所示，速度为 $u=30\text{m/s}$ 的射流从出口截面积为 0.003m^2 的固定喷嘴流出，冲击一转角为 60°的光滑叶片，使其沿水平方向以恒定速度 $U=10\text{m/s}$ 运动。试求保持叶片做匀速运动所需作用于叶片上的力。忽略质量力和黏性摩擦力，流体密度 $\rho=999\text{kg/m}^3$，且假设流体沿叶片表面运动时相对于叶片的速度大小恒定不变。

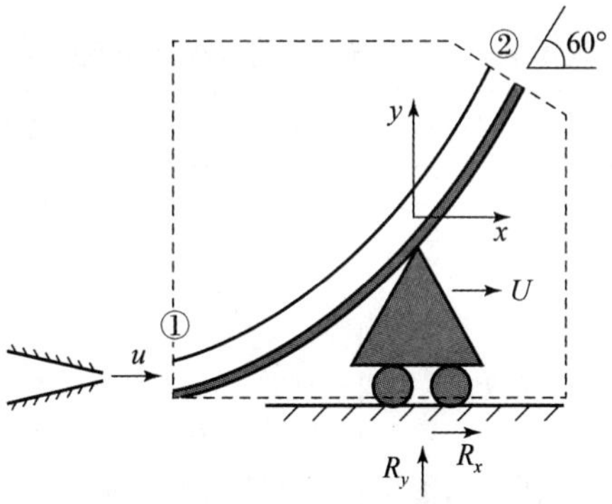

题图 3－6　射流冲击运动光滑叶片

第 4 章　流体涡旋运动理论

船舶与海洋工程领域中，随处可见流体的涡旋运动，如船舶舭部、艉部和海洋立管、平台张力腿等周围的涡旋。涡旋运动会形成船舶的形状阻力，会引起立管、张力腿等桩柱的涡激振动，以及海洋平台的涡激运动。因此，涡旋运动理论在流体力学中占有重要的地位，它是船舶与海洋工程中分析结构形状阻力、桨舵升力和涡激振动的理论基础。本章主要介绍流体涡旋运动的基本概念和理论，为船舶与海洋工程领域的涡激振动和涡激运动，以及涡流场分析提供基础。

4.1　涡旋运动的基本概念

流体运动是否有旋，必须通过流场的涡量，即 $\boldsymbol{\Omega}=\mathrm{rot}\boldsymbol{v}=\nabla\times\boldsymbol{v}$ 是否等于零来判断。当 $\boldsymbol{\Omega}=0$ 时流体运动为无旋流动，否则为有旋流动。

质点速度矢量 $\boldsymbol{v}$ 构成了速度场，同样质点涡量 $\boldsymbol{\Omega}$ 构成了涡量场（涡旋场）。根据场论知识 $\nabla\cdot\boldsymbol{\Omega}=\nabla\cdot(\nabla\times\boldsymbol{v})=0$，所以 $\boldsymbol{\Omega}$ 构成的涡量场与不可压缩流场一样是个无源场，它与不可压缩流体速度场具有相同的几何性质（物理意义不同），即用于速度场的一些描述方法，可直接用到涡量场中来。表 4.1.1 所列为速度场与涡量场有关基本概念的比较。

表 4.1.1　速度场与涡量场描述相互对比

速度场	涡量场（涡旋场）
（1）表达形式：$\boldsymbol{v}=v_x\boldsymbol{i}+v_y\boldsymbol{j}+v_z\boldsymbol{k}$	（1）表达形式：$\boldsymbol{\Omega}=\Omega_x\boldsymbol{i}+\Omega_y\boldsymbol{j}+\Omega_z\boldsymbol{k}$
（2）流线： ①定义：速度场中一条瞬时光滑线，其上任一点切线方向与该点处质点流速方向一致。 ②性质：流线不能相交或突然转折（中断）；定常流动，流线形状保持不变。 ③流线方程： $\mathrm{d}\boldsymbol{r}\times\boldsymbol{v}=0$，即 $\dfrac{\mathrm{d}x}{v_x}=\dfrac{\mathrm{d}y}{v_y}=\dfrac{\mathrm{d}z}{v_z}$	（2）涡线： ①定义：旋涡场中一条瞬时光滑线，其上任一点处切线方向代表该点处质点旋转方向。 ②性质：涡线不能相交或突然转折（中断）；定常流中，涡线形状保持不变。 ③涡线方程： $\mathrm{d}\boldsymbol{r}\times\boldsymbol{\Omega}=0$，即 $\dfrac{\mathrm{d}x}{\Omega_x}=\dfrac{\mathrm{d}y}{\Omega_y}=\dfrac{\mathrm{d}z}{\Omega_z}$
（3）流管：任意一束流线所占据的管状空间。 在流管表面有 $\boldsymbol{v}\cdot\boldsymbol{n}=0$	（3）涡管：任意一束涡线所占据的管状空间 在涡管表面有 $\boldsymbol{\omega}\cdot\boldsymbol{n}=0$
（4）流束：充满在流管内部的流线总称。	（4）涡束：充满在涡管内部的涡线总称。

续表

速度场	涡量场(涡旋场)
(5)流量：$Q=\iint_S(\boldsymbol{v}\cdot\boldsymbol{n})\mathrm{d}s$	(5)涡通量(涡旋强度)$J=\iint_S(\boldsymbol{\Omega}\cdot\boldsymbol{n})\mathrm{d}s$
(6)连续方程： 不可压缩流：$\nabla\cdot\boldsymbol{v}=0$，即 $\oint_s(\boldsymbol{v}\cdot\boldsymbol{n})\mathrm{d}s=0$ 微流管：$\boldsymbol{v}\cdot\mathrm{d}\boldsymbol{s}=$常数 表示沿同一流管各截面的体积流量相同	(6)涡管强度守恒定理： $\nabla\cdot\boldsymbol{\Omega}=0$，即 $\oint_s(\boldsymbol{\Omega}\cdot\boldsymbol{n})\mathrm{d}s=0$ 涡管：$\boldsymbol{\Omega}\cdot\mathrm{d}s=$常数 表示沿同一涡管各截面上涡通量相同

例题 4.1：已知平面流动速度分布是 $\boldsymbol{v}_\theta=\dfrac{\Gamma_0}{2\pi r}(1-\mathrm{e}^{-\frac{r^2}{4\nu t}})$，$\boldsymbol{v}_r=0$，其中：$\Gamma_0$，$\nu$ 是常数。求：(1)涡量场；(2)任一周线 $r=R$ 的速度环量 Γ；(3)通过全平面的涡通量。

解：(1)$\boldsymbol{\Omega}=\Omega_z\boldsymbol{e}_z$

$$\Omega_z=\left[-\frac{\partial v_r}{r\partial\theta}+\frac{\partial(v_\theta r)}{r\partial r}\right]=\left(\frac{\partial v_\theta}{\partial r}+\frac{v_\theta}{r}\right)=\frac{\partial[(1-e^{-\frac{r^2}{4\nu t}})]}{r\partial r}$$

$$=-\frac{\Gamma_0}{2\pi r}\frac{\partial}{\partial r}(e^{-\frac{r^2}{4\nu t}})=\frac{\Gamma_0}{4\pi\nu t}e^{-\frac{r^2}{4\nu t}}$$

$$(2)\Gamma=\int_0^R\int_0^{2\pi}\Omega_z r\mathrm{d}\theta\mathrm{d}r=2\pi\int_0^R\Omega_z r\mathrm{d}r=2\pi\int_0^R\frac{\Gamma_0}{4\pi\nu t}e^{-\frac{r^2}{4\nu t}}r\mathrm{d}r$$

$$=\frac{\Gamma_0}{2\nu t}\int_0^R e^{-\frac{r^2}{4\nu t}}r\mathrm{d}r=-\Gamma_0\int_0^R e^{-\frac{r^2}{4\nu t}}\mathrm{d}\left(-\frac{r^2}{4\nu t}\right)=-\Gamma_0 e^{-\frac{r^2}{4\nu t}}\Big|_0^R=\Gamma_0(1-e^{-\frac{R^2}{4\nu t}})$$

(3)通过全平面的涡通量即为 $R\to\infty$ 时的涡通量，由上面解(2)得到 $J=\Gamma_0$。

4.2　速度环量定理(斯托克斯定理)

4.2.1　速度环量

某一瞬时，在流场中任取一条曲线 $\boldsymbol{l}$，其起点为 A，终点为 B，如图 4.2.1 所示。在曲线 $\boldsymbol{l}$ 上，任取一微分段 $\mathrm{d}\boldsymbol{l}$，速度 $\boldsymbol{v}$ 在 $\mathrm{d}\boldsymbol{l}$ 上的投影为 v_l。$\boldsymbol{v}\cdot\mathrm{d}\boldsymbol{l}$ 沿曲线 $\boldsymbol{l}$ 从 A 到 B 的线积分称为"速度环流"，通常用 Γ 表示，即

$$\Gamma=\int_l\boldsymbol{v}\cdot\mathrm{d}\boldsymbol{l}=\int_A^B v_l\mathrm{d}l\tag{4.2.1}$$

或者

$$\Gamma=\int_l v\cos(\boldsymbol{v},\mathrm{d}\boldsymbol{l})\mathrm{d}l\tag{4.2.2}$$

$$\Gamma=\int_l v_x\mathrm{d}x+v_y\mathrm{d}y+v_z\mathrm{d}z\tag{4.2.3}$$

当 $\boldsymbol{l}$ 为封闭曲线时，常称为"速度环量"。

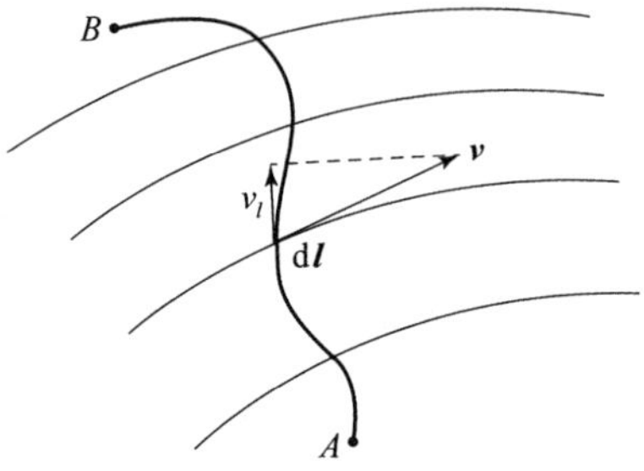

图 4.2.1　速度环流

速度环流具有瞬时性,在积分过程中,t 作为参变量,其物理意义类似理论力学中功的概念,在这里可以理解为 $\boldsymbol{v}$ 沿 $\boldsymbol{l}$ 运动做的功。速度环流是个标量,但有正、负号,其正、负号由 $\boldsymbol{v}$ 与 d$\boldsymbol{l}$ 夹角来定,锐角时为正,钝角时为负。若线积分反向,则积分值相差一个负号,即

$$\Gamma_{AB} = \int_A^B v_l \mathrm{d}l = -\int_B^A v_l \mathrm{d}l = -\Gamma_{BA} \tag{4.2.4}$$

速度环量的符号,不仅与流场的速度方向有关,而且与线积分时所取的绕行方向有关。积分路线的方向一般取曲线边界的正向,即使曲线所围区域永远保持在它的左侧。图 4.2.1 中正方向为沿封闭曲线的逆时针方向。

4.2.2　速度环量定理

速度环量定理:依据图 4.2.2 所示,沿任意封闭曲线 C 的速度环量 Γ_C 等于通过以这一个曲线为周界的任意曲面 A 的涡通量,即

$$\Gamma_C = J \text{ 或 } \oint_C \boldsymbol{v} \cdot \mathrm{d}\boldsymbol{l} = \iint_A \boldsymbol{\Omega} \cdot \mathrm{d}\boldsymbol{A} = 2\iint_A \boldsymbol{\omega} \cdot \mathrm{d}\boldsymbol{A} = 2\iint_A \omega_n \mathrm{d}A \tag{4.2.5}$$

这就是速度环量定理,实际上为高等数学中的曲线积分与曲面积分转换公式,即“斯托克斯公式”。下面作简要证明,严格的证明请参考高等数学有关内容。

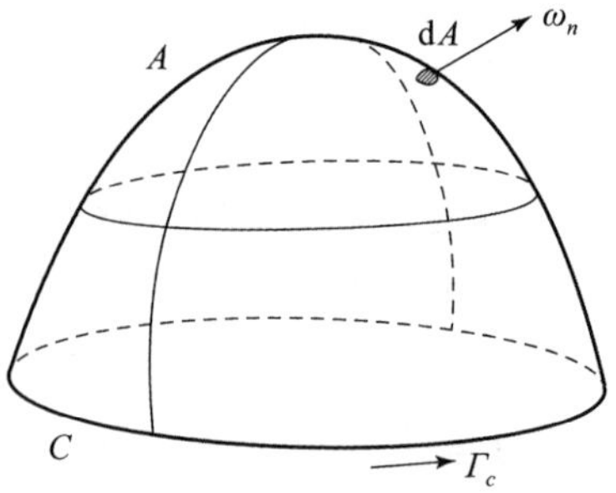

图 4.2.2　速度环量定理

在 oxy 平面上任取一封闭曲线 $ABCD$,它们组成一个微元矩形,如图 4.2.3 所示。因为所取线段为微分段,故用两端点速度的平均值替代线段上每一点的真实速度。则

$$\mathrm{d}\Gamma_{ABCDA} = \mathrm{d}\Gamma_{AB} + \mathrm{d}\Gamma_{BC} + \mathrm{d}\Gamma_{CD} + \mathrm{d}\Gamma_{DA}$$

其中

$$\mathrm{d}\Gamma_{AB}=\frac{1}{2}\left[v_x+\left(v_x+\frac{\partial v_x}{\partial x}\mathrm{d}x\right)\right]\mathrm{d}x$$

$$\mathrm{d}\Gamma_{BC}=\frac{1}{2}\left[\left(v_y+\frac{\partial v_y}{\partial x}\mathrm{d}x\right)+\left(v_y+\frac{\partial v_y}{\partial x}\mathrm{d}x+\frac{\partial v_y}{\partial y}\mathrm{d}y\right)\right]\mathrm{d}y$$

$$\mathrm{d}\Gamma_{CD}=-\frac{1}{2}\left[\left(v_x+\frac{\partial v_x}{\partial x}\mathrm{d}x+\frac{\partial v_x}{\partial y}\mathrm{d}y\right)+\left(v_x+\frac{\partial v_x}{\partial y}\mathrm{d}y\right)\right]\mathrm{d}x$$

$$\mathrm{d}\Gamma_{DA}=-\frac{1}{2}\left[v_y+\left(v_y+\frac{\partial v_y}{\partial y}\mathrm{d}y\right)\right]\mathrm{d}y$$

因此

$$\mathrm{d}\Gamma=\left(\frac{\partial v_y}{\partial x}-\frac{\partial v_x}{\partial y}\right)\mathrm{d}x\mathrm{d}y=2\omega_z\mathrm{d}A=\mathrm{d}J \tag{4.2.6}$$

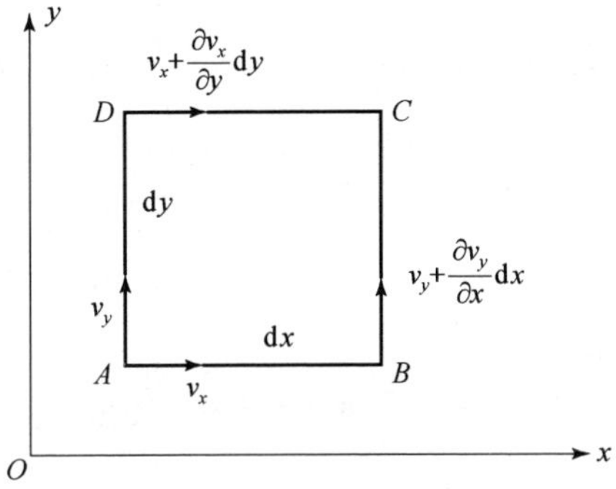

图 4.2.3　微分表面速度环量

将上述结果推广到有限大小平面的面积上去，将任意封闭曲线 C 所包围的面积划分为若干个微分面积，对每一个微分矩形应用式(4.2.6)。根据图 4.2.3 内沿内部线段速度环流两两抵消，剩下沿外部边界的速度环流，如果矩形数目趋于无限多，则它的微分面积趋于零时，其外边界趋于封闭曲线 C。因此，可得

$$\Gamma_C=2\iint_A \omega_n\mathrm{d}A=J \tag{4.2.7}$$

同样可推广到三维，如图 4.2.4 所示。

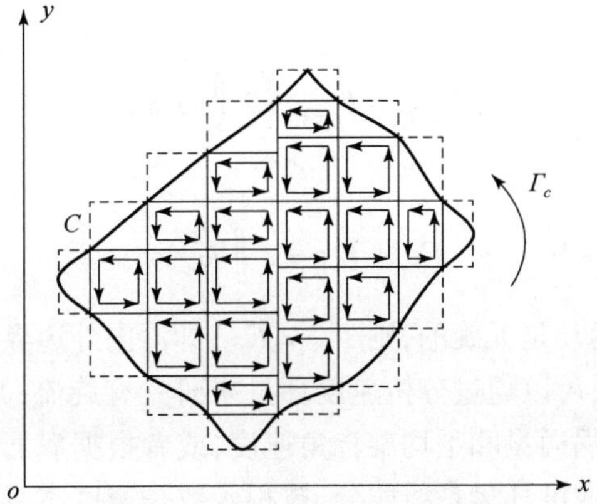

图 4.2.4　有限面积的速度环量

注意：$\boldsymbol{\Omega}=0 \Rightarrow \Gamma_C=0$，但 $\Gamma_C=0$ 不等于 $\boldsymbol{\Omega}$ 一定为 0。

定理适用性：仅适用于单连域，对于复连域和多连域，必须将其划分为单连域。这里简述一下连通域等概念。如果在某个空间区域中任意两点以连线连接，在任何地方都不超越这个区域的边界，这样的空间区域称为"连通域"。如果在连通域中任意封闭曲线能连续收缩成一点，而不越过此域边界，这种连通域称为"单连域"，如球内部空间区域，两个同心球之间的区域。凡是不具有单连域性质的连通域称为"多连域"，如两个无限长柱形面之间的区域为"复连域（双连域）"。

4.2.3 复连域斯托克斯定理

定理：外边界速度环量减去内边界速度环量等于边界所包围面积涡通量，即

$$\Gamma_{C_1}-\Gamma_{C_2}=\iint_S \Omega_n \mathrm{d}A=2\iint_S \omega_n \mathrm{d}A \tag{4.2.8}$$

证明：将复连域划分为单连域，即在 AB 处切开，如图 4.2.5 所示，

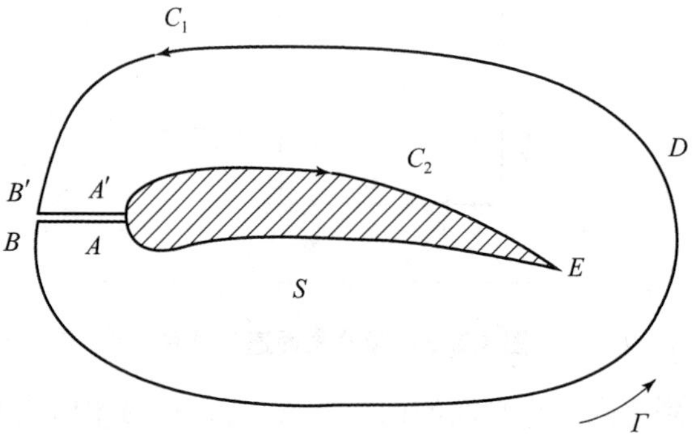

图 4.2.5　复连域的斯托克斯定理

这样就可以应用斯托克斯定理：

$$\Gamma_{ABDB'A'EA}=\Gamma_{AB}+\Gamma_{BDB'}+\Gamma_{B'A'}+\Gamma_{A'EA}=2\iint_s \omega_n \mathrm{d}A$$

式中：S 为物体表面 AEA' 和围线 BDB' 所包围的面积。根据图 4.2.5 可知

$$\Gamma_{AB}=-\Gamma_{B'A'},\Gamma_{A'EA}=-\Gamma_{AEA'}$$

所以

$$\Gamma_{BDB'}-\Gamma_{AEA'}=2\iint_S \omega_n \mathrm{d}A$$

即

$$\Gamma_{C_1}-\Gamma_{C_2}=2\iint_S \omega_n \mathrm{d}A$$

推论：若 S 中流体运动是无旋的，则 $\Gamma_{C_1}=\Gamma_{C_2}$，即沿内外边界的速度环量相等。

根据斯托克斯定理，可以通过分析速度环量来研究有旋流，并确定涡的强弱。另外，根据速度环量可以推算涡通量和平均旋转角速度，或者根据涡通量和平均旋转角速度可以求得速度环量。因为速度环量是线积分，被积函数是速度本身，而涡通量是面积分，被积函数是速度的偏导数，从数学角度讲，计算线积分往往比计算面积分简单些。目前，流

体质点速度是可以测量的,但涡通量和角速度尚不能直接测量,也就不能由角速度推算涡通量。所以,无论是从实验还是理论方面来讲,速度环量是研究有旋流的一个重要概念。

例题4.2:有一流场,其速度分布为

$$r>a\text{ 时},\begin{cases}v_x=-\dfrac{\Gamma}{2\pi}\dfrac{y}{x^2+y^2}\\ v_y=\dfrac{\Gamma}{2\pi}\dfrac{x}{x^2+y^2}\\ v_z=0\end{cases};r\leqslant a\text{ 时},\begin{cases}v_x=-\omega y\\ v_y=\omega x\\ v_z=0\end{cases}$$

求沿图4.2.6所示曲线 l_1、l_2、l_3 和 l_4 的环量。

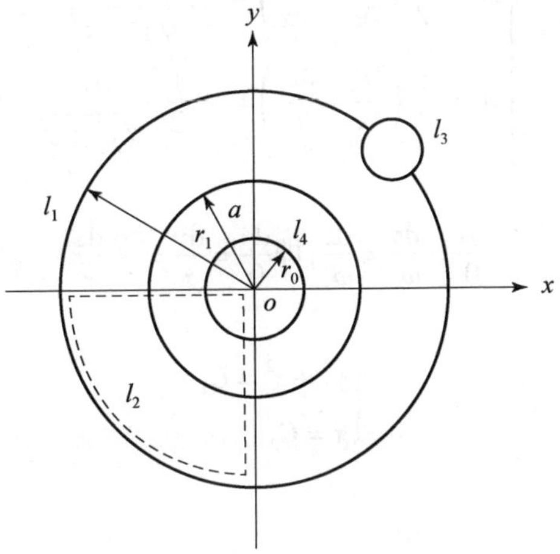

图4.2.6　求环量用图

解:先判断运动的有旋与无旋性。当 $r>a$ 时$\nabla\times\boldsymbol{v}=0$,为无旋运动;当 $r\leqslant a$ 时,$\nabla\times\boldsymbol{v}=2\omega\boldsymbol{k}$,该运动为有旋运动。

设半径为 r_0 的圆形区域为 A_0,半径为 a 的圆形区域为 A_a,半径为 r_1 和 a 两同心圆之间的环形区域为 A_1,即

$$\begin{cases}A_0:0\leqslant r\leqslant r_0\\ A_a:0\leqslant r\leqslant a\\ A_1:a\leqslant r\leqslant r_1\end{cases}$$

采用斯托克斯定理得

$$\Gamma_{l_1}=2\iint_s\omega_n\mathrm{d}A=2\left(\iint_{A_1}\omega\mathrm{d}A+\iint_{A_a}\omega\mathrm{d}A\right)=2\iint_{A_a}\omega\mathrm{d}A$$
$$=2\omega\pi a^2$$

同样可得

$$\Gamma_{l_2}=\frac{1}{4}\Gamma_{l_1}=\frac{1}{4}\times2\omega\pi a^2=\frac{\pi a^2}{2}\omega$$

$$\Gamma_{l_3}=0$$

$$\Gamma_{l4}=2\iint_{A_0}\omega_n\mathrm{d}A=2\omega\pi r_0^2$$

例题 4.3：已知不可压流体速度分布为

$$\begin{cases} v_x = a\sqrt{y^2+z^2} \\ v_y = v_z = 0 \end{cases}$$

试求涡线方程及沿封闭围线$\begin{cases} x^2+y^2=b^2 \\ z=0 \end{cases}$的速度环量，其中：$a$，$b$ 为常数。

解：(1)根据速度分布求得平均旋转角速度：

$$\begin{cases} \omega_x = \dfrac{1}{2}\left(\dfrac{\partial v_z}{\partial y} - \dfrac{\partial v_y}{\partial z}\right) = 0 \\ \omega_y = \dfrac{1}{2}\left(\dfrac{\partial v_x}{\partial z} - \dfrac{\partial v_z}{\partial x}\right) = \dfrac{1}{2}\dfrac{az}{\sqrt{y^2+z^2}} \\ \omega_z = \dfrac{1}{2}\left(\dfrac{\partial v_y}{\partial x} - \dfrac{\partial v_x}{\partial y}\right) = -\dfrac{1}{2}\dfrac{ay}{\sqrt{y^2+z^2}} \end{cases}$$

根据涡线方程，有

$$\frac{dx}{0} = \frac{dy}{\omega_y} = \frac{dz}{\omega_z}，即\frac{dx}{0} = \frac{dy}{z} = -\frac{dz}{y}$$

求得涡线方程为

$$\begin{cases} y^2+z^2 = C_1 \\ x = C_2 \end{cases}$$

(2)在 $z=0$ 上，有

$$\begin{cases} \omega_x = 0 \\ \omega_y = 0 \\ \omega_z = -\dfrac{1}{2}\dfrac{ay}{|y|} = \begin{cases} -\dfrac{a}{2}, y>0 \\ \dfrac{a}{2}, y<0 \end{cases} \end{cases}$$

应用斯托克斯定理得

$$\Gamma = \oint_C v_n \mathrm{d}l = \iint_S 2\omega_n \mathrm{d}A = \iint_S -\frac{ay}{|y|}\mathrm{d}A = 0$$

或者

$$\Gamma = \oint_C \boldsymbol{v}\cdot \mathrm{d}\boldsymbol{l} = \int_C v_x \mathrm{d}x = \int_b^{-b} a\sqrt{y^2}\mathrm{d}x + \int_{-b}^{b} a\sqrt{y^2}\mathrm{d}x = \int_b^{-b} ay\mathrm{d}x - \int_{-b}^{b} ay\mathrm{d}x$$

由

$$x^2+y^2=b^2$$

得

$$y = \begin{cases} \sqrt{b^2-x^2} & (y>0) \\ -\sqrt{b^2-x^2} & (y<0) \end{cases}$$

因此

$$\Gamma = \int_b^{-b} a\sqrt{b^2-x^2}\mathrm{d}x + \int_{-b}^{b} a\sqrt{b^2-x^2}\mathrm{d}x = \int_b^{-b} a\sqrt{b^2-x^2}\mathrm{d}x - \int_b^{-b} a\sqrt{b^2-x^2}\mathrm{d}x = 0$$

例题 4.4:在平面环行区域 $a_1 < r < a_2$ 中涡量等于一个常数,而在 $r < a_1, r > a_2$ 区域中流体静止。设 $r = a_1, r = a_2$ 是流线,在 $r = a_1$ 上流体速度是 U_0,$r = a_2$ 上流体速度趋于零。求环行区域内涡量值。

解:这是典型复连域问题(图 4.2.7),应用复连域斯托克斯定理:

$$\iint_S \boldsymbol{\Omega} \cdot \boldsymbol{n} \mathrm{d}A = \oint_l \boldsymbol{v} \cdot \mathrm{d}\boldsymbol{l} = \oint_{l_2} \boldsymbol{v} \cdot \mathrm{d}\boldsymbol{l} - \oint_{l_1} \boldsymbol{v} \cdot \mathrm{d}\boldsymbol{l} = 0 - \oint_{l_1} U_0 a_1 \mathrm{d}\theta = -2\pi a_1 U_0$$

而 $\iint_S \boldsymbol{\Omega} \cdot \boldsymbol{n} \mathrm{d}A = \iint \Omega \mathrm{d}A = \Omega \iint_{a_1 < r < a_2} \mathrm{d}A = \Omega \cdot \pi(a_2^2 - a_1^2)$,故求得

$$\boldsymbol{\Omega} = -\frac{2U_0 a_1}{a_2^2 - a_1^2} = \frac{2U_0 a_1}{a_1^2 - a_2^2}$$

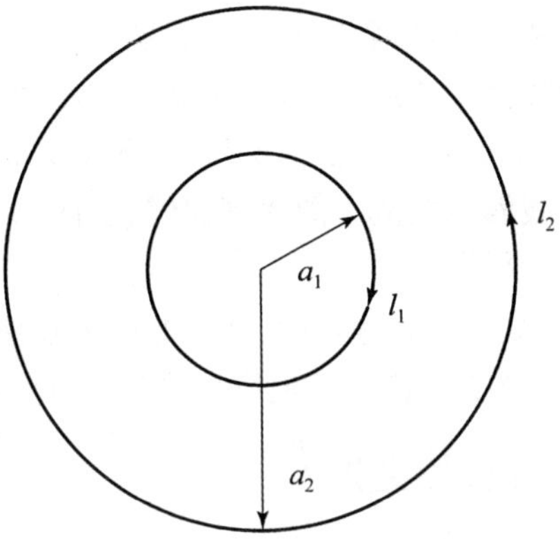

图 4.2.7　复连域求解涡量场

4.3　黏性流体涡量输运方程及速度环量的变化

4.3.1　黏性流体涡量输运方程

对于黏性流体,当运动黏性系数 ν 为常数时,则根据第 2 章内容,其满足 N - S 方程:

$$\frac{\mathrm{D}\boldsymbol{v}}{\mathrm{D}t} = \boldsymbol{F}_b - \frac{1}{\rho}\nabla p + \nu\nabla^2\boldsymbol{v} - \frac{1}{3}\nu\nabla(\nabla \cdot \boldsymbol{v}) \tag{4.3.1}$$

兰姆 - 葛罗米柯形式为

$$\left(\frac{\partial \boldsymbol{v}}{\partial t} + \nabla\frac{v^2}{2} + \boldsymbol{\Omega} \times \boldsymbol{v}\right) = \boldsymbol{F}_b - \frac{1}{\rho}\nabla p + \nu\nabla^2\boldsymbol{v} - \frac{1}{3}\nu\nabla(\nabla \cdot \boldsymbol{v}) \tag{4.3.2}$$

对式(4.3.2)取旋度运算,并注意到 $\nabla \cdot \boldsymbol{\Omega} = 0$,以及矢量运算法则:

$$\nabla \times (\boldsymbol{a} \times \boldsymbol{b}) = (\boldsymbol{b} \cdot \nabla)\boldsymbol{a} - (\boldsymbol{a} \cdot \nabla)\boldsymbol{b} + \boldsymbol{a}(\nabla \cdot \boldsymbol{b}) - \boldsymbol{b}(\nabla \cdot \boldsymbol{a})$$

则得

$$\frac{\partial \boldsymbol{\Omega}}{\partial t} + (\boldsymbol{v} \cdot \nabla)\boldsymbol{\Omega} - (\boldsymbol{\Omega} \cdot \nabla)\boldsymbol{v} + \boldsymbol{\Omega}(\nabla \cdot \boldsymbol{v}) = \nabla \times \boldsymbol{F}_b - \nabla \times \left(\frac{1}{\rho}\nabla p\right) +$$
$$\nu\nabla \times (\nabla^2\boldsymbol{v}) - \frac{1}{3}\nu\nabla \times (\nabla(\nabla \cdot \boldsymbol{v}))$$

式中：$\frac{\partial \boldsymbol{\Omega}}{\partial t}+(\boldsymbol{v}\cdot\nabla)\boldsymbol{\Omega}$ 可合并为物质导数，即$\frac{\partial \boldsymbol{\Omega}}{\partial t}+(\boldsymbol{v}\cdot\nabla)\boldsymbol{\Omega}=\frac{\mathrm{D}\boldsymbol{\Omega}}{\mathrm{D}t}$；$\nabla\times\left(\frac{1}{\rho}\nabla p\right)=-\frac{1}{\rho^2}\nabla\rho\times\nabla p$；$\frac{1}{3}\nu\nabla\times(\nabla(\nabla\cdot\boldsymbol{v}))=0$；$\nu\nabla\times(\nabla^2\boldsymbol{v})=\nu\nabla^2\boldsymbol{\Omega}$。

则黏度系数为常数时的涡量输运方程为

$$\frac{\mathrm{D}\boldsymbol{\Omega}}{\mathrm{D}t}=(\boldsymbol{\Omega}\cdot\nabla)\boldsymbol{v}-\boldsymbol{\Omega}(\nabla\cdot\boldsymbol{v})+\nabla\times\boldsymbol{F}_b+\nabla\times\left(\frac{1}{\rho}\nabla p\right)+\nu\nabla^2\boldsymbol{\Omega} \tag{4.3.3}$$

从式(4.3.3)可以看出，影响涡量随体变化的因素包括：一是外力；二是流体的非正压性；三是流体的黏性以及右边第一、第二项的作用。对于右边第一、第二项，下面稍作分析。

第一项$(\boldsymbol{\Omega}\cdot\nabla)\boldsymbol{v}$表示了速度沿涡线的变化。由于速度是矢量，这种变化可以分解成两部分：一部分平行于涡线，另一部分垂直于涡线。平行于涡线的速度变化，使得涡线上相邻两点产生沿涡线的相对位移，或分开或靠拢，涡线就将“伸长”或“缩短”，因此是一种拉伸作用。垂直于涡线的速度变化，使涡线上相邻两点产生垂直于涡线的相对位移，涡线将“扭曲”起来，使原来的直线涡线变成了曲线型涡线，因此是一种扭曲效应。

第二项$-\boldsymbol{\Omega}(\nabla\cdot\boldsymbol{v})$与流体散度有关。流体运动过程中，流体质点的体积若收缩，即$\nabla\cdot\boldsymbol{v}<0$，则流体涡量随之增加，反之涡量将减少。这可以用理论力学有关知识解释：当物体不受外力时，当转动惯量减少时，必然有角度增加，同样，当流体质点收缩时，涡量将增加。

4.3.2 黏性流体中速度环量的变化

在4.2节已经阐述了速度环量的概念以及介绍了速度环量定理。对于黏度系数为常值的流体，其满足N－S方程式(4.3.1)：

$$\frac{\mathrm{D}\boldsymbol{v}}{\mathrm{D}t}=\boldsymbol{F}_b-\frac{1}{\rho}\nabla p+\nu\nabla^2\boldsymbol{v}-\frac{1}{3}\nu\nabla(\nabla\cdot\boldsymbol{v})$$

对其沿封闭流体质点组成的围道进行线积分，即

$$\oint_l\frac{\mathrm{D}\boldsymbol{v}}{\mathrm{D}t}\cdot\mathrm{d}\boldsymbol{l}=\oint_l\boldsymbol{F}_b\cdot\mathrm{d}\boldsymbol{l}-\oint_l\frac{1}{\rho}\nabla p\cdot\mathrm{d}\boldsymbol{l}+\oint_l\nu\nabla^2\boldsymbol{v}\cdot\mathrm{d}\boldsymbol{l}-\oint_l\frac{1}{3}\nu\nabla(\nabla\cdot\boldsymbol{v})\cdot\mathrm{d}\boldsymbol{l} \tag{4.3.4}$$

由于

$$\frac{\mathrm{D}}{\mathrm{D}t}(\boldsymbol{v}\cdot\mathrm{d}\boldsymbol{l})=\frac{\mathrm{D}\boldsymbol{v}}{\mathrm{D}t}\cdot\mathrm{d}\boldsymbol{l}+\boldsymbol{v}\cdot\frac{\mathrm{D}\mathrm{d}\boldsymbol{l}}{\mathrm{D}t}=\frac{\mathrm{D}\boldsymbol{v}}{\mathrm{D}t}\cdot\mathrm{d}\boldsymbol{l}+\boldsymbol{v}\cdot\mathrm{d}\boldsymbol{v}=\frac{\mathrm{D}\boldsymbol{v}}{\mathrm{D}t}\cdot\mathrm{d}\boldsymbol{l}+\mathrm{d}\frac{v^2}{2}$$

因此环量的物质导数为

$$\frac{\mathrm{D}\Gamma}{\mathrm{D}t}=\frac{\mathrm{D}}{\mathrm{D}t}\oint_l(\boldsymbol{v}\cdot\mathrm{d}\boldsymbol{l})=\oint_l\frac{\mathrm{D}}{\mathrm{D}t}(\boldsymbol{v}\cdot\mathrm{d}\boldsymbol{l})=\oint_l\frac{\mathrm{D}\boldsymbol{v}}{\mathrm{D}t}\cdot\mathrm{d}\boldsymbol{l}+\oint_l\mathrm{d}\frac{v^2}{2}=\oint_l\frac{\mathrm{D}\boldsymbol{v}}{\mathrm{D}t}\cdot\mathrm{d}\boldsymbol{l} \tag{4.3.5}$$

这说明速度环量的物质导数为沿封闭流体线加速度的环量。

由式(4.3.4)和式(4.3.5)得

$$\frac{\mathrm{D}\Gamma}{\mathrm{D}t}=\oint_l\boldsymbol{F}_b\cdot\mathrm{d}\boldsymbol{l}-\oint_l\frac{1}{\rho}\nabla p\cdot\mathrm{d}\boldsymbol{l}+\oint_l\nu\nabla^2\boldsymbol{v}\cdot\mathrm{d}\boldsymbol{l}-\oint_l\frac{1}{3}\nu\nabla(\nabla\cdot\boldsymbol{v})\cdot\mathrm{d}\boldsymbol{l} \tag{4.3.6}$$

如果体积力是有势的、流体是正压的，则右边第一项和第二项为零；如果流体无黏，则右边第三项和第四项为零。这就说明引起流体环量即涡量变化的三大因素：体积力无势、非正压性和黏性。

4.4　理想流体涡量输运方程及其涡旋运动的性质

4.4.1　理想流体涡量输运方程

对于理想流体，由式(4.3.3)得到理想流体的涡量输运方程为

$$\frac{\mathrm{D}\boldsymbol{\Omega}}{\mathrm{D}t}=(\boldsymbol{\Omega}\cdot\nabla)\boldsymbol{v}-\boldsymbol{\Omega}(\nabla\cdot\boldsymbol{v})+\nabla\times\boldsymbol{F}_b+\frac{1}{\rho^2}\nabla\rho\times\nabla p \tag{4.4.1}$$

如果进一步假定体积力有势，流体为正压，则式(4.4.1)简化为

$$\frac{\mathrm{D}\boldsymbol{\Omega}}{\mathrm{D}t}=(\boldsymbol{\Omega}\cdot\nabla)\boldsymbol{v}-\boldsymbol{\Omega}(\nabla\cdot\boldsymbol{v}) \tag{4.4.2}$$

这就是通常所说的亥姆霍兹方程。

例题4.5：理想不可压缩的均质流体在质量力有势条件下作平面运动，证明

$$\frac{\partial\Omega^2}{\partial t}+\nabla\cdot(\Omega^2\boldsymbol{v})=0$$

证明：由已知条件，式(4.4.2)简化为

$$\frac{\partial\boldsymbol{\Omega}}{\partial t}+(\boldsymbol{v}\cdot\nabla)\boldsymbol{\Omega}-(\boldsymbol{\Omega}\cdot\nabla)\boldsymbol{v}=0 \tag{4.4.3}$$

由于流体作平面运动(假设平面为 oxy)，$\boldsymbol{\Omega}=\Omega\boldsymbol{k}$，式(4.4.3)两边点乘 $2\boldsymbol{\Omega}$，因此

$$\frac{\partial\Omega^2}{\partial t}\boldsymbol{k}+(\boldsymbol{v}\cdot\nabla)\Omega^2\boldsymbol{k}=0$$

即

$$\frac{\partial\Omega^2}{\partial t}+(\boldsymbol{v}\cdot\nabla)\Omega^2=0 \tag{4.4.4}$$

因流体不可压缩，有

$$\Omega^2(\nabla\cdot\boldsymbol{v})=0 \tag{4.4.5}$$

将式(4.4.4)和式(4.4.5)合并得

$$\frac{\partial\Omega^2}{\partial t}+(\boldsymbol{v}\cdot\nabla)\Omega^2+\Omega^2(\nabla\cdot\boldsymbol{v})=\frac{\partial\Omega^2}{\partial t}+\nabla\cdot(\Omega^2\boldsymbol{v})=0$$

所以命题得证。

4.4.2　理想流体涡旋运动的性质

1. 开尔文定理

开尔文定理(汤姆逊定理)：如果流体是理想的，且质量力有势、正压，那么对于始终由某些流体质点所组成的任意封闭曲线的速度环量不随时间而变，即对时间的全微分为零：

$$\frac{\mathrm{D}\Gamma}{\mathrm{D}t}=0 \tag{4.4.6}$$

下面对该定理进行适当证明。

在流场中任取一由流体质点所组成封闭曲线 $\boldsymbol{l}$(图4.4.1)，沿此曲线上有一弧段 AB，

其速度环流为

$$\Gamma_{AB}=\int_A^B(v_x\mathrm{d}x+v_y\mathrm{d}y+v_z\mathrm{d}z)$$

对 t 取导数：

$$\frac{\mathrm{D}\Gamma}{\mathrm{D}t}=\frac{\mathrm{D}}{\mathrm{D}t}\left(\int_A^B v_x\mathrm{d}x+v_y\mathrm{d}y+v_z\mathrm{d}z\right)=\int_A^B\frac{\mathrm{D}}{\mathrm{D}t}[v_x\mathrm{d}x+v_y\mathrm{d}y+v_z\mathrm{d}z] \tag{4.4.7}$$

其中

$$\frac{\mathrm{D}}{\mathrm{D}t}[v_x\mathrm{d}x]=\frac{\mathrm{D}v_x}{\mathrm{D}t}\mathrm{d}x+v_x\frac{\mathrm{D}}{\mathrm{D}t}(\mathrm{d}x)=\frac{\mathrm{D}v_x}{\mathrm{D}t}\mathrm{d}x+v_x\mathrm{d}v_x \tag{4.4.8}$$

同理

$$\frac{\mathrm{D}}{\mathrm{D}t}[v_y\mathrm{d}y]=\frac{\mathrm{D}v_y}{\mathrm{D}t}\mathrm{d}y+v_y\mathrm{d}v_y \tag{4.4.9}$$

$$\frac{\mathrm{D}}{\mathrm{D}t}[v_z\mathrm{d}z]=\frac{\mathrm{D}v_z}{\mathrm{D}t}\mathrm{d}z+v_z\mathrm{d}v_z \tag{4.4.10}$$

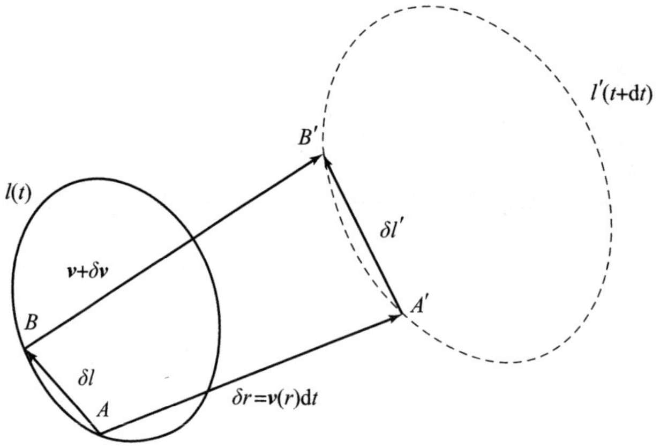

图 4.4.1　开尔文定理证明用图

将式(4.4.8)~式(4.4.10)代入式(4.4.7)得

$$\frac{\mathrm{D}\Gamma}{\mathrm{D}t}=\int_A^B\left(\frac{\mathrm{D}\boldsymbol{v}_x}{\mathrm{D}t}\mathrm{d}x+\frac{\mathrm{D}\boldsymbol{v}_y}{\mathrm{D}t}\mathrm{d}y+\frac{\mathrm{D}\boldsymbol{v}_z}{\mathrm{D}t}\mathrm{d}z\right)+\int_A^B(v_x\mathrm{d}x+v_y\mathrm{d}y+v_z\mathrm{d}z)=$$

$$\int_A^B\frac{\mathrm{D}\boldsymbol{v}}{\mathrm{D}t}\cdot\mathrm{d}\boldsymbol{l}+\int_A^B(\boldsymbol{v}\cdot\mathrm{d}\boldsymbol{v}) \tag{4.4.11}$$

由流体是理想的，质量力有势、正压的条件得

$$\frac{\mathrm{D}\boldsymbol{v}}{\mathrm{D}t}=\boldsymbol{f}-\frac{1}{\rho}\nabla p=-\nabla U-\nabla P \tag{4.4.12}$$

将式(4.4.12)代入式(4.4.11)得

$$\frac{\mathrm{D}\Gamma}{\mathrm{D}t}=\int_A^B\nabla(-U-P)\cdot\mathrm{d}\boldsymbol{l}+\int_A^B\mathrm{d}\left(\frac{v^2}{2}\right)=\int_A^B\mathrm{d}\left[-U-P+\frac{v^2}{2}\right]=\left(-U-P+\frac{v^2}{2}\right)\Bigg|_A^B$$

若 $-U-P+\dfrac{v^2}{2}$ 是单值函数，则

$$\frac{\mathrm{D}\Gamma}{\mathrm{D}t}=\left[-U-P+\frac{v^2}{2}\right]_B-\left[-U-P+\frac{v^2}{2}\right]_A$$

若是封闭曲线,则积分起点和终点重合,即 AB 重合,则

$$\frac{\mathrm{D}\Gamma}{\mathrm{D}t}=0$$

开尔文定理还可以用下面方法直接证明:

由于

$$\Gamma=\oint_C v\cdot \mathrm{d}l$$

求物质导数得

$$\begin{aligned}\frac{\mathrm{D}\Gamma}{\mathrm{D}t}&=\frac{\mathrm{D}}{\mathrm{D}t}\oint_C \boldsymbol{v}\cdot \mathrm{d}\boldsymbol{l}=\oint_C \frac{\mathrm{D}}{\mathrm{D}t}(\boldsymbol{v}\cdot \mathrm{d}\boldsymbol{l})\\&=\oint_C\left(\frac{\mathrm{D}\boldsymbol{v}}{\mathrm{D}t}\cdot \mathrm{d}\boldsymbol{l}+\boldsymbol{v}\cdot \mathrm{d}\boldsymbol{v}\right)=\oint_C\left[\frac{\mathrm{D}\boldsymbol{v}}{\mathrm{D}t}\cdot \mathrm{d}\boldsymbol{l}+\mathrm{d}\left(\frac{v^2}{2}\right)\right]\\&=\oint_C\left[\left(\boldsymbol{f}-\frac{1}{\rho}\nabla P\right)\cdot \mathrm{d}\boldsymbol{l}+\mathrm{d}\left(\frac{v^2}{2}\right)\right]\\&=\oint_C \mathrm{d}\left(-U-P+\frac{v^2}{2}\right)\end{aligned}$$

注意到 $-U-P+\dfrac{v^2}{2}$ 是单值函数,故

$$\frac{\mathrm{D}\Gamma}{\mathrm{D}t}=0$$

2. 拉格朗日涡保持性定理

拉格朗日涡保持性定理(涡量不生不灭定理):如果流体是理想的,且质量力有势、正压,若某一时刻流场无旋,则在以前和以后的流动中,流场也无旋。

可采用开尔文定理证明上述定理。假定在 t_0 时刻,质量力有势、正压的理想流体中没有涡旋,即 $\boldsymbol{\Omega}=0$。在流场中任取一封闭周线 C,S 是以闭周线 C 为周界的流体面。由斯托克斯公式知,沿 C 的速度环量为

$$\Gamma=\oint_C \boldsymbol{v}\cdot \mathrm{d}\boldsymbol{l}=\iint_S \boldsymbol{\Omega}\cdot \boldsymbol{n}\mathrm{d}A=0$$

这说明在所讨论的那部分流场中,沿任意封闭曲线的速度环量在 t_0 时刻为0。

依据开尔文定理,在 t_0 之前和之后的任何时刻,该流场中绕任意封闭曲线的速度环量 Γ 为0。再次应用斯托克斯公式,对流场中的任何流体曲面 S,总有

$$\iint_S \boldsymbol{\Omega}\cdot \boldsymbol{n}\mathrm{d}A=\oint_C \boldsymbol{v}\cdot \mathrm{d}\boldsymbol{l}=\Gamma=0$$

由于曲面是任意取的,要使上式成立,则必须处处有 $\boldsymbol{\Omega}=0$,这就证明了拉格朗日定理。拉格朗日定理反映了在一定条件下,流场中的涡旋既不会产生也不会消失,故又称为涡量不生不灭定理,它是判断流场是否有旋的重要定理。

3. 亥姆霍兹三定理

亥姆霍兹定理包括涡强、涡线和涡管保持定理。

亥姆霍兹第一定理(涡管强度守恒定理):同一瞬时,沿涡管长度的旋涡强度保持不变,即

$$\iint_{A_1} \boldsymbol{\Omega}_n \mathrm{d}A = \iint_{A_2} \boldsymbol{\Omega}_n \mathrm{d}A \tag{4.4.13a}$$

或

$$J_1 = J_2 \tag{4.4.13b}$$

为证明这一定理,在流场中任取一涡管,涡管两端截面分别为 A_1 和 A_2,相应的周界分别为 C_1 和 C_2,涡管表面为 A_3,如图 4.2.2 所示。

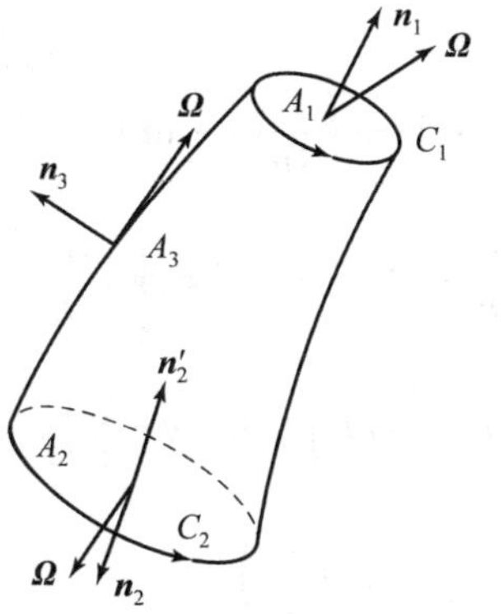

图 4.4.2　涡管段

证法一:

整个涡管段即整个封闭曲面 S 上的涡通量为

$$J = \oint\!\!\!\oint_S \boldsymbol{\Omega} \cdot \boldsymbol{n} \mathrm{d}A = \iint_{A_1} \boldsymbol{\Omega} \cdot \boldsymbol{n} \mathrm{d}A + \iint_{A_2} \boldsymbol{\Omega} \cdot \boldsymbol{n} \mathrm{d}A + \iint_{A_3} \boldsymbol{\Omega} \cdot \boldsymbol{n} \mathrm{d}A$$

$$= \iint_{A_1} \boldsymbol{\Omega} \cdot \boldsymbol{n}_1 \mathrm{d}A - \iint_{A_2} \boldsymbol{\Omega} \cdot \boldsymbol{n}_2' \mathrm{d}A = J_1 - J_2$$

由于

$$\oint\!\!\!\oint_S \boldsymbol{\Omega} \cdot \boldsymbol{n} \mathrm{d}A = \iiint_V \nabla \cdot \boldsymbol{\Omega} \mathrm{d}V = 0$$

因此

$$J_1 = J_2$$

证法二:

由于 A_2 与 A_3 组成的曲面周界和截面 A_1 的周界均为 C_1,所以应用斯托克斯公式得

$$\Gamma_1 = \iint_{A_2} \boldsymbol{\Omega} \cdot \mathrm{d}\boldsymbol{A} + \iint_{A_3} \boldsymbol{\Omega} \cdot \mathrm{d}\boldsymbol{A} = \iint_{A_2} \boldsymbol{\Omega} \cdot \mathrm{d}\boldsymbol{A} = J_2$$

又

$$\Gamma_1 = \iint_{A_1} \boldsymbol{\Omega} \cdot \boldsymbol{n} \mathrm{d}A = J_1$$

从而

$$J_1 = J_2$$

根据涡管强度守恒定理,有如下结论:

(1)对于同一涡管,截面积越小的地方,涡量越大,流体的旋转角速度越大;

(2)涡管截面不可能收缩到零,因为收缩到零,所以意味着涡量将增加到无穷大,这是不符合实际的。因此,涡管不可能在流体内终止或开始,只能在流体中形成封闭涡环,

或始于、终于边界，或伸展至无限远处。例如抽烟吐出的烟圈是环形封闭的，自然界中如龙卷风始于云层止于地面或水面（图 4.4.3）。

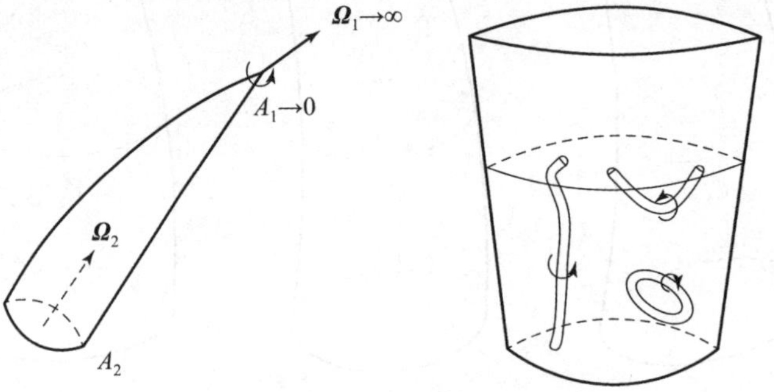

图 4.4.3　涡管不能在流体内部产生或终止

亥姆霍兹第二定理（涡管保持性定理）：如果质量力有势，流体是理想的，而且是正压的，那么构成涡管的流体质点在任何瞬时还构成涡管。

证明：在 t_0 时刻，流场中任取一涡管，在此涡管侧面上任取一封闭曲线 C，设在 t_0 之前和之后的任何时刻，组成封闭曲线 C 的质点组成了封闭曲线 C_1 和 C_2，如图 4.4.4 所示。由于流体涡量处处与涡面相切，所以根据斯托克斯公式，绕封闭曲线 C 的速度环量 Γ 为零，由开尔文定理判断，绕封闭曲线 C_1 和 C_2 的环量也为零，即 $\Gamma = \oint_{C_1} \boldsymbol{v} \cdot \mathrm{d}\boldsymbol{l} = \oint_{C_2} \boldsymbol{v} \cdot \mathrm{d}\boldsymbol{l} = \oint_{C} \boldsymbol{v} \cdot \mathrm{d}\boldsymbol{l} = 0$。应用斯托克斯公式，通过 C_1 和 C_2 所在质点侧面的涡通量始终为 0，即

$$\iint_{A_1} \boldsymbol{\Omega} \cdot \boldsymbol{n} \mathrm{d}A = \iint_{A_2} \boldsymbol{\Omega} \cdot \boldsymbol{n} \mathrm{d}A = \iint_{A} \boldsymbol{\Omega} \cdot \boldsymbol{n} \mathrm{d}A = 0$$

由涡管定义知，这些质点依然组成涡管表面。涡管保持性定定理可以推广到涡面、涡线。

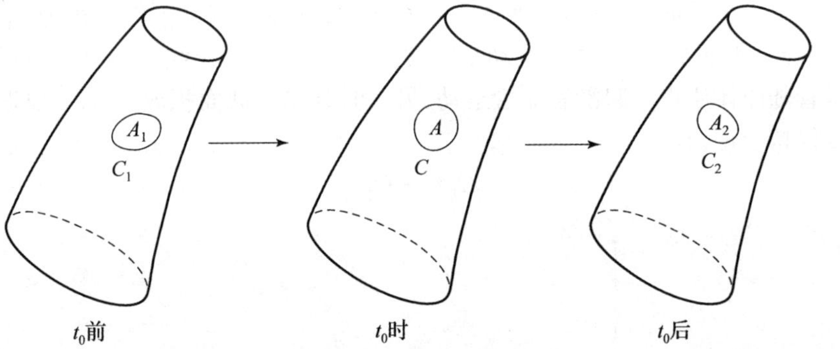

图 4.4.4　涡管保持性

亥姆霍兹第三定理：如果质量力有势，流体是理想的，而且是正压的，那么涡管的旋涡强度不随时间而变。

这也可由开尔文定理证明：

在 t_0 时刻，任取一围绕涡管的封闭周线 C，周线上质点同时在涡管上，而在 t_0 之前和之后的任何时刻，组成封闭曲线 C 的质点组成了封闭曲线 C_1 和 C_2，如图 4.4.5 所示。

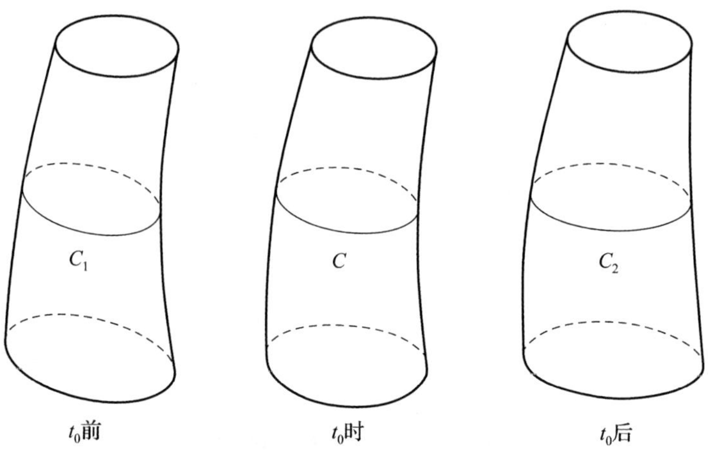

图 4.4.5　亥姆霍兹第三定理

根据开尔文定理，绕封闭曲线 C 的速度环量 Γ 不随时间变化，即 $\frac{\mathrm{D}\Gamma}{\mathrm{D}t}=0$，从而 $\Gamma=\Gamma_1=\Gamma_2$。另外由亥姆霍兹第二定理可知，涡管保持不变，所以涡管的旋涡强度不随时间而变。

这里应注意到：亥姆霍兹第一定理是指同一瞬时沿涡管强度不变，描述空间上变化情况，没有任何前提条件，故适合任何流体；亥姆霍兹第三定理是指任何时刻沿涡管强度不变，描述时间上变化情况。

例题 4.6：理想不可压缩均质流体在质量力有势条件下作平面定常运动，试证明沿流线的涡量 $\boldsymbol{\Omega}$ 保持不变。

证明：假设流体在 oxy 平面上流动，则

$$\frac{\partial v_x}{\partial z}=\frac{\partial v_y}{\partial z}=0,v_z=0,\boldsymbol{\Omega}=\Omega\boldsymbol{k}$$

在流动平面上任取一小流管，如图 4.4.6 所示，并在此流管中作面积为 A_1 的微元涡管（涡管与流动平面垂直）。由于流动是定常的，因此流线与迹线是重合的，且保持不变，此微元涡管随流体质点一起沿着流管运动，另一时刻涡管截面积成为 A_2。根据亥姆霍兹涡管强度保持定理，有

$$\Omega_1A_1=\Omega_2A_2 \tag{4.4.14}$$

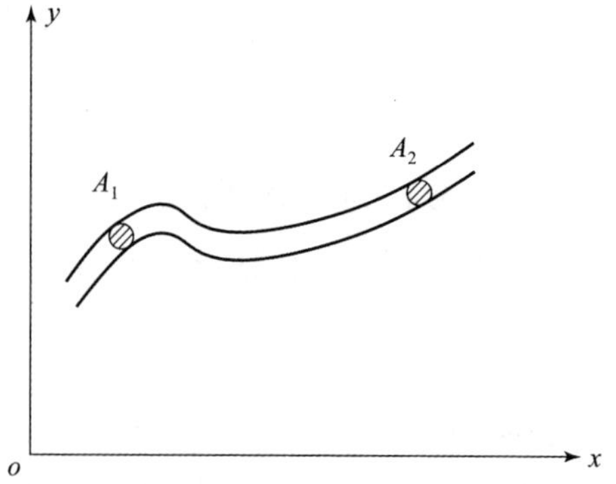

图 4.4.6　平面流中小流管

式中：Ω_1 为截面 A_1 上的涡量；Ω_2 是另一时刻截面 A_2 的涡量。由于为不可压均质流体，密度为常数，同时运动定常，因此根据连续方程得

$$A_1 = A_2 \tag{4.4.15}$$

代入到式(4.4.14)得

$$\Omega_1 = \Omega_2$$

这就证明了均匀理想流体平面定常运动中，沿流线的涡量保持不变。

4.5　涡旋在理想不可压缩流体中所引起的速度场

流场中出现涡旋运动时，流动状态就会发生变化，因为涡旋会诱导出速度场。日常生活中遇到龙卷风和水漩涡等产生吸力，都可以用涡诱导流场来解释。

4.5.1　涡旋场诱导的速度场

设置流场有限区域 V 内给定涡旋场，假定流体不可压缩，则

$$\begin{aligned} &\nabla\cdot\boldsymbol{v}=0,\boldsymbol{\Omega}=\nabla\times\boldsymbol{v} \quad (V\text{内}) \\ &\nabla\cdot\boldsymbol{v}=0,\boldsymbol{\Omega}=0 \quad\quad (V\text{外}) \end{aligned} \tag{4.5.1}$$

由场论知识，若 $\nabla\cdot\boldsymbol{v}=0$ 则存在矢量势 $\boldsymbol{B}$，使得 $\boldsymbol{v}=\nabla\times\boldsymbol{B}$。因此在区域 V 内

$$\nabla\times\boldsymbol{v}=\nabla\times(\nabla\times\boldsymbol{B})=\nabla(\nabla\cdot\boldsymbol{B})-\nabla^2\boldsymbol{B}=\boldsymbol{\Omega} \tag{4.5.2}$$

若 $\nabla\cdot\boldsymbol{B}=0$，则式(4.5.2)成为

$$\nabla^2\boldsymbol{B}=-\boldsymbol{\Omega} \tag{4.5.3}$$

这是典型的泊松方程，其通解为

$$\boldsymbol{B}=\frac{1}{4\pi}\iiint_V \frac{\boldsymbol{\Omega}(\xi,\eta,\zeta)}{r}\mathrm{d}V \tag{4.5.4}$$

式中：$r=\sqrt{(x-\xi)^2+(y-\eta)^2+(z-\zeta)^2}$是积分微元到感应点的距离。

涡量场诱导的速度场为

$$\begin{aligned} \boldsymbol{v}=\mathrm{rot}\boldsymbol{B} &=\frac{1}{4\pi}\nabla\times\iiint_V \frac{\boldsymbol{\Omega}(\xi,\eta,\zeta)}{r}\mathrm{d}V=\frac{1}{4\pi}\iiint_V \nabla\times\frac{\boldsymbol{\Omega}(\xi,\eta,\zeta)}{r}\mathrm{d}V \\ &=\frac{1}{4\pi}\iiint_V \frac{\boldsymbol{r}\times\boldsymbol{\Omega}(\xi,\eta,\zeta)}{r^3}\mathrm{d}V=\frac{1}{4\pi}\iiint_V \frac{\boldsymbol{\Omega}\times\boldsymbol{r}}{r^3}\mathrm{d}V \end{aligned} \tag{4.5.5}$$

下面讨论 $\nabla\cdot\boldsymbol{B}=0$ 的意义。

记 ∇' 是对积分变量 (ξ,η,ζ) 的微分算子，则有

$$\nabla' r=-\nabla r$$

因此

$$\begin{aligned} \nabla\cdot\boldsymbol{B} &=\frac{1}{4\pi}\iiint_V \nabla\left(\frac{1}{r}\right)\cdot\boldsymbol{\Omega}\mathrm{d}V=\frac{1}{4\pi}\iiint_V -\frac{1}{r^2}\nabla r\cdot\boldsymbol{\Omega}\mathrm{d}V \\ &=\frac{1}{4\pi}\iiint_V \frac{1}{r^2}\nabla' r\cdot\boldsymbol{\Omega}\mathrm{d}V=-\frac{1}{4\pi}\iiint_V \nabla'\left(\frac{1}{r}\right)\cdot\boldsymbol{\Omega}\mathrm{d}V \\ &=-\frac{1}{4\pi}\iiint_V \left[\nabla'\left(\frac{\boldsymbol{\Omega}}{r}\right)-\frac{1}{r}\nabla'\cdot\boldsymbol{\Omega}\right]\mathrm{d}V=-\frac{1}{4\pi}\iiint_V \nabla'\cdot\left(\frac{\boldsymbol{\Omega}}{r}\right)\mathrm{d}V \\ &=-\frac{1}{4\pi}\oiint_S \frac{\boldsymbol{\Omega}\cdot\boldsymbol{n}}{r}\mathrm{d}S \end{aligned}$$

在涡面 S 上，$\boldsymbol{\Omega}\cdot\boldsymbol{n}=0$，因此$\nabla\cdot\boldsymbol{B}=0$。

4.5.2 涡旋场诱导的速度场：毕奥－萨伐定理

对于已知涡量场求诱导速度场，公式（4.5.5）已经给出。这里仅讨论涡旋场是细涡管，即近似处理为涡线的情况。

高等数学中的一些方程可以同时描述不同的自然现象，因为自然界中许多现象描述具有相通地方，如电学、磁学和流体力学就有许多类似之处，相互间可以比拟。根据比拟的性质，可以在电磁场中进行流体力学的试验，或者在流体中进行电磁学的试验，也可以相互采用对方已有的理论或实验结果。下面将电磁学与流体力学进行对比，如表 4.5.1 所列。

表 4.5.1 电磁学与流体力学对比

电磁学	流体力学
磁场强度 $\boldsymbol{H}$	速度 $\boldsymbol{v}$
势函数 V	速度势 φ
电流密度 $\boldsymbol{\delta}$	涡量 $\boldsymbol{\Omega}$
电流 i	旋涡强度 J 或 Γ

电磁学中，毕奥－萨伐尔定理描述了电流及其所诱导的电磁场强度间关系：

$$\mathrm{d}\boldsymbol{H}=\frac{\boldsymbol{i}}{4\pi}\frac{\mathrm{d}\boldsymbol{l}\times\boldsymbol{r}}{r^3} \tag{4.5.6}$$

根据对应比拟关系，式（4.5.6）可应用于流体力学中描述涡束对周围流体产生诱导速度（图 4.5.1）：

$$\mathrm{d}\boldsymbol{v}=\frac{\Gamma}{4\pi}\frac{\mathrm{d}\boldsymbol{l}\times\boldsymbol{r}}{r^3} \tag{4.5.7}$$

大小为

$$\mathrm{d}v=\frac{\Gamma}{4\pi}\frac{\sin\alpha\mathrm{d}l}{r^2} \tag{4.5.8}$$

方向由右手法则定。

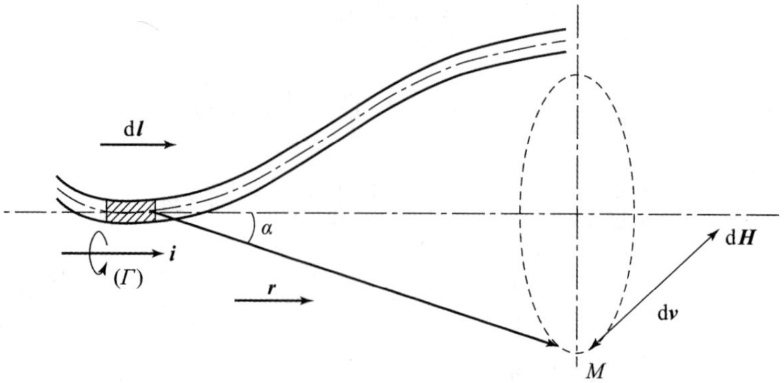

图 4.5.1 空间涡线及诱导速度

例题 4.7:求圆周形涡诱导的速度场。

解:

在实际问题中常会遇到圆环状型涡管。由于涡环截面上线尺度与圆环半径相比是个小量,故可简化为圆周涡线(图 4.5.2)。

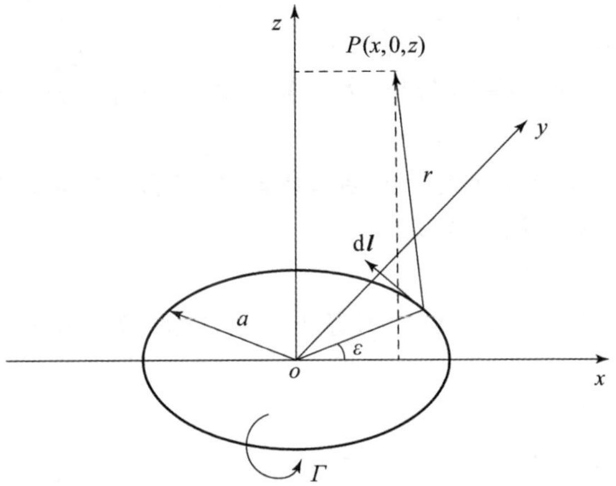

图 4.5.2　圆周涡线

取坐标系 $oxyz$,设圆周涡线位于 oxy 平面,z 轴垂直向上并通过圆周的圆心,涡线强度为 Γ。根据毕奥 – 萨伐尔定律(Biot – Savart law),可求得流场中任意一点处由圆周涡诱导出的速度。为了计算推导方便,这里取柱坐标系(ρ,ε,z),其与直角坐标系($oxyz$)的关系为

$$\begin{cases} x = x(\rho,\varepsilon,z) = \rho\cos\varepsilon \\ y = y(\rho,\varepsilon,z) = \rho\sin\varepsilon \\ z = z(\rho,\varepsilon,z) = z \end{cases} \rightleftharpoons \begin{cases} \rho = \sqrt{x^2+y^2} \\ \varepsilon = \arctan\dfrac{y}{x} \\ z = z \end{cases}$$

$$\boldsymbol{i} = \boldsymbol{e}_\rho\cos\varepsilon - \boldsymbol{e}_\varepsilon\sin\varepsilon,\ \boldsymbol{j} = \boldsymbol{e}_\rho\sin\varepsilon + \boldsymbol{e}_\varepsilon\cos\varepsilon,\ \boldsymbol{k} = \boldsymbol{e}_z$$

由于轴对称,所有过 z 轴子平面上运动相同,因此只需考察 $\varepsilon = 0$ 平面上 $P(x,0,z)$ 点的诱导速度。

涡周线上微元段为

$$\mathrm{d}\boldsymbol{l} = (a\mathrm{d}\varepsilon)\boldsymbol{e}_\varepsilon$$

微元涡线段到 $P(x,0,z)$ 点的矢径为

$$\boldsymbol{r} = (x - a\cos\varepsilon)\boldsymbol{i} - (a\sin\varepsilon)\boldsymbol{j} + z\boldsymbol{k} = (x\cos\varepsilon - a)\boldsymbol{e}_\rho - (x\sin\varepsilon)\boldsymbol{e}_\varepsilon + z\boldsymbol{e}_z$$

所以在 $P(x,0,z)$ 点的诱导速度为

$$\boldsymbol{v} = \oint\frac{\Gamma}{4\pi}\frac{\mathrm{d}\boldsymbol{l}\times\boldsymbol{r}}{r^3} = \frac{\Gamma a}{4\pi}\int_0^{2\pi}\frac{(a - x\cos\varepsilon)}{r^3}\mathrm{d}\varepsilon\boldsymbol{e}_z + \frac{\Gamma}{4\pi}\int_0^{2\pi}\frac{az}{r^3}\mathrm{d}\varepsilon\boldsymbol{e}_\rho$$

作适当变换后,上式积分可以化为第一类和第二类完全椭圆积分。下面仅给出沿 z 轴上任意一点 $P(0,0,z)$ 上的诱导速度。

$$\boldsymbol{v} = \frac{\Gamma a^2}{4\pi}\int_0^{2\pi}\frac{1}{r^3}\mathrm{d}\varepsilon\boldsymbol{e}_z + \frac{\Gamma a}{4\pi}\int_0^{2\pi}\frac{z}{r^3}\mathrm{d}\varepsilon\boldsymbol{e}_\rho = \frac{\Gamma}{2}\frac{a^2}{(a^2+z^2)^{3/2}}\boldsymbol{e}_z$$

可见,z 轴上任意一点 $P(0,0,z)$ 上的诱导速度有如下特点:

(1)如果 $\Gamma>0$,即逆时针方向,则 z 轴上的任意一点的诱导速度沿轴线正方向,速度大小与 Γ 成正比;

(2)速度值上下对称的;

(3)随着圆周半径 a 的增加,速度将减小;随距涡周线平面越近,速度越大,在圆周中心处达到最大值,即$\dfrac{\Gamma}{2a}$。

实际上涡周线对圆周线各点同样有诱导速度,因此涡周线是运动的,这将在后续涡群运动进一步提到。

上述例题可以用来解释为何吐出的烟圈会翻滚向前运动,且速度逐渐慢下来的现象(这里除了流体黏性影响运动速度以外)。

下面求直线涡束诱导的速度场:

如图 4.5.3 所示,采用毕奥-萨伐尔定理求离涡束距离为 R 处诱导速度。

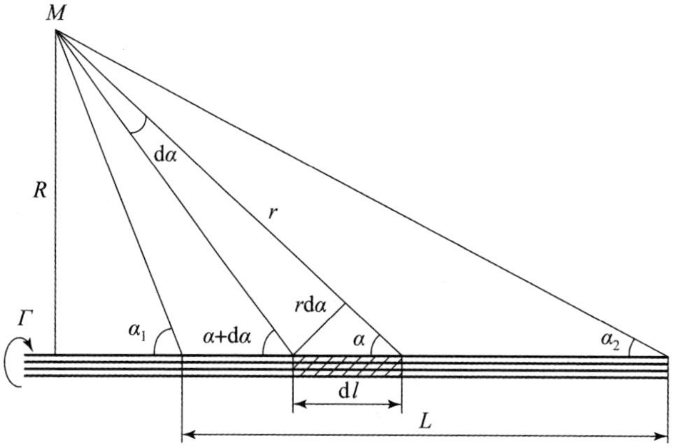

图 4.5.3　直线涡束诱导速度

微分段涡束诱导速度为

$$\mathrm{d}\boldsymbol{v}=\frac{\Gamma}{4\pi}\frac{\mathrm{d}\boldsymbol{l}\times\boldsymbol{r}}{r^3}$$

速度大小为

$$|\mathrm{d}\boldsymbol{v}|=\frac{\Gamma}{4\pi}\frac{\sin\alpha\mathrm{d}l}{r^2}$$

其中

$$r=\frac{R}{\sin\alpha}$$

$$\mathrm{d}\boldsymbol{l}=r\mathrm{d}\alpha/\sin\alpha=R\mathrm{d}\alpha/\sin^2\alpha$$

因此

$$\mathrm{d}\boldsymbol{v}=\frac{\Gamma}{4\pi R}\sin\alpha\mathrm{d}\alpha$$

积分后可得

$$\boldsymbol{v}=\int_{\alpha_2}^{\alpha_1}\frac{\Gamma}{4\pi R}\sin\alpha\mathrm{d}\alpha=\frac{\Gamma}{4\pi R}(\cos\alpha_2-\cos\alpha_1) \tag{4.5.9}$$

为了便于记忆，将式(4.5.9)改写为

$$v=\frac{\Gamma}{4\pi R}(\cos\beta_1+\cos\beta_2) \tag{4.5.10}$$

式中：$\beta_1=180°-\alpha_1$；$\beta_2=\alpha_2$。

因此，只需记两内角余弦之和即可。

1)半无限涡束

如图 4.5.4 所示，有

$$\beta_1=90°;\beta_2=0°$$

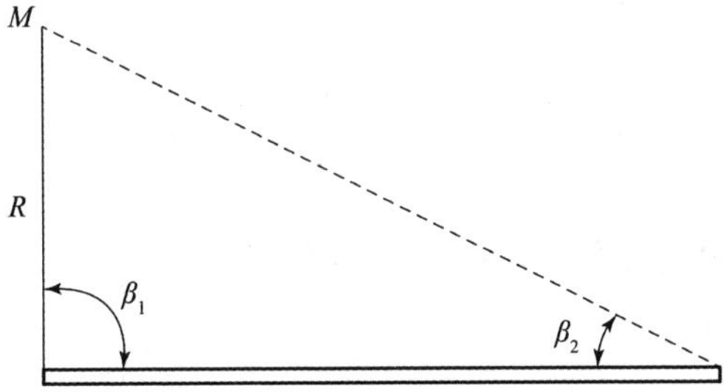

图 4.5.4　半限长涡束诱导速度

因此

$$v=\frac{\Gamma}{4\pi R} \tag{4.5.11}$$

2)无限长涡束

如图 4.5.5 所示，有

$$\beta_1=\beta_2=0°$$

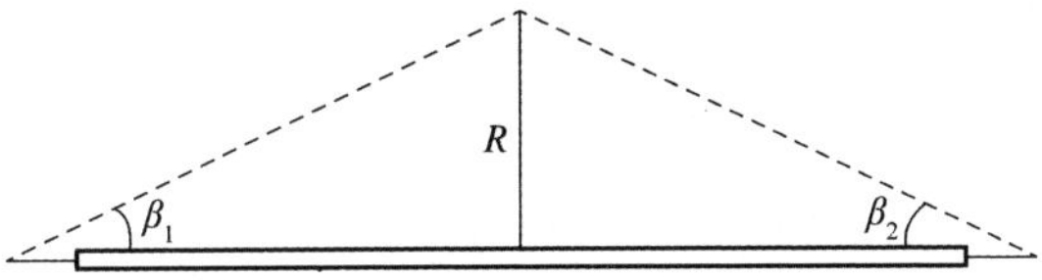

图 4.5.5　无限长涡束诱导速度

因此

$$v=\frac{\Gamma}{2\pi R} \tag{4.5.12}$$

对于无限长涡束(丝)，在垂直于涡束的任何平面内流动均相同，故为二元平面流动。将涡丝作为 z 轴，则在 xoy 平面内，用极坐标表示速度分量为

$$\begin{cases} v_r=0 \\ v_\theta=\dfrac{\Gamma}{2\pi r} \end{cases} \tag{4.5.13}$$

前面已讨论过，此为无旋运动，存在速度势为

$$\begin{cases} \varphi=\int v_r\mathrm{d}r+rv_\theta\mathrm{d}\theta=\dfrac{\Gamma}{2\pi}\theta \\ \psi=\int -v_\theta\mathrm{d}r+rv_r\mathrm{d}\theta=-\dfrac{\Gamma}{2\pi}\ln r \end{cases} \tag{4.5.14}$$

由此可见,虽然涡丝本身是有旋的,但其诱导速度场却是无旋的。

4.5.3 涡群的运动

单根直线涡束,由于对其自身不产生诱导速度($\boldsymbol{r}\times \mathrm{d}\boldsymbol{l}=0$),故单独一个点涡不会产生运动。对于曲线涡(如烟圈运动)就不一样了。下面讨论两根及其以上直线涡束在一起时,相互诱导情况。

先讨论两平行直线涡的运动。如图 4.5.6 所示,在 M_1,M_2点处分别有两个强度为 $\varGamma_1$,$\varGamma_2$ 点涡。根据毕奥-萨伐尔定律,$\varGamma_1$,$\varGamma_2$ 在流场内任一点 $P(x,y)$处诱导速度为

$$\begin{cases} v_x=-\dfrac{\varGamma_1}{2\pi r_1}\dfrac{y-\eta_1}{r_1}-\dfrac{\varGamma_2}{2\pi r_2}\dfrac{y-\eta_2}{r_2} \\ v_y=\dfrac{\varGamma_1}{2\pi r_1}\dfrac{x-\xi_1}{r_1}+\dfrac{\varGamma_2}{2\pi r_2}\dfrac{x-\xi_2}{r_2} \end{cases} \tag{4.5.15}$$

式中:$\varGamma$ 为代数值,逆时针为正值,顺时针为负值。

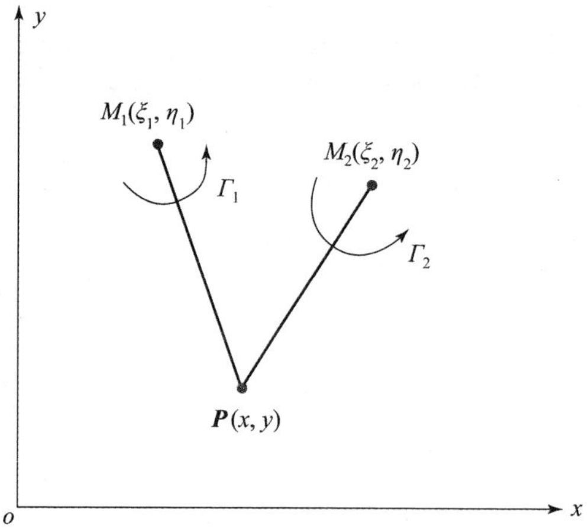

图 4.5.6 两平行直线涡的运动

在 $M_1(\xi_1,\eta_1)$点处诱导速度为

$$v_{x_1}=-\frac{\varGamma_2}{2\pi r_2}\frac{y_1-\eta_2}{r_2}=-\frac{\varGamma_2}{2\pi}\frac{\eta_1-\eta_2}{r_2^2}=\frac{\mathrm{d}\xi_1}{\mathrm{d}t} \tag{4.5.16}$$

$$v_{y_1}=\frac{\varGamma_2}{2\pi r_2}\frac{x_1-\xi_2}{r_2}=\frac{\varGamma_2}{2\pi r_2^2}(\xi_1-\xi_2)=\frac{\mathrm{d}\eta_1}{\mathrm{d}t} \tag{4.5.17}$$

在 $M_2(\xi_2,\eta_2)$点处诱导速度为

$$v_{x_2}=-\frac{\varGamma_1(\eta_2-\eta_1)}{2\pi r_1^2}=\frac{\mathrm{d}\xi_2}{\mathrm{d}t} \tag{4.5.18}$$

$$v_{y_2}=\frac{\varGamma_1}{2\pi r_1^2}(\xi_2-\xi_1)=\frac{\mathrm{d}\eta_2}{\mathrm{d}t} \tag{4.5.19}$$

式中:$r_1^2=r_2^2=(\xi_2-\xi_1)+(\eta_2-\eta_1)^2$。

由式(4.5.16)乘以 $\varGamma_1$ +式(4.5.18)乘以 $\varGamma_2$,得

$$\varGamma_1\frac{\mathrm{d}\xi_1}{\mathrm{d}t}+\varGamma_2\frac{\mathrm{d}\xi_2}{\mathrm{d}t}=0 \text{ 即}$$

$$\Gamma_1\xi_1+\Gamma_2\xi_2=\text{const}$$

同理，可得

$$\Gamma_1\eta_1+\Gamma_2\eta_2=\text{const}$$

由于
$$\Gamma_1+\Gamma_2=\text{const}$$

所以

$$\xi_c=\frac{\Gamma_1\xi_1+\Gamma_2\xi_2}{\Gamma_1+\Gamma_2}=\text{const} \tag{4.5.20a}$$

$$\eta_c=\frac{\Gamma_1\eta_1+\Gamma_2\eta_2}{\Gamma_1+\Gamma_2}=\text{const} \tag{4.5.20b}$$

通常称(ξ_c,η_c)为“涡丝群重心”。一般写为

$$\xi_c=\frac{\sum\Gamma_i\xi_i}{\sum\Gamma_i}=C_1 \tag{4.5.21a}$$

$$\eta_c=\frac{\sum\Gamma_i\eta_i}{\sum\Gamma_i}=C_2 \tag{4.5.21b}$$

例题 4.8：一对旋涡初始位置如图 4.5.7 所示，分别求图 4.5.7(a)、(b)情况下旋涡中心 A 点和 B 点运动。

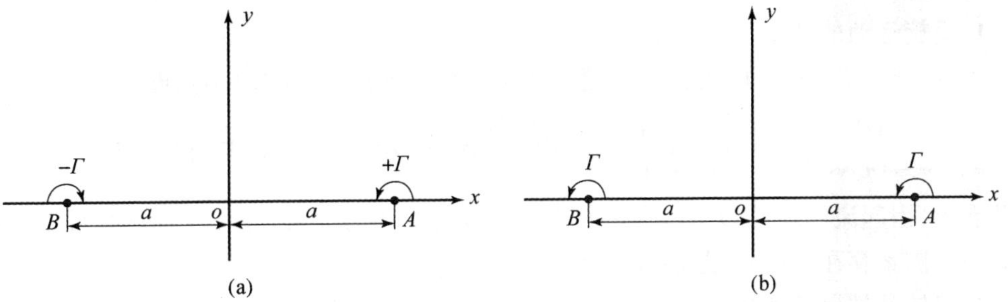

图 4.5.7　一对涡旋的诱导速度场

解：

(1)由于 $\Gamma_1+\Gamma_2=0$，故 Γ_1 和 Γ_2 相对位置始终保持不变，从而有

$$\begin{cases}\xi_A=a\\ \dfrac{d\eta_A}{dt}=-\dfrac{\Gamma}{4\pi a}\end{cases}，即\begin{cases}\xi_A=a\\ \eta_A=-\dfrac{\Gamma}{4\pi a}t\end{cases}$$

同理，可得

$$\begin{cases}\xi_B=-a\\ \eta_B=-\dfrac{\Gamma}{4\pi a}t\end{cases}$$

表明两个等强度旋向相反的点涡对作平移运动。

(2)由于 $\Gamma_1=\Gamma_2$，故 $\xi_c=0$，$\eta_c=0$，则

$$\begin{cases}\dfrac{d\xi_A}{dt}=-\dfrac{\Gamma}{2\pi}\dfrac{\eta_A-\eta_B}{r^2}\\ \dfrac{d\eta_A}{dt}=\dfrac{\Gamma}{2\pi}\dfrac{\xi_A-\xi_B}{r^2}\\ \xi_A+\xi_B=0\\ \eta_A+\eta_B=0\end{cases}$$

$$\frac{\mathrm{d}\xi_A}{\mathrm{d}t} = -\frac{\Gamma}{2\pi}\frac{2\eta_A}{r^2}$$

因此

$$\frac{\mathrm{d}\eta_A}{\mathrm{d}t} = \frac{\Gamma}{2\pi}\frac{2\xi_A}{r^2}$$

$$\frac{\mathrm{d}\xi_A}{\mathrm{d}\eta_A} = -\frac{\eta_A}{\xi_A}$$

即

$$\xi_A^2 + \eta_A^2 = C$$

由初始条件：$\xi_A = a, \eta_A = 0 \Rightarrow C = a^2$，即轨迹方程为 $\xi_A^2 + \eta_A^2 = a^2$，作圆周运动，半径为 a。

4.6 涡旋运动的产生、扩散和衰减

由于流体涡旋运动的产生、扩散以及衰减十分复杂，因此这里仅作简要的理论推导和定性的描述。

1. 涡旋运动的产生

由 N-S 方程(4.3.1)可推导出速度环量的物质导数公式(4.3.6)，即

$$\frac{\mathrm{D}\Gamma}{\mathrm{D}t} = \oint_l \boldsymbol{F}_b \cdot \mathrm{d}\boldsymbol{l} - \oint_l \frac{1}{\rho}\nabla p \cdot \mathrm{d}\boldsymbol{l} + \oint_l \nu\nabla^2\boldsymbol{v} \cdot \mathrm{d}\boldsymbol{l} - \oint_l \frac{1}{3}\nu\nabla(\nabla\cdot\boldsymbol{v}) \cdot \mathrm{d}\boldsymbol{l}$$

由此看出，引起流体环量即涡量变化的三大因素是体积力无势、非正压性和黏性，所以只要有一个因素存在，就会引起涡旋运动。

2. 涡旋的扩散及衰减

以黏性流为例，定性说明流体涡旋运动的扩散及衰减。

对 N-S 方程两边同时作旋度运算，并注意到向量运算法则：

$$\nabla\times(\boldsymbol{a}\times\boldsymbol{b}) = (\boldsymbol{b}\cdot\nabla)\boldsymbol{a} - (\boldsymbol{a}\cdot\nabla)\boldsymbol{b} + \boldsymbol{a}(\nabla\cdot\boldsymbol{b}) - \boldsymbol{b}(\nabla\cdot\boldsymbol{a})$$

得

$$\frac{\partial\boldsymbol{\Omega}}{\partial t} + (\boldsymbol{v}\cdot\nabla)\boldsymbol{\Omega} - (\boldsymbol{\Omega}\cdot\nabla)\boldsymbol{\Omega} + \boldsymbol{\Omega}(\nabla\cdot\boldsymbol{v}) =$$

$$\nabla\times\boldsymbol{f} - \nabla\times\left(\frac{\nabla p}{\rho}\right) + \nabla\times(\nu\nabla^2\boldsymbol{v}) + \frac{1}{3}\nabla\times[\nu\nabla(\nabla\cdot\boldsymbol{v})]$$

若黏性系数为常数，则

$$\frac{\mathrm{D}\boldsymbol{\Omega}}{\mathrm{D}t} = (\boldsymbol{\Omega}\cdot\nabla)\boldsymbol{\Omega} - \boldsymbol{\Omega}(\nabla\cdot\boldsymbol{v}) + \nabla\times\boldsymbol{f} - \frac{1}{\rho^2}\nabla\rho\times\nabla p + \nu\nabla^2\boldsymbol{\Omega} \tag{4.6.1}$$

与理想流体的涡量输运方程(4.4.2)相比，增加了黏性的影响，即式(4.6.1)的最后一项。

若流体不可压缩、质量力有势，则式(4.6.1)可改写为

$$\frac{\mathrm{D}\boldsymbol{\Omega}}{\mathrm{D}t} = (\boldsymbol{\Omega}\cdot\nabla)\boldsymbol{\Omega} + \nu\nabla^2\boldsymbol{\Omega} \tag{4.6.2}$$

表明如果流场中的涡量分布不均匀就会出现旋涡的扩散，旋涡强的地方向旋涡弱的地方扩散（或输运）涡量，使涡量趋于均匀而达到平衡。

典型的流动有直线涡在黏性流场中的扩散及衰减、平板在黏性流场中启动引起的涡量扩散等。

4.7　卡门涡街

流体流过物体，在结构后面形成的有规则的交错排列的旋涡组合称为卡门涡街。由于对其研究在船舶与海洋工程中具有重要的理论研究意义和工程应用价值，所以人们对其关注度越来越高，尤其体现在海洋结构物涡激振动领域中。从 17 世纪开始就有学者对其特性加以研究，包括 Strouhal（1878）、Benard（1908）和 von Karman（1911）等。

Benard 在 1908 年做圆柱体在流体中的运动实验，第一次发现圆柱体后面两侧分离出两排旋涡，它们两两间隔、旋转方向相反，旋涡间距不变，而两排涡列间距只与物体的线尺度有关，这就是有名的卡门涡街（图 4.7.1）

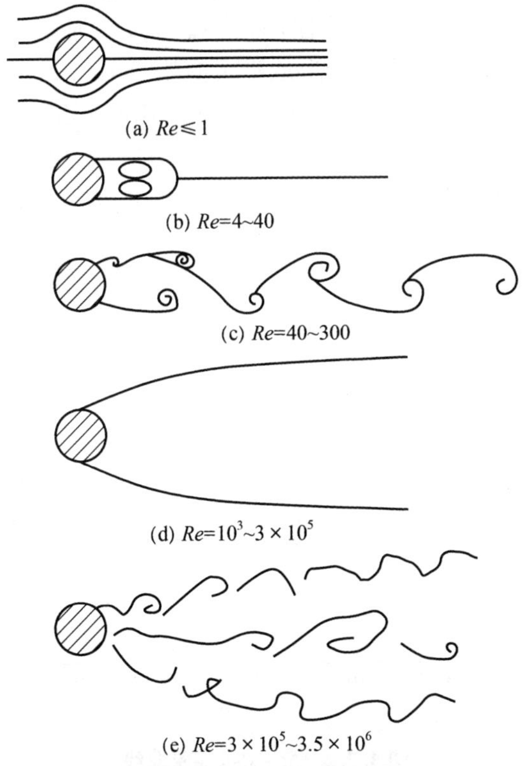

图 4.7.1　圆柱绕流及涡街

卡门涡街的发放会引起弹性物体的振动，而振动又会对卡门涡街发生反作用，形成流体与弹性体的相互耦合运动，这成为了水弹性力学的重要研究内容之一。

通常用雷诺数和施特鲁哈尔数（Strouhal number）来表征绕物体流动的旋涡图形和旋涡的发放。在涡激振动研究中，还需引进折合速度（reduced velocity）：

$$V_R = \frac{v_0}{f_n d} \tag{4.7.1}$$

式中：v_0 为自由流的特征速度；f_n 为弹性固定圆柱体的自振频率；d 为圆柱体的特征长度。

物体后面旋涡图形决定于物体速度和物体特征尺度和流体运动特性系数所组成的无因次量，即雷诺数。

$$Re = \frac{v_0 l}{\nu} \tag{4.7.2}$$

式中：l 为物体的特征尺度；ν 为流体运动黏性系数。

当物体为圆柱时，特征尺度取圆柱的直径 d。因此，圆柱的雷诺数为

$$Re_d = \frac{v_0 d}{\nu} \tag{4.7.3}$$

只要雷诺数相同，便具有相同的旋涡图形。

当圆柱体在静止流体中运动，或者圆柱静止不动，流体从无限远处以某一速度流向圆柱体时，圆柱体后面将会出现旋涡。当 $Re_d<40$ 时，产生依附在圆柱体上的对称旋涡（图 4.7.1（a）），给予外界扰动，也出现短暂的影响，但很快衰减，又恢复稳定的情况。$R_d>40$ 时，柱体后面流体的流动出现不稳定，开始摆动，像鱼在游动时摆动尾巴一样（图 4.7.1（b））。以后在圆柱体后面一定距离处形成稳定的如图 4.7.1（c）所示的涡街图形。在 $Re_d=40\sim150$ 范围内，涡街的图形最清楚、最稳定。出现交错旋涡的稳定图形时，涡街的宽度与每列旋涡沿流向距离的比值将保持为 0.281。Re_d 继续增大时，涡街的图形逐渐消失，但仍具有周期性（图 4.7.1（d））。当 $3\times10^5<Re_d<3.5\times10^6$ 时，周期性的振动就消失了，变为不规则的高频振动（图 4.7.1（e））。当 $Re_d>3.5\times10^6$ 时，又会恢复周期性（图 4.7.2）。

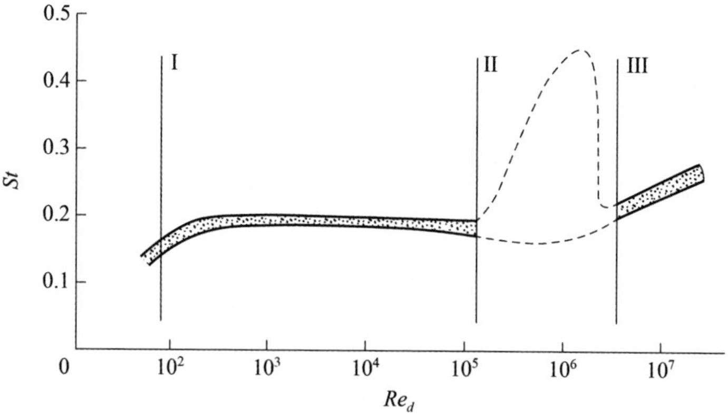

图 4.7.2　$St-Re_d$ 实验曲线

圆柱体后面旋涡的发放频率与一无因次量有关，即

$$St = \frac{fd}{v_0} \tag{4.7.4}$$

这个无因次量称为施特鲁哈尔数。实验证明：施特鲁哈尔数由雷诺数所决定，图 4.7.2 所示为圆柱体的 $St-Re_d$ 实验曲线（Lienhard，1966）。

从图 4.7.2 可以看出，旋涡的发放频率可以划分为四个阶段：

(1) Ⅰ以前区间，$Re_d<10^2$，St 直线上升，涡旋图形不稳定；

(2) Ⅰ与Ⅱ的区间，$Re_d=10^2\sim10^5$，St 近似地保持常数，其平均值为 $St\approx0.2$；

(3) Ⅱ与Ⅲ的区间，周期性频率消失，但可以采用频谱来表示；

(4) Ⅲ以后的区间，又恢复周期性，这时 $St\approx0.3$。

涡旋周期性地脱离圆柱体，必将对圆柱体产生一个周期性的反作用力。对于卡门涡街，两列涡旋交错地、周期性地脱离圆柱体，不仅产生沿流向的周期性阻力，还将产生垂直于流向的周期性升力。因而圆柱体将产生沿流向和横向的两种振动。当涡街的发放频率接近或等于圆柱体的自然振动频率时，将发生共振。产生共振的条件由式(4.7.1)定义的折合速度所决定。沿流向的激振现象产生于 $V_R=2.8\sim3.2$，横向的激振现象产生于 $V_R=6.5\sim8.0$。这时涡街的发放频率与水流流速无关，而保持为常数等于圆柱体的自然频率。这种旋涡发放频率保持为常数的现象称为发放频率的锁定(lock - in)。

习　题

4-1　求下列流场的涡量场和涡线：

(1) $\boldsymbol{v}=xyz\boldsymbol{r}$，$\boldsymbol{r}=x\boldsymbol{i}+y\boldsymbol{j}+z\boldsymbol{k}$；

(2) $u=y+2z$，$v=z+2x$，$w=x+2y$。

4-2　证明由以下速度场 $v_x=ky$，$v_y=kx$，$v_z=\sqrt{c-2k^2(x^2+y^2)}$，式中：$k$，$c$ 为常数所确定的运动中，涡矢量与速度矢量方向相同，并求涡量与速度间的关系。

4-3　已知流体通过漏斗时旋转的速度分量为

$$\begin{cases}在\ 0\leqslant r\leqslant a：v_r=0,v_\theta=\dfrac{1}{2}\omega r,v_z=0\\[2ex]在\ r\geqslant a：v=0,v_\theta=\dfrac{1}{2}\omega\dfrac{a^2}{r},v_z=0\end{cases}$$

式中：ω 为旋转角速度，是一常数。试求涡量并判断有旋及无旋区域。

4-4　已知流线为同心圆族，其速度分布为

$$r\leqslant5,\begin{cases}v_x=-\dfrac{1}{5}y\\[2ex]v_y=\dfrac{1}{5}x\end{cases};\ r\geqslant5,\begin{cases}v_x=-\dfrac{5y}{x^2+y^2}\\[2ex]v_y=\dfrac{5x}{x^2+y^2}\end{cases}$$

试求沿圆周 $x^2+y^2=R^2$ 的速度环量，其中圆的半径 R 分别为 (1) $R=3$，(2) $R=5$，(3) $R=10$。

4-5　设在 (1,0) 点放置 $\Gamma=\Gamma_0$ 的旋涡，在 (-1,0) 点放置 $\Gamma=-\Gamma_0$ 的旋涡。试求沿下列周线的速度环量：

(1) $x^2+y^2=4$；(2) $(x-1)^2+y^2=1$；(3) $x=\pm2$，$y=\pm2$；(4) $x=\pm0.5$，$y=\pm0.5$

4-6　设流场的速度分布为 $u=y+2z$，$v=z+2x$，$w=x+2y$。试求

(1) 涡量及涡线方程；

(2) $z=0$ 平面上通过面积 $dA=1\text{mm}^2$ 上的涡通量；

(3) 通过涡管壁面的面积为 $dA=1\text{mm}^2$ 涡通量；

(4) $x+y+z=1$ 平面上通过横截面积 $dA=1\text{mm}^2$ 的涡通量。

4-7　在一平面水槽内放有一半径为 a 的半柱体。已知涡量场 $\boldsymbol{\Omega}=-b\boldsymbol{k}$，无穷远来流 $\boldsymbol{v}_\infty=by\boldsymbol{i}$，流

体为不可压缩，其中：b 是常数。试将问题归结为给定旋度的不可压缩流动问题和无旋的不可压缩流动问题的叠加，给出对应的边界条件（题图 4－1）。

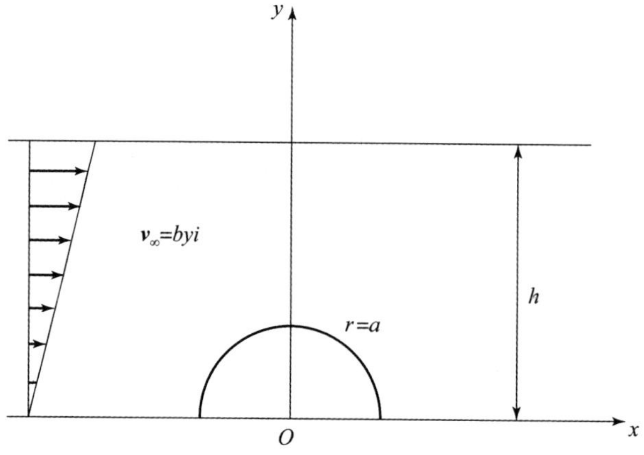

题图 4－1

4－8 对于以常角速度 $\boldsymbol{\omega}$ 旋转同时以常速度 $\boldsymbol{V}_0$ 平移的运动坐标系，若无黏不可压缩流体质量力有势，证明涡量方程在此运动坐标系中有如下形式：

$$\frac{\partial'\boldsymbol{\Omega}}{\partial t}+\boldsymbol{\omega}\times\boldsymbol{\Omega}+\left(\frac{D'\boldsymbol{r}'}{Dt}\cdot\nabla'\right)\boldsymbol{\Omega}=(\boldsymbol{\Omega}\cdot\nabla)\boldsymbol{v}$$

式中："′"表示在运动坐标系中求导；$\frac{D'\boldsymbol{r}'}{Dt}=\boldsymbol{v}-\boldsymbol{V}_0-\boldsymbol{\omega}\times\boldsymbol{r}'$，其中 $\boldsymbol{r}'$ 是运动坐标系中矢径，$\boldsymbol{v}$ 是绝对速度。

4－9 理想不可压缩均质流体在质量力有势条件下作平面运动，证明涡量 Ω 与速度场 $\boldsymbol{v}$ 之间存在如下关系：

$$\frac{\partial\Omega^2}{\partial t}+\nabla\cdot(\Omega^2\boldsymbol{v})=0。$$

4－10 理想、正压流体在质量力有势条件下作平面定常运动，证明若涡量 Ω 是常数，则有 $\frac{v^2}{2}+\Pi+P+\Omega\psi=$ 常数，式中：v 是流体运动速度，Π 是体力势函数，P 为压力函数，ψ 为流函数。其定义是 $v_x=\frac{\partial\psi}{\partial y}$，$v_y=-\frac{\partial\psi}{\partial x}$。

4－11 有一马蹄形线涡（Π 形涡），如题图 4－2 所示，两端向右延伸至无限远处。试分别计算 P，Q 和 R 三点处的诱导速度。

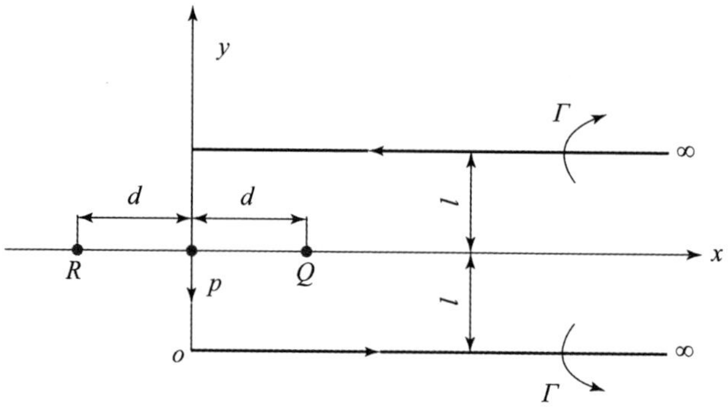

题图 4－2

4-12　在初始瞬时,在(1,0),(-1,0),(0,1),(0,-1)四个点分别放置一个环量为 Γ_0 的旋涡。求这四个点涡的运动轨迹。

4-13　证明涡对的下述性质:

(1)如两个点涡旋转方向相同,则涡旋惯性中心位于两点涡联线上近强点涡的一侧;

(2)如两个点涡旋转方向相反,则涡旋惯性中心位于两点涡联线的延长线上近强点涡的一侧;

(3)如两个点涡旋转方向相反且强度相同,则涡旋惯性中心在无穷远处,其转动角速度为零。

4-14　不可压无界流场中有一对强度为 Γ 的直线涡,方向相反,分别放在 $(0,h)$ 与 $(0,-h)$ 点上,无穷远处有一股均匀来流 V_∞ 使这两个涡线停留不动,求 V_∞ 及对应的流线方程(题图 4-3)。

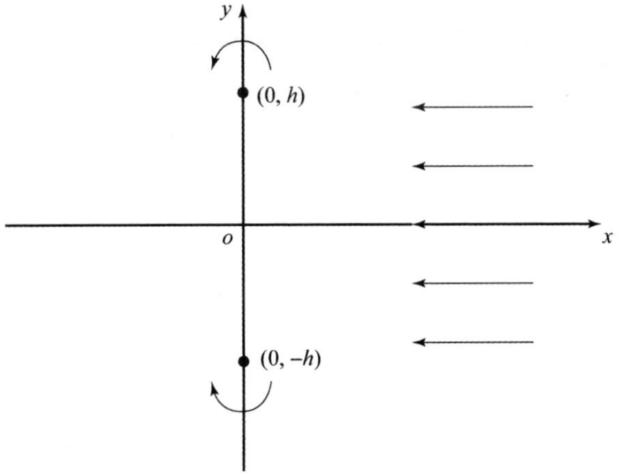

题图 4-3

4-15　如题图 4-4 所示,放置 4 个与 z 轴平行的无限直线涡:在 $A_1(r,\theta)$ 处的强度是 Γ,在 $A_2(r,\pi-\theta)$ 处的强度是 $-\Gamma$,在 $A_3(r,\pi+\theta)$ 处的强度是 Γ,在 $A_0(r,2\pi-\theta)$ 处的强度是 $-\Gamma$。求 A_1 处涡运动的轨迹。

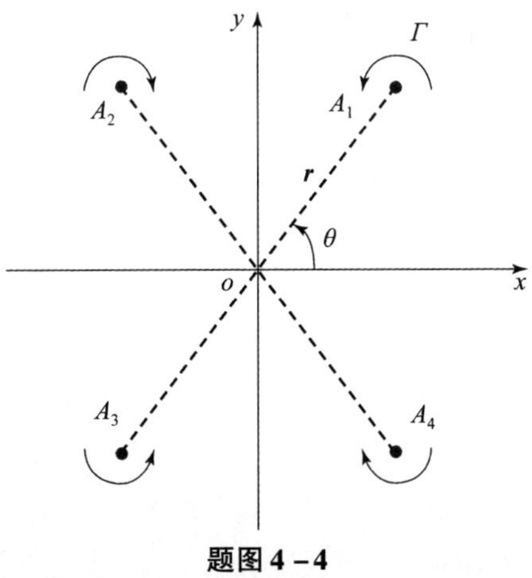

题图 4-4

4-16　如题图 4-5 所示,理想不可压缩流体中沿 x 轴放置一无限平板,其上方 h 处有一强度为 Γ 的直线涡,在无穷处有一压强 p_0 为速度为 V_0 且与平板平行的均匀来流。若平板下背面所受压强为 p_0,求单位长平板上所受总的力。

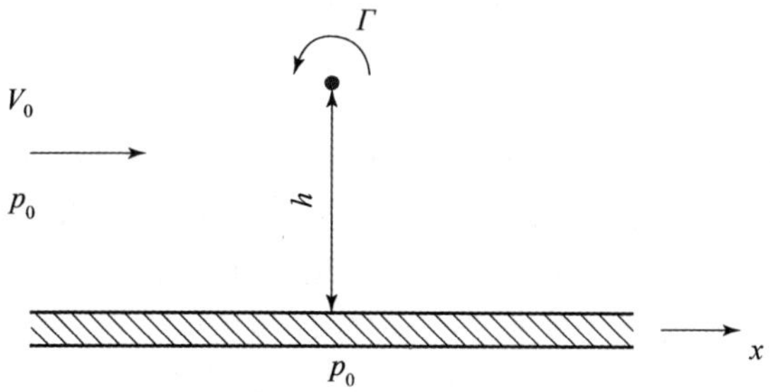

题图 4-5

4-17 求重力作用下上界面接触静止大气压的兰金组合涡的自由面形状。

第 5 章　势流理论

所谓“势流”,指流场无旋的流体流动。势流理论在流体力学中占有重要的地位,特别在理想流体动力学中应用广泛。势流问题的求解方法:通过求解拉普拉斯方程获得流场的速度势,由速度势求得速度分布,然后通过拉格朗日积分求得压强分布,压强沿物体表面积分求流体对物体的作用力。在平面运动中,还可以通过流函数求速度分布。同时,因流函数和势函数之间满足柯西－黎曼条件,平面运动存在复势,还可以通过复势求速度分布,可以通过复势的保角变换法,由简单流动的复势变换为复杂流动的复势。本章将着重介绍理想不可压缩势流问题,且主要讨论平面运动和空间轴对称流动。

5.1　不可压缩势流问题的基本方程和边界条件

5.1.1　不可压缩势流问题的基本方程

不可压缩势流满足以下连续方程和无旋条件:

$$\begin{cases}\nabla \cdot \boldsymbol{v} = 0 \\ \nabla \times \boldsymbol{v} = 0\end{cases} \tag{5.1.1}$$

由于流体运动是无旋的,必定存在速度势 φ,使得 $\boldsymbol{v} = \nabla\varphi$,且速度势满足拉普拉斯方程,即

$$\nabla^2\varphi = \Delta\varphi = 0 \tag{5.1.2}$$

是不可压缩势流问题的基本方程,根据所给定的边界条件和初始条件,可求得速度势 φ。

不可压缩势流问题相对简单多了,首先拉普拉斯方程是线性的,在数学上已有成熟的求解方法;其次原来的流动方程中速度和压强是相互耦合的,现已转化为只需求解速度势了,成为了一个纯粹的运动学问题。在求得速度势和流动速度后,代入欧拉运动方程就可求得流场的压强分布 p,对于不可压缩、质量力有势的流体作无旋运动时,可直接从拉格朗日积分求得压强。

5.1.2　势流问题的边界条件

所谓边界条件,指速度势在流体域边界面上满足的条件。流体域的边界可以是物体表面,如船舶与海洋结构物的湿表面、海底壁面等;也可能是互不相融的两种流体的交界面,如水与空气形成的交界面即自由表面、分层液体的交界面等;或者是无穷远边界面。下面分别给出物面边界条件和无穷远边界条件。

1. 物面边界条件

根据理想流体表面应力的性质,流体中不存在剪切应力,流体质点可以沿物面滑动,但不能穿透物面。因此物面上流体质点的法向速度应该与物面法向速度相同,即

$$\boldsymbol{v} \cdot \boldsymbol{n} = v_n = \frac{\partial \varphi}{\partial n} = \boldsymbol{v}_b \cdot \boldsymbol{n} \tag{5.1.3}$$

式中:$\boldsymbol{v}_b$ 为物面的移动速度;$\boldsymbol{v}$ 为流体质点的速度;$\boldsymbol{n}$ 为物面的单位外法线向量。

如果在固定坐标系下,物面方程给定为 $F(x,y,z,t)=0$,则根据场论的知识知其单位外法线向量为

$$\boldsymbol{n} = \pm \frac{\nabla F}{|\nabla F|} \tag{5.1.4}$$

于是物面边界条件可改写为

$$\nabla \varphi \cdot \nabla F = \boldsymbol{v}_b \cdot \nabla F \tag{5.1.5}$$

对 $F(x,y,z,t)=0$ 求全导数得

$$\frac{\mathrm{D}F}{\mathrm{D}t} = \frac{\partial F}{\partial t} + \frac{\partial F}{\partial x}\frac{\mathrm{d}x}{\mathrm{d}t} + \frac{\partial F}{\partial y}\frac{\mathrm{d}y}{\mathrm{d}t} + \frac{\partial F}{\partial z}\frac{\mathrm{d}z}{\mathrm{d}t} = \frac{\partial F}{\partial t} + \boldsymbol{v}_b \cdot \nabla F = 0,\text{即}$$

$$\boldsymbol{v}_b \cdot \nabla F = -\frac{\partial F}{\partial t} \tag{5.1.6}$$

将式(5.1.6)代入式(5.1.5),得到物面边界条件:

$$\frac{\partial F}{\partial t} + \nabla \varphi \cdot \nabla F = 0 \tag{5.1.7}$$

若物面静止,则由式(5.1.3)得到物面条件:

$$\frac{\partial \varphi}{\partial n} = 0 \tag{5.1.8a}$$

或

$$\nabla \varphi \cdot \boldsymbol{n} = \frac{\partial \varphi}{\partial x}\frac{\partial F}{\partial x} + \frac{\partial \varphi}{\partial y}\frac{\partial F}{\partial y} + \frac{\partial \varphi}{\partial z}\frac{\partial F}{\partial z} = 0 \tag{5.1.8b}$$

2. 无穷远边界条件

不同的参考坐标系,无穷远的边界条件形式也不相同。

(1)绝对坐标系下,若流体运动仅是物体扰动引起的,则无穷远处的流体速度处于静止不动,从而无穷远处的边界条件为

$$|\nabla \varphi| \to 0 \, (R \to \infty) \tag{5.1.9}$$

(2)随体坐标系下,物体运动转化为静止,流体从远方流经物体,此时无穷远的边界条件为

$$\nabla \varphi = \boldsymbol{v}_0 \, (R \to \infty) \tag{5.1.10}$$

5.1.3 势流问题的初始条件

初始条件是指初始时刻 t_0,速度势 φ 和速度 $\boldsymbol{v} = \nabla \varphi$ 在流体域内和边界上应满足的条件,即

$$\begin{cases} \varphi(x,y,z,t_0) = \varphi_0(x,y,z) \\ \nabla \varphi(x,y,z,t_0) = \boldsymbol{v}_0(x,y,z) \\ p(x,y,z,t_0) = p_0(x,y,z) \end{cases} \tag{5.1.11}$$

对于具体问题有不同的形式,如周期性的波浪运动和周期性振荡物体引起的流动中,初始条件为周期性函数。

5.1.4　势流问题的求解方法

通过求解给定边界条件和初始条件的拉普拉斯方程(Laplace equation)方程,就可以得到速度势。拉普拉斯方程是二阶线性偏微分方程,一般来说,其比欧拉方程容易求解,但在边界比较复杂的情况下,求解拉普拉斯方程仍是比较复杂和困难的,只有简单几何形状物体,如圆柱体等的二维绕流,可以直接给出解析解,对于像船舶这样复杂的几何体,只能通过数值计算的方法求解。如果边界条件是线性的,则可以根据速度势的可叠加性,采用叠加法求解。这种方法称为"试解方法",即先由简单流动叠加直接求出流动速度势,然后验证所得到的速度势是否满足给定的初始条件和边界条件,如果满足,则由速度势的唯一性可知这就是所要求的速度势解。

5.1.5　速度势函数的力学意义

假定流场开始为静止,在受到瞬时冲量后流体开始运动。将理想流体欧拉运动方程从零到瞬时力作用时间 Δt 进行积分:

$$\int_0^{\Delta t}\frac{\partial \boldsymbol{v}}{\partial t}\mathrm{d}t+\int_0^{\Delta t}(\boldsymbol{v}.\nabla)\boldsymbol{v}\mathrm{d}t=\int_0^{\Delta t}\boldsymbol{F}_b\mathrm{d}t-\frac{1}{\rho}\int_0^{\Delta t}\nabla p\mathrm{d}t$$

其中

$$\int_0^{\Delta t}\frac{\partial \boldsymbol{v}}{\partial t}\mathrm{d}t=\boldsymbol{v}\big|_0^{\Delta t}=\boldsymbol{v}$$

$$\int_0^{\Delta t}(\boldsymbol{v}.\nabla)\boldsymbol{v}\mathrm{d}t\leqslant[(\boldsymbol{v}.\nabla)\boldsymbol{v}]_{\max}\cdot\Delta t\sim\Delta t\text{ 量级}\xrightarrow{\Delta t\to 0}0$$

$$\int_0^{\Delta t}\boldsymbol{F}_b\mathrm{d}t=\boldsymbol{F}_b\Delta t\sim\Delta t\text{ 量级}\xrightarrow{\Delta t\to 0}0$$

式中:$\boldsymbol{v}$ 为瞬时力消失时刻的流体运动速度。由此,得

$$\boldsymbol{v}=-\frac{1}{\rho}\int_0^{\Delta t}\nabla p\mathrm{d}t=-\nabla\int_0^{\Delta t}\frac{p}{\rho}\mathrm{d}t$$

记瞬时压力冲量为

$$J=\int_0^{\Delta t}p\mathrm{d}t$$

则有

$$\boldsymbol{v}=-\nabla\left(\frac{J}{\rho}\right)$$

表明静止流场在 Δt 内受到瞬时冲量后,流体开始运动,这样的运动是有势的,其速度势为

$$\varphi=-\frac{J}{\rho}$$

这就是速度势的力学意义。

5.1.6　速度势函数和无旋运动的某些性质

满足拉普拉斯方程的速度势函数是个调和函数,其性质在数学物理方法中有较详细的介绍。这里仅从流体力学角度列出速度势和无旋运动的某些性质,如下:

(1)在单连通区域内,速度势函数是单值函数,在多连通区域内,速度势函数是多值函数。

(2)在流场内部,速度势不能达到极大值或极小值。

(3)速度的极大值只能在流动区域边界上达到。

(4)在流场内部,压强不能达到极小值。

(5)流体动能可以用速度势表示。

下面就流体动能的速度势表达作适当推导。

(1)**单连通域情况**。流域为 V,边界为 S,边界法线 $\boldsymbol{n}$ 以指向流域外为正。如果这个单连通域是有界的,S_1 和 S_2 分别表示内外边界,$\boldsymbol{n}_1$ 和 $\boldsymbol{n}_2$ 分别表示内外边界单位法向量(图 5.1.1),则流域内流体动能为

$$K=\frac{\rho}{2}\oiint_{S_2}\varphi\frac{\partial\varphi}{\partial n_2}\mathrm{d}S+\frac{\rho}{2}\oiint_{S_1}\varphi\frac{\partial\varphi}{\partial n_1}\mathrm{d}S \tag{5.1.12}$$

如果这个流域是无界的,即将 S_2 扩展到无穷远(图 5.1.2),设无穷远处流体速度为零,则流域内流体的动能为

$$K=\frac{\rho}{2}CQ+\frac{\rho}{2}\oiint_{S_1}\varphi\frac{\partial\varphi}{\partial n_1}\mathrm{d}S \tag{5.1.13}$$

式中:$C=\varphi|_{R\to\infty}$ 为常数;Q 是流体通过 S_1 的体积流量,即 $Q=\oiint_{S_1}\boldsymbol{v}.\ \boldsymbol{n}\mathrm{d}S$。

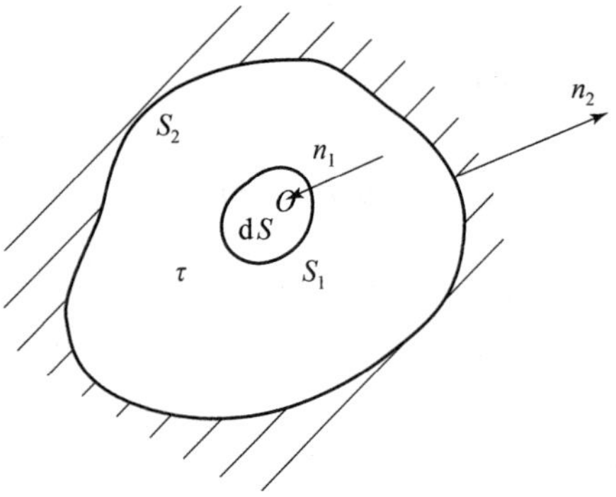

图 5.1.1　有界单连通域

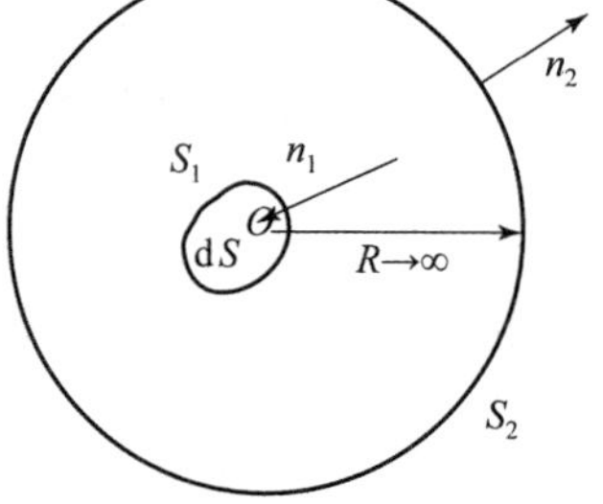

图 5.1.2　无界单连通域

(2)**双连通域情况**。如果这个双连通域是有界的,如由内外两个圆柱形边界围成的流域,可作分隔面 S_b,使其成为单连通域(图 5.1.3),单位宽度区域中的流体动能为

$$K=\frac{\rho}{2}\oiint_{S_1+S_2}\varphi\frac{\partial\varphi}{\partial n}\mathrm{d}S+\frac{\rho}{2}\Gamma_0 Q_b \tag{5.1.14}$$

式中:Γ_0 是绕内边界的速度环量,即 $\Gamma_0=\oint_C\boldsymbol{v}.\ \mathrm{d}\boldsymbol{l}=\varphi_{-}-\varphi_{+}$,为隔面两侧 φ 之差;Q_b 是通过单位宽隔面 S_b 的体积流量。

如果这个双连通域是无界的,即将外边界 S_2 扩展到无穷远(图 5.1.4),设无穷远处流体速度为零,则流域内流体的动能为

$$K=\frac{\rho}{2}\oiint_{\substack{S_2\\(r\to\infty)}}\tilde{\varphi}\frac{\partial\tilde{\varphi}}{\partial n_2}\mathrm{d}S+\frac{\rho}{2}\oiint_{S_1}\tilde{\varphi}\frac{\partial\tilde{\varphi}}{\partial n_1}\mathrm{d}S+\frac{\rho}{2}\oiint_{\substack{S_3\\(r\to 0)}}\tilde{\varphi}\frac{\partial\tilde{\varphi}}{\partial n_3}\mathrm{d}S+\frac{\rho}{2}\Gamma_0 Q_b \tag{5.1.15}$$

式中：$\tilde{\varphi}=\varphi-\dfrac{Q}{2\pi}\ln r$，$Q$ 是通过单位宽隔面 S_1 的体积流量；S_3 是以零点为圆心作的小圆面积。

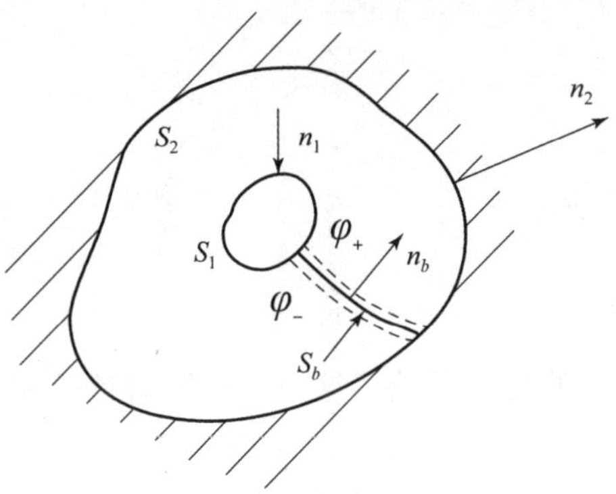

图 5.1.3　有界双连通域

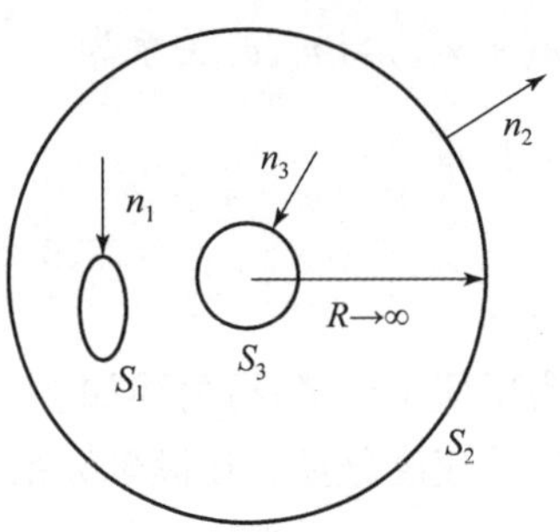

图 5.1.4　无界双连通域

5.2　平面运动和空间轴对称运动的流函数

在第 2 章 2.7.5 节中提到了二维平面流动和轴对称流动，下面就这两类流动的流函数存在条件和表达式进行专门讨论。

5.2.1　不可压缩流体平面运动的流函数

1. 流函数的定义

先回顾一下平面格林定理：

如果函数 $p(x,y)$，$Q(x,y)$ 在封闭区域及其边界上具有一阶连续偏导数，则曲线积分 $\int P\mathrm{d}x+Q\mathrm{d}y$ 与路径无关的必要且充分条件是 $\dfrac{\partial P}{\partial y}=\dfrac{\partial Q}{\partial x}$ 恒能满足。

根据连续方程可知，不可压平面流动满足 $\dfrac{\partial v_x}{\partial x}+\dfrac{\partial v_y}{\partial y}=0$，即 $\dfrac{\partial v_x}{\partial x}=\dfrac{\partial}{\partial y}(-v_y)$。令 $P=-v_y$，$Q=v_x$，则存在一积分函数为

$$\psi=\psi(x,y,t)=\int P\mathrm{d}x+Q\mathrm{d}y=\int -v_y\mathrm{d}x+v_x\mathrm{d}y \tag{5.2.1}$$

与路径无关，称 $\psi(x,y,t)$ 为流函数。

注意：流函数定义式中的正负号顺序是人为规定的，且约定成俗，这种取法与后面讲到用流函数计算速度和流量时应保持一致。

极坐标系下，流函数表达形式由 $\nabla\cdot\boldsymbol{v}=0$，即 $\dfrac{1}{r}\left[\dfrac{\partial(rv_r)}{\partial r}+\dfrac{\partial(v_\varepsilon)}{\partial\varepsilon}\right]=0$，即 $\dfrac{\partial(rv_r)}{\partial r}=-\dfrac{\partial v_\varepsilon}{\partial\varepsilon}$。令 $P=-v_\varepsilon$，$Q=rv_r$，则存在一积分函数，即流函数：

$$\psi=\int -v_\varepsilon\mathrm{d}r+rv_r\mathrm{d}\varepsilon \tag{5.2.2}$$

2. 流函数存在条件

无论是理想流体还是黏性流体，不可压缩流体的平面流动、轴对称流动均存在流函

数;对于可压缩流体,只要流动是定常的,平面流动和轴对称流动同样存在流函数,因为连续方程依然可以用对空间坐标求偏导的两项表达。例如:对于平面定常流动,有

$$\psi = \psi(x,y) = \int \rho v_x \mathrm{d}y - \rho v_y \mathrm{d}x \tag{5.2.3}$$

3. 流函数与速度的关系

$\psi(x,y,t)$与v_x,v_y关系为

$$\begin{cases} \dfrac{\partial \psi}{\partial x} = -v_y \\ \dfrac{\partial \psi}{\partial y} = v_x \end{cases} \tag{5.2.4}$$

为了便于记忆,可简述如下:ψ对某一方向的导数反映了这一方向顺时针转90°后所在方向的速度分量。在极坐标系中

$$\begin{cases} \dfrac{\partial \psi}{\partial r} = -v_\varepsilon \\ \dfrac{\partial \psi}{\partial \varepsilon} = r v_r \end{cases} \tag{5.2.5}$$

根据流函数的定义和速度之间的关系,一般求解流函数的方法有以下两种。

(1)根据定义求解。根据定义,求流函数的积分与路径无关,所以

$$\psi = \int_{M_0}^{M_1} -v_y \mathrm{d}x + v_x \mathrm{d}y = \int_{x_0}^{x} -v_y(x,y_0,t)\mathrm{d}x + \int_{y_0}^{y} v_x(x,y,t)\mathrm{d}y \tag{5.2.6}$$

其中:M_0是积分区域D内一个内点,一般取(0,0)。

(2)根据$\boldsymbol{v}$与ψ关系求解偏微分方程组。由$\dfrac{\partial \psi}{\partial x} = -v_y$积分得

$$\psi = \int -v_y \mathrm{d}x + f(y,t)$$

代入$\dfrac{\partial \psi}{\partial y} = v_x$,得

$$\frac{\partial}{\partial y}\left[\int -v_y \mathrm{d}x\right] + \frac{\partial f(y,t)}{\partial y} = v_x$$

定出$f(y,t)$,从而得到ψ。

4. 流函数与流线、流量的关系

1)流函数与流线关系

因为$\mathrm{d}\psi = \dfrac{\partial \psi}{\partial x}\mathrm{d}x + \dfrac{\partial \psi}{\partial y}\mathrm{d}y = -v_y \mathrm{d}x + v_x \mathrm{d}y$,所以若$\psi = c$,则$-v_y \mathrm{d}x + v_x \mathrm{d}y = 0$,即$\dfrac{\mathrm{d}x}{v_x} = \dfrac{\mathrm{d}y}{v_y}$,这就是前面讲到的流线方程。因此

$$\psi = c \tag{5.2.7}$$

代表流线方程,这是一流线族。

注意:ψ仅存在于连续方程只含两项空间偏导的流动中,而流线存在于所有可能流动中。

2)流函数与流量关系

流过任意曲线的流量(由于是平面运动,故曲面退缩成了曲线,如图5.2.1所示),等

于曲线两端点流函数值之差，即

$$Q_{AB}=\psi_B-\psi_A(\psi\text{ 为单值函数})\tag{5.2.8}$$

注意：为了与 $d\psi$ 中符号规定相一致，这里 $\boldsymbol{n}$ 规定绕 B 点为逆时针为正，若 $Q_{AB}>0$，表示流动为从左向右穿过 AB。

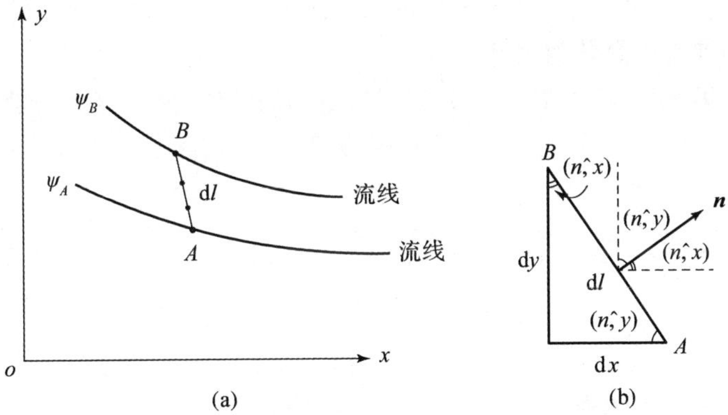

图 5.2.1　流函数与流量的关系

3）流函数可能为多值函数

对于不可压缩流体，如果流过内边界 L_0（图 5.2.4）的总流量 Q_0 不为零，即

$$\oint_{L_0}\boldsymbol{v}\cdot d\boldsymbol{l}=Q_0\neq 0$$

并且讨论的场内不存在其他的流体源或汇，则根据质量守恒定理，包围内边界的任意一封闭曲线 $\boldsymbol{L}$ 的流量必定也是 Q_0，即

$$\oint_{L_0}\boldsymbol{v}\cdot d\boldsymbol{l}=\oint_{L}\boldsymbol{v}\cdot d\boldsymbol{l}=Q_0\neq 0$$

在此情况下，流函数将是多值的。

如图 5.2.2 所示两点 P 和 P_0 的流函数之差。取图示积分路线 P_0DBAP_0CP，则有

$$\psi|_P-\psi|_{P_0}=\oint_{P_0DBAP_0CP}\boldsymbol{v}\cdot d\boldsymbol{l}=\oint_{P_0DBAP_0}\boldsymbol{v}\cdot d\boldsymbol{l}+\oint_{P_0CP}\boldsymbol{v}\cdot d\boldsymbol{l}=Q_0+\oint_{P_0CP}\boldsymbol{v}\cdot d\boldsymbol{l}=Q_0+\int_{P_0}^{P}\boldsymbol{v}\cdot d\boldsymbol{l}$$

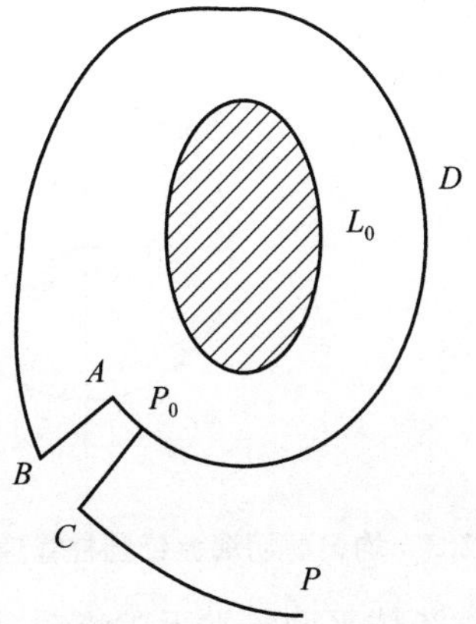

图 5.2.2　流场中内边界及任意两点连线

如果封闭曲线 P_0DBAP_0 绕内边界 L_0 是 n 周,则

$$\psi|_P - \psi|_{P_0} = nQ_0 + \int_{P_0}^{P} \boldsymbol{v} \cdot \mathrm{d}\boldsymbol{l}$$

这显然说明流函数是多值的,它们之间相差 Q_0 的整数倍。但不管流函数是否多值,但速度一定是单值的。

5. 流函数与速度矢量势的关系

对于不可压缩流体,由于 $\nabla \cdot \boldsymbol{v} = 0$,根据矢量场的性质,速度存在矢量势 $\boldsymbol{B}$,即

$$\boldsymbol{v} = \nabla \times \boldsymbol{B} \tag{5.2.9}$$

由于

$$\boldsymbol{v} = \frac{\partial \psi}{\partial y}\boldsymbol{i} - \frac{\partial \psi}{\partial x}\boldsymbol{j} = \left(\frac{\partial \psi}{\partial y}\boldsymbol{j} + \frac{\partial \psi}{\partial x}\boldsymbol{i}\right) \times \boldsymbol{k} = \nabla\psi \times \boldsymbol{k} = \nabla \times (\psi \boldsymbol{k}) = \nabla \times \boldsymbol{B} \tag{5.2.10}$$

所以

$$\boldsymbol{B} = \psi \boldsymbol{k} \tag{5.2.11}$$

即流函数是速度矢量势的模。

6. 流函数与涡量场的关系

对于平面运动,涡量场为

$$\boldsymbol{\Omega} = \Omega \boldsymbol{k} \tag{5.2.12}$$

而由式(5.2.10),推导得

$$\boldsymbol{\Omega} = \nabla \times \boldsymbol{v} = \nabla \times (\nabla\psi \times \boldsymbol{k}) = (\boldsymbol{k} \cdot \nabla)\nabla\psi - (\nabla \cdot \nabla\psi)\boldsymbol{k} = \frac{\partial}{\partial z}\nabla\psi - \nabla^2\psi\boldsymbol{k} = -\nabla^2\psi\boldsymbol{k} \tag{5.2.13}$$

这表明,不可压缩平面流动涡量场的模为流函数调和量的负值。式(5.2.13)在数值计算中常用到它,特别是 $\psi - \Omega$ 方程。由于推导过程中没有涉及流体是否为理想的还是黏性的,因此上述结论对所有流体都适用。

例题 5.1:均匀剪切海流 $V_\infty = V_0 + cy$ 流过一半径为 a 的无限长直圆柱形管道(图 5.2.3),求流体作用在单位管道上的合力。假设流体为无黏、不可压缩的,密度 ρ 为常数,不计体积力,流动为定常的。

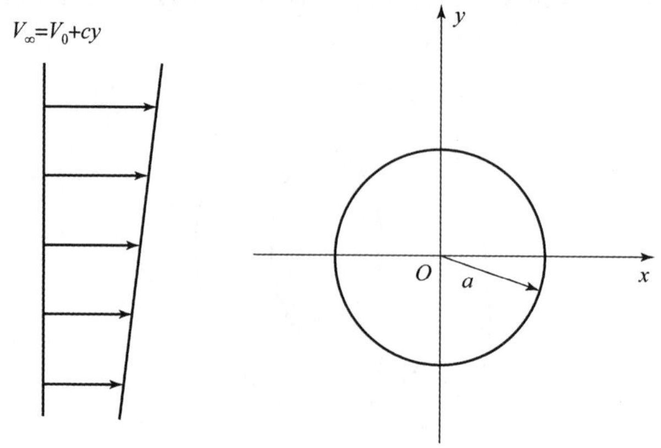

图 5.2.3　均匀剪切海流绕圆柱管道流动

解:根据题意,这是不可压缩流体平面定常无黏流动,可以采用 $\psi - \Omega$ 方程来求解。

从给出的条件知,这涡旋运动满足拉格朗日的涡保持性定理。由剪切流速度表达求

得流场的涡量为

$$\Omega|_{\infty}=\frac{\partial v_y}{\partial x}-\frac{\partial v_x}{\partial y}=-\frac{\partial v_x}{\partial y}=-c$$

因而全场涡量为 $\Omega=-c$。由此可以列出流函数 ψ 的方程和边界条件：

$$\nabla^2\psi=c$$

$$\psi|_{r=a}=0$$

$$\left.\frac{1}{r}\frac{\partial\psi}{\partial r}\right|_{r\to\infty}=-\left.\frac{v_\varepsilon}{r}\right|_{r\to\infty}=\left.\frac{V_\infty\sin\varepsilon}{r}\right|_{r\to\infty}=\left.\left(\frac{V_0}{r}\sin\varepsilon+c\sin^2\varepsilon\right)\right|_{r\to\infty}=c\sin^2\varepsilon$$

$$\oint_{r=a}-\frac{\partial\psi}{\partial r}r\mathrm{d}\varepsilon=\Gamma$$

式中：Γ 是给定的环量。第一个边界条件表示圆柱周线是条流线，通常取零流线；第二个边界条件是无穷远处的速度用柱坐标表达；第三个条件表示绕圆柱运动的环量，这往往是隐含在其中的。

可把问题的解分解为两组：$\psi=\psi_1+\psi_2$，分别满足以下方程和边界条件：

(1) $\nabla^2\psi_1=c$。

式中：ψ_1 表示没有管道在流场中的流函数，其求解无需边界条件，只需根据来流速度就可获得

$$\psi_1=\int\boldsymbol{v}\cdot\mathrm{d}\boldsymbol{l}=\int-v_y\mathrm{d}x+v_x\mathrm{d}y=\int(V_0+cy)\mathrm{d}y=V_0y+\frac{c}{2}y^2=V_0r\sin\varepsilon+\frac{c}{2}r^2\sin^2\varepsilon$$

(2) $\nabla^2\psi_2=0$。

其边界条件为

$$\begin{cases}\psi_2|_{r=a}=-\psi_1|_{r=a}\\ \left.\dfrac{1}{r}\dfrac{\partial\psi_2}{\partial r}\right|_{r\to\infty}=c\sin^2\varepsilon-\left.\dfrac{1}{r}\dfrac{\partial\psi_1}{\partial r}\right|_{r\to\infty}\\ \displaystyle\oint_{r=a}-\frac{\partial\psi_2}{\partial r}r\mathrm{d}\varepsilon=\Gamma+\oint_{r=a}-\frac{\partial\psi_1}{\partial r}r\mathrm{d}\varepsilon\end{cases}$$

式中：ψ_2 表示管道存在对流场扰动形成的流函数，由 ψ_1 的解得到其定解条件为

$$\begin{cases}\nabla^2\psi_2=0\\ \psi_2|_{r=a}=-\left(V_0a\sin\varepsilon+\dfrac{c}{2}a^2\sin^2\varepsilon\right)\\ \left.\dfrac{1}{r}\dfrac{\partial\psi_2}{\partial r}\right|_{r\to\infty}=0\\ \displaystyle\oint_{r=a}-\frac{\partial\psi_2}{\partial r}r\mathrm{d}\varepsilon=\Gamma+ca^2\pi\end{cases}$$

采用分离变量法求解上述边值问题。令 $\psi_2=R(r)\Theta(\varepsilon)$，根据其单值性和周期性，拉普拉斯方程有通解：

$$\psi_2=A_0+B_0\ln r+\sum_{n=1}^{\infty}\left[\left(A_nr^n+\frac{B_n}{r^n}\right)\cos(n\varepsilon)+\left(C_nr^n+\frac{D_n}{r^n}\right)\sin(n\varepsilon)\right]$$

由边界条件 $\left.\dfrac{1}{r}\dfrac{\partial\psi_2}{\partial r}\right|_{r\to\infty}=0$ 得

$$A_n = C_n = 0(n \geqslant 1)$$

由边界条件$\psi_2|_{r=a} = -\left(V_0 a\sin\varepsilon + \frac{c}{2}a^2\sin^2\varepsilon\right)$得

$$A_0 + B_0\ln a = -\frac{c}{4}a^2$$

$$B_2 = -\frac{c}{4}a^4$$

$$D_1 = -V_0 a^2\text{，其余 } B_n = D_n \text{ 为 } 0\text{。}$$

由边界条件 $\oint_{r=a} -\frac{\partial\psi_2}{\partial r}r\mathrm{d}\varepsilon = \Gamma + ca^2\pi$ 得

$$2\pi B_0 = -(\Gamma + ca^2\pi)$$

因此

$$B_0 = -\frac{(\Gamma + ca^2\pi)}{2\pi}, A_0 = -\frac{c}{4}a^2 + \frac{(\Gamma + ca^2\pi)}{2\pi}\ln a$$

将两组解叠加得整个绕流问题的解为

$$\psi_1 + \psi_2 = V_0 r\sin\varepsilon + \frac{c}{2}r^2\sin^2\varepsilon + \frac{(\Gamma + ca^2\pi)}{2\pi}\ln a - \frac{c}{4}a^2 - \frac{(\Gamma + ca^2\pi)}{2\pi}\ln r + \frac{c}{4}a^4\frac{\cos 2\varepsilon}{r^2} - \frac{V_0 a^2}{r}\sin\varepsilon$$

由流函数求得流场的速度分布：

$$v_r = \frac{1}{r}\frac{\partial\psi}{\partial\varepsilon} = V_0\cos\varepsilon + \frac{1}{2}cr\sin 2\varepsilon - \frac{ca^4}{2r^3}\sin 2\varepsilon - \frac{V_0 a^2}{r^2}\cos\varepsilon$$

$$v_\varepsilon = -\frac{\partial\psi}{\partial r} = -V_0\sin\varepsilon - cr\sin^2\varepsilon + \frac{(\Gamma + ca^2\pi)}{2\pi}\frac{1}{r} + \frac{ca^4}{2}\frac{1}{r^3}\cos 2\varepsilon - \frac{V_0 a^2}{r^2}\sin\varepsilon$$

在管道壁面上的速度为

$$v_r|_{r=a} = 0$$

$$v_\varepsilon|_{r=a} = -2V_0\sin\varepsilon - 2ca\sin^2\varepsilon + \frac{(\Gamma + 2ca^2\pi)}{2\pi a}$$

由于管道周线是条流线，因此对周线上$(a,0)$点和任意一点(a,ε)列出伯努利方程，求得在管道上的压强分布为

$$p + \frac{1}{2}\rho v_\varepsilon^2|_{r=a} = p_0 + \frac{1}{2}\rho\left(\frac{\Gamma + 2ca^2\pi}{2\pi a}\right)^2$$

式中：p_0 是$(a,0)$点的压强。所以

$$p = p_0 + \frac{\rho}{2}\left(\frac{\Gamma + 2ca^2\pi}{\pi a} - 2V_0\sin\varepsilon - 2ca\sin^2\varepsilon\right)(-2V_0\sin\varepsilon - 2ca\sin^2\varepsilon)$$

单位长管道壁面受到的合力为

$$\boldsymbol{F} = \oint_{r=a} -p\boldsymbol{n}\mathrm{d}l = -\frac{\rho}{2}\oint_{r=a} -p\left(\frac{\Gamma + 2ca^2\pi}{\pi a} - 2V_0\sin\varepsilon - 2ca\sin^2\varepsilon\right)$$

$$(-2V_0\sin\varepsilon - 2ca\sin^2\varepsilon)(\mathrm{d}y\boldsymbol{i} - \mathrm{d}x\boldsymbol{j}) = V_0\rho(\Gamma + 2ca^2\pi)\boldsymbol{j}$$

说明管道只受到与来流方向垂直的力即升力作用。

7. 流函数所满足的方程

对于理想、质量力有势、不可压缩流体，其涡量满足亥姆霍兹方程：

$$\frac{\mathrm{D}\boldsymbol{\Omega}}{\mathrm{D}t}=(\boldsymbol{\Omega}\cdot\nabla)\boldsymbol{v}$$

对于平面流动，$\boldsymbol{\Omega}=\Omega\boldsymbol{k}$，$v_z=0$，则$(\boldsymbol{\Omega}\cdot\nabla)\boldsymbol{v}=0$，并应用质点导数公式，上式可简化为

$$\frac{\mathrm{D}\boldsymbol{\Omega}}{\mathrm{D}t}=\frac{\partial\boldsymbol{\Omega}}{\partial t}+(\boldsymbol{v}\cdot\nabla)\boldsymbol{\Omega}=0 \tag{5.2.14}$$

把式(5.2.10)、式(5.2.13)代入式(5.2.14)得

$$\begin{aligned}&\frac{\partial}{\partial t}(-\nabla^2\psi\boldsymbol{k})+[(\nabla\psi\times\boldsymbol{k})\cdot\nabla](-\nabla^2\psi\boldsymbol{k})\\&=\left(-\frac{\partial}{\partial t}\nabla^2\psi\right)\boldsymbol{k}-[(\nabla\psi\times\boldsymbol{k})\cdot\nabla(\nabla^2\psi)]\boldsymbol{k}\\&=\left(-\frac{\partial}{\partial t}\nabla^2\psi\right)\boldsymbol{k}-[\nabla(\nabla^2\psi)\times\nabla\psi\cdot\boldsymbol{k}]\boldsymbol{k}\\&=-\left[\frac{\partial}{\partial t}\nabla^2\psi+\nabla(\nabla^2\psi)\times\nabla\psi\cdot\boldsymbol{k}\right]\boldsymbol{k}=0\end{aligned}$$

因此

$$\frac{\partial}{\partial t}\nabla^2\psi+\nabla(\nabla^2\psi)\times\nabla\psi\cdot\boldsymbol{k}=0$$

即

$$\left[\frac{\partial}{\partial t}\nabla^2\psi\boldsymbol{k}+\nabla(\nabla^2\psi)\times\nabla\psi\right]\cdot\boldsymbol{k}=0$$

由于括号内的矢量不可能与 $\boldsymbol{k}$ 垂直，所以流函数满足的方程为

$$\frac{\partial}{\partial t}\nabla^2\psi\boldsymbol{k}+\nabla(\nabla^2\psi)\times\nabla\psi=0 \tag{5.2.15}$$

在定常情况下，流函数方程为

$$\nabla(\nabla^2\psi)\times\nabla\psi=0 \tag{5.2.16}$$

这表明在定常运动时，流线与等$\nabla^2\psi$ 线相同，因而沿流线，$\nabla^2\psi$ 是常数，即

$$\nabla^2\psi=-f(\psi) \tag{5.2.17}$$

比较 $\Omega-\psi$ 方程得

$$f(\psi)=\Omega \tag{5.2.18}$$

这个值由边界条件定。

例题 5.2：请用流函数建立理想不可压缩流体平面无旋运动的方程和边界条件。

解：(1)基本方程。当流动无旋时，$\boldsymbol{\Omega}=0$，因此 $\Omega-\psi$ 方程式(5.2.13)化为流函数的拉普拉斯方程：

$$\nabla^2\psi=0 \tag{5.2.19}$$

(2)边界条件。理想流体在结构表面上需满足不可穿透条件与无分离条件，即流体质点的法向速度与结构运动的法向速度相等，用速度表达为

$$\boldsymbol{v}_f\cdot\boldsymbol{n}=\boldsymbol{v}_s\cdot\boldsymbol{n}$$

式中：$\boldsymbol{v}_f$ 为流体在结构表面的速度；$\boldsymbol{v}_s$ 为结构运动的速度；$\boldsymbol{n}$ 为结构表面法向量。其中方程左边可以进一步用流函数表达为

$$\boldsymbol{v}_f\cdot\boldsymbol{n}=(v_x\boldsymbol{i}+v_y\boldsymbol{j})\cdot\left(\frac{\mathrm{d}y}{\mathrm{d}l}\boldsymbol{i}-\frac{\mathrm{d}x}{\mathrm{d}l}\boldsymbol{j}\right)=v_x\frac{\mathrm{d}y}{\mathrm{d}l}-v_y\frac{\mathrm{d}x}{\mathrm{d}l}=\frac{\partial\psi}{\partial y}\frac{\mathrm{d}y}{\mathrm{d}l}+\frac{\partial\psi}{\partial x}\frac{\mathrm{d}x}{\mathrm{d}l}=\frac{\mathrm{d}\psi}{\mathrm{d}l}$$

这里借用了图 5.2.1 中法向量的表达。因而物面条件为

$$\frac{\mathrm{d}\psi}{\mathrm{d}l}=\boldsymbol{v}_s\cdot\boldsymbol{n} \tag{5.2.20}$$

式(5.2.19)、式(5.2.20)构成了理想不可压缩流体平面无旋运动的基本方程和边界条件。

如果结构仅作刚体运动,即

$$\boldsymbol{v}_s=\boldsymbol{v}_0+\boldsymbol{\omega}\times\boldsymbol{r}_s=(v_{0x}\boldsymbol{i}+v_{0y}\boldsymbol{j}+\omega x\boldsymbol{j}-\omega y\boldsymbol{i})$$

则物面条件为

$$\begin{aligned}\boldsymbol{v}_f\cdot\boldsymbol{n}&=\frac{\mathrm{d}\psi}{\mathrm{d}l}=\boldsymbol{v}_s\cdot\boldsymbol{n}=(v_{0x}\boldsymbol{i}+v_{0y}\boldsymbol{j}+\omega x\boldsymbol{j}-\omega y\boldsymbol{i})\cdot\left(\frac{\mathrm{d}y}{\mathrm{d}l}\boldsymbol{i}-\frac{\mathrm{d}x}{\mathrm{d}l}\boldsymbol{j}\right)\\&=(v_{0x}-\omega y)\frac{\mathrm{d}y}{\mathrm{d}l}-(v_{0y}+\omega x)\frac{\mathrm{d}x}{\mathrm{d}l}\end{aligned}$$

上式积分得

$$\psi=(v_{0x}y-v_{0y}x)-\frac{1}{2}\omega(x^2+y^2)+C$$

式中:C 是常数。当结构静止时,上式简化为

$$\psi=C$$

一般物面取零流线,则

$$\psi=0$$

例题 5.3:理想不可压缩无界流场中放置一无限长直圆柱体,其半径作 $R=a\cos t$ 的变化,假设流动是无旋的,绕过此圆柱的环量为 Γ_0。试用流函数建立该流动问题。

解:采用柱坐标系,流函数满足拉普拉斯方程:

$$\frac{\partial^2\psi}{\partial r^2}+\frac{1}{r}\frac{\partial\psi}{\partial r}+\frac{1}{r^2}\frac{\partial^2\psi}{\partial\varepsilon^2}=0$$

在圆柱边界上需满足

$$\frac{\mathrm{d}\psi}{\mathrm{d}s}=\boldsymbol{v}_s\cdot\boldsymbol{n}=\dot{R}$$

积分后有

$$\psi=\int_{r=R}\frac{\mathrm{d}\psi}{\mathrm{d}s}\mathrm{d}s=\int_0^{\varepsilon}R\dot{R}\mathrm{d}\varepsilon=R\dot{R}\varepsilon=-a^2\varepsilon\sin t\cos t$$

此外还有无限远方条件:

$$\nabla\psi\big|_{R=\infty}=0$$

环量条件:

$$\int_{r=R}-\frac{\partial\psi}{\partial r}r\mathrm{d}\varepsilon=\Gamma_0$$

5.2.2 不可压缩流体轴对称运动的流函数

对于空间轴对称流动,速度分量只有两个,因而不可压缩流体作空间轴对称运动时,连续方程中也只出现两个速度分量的项。根据流函数存在条件可知,这样的流动同样有流函数,并通常将其称为斯托克斯流函数。

空间轴对称流动一般采用柱坐标系和球坐标系(图 5.2.4)较为方便。

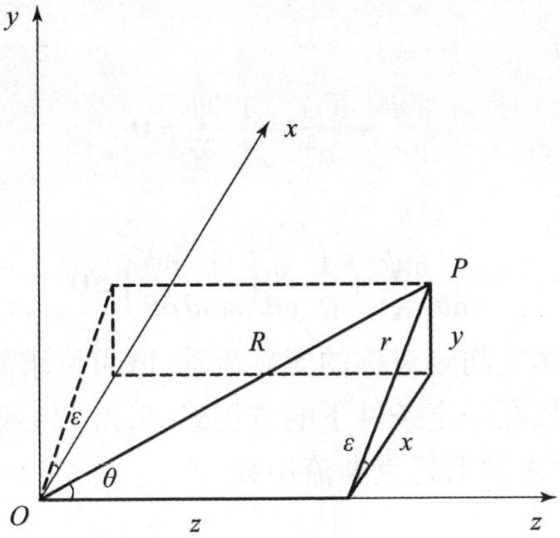

图 5.2.4　空间柱坐标系和球坐标系

1. 柱坐标系下流函数

在柱坐标系(r,ε,z)中，不可压缩空间轴对称流动的连续方程为

$$\frac{\partial(v_r r)}{\partial r}+\frac{\partial(r v_z)}{\partial z}=0 \tag{5.2.21}$$

引进流函数为

$$\psi=\int (r v_z)\mathrm{d}r-(v_r r)\mathrm{d}z \tag{5.2.22}$$

流函数与速度分量之间的关系式为

$$\begin{cases} v_z=\dfrac{1}{r}\dfrac{\partial\psi}{\partial r} \\ v_r=-\dfrac{1}{r}\dfrac{\partial\psi}{\partial z} \end{cases} \tag{5.2.23}$$

2. 球坐标系下流函数

在球坐标系(R,θ,ε)下，不可压缩空间轴对称流动的连续方程为

$$\frac{\partial(v_R R^2\sin\theta)}{\partial R}+\frac{\partial(v_\theta R\sin\theta)}{\partial\theta}=0 \tag{5.2.24}$$

引进流函数为

$$\psi=\int -(v_\theta R\sin\theta)\mathrm{d}R+(v_R R^2\sin\theta)\mathrm{d}\theta \tag{5.2.25}$$

流函数与速度分量之间的关系式为

$$\begin{cases} v_R=\dfrac{\partial\psi}{R^2\sin\theta\partial\theta} \\ v_\theta=-\dfrac{\partial\psi}{R\sin\theta\partial R} \end{cases} \tag{5.2.26}$$

斯托克斯流函数具有以下性质：

(1)在过对称轴平面上的等流函数就是流线，即 $\psi=C$；

(2)在过对称轴平面内任两点的流函数值的差乘以 2π 等于通过这两点任意曲线绕对称轴旋转形成的旋转面的流量；

(3)理想不可压缩流体空间轴对称的无旋流动，斯托克斯流函数在柱坐标系和球坐

标系中分别满足

在柱坐标系(r,ε,z)中

$$\frac{\partial^2\psi}{\partial r^2}+\frac{\partial^2\psi}{\partial z^2}-\frac{1}{r}\frac{\partial\psi}{\partial r}=0 \tag{5.2.27}$$

在球坐标系(R,θ,ε)中

$$\frac{1}{\sin\theta}\frac{\partial^2\psi}{\partial R^2}+\frac{1}{R^2}\frac{\partial}{\partial\theta}\left(\frac{1}{\sin\theta}\frac{\partial\psi}{\partial\theta}\right)=0 \tag{5.2.28}$$

对于理想不可压缩流体空间轴对称的无旋流动,既可以求解速度势的拉普拉斯方程,也可以求解斯托克斯流函数在一定条件下的方程式(5.2.27)或式(5.2.28),但由于方程不是拉普拉斯方程,故很少求解斯托克斯流函数。

5.3 平面流动的复势和复速度

对于不可压缩流体平面运动势流,由于速度势和流函数同时存在,它们互为调和函数,构成的复势是解析函数,因此可以借助复变函数保角变换的方法,求得复杂边界的流动。下面介绍平面流动的复势概念。

5.3.1 复势和复速度

1. 复势

由于不可压缩平面无旋流动满足

$$\nabla\cdot\boldsymbol{v}=\frac{\partial v_x}{\partial x}+\frac{\partial v_y}{\partial y}=0 \tag{5.3.1}$$

$$\nabla\times\boldsymbol{v}=\left(\frac{\partial v_y}{\partial x}-\frac{\partial v_x}{\partial y}\right)\boldsymbol{k}=0 \tag{5.3.2}$$

即存在φ和ψ,且φ和ψ满足如下关系:

$$\begin{cases}\dfrac{\partial\varphi}{\partial x}=\dfrac{\partial\psi}{\partial y}\\[2ex]\dfrac{\partial\varphi}{\partial y}=-\dfrac{\partial\psi}{\partial x}\end{cases} \tag{5.3.3}$$

且有

$$\Delta\varphi=\Delta\psi=0 \tag{5.3.4}$$

根据复变函数理论,φ和ψ满足柯西-黎曼条件,从而φ和ψ组成解析函数$W(z)$为

$$W(z)=\varphi(x,y)+\mathrm{i}\psi(x,y) \tag{5.3.5}$$

在流体力学中$W(z)$称为“复势”,其中$z=x+\mathrm{i}y$,$\mathrm{i}=\sqrt{-1}$。

引入复势的意义:通过对简单流动的变换,以求得复杂流动,如可由绕圆柱体的流动通过变换求得机翼流动,或者变换为绕船型剖面体的流动,而无需求解微分方程。

2. 复势性质

1)复势求导——复速度

应用复变函数求导方法对复势进行求导。由于复势是解析函数,因此导数与微分的方向无关,即

$$\frac{dW}{dz}=\frac{\partial W}{\partial x}=\frac{\partial W}{\partial(iy)}=\frac{\partial\varphi}{\partial x}+i\frac{\partial\psi}{\partial x}=\frac{\partial\psi}{\partial y}-i\frac{\partial\varphi}{\partial y} \tag{5.3.6}$$

根据速度势、流函数与速度之间的关系，式(5.3.6)可进一步写为

$$\frac{dW}{dz}=v_x-iv_y=\bar{v}=|v|e^{-i\theta}=ve^{-2i\theta} \tag{5.3.7}$$

式中：$\bar{v}$ 称为“复速度”，其共轭函数为

$$\overline{\frac{dW}{dz}}=v_x+iv_y=v=|v|e^{i\theta}=\bar{v}e^{2i\theta} \tag{5.3.8}$$

由式(5.3.7)可以得到物理平面上流动速度与复势之间的关系为

$$v_x=\mathrm{Re}\left(\frac{dW}{dz}\right) \tag{5.3.9}$$

$$v_y=-\mathrm{Im}\left(\frac{dW}{dz}\right) \tag{5.3.10}$$

$W(z)$可以相差一个常数，而对速度场 $\boldsymbol{v}$ 无影响。

2)复速度积分

由于复势是解析函数，因此由导数得到的复速度也是解析函数。对某一线段 l 积分复速度，得

$$\int_l\frac{dW}{dz}dz=\int_l dW=\int_l d\varphi+id\psi=\Gamma_l+iQ_l \tag{5.3.11}$$

即

$$\Gamma_l=\int_l\boldsymbol{v}\cdot d\boldsymbol{l}=\int_l\nabla\varphi\cdot d\boldsymbol{l}=\int_l d\varphi=\mathrm{Re}\left[\int_l\frac{dW}{dz}dz\right] \tag{5.3.12}$$

$$Q_l=\int_l\boldsymbol{v}_n d\boldsymbol{l}=\int_l -v_y dx+v_x dy=\int_l d\psi=\mathrm{Im}\left[\int_l\frac{dW}{dz}dz\right] \tag{5.3.13}$$

可见，复速度沿某一线段的积分，其实部为沿这一线段的环流，虚部为通过这一线段的流量。

如果这一线段为封闭周线 C，则有

$$\Gamma=\mathrm{Re}\left[\oint_C\frac{dW}{dz}dz\right] \tag{5.3.14}$$

$$Q=\mathrm{Im}\left[\oint_C\frac{dW}{dz}dz\right] \tag{5.3.15}$$

$$\oint_C\frac{dW}{dz}dz=\Gamma+iQ \tag{5.3.16}$$

如果封闭周线内无源、无汇，则 $Q=0$。

3)复常数与等势线、流函数的关系

$W(z)=C_1+iC_2$(复常数)等价于 $\varphi=C_1,\psi=C_2$，分别表示等势线和流线族。

5.3.2 复势的可叠加性

任意两个或两个以上的解析函数的组合：

$$W_1(z)=\varphi_1(x,y)+i\psi_1(x,y)$$
$$W_2(z)=\varphi_2(x,y)+i\psi_2(x,y)$$
$$\vdots$$

仍然是解析函数，其代表某一种流动的复势。基于这种性质，可以由简单的流动复势经叠加获得复杂流动的复势。

5.3.3 平面基本流动的复势

平面势流理论在工程实际中有广泛的应用。有许多三维流动可以近似简化为平面流动，例如：船舶与海洋结构物在波浪中的运动是复杂的三维运动，但在一定条件下，可以借助“切片理论”等，将船舶的运动由沿纵向长度被分割成的各片体的二维平面运动来近似。

下面将基于平面基本流动的速度势和流函数，给出一些最简单、但是很重要的平面基本流动的复势。

1. 均匀直线流

流场速度分布为

$$\begin{cases} v_x = v_0\cos\alpha \\ v_y = v_0\sin\alpha \end{cases}$$

流场速度势和流函数为

$$\begin{cases} \varphi = \int v_x\mathrm{d}x + v_y\mathrm{d}y = v_0x\cos\alpha + v_0y\sin\alpha = v_0r\cos(\theta-\alpha) \\ \psi = \int -v_y\mathrm{d}x + v_x\mathrm{d}y = -v_0x\sin\alpha + v_0y\cos\alpha = v_0r\sin(\theta-\alpha) \end{cases}$$

流动复势为

$$W(z) = \varphi + \mathrm{i}\psi = v_0re^{\mathrm{i}(\theta-\alpha)} = v_0e^{-\mathrm{i}\alpha}z \tag{5.3.17}$$

2. 平面点源和点汇

流场速度分布为

$$\begin{cases} v_r = \dfrac{Q}{2\pi r} \\ v_\theta = 0 \end{cases}$$

流场速度势和流函数为

$$\begin{cases} \varphi = \int rv_\theta\mathrm{d}\theta + v_r\mathrm{d}r = \dfrac{Q}{2\pi}\ln r \\ \psi = \int -v_\theta\mathrm{d}r + rv_r\mathrm{d}\theta = \dfrac{Q}{2\pi}\theta \end{cases}$$

流动复势为

$$W(z) = \varphi + \mathrm{i}\psi = \frac{Q}{2\pi}(\ln r + \mathrm{i}\theta) = \frac{Q}{2\pi}\ln(re^{\mathrm{i}\theta}) = \frac{Q}{2\pi}\ln z \tag{5.3.18}$$

如果点源或点汇的原点不在(0,0)，而在 $z_0 = (x_0, y_0)$，则

$$W(z) = \frac{Q}{2\pi}\ln(z - z_0) \tag{5.3.19}$$

式(5.3.19)也可以采用下面将讲述的保角变换方法平移获得。

3. 平面点涡

流场速度分布为

$$\begin{cases} v_r = 0 \\ v_\theta = \dfrac{\Gamma}{2\pi r} \end{cases}$$

流场速度势和流函数为

$$\varphi = \int v_r \mathrm{d}r + r v_\theta \mathrm{d}\theta = \frac{\Gamma}{2\pi}\theta$$

$$\psi = \int -v_\theta \mathrm{d}r + r v_r \mathrm{d}\theta = -\frac{\Gamma}{2\pi}\ln r$$

流动复势为

$$W(z) = \varphi + \mathrm{i}\psi = \frac{\Gamma}{2\pi}(\theta - \mathrm{i}\ln r) = \frac{\Gamma}{2\pi \mathrm{i}}(\mathrm{i}\theta + \ln r) = \frac{\Gamma}{2\pi \mathrm{i}}\ln z = \frac{-\Gamma}{2\pi}\mathrm{i}\ln z \tag{5.3.20}$$

如果点源或点汇的原点不在(0,0),而在 $z_0 = (x_0, y_0)$,则

$$W(z) = \frac{-\Gamma}{2\pi}\mathrm{i}\ln(z - z_0) \tag{5.3.21}$$

式中:Γ 为代数值(逆时针时取正值,顺时针时取负值)。

4. 平面偶极

流场速度势和流函数为

$$\varphi = \frac{M}{2\pi}\frac{\cos\theta}{r}$$

$$\psi = \frac{-M}{2\pi}\frac{\sin\theta}{r}$$

流动复势为

$$W(z) = \varphi + \mathrm{i}\psi = \frac{M}{2\pi r}(\cos\theta - \mathrm{i}\sin\theta) = \frac{M}{2\pi z} \tag{5.3.22}$$

例题 5.4:已知 $W(z) = (1+\mathrm{i})\ln(z^2 - 1) + (2 - 3\mathrm{i})\ln(z^2 + 4) + \dfrac{1}{z}$,试求:

(1)由哪几种基本流动组成?

(2)通过周线 $x^2 + y^2 = 9$ 的流量 Q 及环量 Γ。

解:(1) $W(z) = (1+\mathrm{i})\ln(z^2-1) + (2-3\mathrm{i})\ln(z^2+4) + \dfrac{1}{z} = (1+\mathrm{i})[\ln(z+1) + \ln(z-1)] + (2-3\mathrm{i})[\ln(z+2\mathrm{i}) + \ln(z-2\mathrm{i})] + \dfrac{1}{z} = \ln(z-1) + \ln(z+1) + \mathrm{i}[\ln(z+1) + \ln(z-1)] + 2[\ln(z+2\mathrm{i}) + \ln(z-2\mathrm{i})] - 3\mathrm{i}[\ln(z+2\mathrm{i}) + \ln(z-2\mathrm{i})] + \dfrac{1}{z}$

对照平面基本流动的复势可见,该复势由在点(1,0),(-1,0)强度为 2π 的点源,在点(0,-2),(0,2)强度为 4π 的点源和在点(1,0),(-1,0)强度为 -2π 的点涡,在点(0,-2),(0,2)强度为 6π 的点涡以及位于(0,0)点的偶极组成。

(2)根据复势性质(2),有

$$\Gamma + \mathrm{i}Q = \oint_{|z|=3} \frac{\mathrm{d}W}{\mathrm{d}z}\mathrm{d}z = \oint \left[\frac{1}{z-1} + \frac{1}{z+1} + \frac{\mathrm{i}}{z+1} + \frac{\mathrm{i}}{z-1} + 2\left(\frac{1}{z+2\mathrm{i}} + \frac{1}{z-2\mathrm{i}}\right) - 3\mathrm{i}\left(\frac{1}{z+2\mathrm{i}} + \frac{1}{z+2\mathrm{i}}\right) - \frac{1}{z^2}\right]\mathrm{d}z$$

一阶奇点：$z=\pm 1, z=\pm \mathrm{i}, z=\pm 2, z=\pm 2\mathrm{i}$

根据复变函数留数定理：

$$\Gamma+\mathrm{i}Q=2\pi\mathrm{i}(1+1+2\mathrm{i}+4-6\mathrm{i})=12\pi\mathrm{i}+8\pi$$

即

$$\begin{cases}\Gamma=8\pi\\ Q=12\pi\end{cases}$$

该结果也可根据半径为 3 的圆内所包含的源汇以及点涡分别叠加获得，前者叠加为流量，后者叠加为环量，即

$$\begin{cases}Q=2\times(4\pi+2\pi)=12\pi\\ \Gamma=2\times(6\pi-2\pi)=8\pi\end{cases}$$

5.4 不可压缩势流平面流动的奇点叠加法

5.4.1 均匀流和点源的叠加

考虑沿 x 轴正向的直线均匀流动和位于坐标原点的源进行叠加（图 5.4.1）。

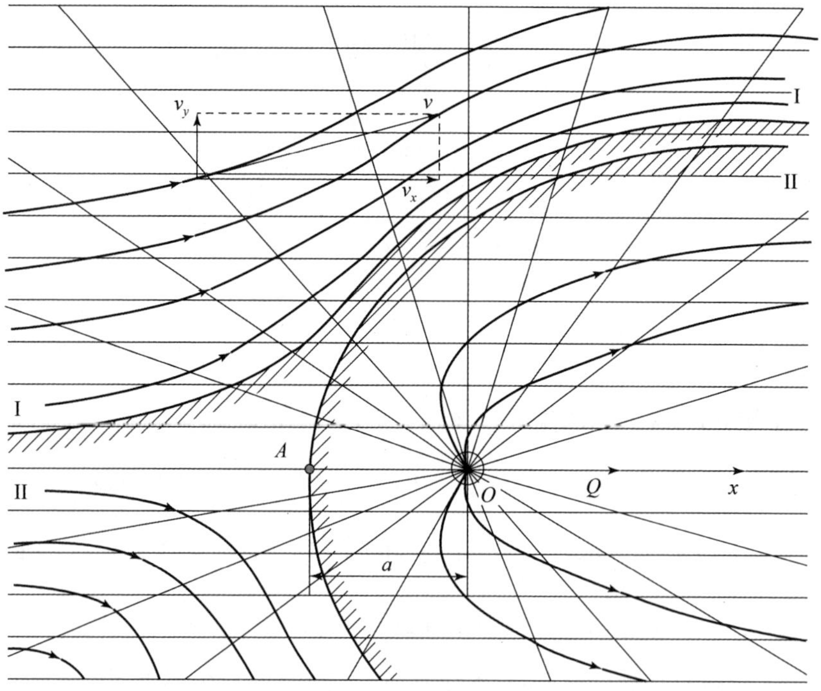

图 5.4.1 均匀流与源的叠加

根据前面得到的简单流动的速度势、流函数和复势，加以叠加得

$$\varphi=v_0x+\frac{Q}{2\pi}\ln r \tag{5.4.1}$$

$$\psi=v_0y+\frac{Q}{2\pi}\theta \tag{5.4.2}$$

$$W(z)=\varphi+\mathrm{i}\psi=v_0z+\frac{Q}{2\pi}\ln z \tag{5.4.3}$$

沿坐标轴的速度分量为

$$v_x = v_0 + \frac{Q}{2\pi} \cdot \frac{\cos\theta}{r} = v_0 + \frac{Q}{2\pi} \cdot \frac{x}{x^2 + y^2} \tag{5.4.4}$$

$$v_y = \frac{Q}{2\pi} \frac{\sin\theta}{r} = \frac{Q}{2\pi} \frac{y}{x^2 + y^2} \tag{5.4.5}$$

这是等速直线流动的速度和点源的速度之矢量和。图 5.4.1 中不同族的细实线为分别表示叠加前两个简单势流的流线,粗实线为叠加后较复杂势流的流线。

由图 5.4.1 可见,源的作用是将流来的等速直线流动的流体推开,这个作用与一个物体前端的作用相当。根据理想流体定常流动中流线和固壁互换性,如果将图 5.4.1 中流线Ⅱ－A－Ⅱ作为物体表面,便可以得到绕半无限长柱体流动的流动图形。

现在来决定驻点 A 的位置和流线Ⅱ－A－Ⅱ的形状。设 $OA = a$,则 A 点位置(极坐标)为(a, π),速度为 $v_x = 0, v_y = 0$。将上述条件代入式(5.4.4)得

$$a = \frac{Q}{2\pi v_0} \tag{5.4.6}$$

将式(5.4.6)代入式(5.4.2)得

$$\psi = v_0(y + a\theta) \tag{5.4.7}$$

因流线过驻点(a, π),所以

$$\psi = v_0(y + a\theta) = v_0 a\pi = C$$

即过驻点的这一条流线为

$$y = a(\pi - \theta) \tag{5.4.8}$$

最大半宽在无限远处,此处 $\theta = 0, y = B/2$,所以 $B = 2a\pi$。

如果将图 5.4.1 中的另一条流线Ⅰ－Ⅰ作为物体表面,则可以得到海流沿海底起伏不平物体的流动或者风流过山麓的流动图形。

5.4.2 均匀流和一对等强度源汇的叠加

设在 x 轴上$(-b,0)$点和$(b,0)$点分别置有源和汇,它们的强度都为 Q(图 5.4.2)。现在考虑沿轴正向均匀流和这对等强度源汇的叠加。

叠加后,速度势和流函数分别为

$$\varphi = v_0 x + \frac{Q}{2\pi}\ln\sqrt{(x+b)^2 + y^2} - \frac{Q}{2\pi}\ln\sqrt{(x-b)^2 + y^2} \tag{5.4.9}$$

$$\psi = v_0 y + \frac{Q}{2\pi}\arctan\frac{y}{x+b} - \frac{Q}{2\pi}\arctan\frac{y}{x-b} = v_0 y - \frac{Q}{2\pi}\arctan\left(\frac{2by}{x^2 + y^2 - b^2}\right) \tag{5.4.10}$$

$$W(z) = \varphi + \mathrm{i}\psi = v_0 z + \frac{m}{2\pi}\ln(z+b) - \frac{m}{2\pi}\ln(z-b) \tag{5.4.11}$$

流场的速度分布为

$$v_x = v_0 + \frac{Q}{2\pi}\frac{x+b}{(x+b)^2 + y^2} - \frac{Q}{2\pi}\frac{x-b}{(x-b)^2 + y^2} \tag{5.4.12}$$

$$v_y = \frac{Q}{2\pi}\frac{y}{(x+b)^2 + y^2} - \frac{Q}{2\pi}\frac{y}{(x-b)^2 + y^2} \tag{5.4.13}$$

下面求流场驻点以及过驻点的流线。

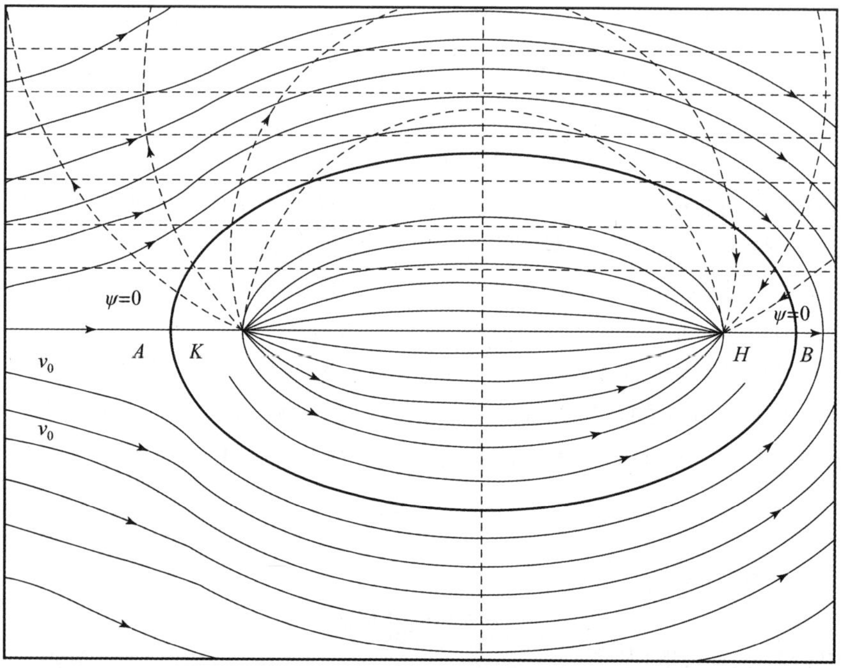

图 5.4.2 均匀流与一对等强度源汇的叠加

驻点位置由速度为 $v_x=0, v_y=0$ 条件定出。根据式(5.4.12)和式(5.4.13)得

$$v_0=\frac{Q}{2\pi(x-b)}-\frac{Q}{2\pi(x+b)}$$

由此求得两个驻点的位置为

$$A\left(-\sqrt{\frac{Q}{2\pi}\cdot\frac{2b}{v_0}+b^2},0\right),B\left(\sqrt{\frac{Q}{2\pi}\cdot\frac{2b}{v_0}+b^2},0\right)$$

将上述坐标代入式(5.4.10)便可得到过上述两个驻点的流函数 $\psi=0$。通常将 $\psi=0$ 这条流线称为零流线,对于本问题的零流线的具体方程为

$$\psi=v_0 y-\frac{Q}{2\pi}\arctan\left(\frac{2by}{x^2+y^2-b^2}\right)=0=C$$

即

$$\tan\left(\frac{2\pi v_0 y}{Q}\right)=\frac{2by}{x^2+y^2-b^2} \tag{5.4.14}$$

图 5.4.2 中绘出了具体的流线族,图中虚直线为均匀直线流动流线,虚曲线为源和汇合成的流线,实线为叠加后的流线,其中粗实线为零流线,是个卵形柱体。当源和汇无限靠近,即当 $b\to 0$ 时,源、汇形成偶极,卵形柱体变成圆柱体。下面讲述均匀流和偶极叠加后的流动。

5.4.3 均匀流和偶极的叠加

设偶极置于坐标原点,其方向为 x 轴负向。现在考虑沿 x 轴正向流动的均匀流与此偶极的叠加,如图 5.4.3 所示。

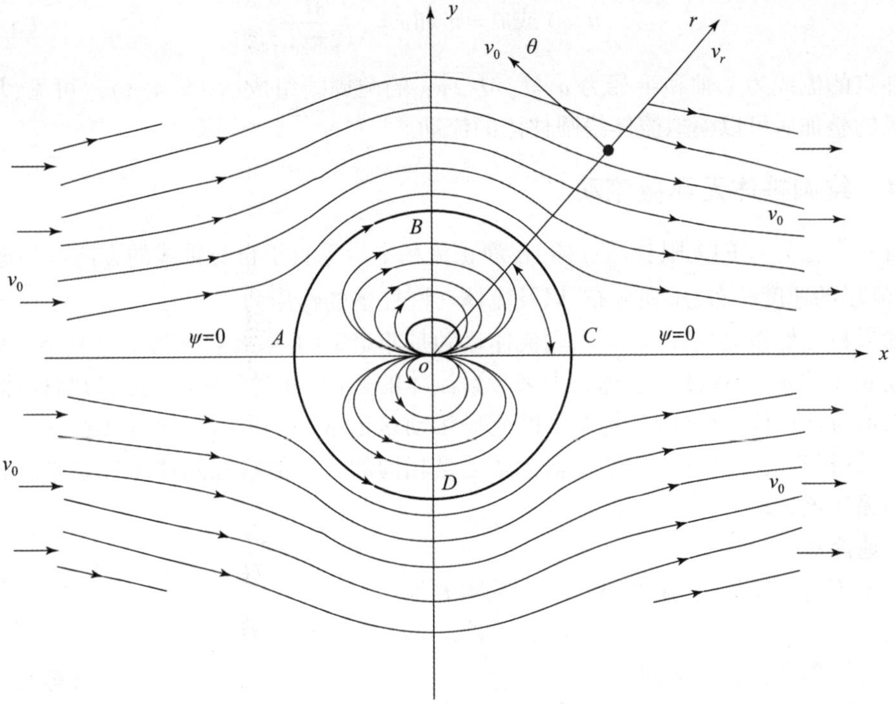

图 5.4.3　均匀流和偶极的叠加

1. 速度势、流函数和复势

$$\varphi = v_0 r\cos\theta + \frac{M}{2\pi}\frac{\cos\theta}{r} \tag{5.4.15}$$

$$\psi = v_0 r\sin\theta - \frac{M}{2\pi}\frac{\sin\theta}{r} \tag{5.4.16}$$

$$W(z) = v_0 z + \frac{M}{2\pi z} \tag{5.4.17}$$

2. 速度分布

$$v_r = v_0\cos\theta\left(1 - \frac{M}{2\pi r^2 v_0}\right) \tag{5.4.18}$$

$$v_\theta = -v_0\sin\theta\left(1 + \frac{M}{2\pi r^2 v_0}\right) \tag{5.4.19}$$

3. 驻点

由 $v_\theta = 0$ 和 $v_r = 0$ 得到驻点位置：

$$r = \sqrt{\frac{M}{2\pi v_0}}, \theta = 0; r = \sqrt{\frac{M}{2\pi v_0}}, \theta = \pi \tag{5.4.20}$$

4. 流线方程

将驻点坐标代入流线方程，得到过驻点的流线为

$$\psi = v_0 r\sin\theta - \frac{M}{2\pi}\frac{\sin\theta}{r} = \sin\theta\left(v_0 r - \frac{M}{2\pi r}\right) = 0 \tag{5.4.21}$$

求解上述方程得

$$\theta = 0 \text{ 或 } \theta = \pi \text{ 和 } r = \sqrt{\frac{M}{2\pi v_0}} \tag{5.4.22}$$

即过驻点的流线为 x 轴和半径为 $a = \sqrt{M/2\pi v_0}$ 的圆周线组成(图 5.4.3)。可见,均匀流和偶极的叠加后可以模拟流体绕圆柱体的流动。

5.4.4 绕圆柱体无环量流动

有一半径为 r_0 的无限长圆柱体,在静止流场中沿垂直于自身轴线的方向以匀速 v_0 运动,求流场的速度分布、压强分布,以及流体对圆柱体的作用力。

如果将坐标系建立在大地上,则流体运动是非定常的,求解将显得十分复杂。如将坐标系建立在柱体上,即随体坐标系中来考察流体的运动,此时问题将转化为圆柱体静止,流体匀速流向柱体,这样的坐标系下的流场运动是定常的。根据匀速直线运动的相对性原理,计算得到的柱体受力与惯性坐标系下是相同的。下面将在随体坐标系中分析绕圆柱体的无环流运动。

1. 速度势

对于不可压缩势流,速度势 φ 满足基本方程:

$$\nabla^2\varphi = 0$$

外边界条件:当 $r\to\infty$ 时

$$\frac{\partial\varphi}{\partial x} = v_x = v_0, \frac{\partial\varphi}{\partial y} = v_y = 0$$

或者采用极坐标系来表示,当 $r\to\infty$ 时

$$\frac{1}{r}\frac{\partial\varphi}{\partial\theta} = v_\theta = -v_0\sin\theta, \frac{\partial\varphi}{\partial r} = v_r = v_0\cos\theta$$

内边界条件:当 $r = r_0$ 时

$$\frac{\partial\varphi}{\partial n} = \frac{\partial\varphi}{\partial r} = v_r = 0$$

上述方程组构成了绕圆柱体无环流运动的定解条件。如果直接求解速度势,则需用到数学物理方程知识,一般来说比较复杂。现采用"凑"的方法,即"选"速度势的方法来获得问题的解。

根据 5.4.3 小节内容,均匀流场与偶极叠加便可得到绕圆柱体流动。因此速度势的通解为

$$\varphi = \varphi_1 + \varphi_2 = v_0 r\cos\theta + \frac{M}{2\pi r}\cos\theta \tag{5.4.23}$$

下面根据边界条件来定出偶极强度,以满足实际流动。由内边界条件:

$$v_r\big|_{r=r_0} = \frac{\partial\varphi}{\partial r} = v_0\cos\theta - \frac{M}{2\pi r^2}\cos\theta = 0$$

得偶极强度为

$$M = 2\pi v_0 r_0^2 \tag{5.4.24}$$

将式(5.4.23)代入式(5.4.23),得到流场速度势为

$$\varphi = v_0\cos\theta\left(r + \frac{r_0^2}{r}\right) \tag{5.4.25}$$

当 $r\to\infty$ 时，$v_r=\dfrac{\partial\varphi}{\partial r}=v_0\cos\theta\left(1-\dfrac{r_0^2}{r^2}\right)=v_0\cos\theta$，说明得到的速度势同时满足外边界条件，这就证明了其是所要求的拉普拉斯方程的唯一解。

同样可以获得流场的流函数和复势：

$$\psi=v_0\sin\theta\left(r-\frac{r_0^2}{r}\right)\tag{5.4.26}$$

$$W=W_1+W_2=v_0z+\frac{M}{2\pi z}=v_0\left(z+\frac{r_0^2}{z}\right)\tag{5.4.27}$$

流线族 $\psi=C$，这在图 5.4.4 中作了绘制。特别讨论零流线 $\psi=0$。由式(5.4.26)得

$$\psi=v_0\sin\theta\left(r-\frac{r_0^2}{r}\right)=0$$

其解为 $\sin\theta=0$，或 $r=r_0$，即零流线为水平轴和 $r=r_0$ 的圆组成，具体如图 5.4.4 所示。

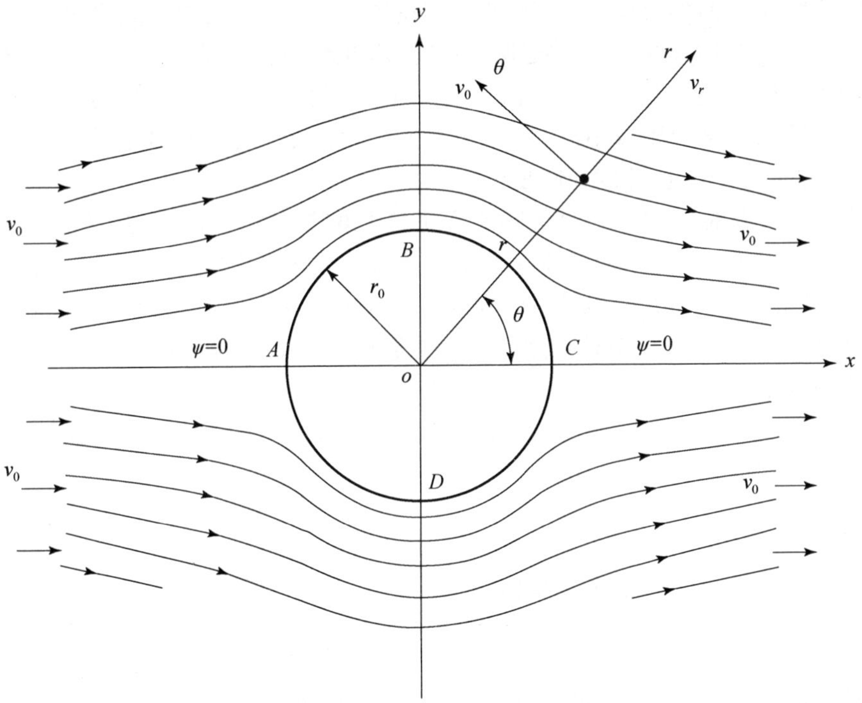

图 5.4.4　绕圆柱体无环流流动

2. 速度分布

由速度势或流函数与速度之间的关系，可以直接求得流场的速度分布：

$$\begin{cases}v_r=\dfrac{\partial\varphi}{\partial r}=v_0\cos\theta\left(1-\dfrac{r_0^2}{r^2}\right)\\[2ex] v_\theta=\dfrac{\partial\varphi}{r\partial\theta}=-v_0\sin\theta\left(1+\dfrac{r_0^2}{r^2}\right)\end{cases}\tag{5.4.28}$$

在圆柱体表面($r=r_0$)上：

$$\begin{cases} v_r = 0 \\ v_\theta = -2v_0\sin\theta \end{cases}$$

式中：v_θ 的负号表示在图 5.4.4 的上半平面，其方向与 θ 坐标轴相反，而在下半表面速度方向与 θ 坐标轴相同。可见，在圆柱体表面上的速度分布对称于 x 轴，就其绝对值而言也对称于 y 轴。四个交点 A,B,C,D 处速度如表 5.4.1 所列。

表 5.4.1　四个特征点处的速度

位置	速度 v_θ	位置	速度 v_θ
$A(\theta=\pi)$	0	$C(\theta=0)$	0
$B\left(\theta=\frac{\pi}{2}\right)$	$-2v_0$	$D\left(\theta=-\frac{\pi}{2}\right)$	$2v_0$

由表 5.4.1 可知 A,C 为驻点，B,D 处流速最大，为无限远处流速的两倍。

沿零流线（$\psi=0$）的流体速度变化来说明流体流过圆柱体时速度变化的特点：流体从远前方以流速 v_0 流向圆柱体，当接近圆柱体时，速度逐渐减小，直至到达 A 点变为零。然后分为两支，对称地分别向上下两方流去。这时速度逐渐增大，当达到 B,D 两点时，达到最大值。以后速度又开始减小，在 C 点两支汇合时又变为零。离开 C 点后再次逐渐增大，流到右方的无限远处，速度又恢复到 v_0。

这里需要强调的是，绕圆柱体无环流流动的速度势是由等速直线运动流动和偶极的叠加得到的速度势。这意味着流体以速度 v_0 流过一静止圆柱体的流动，相当于把圆柱体移走，用一偶极子来替代形成的流动。在这种情况下，当 $r=r_0$ 时圆周外部的流动是完全等价的，但内部的流动就不相对应，因为一个是流体而另一个为固体。

3. 压强分布

假定不计质量力的影响，或者圆柱体的轴线与质量力方向垂直，并设无限远处的流体的压强为 p_0。在流线 $\psi=0$ 上列出伯努利积分方程：

$$p_0+\frac{1}{2}\rho v_0^2=p+\frac{1}{2}\rho v^2$$

将速度代入上式，得到圆柱表面的压强分布为

$$p-p_0=\frac{1}{2}\rho v_0^2(1-4\sin^2\theta) \tag{5.4.29}$$

物体表面的压强分布通常采用式（5.4.20）定义的无因次量来表示，即

$$C_p=\frac{p-p_0}{\frac{1}{2}\rho v_0^2} \tag{5.4.30}$$

该无因次量称为“压力系数”。在圆柱体表面，压力系数为

$$C_p=\frac{p-p_0}{\frac{1}{2}\rho v_0^2}=1-4\sin^2\theta \tag{5.4.31}$$

式（5.4.31）所表示的压力系数分布可以用图 5.4.5 来表示。图 5.4.5 中箭头由圆柱中心向外时表示 $p<p_0$，相对压强为负值；当箭头向内时，表示 $p>p_0$ 相对压强为正值。从

图5.4.5可以看出,压强的分布既对称于 x 轴,也对称于 y 轴(图5.4.5(a))。在驻点 A 和 C 处,$C_p=1$。在速度最大的 B,D 两点处,$C_p=-3$。表5.4.2给出了沿柱面 v 和 C_p 变化情况。

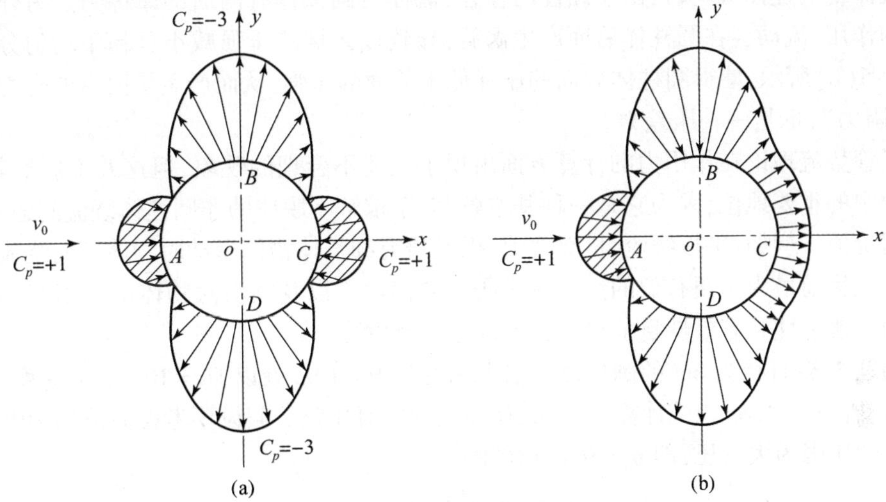

图5.4.5 绕圆柱体无环流流动时圆柱体表面上的压力系数分布

表5.4.2 沿圆柱表面的速度和压力系数变化

位置	速度	压力系数	位置	速度	压力系数
$-\infty$	v_0	0	A	0	+1
B,D	$2v_0$	−3	C	0	+1
$+\infty$	v_0	0			

可见沿 $\psi=0$ 这条流线的压强变化为在左方无限远处,$C_p=0$。当流体流向圆柱体时,速度逐步减小,压强逐步增大,达到驻点 A 时,达到极大值,$C_p=1$。由 A 点分为两支,分别流向 B,D 两点时,压强逐渐减小,达到这两点时,达到极小值,$C_p=-3$。由 B,D 分别流向 C 点时,压强又开始增大,到达 C 点时,压强又恢复到极大值,$C_p=1$。由C点流向右方无穷远处,压强又再次减小,最后压强重新降到 p_0,$C_p=0$。

根据伯努利积分的物理意义,表5.4.2还给出了沿 $\psi=0$ 这条流线,动能和压能相互转化的情况:当流体流向驻点 A 时,速度逐渐降低,压强逐渐提高,动能不断转化为压能。到达 A 点时,动能全部转化为压能。由 A 点分为两支分别流向 B,D 两点时,压能逐步转化为动能。到达 B,D 两点时,动能达到极大而压能降至极小值,依次相互转化。

4. 压强合力

在流体力学中,将垂直于来流速度的作用力分量称为"升力",平行于来流方向的作用力分量称为"阻力",分别用 L 和 R 表示。因为压强分布既对称于 x 轴,也对称于 y 轴。显然合力在 x 轴和 y 轴上的合力分量均等于零,即

$$\begin{cases}L=0\\R=0\end{cases}$$

圆柱体受到的合作用力也为零。这个结果与实际流动情况不相符,这就是著名的“达朗贝尔佯谬”。实际上,圆柱体在流体中等速直线运动时,会受到流体作用的阻力。导致这一理论与实际结果相悖的根本原因是上述理论分析没有考虑流体的黏性作用。事实上,真实流体绕圆柱体流动时,由于黏性的存在,流体对圆柱体有向后的摩擦力。另外,由于黏性的作用,流动会在圆柱体后面产生涡旋,导致该区域的压强减小且趋于均匀分布,如图5.4.5(b)所示,使得圆柱体后面的压强低于前面的压强,从而产生了向后的合力,称为“形状阻力”,也是一种压差力。

尽管势流理论在作用力的计算方面出现了上述不合理的现象,但这并不影响其在流体力学中的重要地位,因为它是一种基本解,对于求解不脱体的非圆柱体绕流问题具有重要应用价值。例如:平板绕流、机翼绕流,以及研究细长体物体运动时物体横向绕流中,势流理论是目前最为简便有效的。而对于研究波浪理论以及波浪对物体的作用时,势流理论应用的普遍性和有效性目前更非其他理论所能解决。

例题 5.5:直径为 2m 的圆柱体在水下深度为 $H=10\text{m}$ 处以 $U_0=10\text{m/s}$ 的速度沿水平方向运动(图 5.4.6)。试计算 A,B,C,D 四点的绝对压强。假设不考虑波浪的影响,自由表面上的压强为大气压,即 $p_0=9.8\times10^4\text{Pa}$。

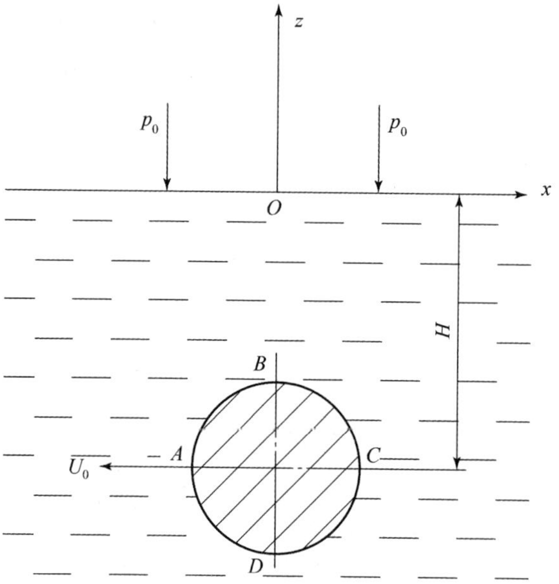

图 5.4.6 浸没圆柱体绕流

如果水的温度为常温 15℃,对应水的饱和蒸汽压强为 $2.332\times10^3\text{Pa}$,当深度 H 增至 100m 时,试求当产生空泡时的速度。

解:与前述绕圆柱体无环量流动不同的是,这里需要计及质量力的作用。但只要伯努利方程中加入质量力项,就可以计算 A,B,C,D 四点的绝对压强,即

$$p=p_\infty+\frac{1}{2}\rho U_0^2(1-4\sin^2\theta)+\rho g(h-H) \tag{5.4.32}$$

式中

$$p_\infty=p_0+\rho gH$$

A,B,C,D 四点处的深度 h 分别为

$$h_A = h_C = 10\text{m}, h_B = 9\text{m}, h_D = 11\text{m}; \theta_A = 0, \theta_B = \pi/2, \theta_C = \pi, \theta_D = 3\pi/2$$

由以上条件,分别计算得到各点的绝对压强(这里水的密度取淡水的密度,重力加速度取 9.8m/s^2)为

$$p_A = p_C = 2.46 \times 10^5\text{Pa}, p_B = 3.62 \times 10^4\text{Pa}, p_D = 5.58 \times 10^4\text{Pa}$$

从上述计算结果可见,B 点首先出现空泡,根据式(5.4.32)得

$$2332 = 98000 + 1000 \times 9.80 \times 99 - \frac{3}{2}\rho U_0^2$$

解得

$$U_0 = 26.65\text{m/s} = 51.85\text{kn}$$

5.4.5　绕圆柱体有环量流动

绕圆柱体有环量流动实际描述的是流体绕转动的圆柱体的流动。

假设在流场中有一半径为 r_0 的无限长圆柱体,它以角速度 $\boldsymbol{\omega}$ 绕自身轴线顺时针匀速转动,而流体从无限远处以匀速 v_0 流向这一圆柱体(图 5.4.7),求流体对圆柱体的作用力。

求解的方法与 5.4.4 小节完全一样。

1. 速度势

速度势的定解条件为

基本方程为

$$\nabla^2\varphi = 0$$

内边界条件为

$$\left.\frac{\partial\varphi}{\partial r}\right|_{r=r_0} = 0$$

$$\oint_{|r|\geqslant r_0} \boldsymbol{v} \cdot \mathrm{d}\boldsymbol{l} = \Gamma_0 = 2\pi r_0^2\omega \tag{5.4.33}$$

外边界条件为

$$v_r\big|_{r\to\infty} = \left.\frac{\partial\varphi}{\partial r}\right|_{r\to\infty} = v_0\cos\theta$$

$$v_\theta\big|_{r\to\infty} = \left.\frac{\partial\varphi}{r\partial\theta}\right|_{r\to\infty} = -v_0\sin\theta$$

与无环量绕圆柱体流动的定解条件比较,这里多了式(5.4.33)项。对于真实流体,圆柱体的旋转会带动周边流体的转动。当忽略黏性的影响时,圆柱体的转动效应就必须在圆心处设置一个强度为 $\Gamma_0 = 2\pi r_0^2\omega$ 的点涡,这个点涡就替代了圆柱体旋转对流场的作用。

采用上节相同的方法,“凑出”φ 及 ψ,即

$$\varphi = v_0 r\cos\theta + \frac{M}{2\pi r}\cos\theta - \frac{\Gamma_0}{2\pi}\theta \tag{5.4.34}$$

式中:$M = 2\pi r_0^2 v_0$,$\Gamma_0 = 2\pi r_0^2\omega$,这里均以绝对值代入。很容易验证上述速度势完全满足其定解条件。

$$\psi = v_0 r\sin\theta - \frac{M}{2\pi r}\sin\theta + \frac{\Gamma_0}{2\pi}\ln r \tag{5.4.35}$$

$$W(z) = W_1 + W_2 + W_3 = v_0\left(z + \frac{r_0^2}{z}\right) + \frac{\Gamma_0 \mathrm{i}}{2\pi}\ln z \tag{5.4.36}$$

式中：环量 Γ_0 不再是代数值，是绝对值（等于 $2\pi r_0^2\omega$）。

2. 速度分布

由速度势或流函数与速度之间的关系，可以直接求得流场的速度分布：

$$\begin{cases} v_r = \dfrac{\partial\varphi}{\partial r} = v_0\cos\theta\left(1 - \dfrac{r_0^2}{r^2}\right) \\ v_\theta = \dfrac{1}{r}\dfrac{\partial\varphi}{\partial\theta} = -v_0\sin\theta\left(1 + \dfrac{r_0^2}{r^2}\right) - \dfrac{\Gamma_0}{2\pi r} \end{cases} \tag{5.4.37}$$

在 $r = r_0$ 上

$$\begin{cases} v_r = 0 \\ v_\theta = -2v_0\sin\theta - \dfrac{\Gamma_0}{2\pi r_0} \end{cases} \tag{5.4.38}$$

图 5.4.7 上绘制了流线。可见，流动仅对称于 y 轴，不再对称于 x 轴了。在圆柱体的上半部分，各流体质点的速度为绕圆柱体无环量流动和涡旋运动两者速度的相加，而下半部分为两者的相减。所以，上半部分各点速度比下半部分对应点（对称于 x 轴的点）速度为大，流线也密。

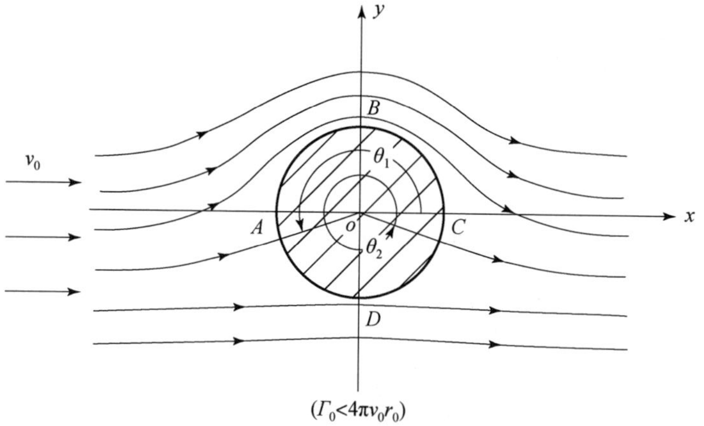

图 5.4.7　绕圆柱体的有环流流动（$\Gamma_0 < 4\pi v_0 r_0$）

令式(5.4.38)等于 0 可决定驻点位置：

$$\sin\theta = -\frac{\Gamma_0}{4\pi v_0 r_0} \tag{5.4.39}$$

式中：θ 为驻点的“极角”（在图 5.4.7 中 θ_1 和 θ_2）。根据 Γ_0 相对于 $4\pi v_0 r_0$ 的数值，将有图 5.4.7 和图 5.4.8 所示的三种不同的流动图形。

（1）$\Gamma_0 < 4\pi v_0 r_0$。在柱面上有两个驻点，即图 5.4.7 中 A 和 C 两点。整个流动图形如图 5.4.7 所示。

（2）$\Gamma_0 = 4\pi v_0 r_0$。在柱面上只有一个驻点，即在负 y 轴上 D 点。整个流动图形如图 5.4.8(a)所示。

（3）$\Gamma_0 > 4\pi v_0 r_0$。在柱面上无驻点，整个流动图形如图 5.4.8(b)所示。

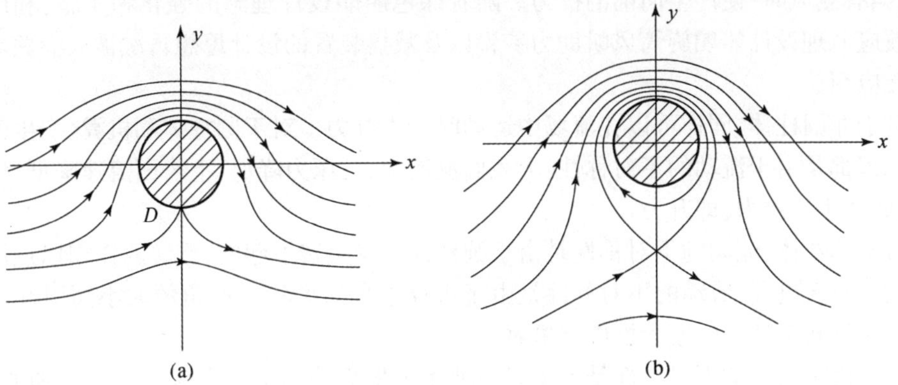

图5.4.8　环流大小对流动图形的影响

3. 压强分布

不计质量力的影响,或者圆柱体的轴线与质量力方向垂直,并设无限远处的流体的压强为 p_0。与柱面重合的流线 $\psi=\frac{\Gamma_0}{2\pi}\ln r_0$ 上列出伯努利积分方程,得到柱面上压强分布为

$$p-p_0=\frac{1}{2}\rho v_0^2\left[1-\left(2\sin\theta+\frac{\Gamma_0}{2\pi v_0 r_0}\right)^2\right]$$

压力系数为

$$C_p=1-\left(2\sin\theta+\frac{\Gamma_0}{2\pi v_0 r_0}\right)^2$$

4. 压强合力

因为流动分布对称于 y 轴,显然合力在 x 轴上的分量,即阻力 $R=0$;合力在 y 轴上分量,即升力为

$$L=\oiint_S -p\sin\theta \mathrm{d}S=\int_0^{2\pi}-\left\{p_0+\frac{1}{2}\rho v_0^2\left[1-\left(2\sin\theta+\frac{\Gamma_0}{2\pi v_0 r_0}\right)^2\right]\right\}\sin\theta\cdot r_0\mathrm{d}\theta\cdot l$$

积分运算得

$$L=\rho v_0\Gamma_0 l \tag{5.4.40}$$

可见理想流体对有环量圆柱体有力的作用,即升力。力的大小等于流体来流速度、环量和圆柱体长度的乘积,方向垂直于来流速度,沿 $\boldsymbol{v}_0$ 方向逆速度环量的转向90°后的方向。由于升力也是压差力,实际判断时,可以根据速度分布,实际也是压强分布来判断。例如:图5.4.7中,上半部分流动速度大、压强小,而下半部分流动速度小、压强大,因此压强合力(升力)垂直向上。

类似于压力系数,升力也可以用"升力系数"来表示:

$$C_L=\frac{L}{\frac{1}{2}\rho v_0^2 A}=\frac{\Gamma_0}{v_0 r_0} \tag{5.4.41}$$

式中:$A=2r_0 l$,为圆柱体在 v_0 方向上投影面积。

打乒乓时的弧圈球和踢足球时的香蕉球,均可以采用以上理论来说明。历史上曾经采用这个原理(称为马格纳斯效应(Magnus effect)),设计了一艘用旋转圆柱体替代风帆的船，当有侧风时，便产生向前的推力。随着绿色船舶设计理念的强化和实施，利用马格纳斯效应原理设计船舶旋筒风帆助力装置以及减摇装置的设计思想再次被人们关注并得到实际应用。

对于非圆柱体，同样可以在流场中运动时产生升力。对于圆柱体和机翼，产生升力的根本原因都是由于流动的不对称性：上表面流速增大，压力降低，下表面流速降低，压力增大，从而产生压差力，即升力。

对于圆柱体，流动的不对称性是由于圆柱体本身旋转引起的，旋转的作用以点涡环量来度量。对于机翼，流动的不对称性是由于机翼本身的形状和冲角的大小而引起的。下面将有关旋转圆柱体的概念推广到机翼。

假设机翼的流动不对称性是由于某一种无环量流动和某一个涡旋运动叠加的结果。涡旋环量 Γ_0 的存在使得机翼产生相应的升力 L。因此，对于机翼，升力也可以表示为式(5.4.40)的形式，这就是著名的“库塔－茹科夫斯基定理(Kutta Joukowski theorem)”。有关此定理，后面将详细介绍。

圆柱体和机翼在升力方面的根本区别在于它们产生环量的原因不同：圆柱体由于转动，机翼则由本身形状所引起。例如：流体绕机翼流动的实际流动图形如图5.4.9(a)所示，后驻点在后缘尖端，这里流动光滑，速度为零或者有限。但按理论分析，绕机翼无环量流动的图形如图5.4.9(b)所示，后驻点在上表面靠后，绕过尖端的速度为无限大，这不符合实际流动。如果叠加一个涡旋运动，如图5.4.9(c)所示，则可以得到接近实际流动的图形。可见机翼的实际流动可以用理想流体的无环量运动与一个涡旋运动来代替，这个代替机翼的涡旋称为附着涡，这在机翼理论中有专门讨论。

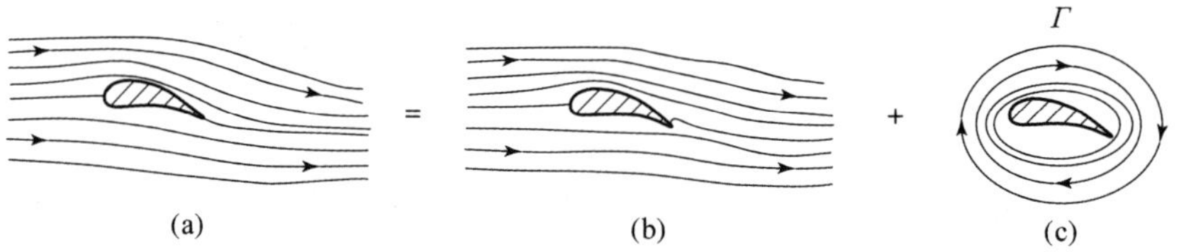

图5.4.9　机翼绕流

5.5　不可压缩势流平面流动的保角变换法

设物理平面为 z，无穷远处有速度为 v_∞、方向为 α 角的均匀来流绕过物体周线为 C 的比较复杂的无限长柱体(图5.5.1(a))。对于这样的流动，一般难以直接获得流动的解。但如果能找到一个解析函数 $z=f(\zeta)$，其反函数为 $\zeta=f^{-1}(z)$，将复杂周线 C 变换为辅助平面 ζ 上形状比较简单的周线 C^*(如圆周，如图5.5.1(b)所示)，将 C 外的区域单值保角变换到平面 ζ 上 C^* 外的区域，并且规定 $z=\infty$ 对应于 $\zeta=\infty$。在这样的变换下，辅助平面 ζ 上就形成了一个在无穷远处有速度为 v_∞^* 的均匀来流绕过周线为 C^* 物体的流动。辅助平面 ζ 上的流动的复势往往是容易获得的，通过变换关系 $\zeta=f^{-1}(z)$，就可以求得物理平面上的流动复势。这个求解过程称为平面势流的保角变换法。

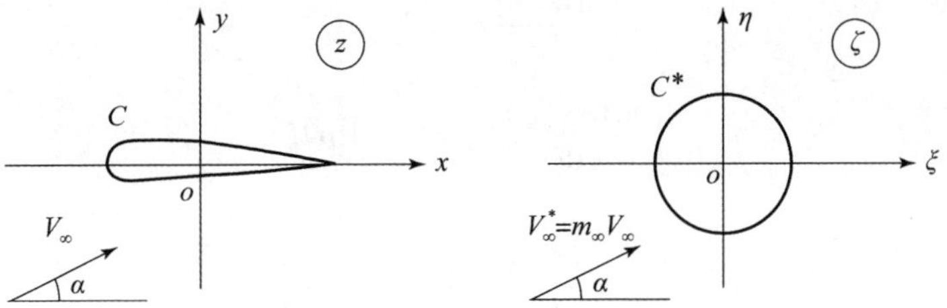

(a) 物理平面z　　(b) 辅助平面ζ

图 5.5.1　平面势流保角变换法

5.5.1　保角变换的概念和对应的流动关系

1. 保角变换的概念

设有两个复变数为

$$\begin{cases} z = x + \mathrm{i}y \\ \zeta = \xi + \mathrm{i}\eta \end{cases} \tag{5.5.1}$$

它们分别在物理平面 z 和辅助平面 ζ 上定义。它们之间存在变换函数关系为

$$z = f(\zeta) \tag{5.5.2}$$

如果 $z = f(\zeta)$ 在定义域内是单叶(物理平面 z 和辅助平面 ζ 上的对应点一一对应)的、解析的,并且其导数 $f'(\zeta)$ 在域内处处都不等于零,则此变换称为“保角变换”。当函数在边界上连续,在域内处处解析或只有一个一阶极点时,这种保角变换将 ζ 平面上的一个区域变换为 z 平面的一个区域,把 ζ 平面上的这一区域的边界变换为 z 平面上对应区域的边界,而且保持边界上对应点的顺序不变。

2. 变换关系

1) 两平面对应点上的复势、等势线和流线相对应

设 z 平面上的复势为

$$W(z) = \varphi(x,y) + \mathrm{i}\psi(x,y) \tag{5.5.3}$$

将式(5.5.2)代入式(5.5.3)得

$$W(z) = W[f(\zeta)] = W^*(\zeta) \tag{5.5.4}$$

变换得到的 $W^*(\zeta)$ 仍然为一解析函数,即

$$W^*(\zeta) = \Phi(\xi,\eta) + \mathrm{i}\Psi(\xi,\eta) \tag{5.5.5}$$

将式(5.5.3)和式(5.5.5)代入式(5.5.4)得

$$\begin{cases} \Phi(\xi,\eta) = \varphi(x,y) \\ \Psi(\xi,\eta) = \psi(x,y) \end{cases} \tag{5.5.6}$$

即 ζ 平面上等势线和流线与 z 平面上等势线和流线相对应。

2) 对应曲线上的流量和环流保持不变

在对应曲线 l 上,有

$$\int_l \frac{\mathrm{d}W(z)}{\mathrm{d}z}\mathrm{d}z = \int_l \frac{\mathrm{d}W[f^{-1}(\zeta)]}{\mathrm{d}z}\mathrm{d}z = \int_{l'} \frac{\mathrm{d}W^*(\zeta)}{\mathrm{d}\zeta}\frac{\mathrm{d}\zeta}{\mathrm{d}z}\mathrm{d}z = \int_{l'} \frac{\mathrm{d}W^*(\zeta)}{\mathrm{d}\zeta}\mathrm{d}\zeta$$

由于

$$\int_l \frac{\mathrm{d}W(z)}{\mathrm{d}z}\mathrm{d}z = \Gamma + \mathrm{i}Q$$

$$\int_{l'} \frac{\mathrm{d}W^*(\zeta)}{\mathrm{d}\zeta}\mathrm{d}\zeta = \Gamma^* + \mathrm{i}Q^*$$

则

$$\begin{cases}\Gamma = \Gamma^* \\ Q = Q^*\end{cases} \tag{5.5.7}$$

可见,在对应的曲线上,其环流和流量在变换前后保持不变。

3)对应点的复速度呈一定比例变化

$$\frac{\mathrm{d}W(z)}{\mathrm{d}z} = \frac{\mathrm{d}W[f(\zeta)]}{\mathrm{d}z} = \frac{\mathrm{d}W^*(\zeta)}{\mathrm{d}\zeta}\cdot\frac{\mathrm{d}\zeta}{\mathrm{d}z}$$

在无穷远处:

$$\left.\frac{\mathrm{d}W^*(\zeta)}{\mathrm{d}\zeta}\right|_\infty = \left.\frac{\mathrm{d}W(z)}{\mathrm{d}z}\right|_\infty \cdot \left.\frac{\mathrm{d}z}{\mathrm{d}\zeta}\right|_\infty = m_\infty \left.\frac{\mathrm{d}W(z)}{\mathrm{d}z}\right|_\infty \tag{5.5.8}$$

式中:$m_\infty = \left.\frac{\mathrm{d}z}{\mathrm{d}\zeta}\right|_\infty$,如果其为实常数,则表示辅助平面 ζ 上远方速度较物理平面 z 上放大 m_∞ 倍,方向不变。例如:如果在辅助平面 ζ 上设置的均匀来流大小为 $m_\infty v_\infty$,方向角为 α,即

$$\left.\frac{\mathrm{d}W^*(\zeta)}{\mathrm{d}\zeta}\right|_\infty = m_\infty v_\infty \mathrm{e}^{-\mathrm{i}\alpha}$$

则在物理平面上,无穷远处速度将是

$$\left.\frac{\mathrm{d}W(z)}{\mathrm{d}z}\right|_\infty = \left.\left(\frac{\mathrm{d}W^*(\zeta)}{\mathrm{d}\zeta}\cdot\frac{\mathrm{d}\zeta}{\mathrm{d}z}\right)\right|_\infty = v_\infty \mathrm{e}^{-\mathrm{i}\alpha}$$

这是速度大小为 v_∞,方向角为 α 的均匀直线流的复速度。反之说明,对于速度为 v_∞,方向角为 α 的均匀直线流绕过物体时,利用保角变换法使得物体周界变换为辅助平面 ζ 上较简单的周界,此时在平面 ζ 上应设置一个速度为 $m_\infty v_\infty$,方向仍为 α 角的均匀直线流动。如果 m_∞ 为复常数,则表示远方速度方向可能改变。

3. 采用保角变换求解流体力学问题思路

(1)通过解析变换 $z=f(\zeta)$ 将物理平面 z 上比较复杂的物面周线变成辅助平面 ζ 上简单形状周线,通常变为无限长直线或圆。

(2)确立物理平面与辅助平面关系。

(3)把辅助平面上流动的解求出,以确定物理平面流动。

5.5.2 几种常用的保角变换关系

1. 平移变换

变换函数为

$$z = \zeta + b \tag{5.5.9}$$

式中:$b = b_1 + \mathrm{i}b_2$ 是复常数。

在 z 平面上,$z = x + \mathrm{i}y$。在 ζ 平面上,$\zeta = \xi + \mathrm{i}\eta$。由式(5.5.9),得

$$\begin{cases}\xi = x - b_1 \\ \eta = y - b_2\end{cases} \tag{5.5.10}$$

可见平移变换后,边界形状不变,只是整个图形平移了 b 的距离。图 5.5.2 所示的是 ζ 平面上的一个圆平移到 z 平面上的情况

对于复速度,有

$$\bar{v}(z) = \frac{\mathrm{d}W(z)}{\mathrm{d}z} = \frac{\mathrm{d}W^*(\zeta)}{\mathrm{d}\zeta}\frac{\mathrm{d}\zeta}{\mathrm{d}z} = \frac{\mathrm{d}W^*(\zeta)}{\mathrm{d}\zeta}\Big/\frac{\mathrm{d}z}{\mathrm{d}\zeta} = \frac{\mathrm{d}W^*(\zeta)}{\mathrm{d}\zeta} = \bar{v}(\zeta)$$

从而来流速度: $\bar{v}_\infty(z) = \bar{v}_\infty(\zeta)$,即大小方向不变。

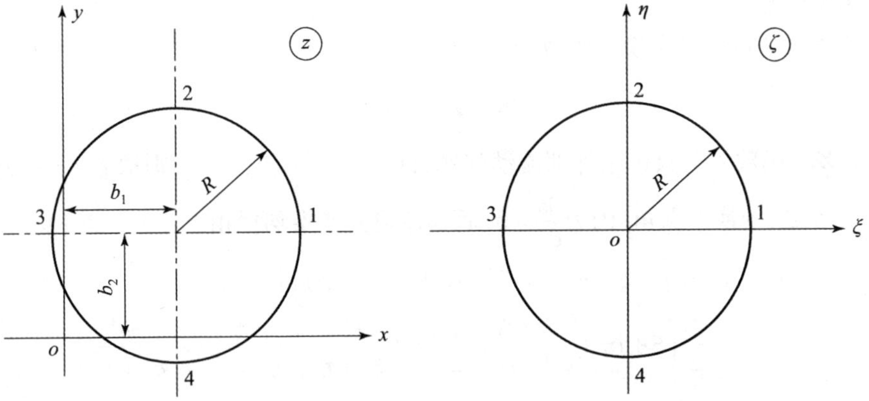

(a) 物理平面z　　(b) 辅助平面ζ

图 5.5.2　平移变换

2. 旋转变换

变换函数为

$$z = \zeta e^{i\beta} \tag{5.5.11}$$

在 z 平面上, $z = x + iy = re^{i\theta}$。在 ζ 平面上, $\zeta = \xi + i\eta = \rho e^{i\alpha}$。由式(5.5.11),得

$$\begin{cases}\rho = r \\ \alpha = \theta - \beta\end{cases} \tag{5.5.12}$$

可见经过旋转变换后,边界形状不变,但整体图形转过了 β 角度,如图 5.5.3 所示。

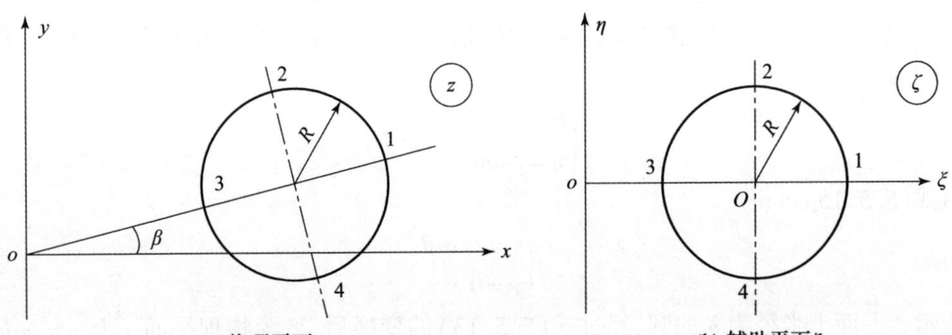

(a) 物理平面z　　(b) 辅助平面ζ

图 5.5.3　旋转变换

复速度之间的关系为

$$\bar{v}(z)=\frac{\mathrm{d}W(z)}{\mathrm{d}z}=\frac{\mathrm{d}\zeta}{\mathrm{d}z}\frac{\mathrm{d}\Omega(\zeta)}{\mathrm{d}\zeta}=\bar{v}(\zeta)\mathrm{e}^{-\mathrm{i}\beta}$$

来流速度：$\bar{v}_\infty(z)=\bar{v}_\infty(\zeta)\mathrm{e}^{-\mathrm{i}\beta}$，即大小没变，但方向转过$\beta$角度。

3. 茹可夫斯基变换

变换函数为

$$z=\frac{1}{2}\left(\zeta+\frac{b^2}{\zeta}\right) \tag{5.5.13}$$

式中：b为实常数。

由式(5.5.13)得到变换反函数为

$$\zeta=z\pm\sqrt{z^2-b^2} \tag{5.5.14}$$

这是一个多值函数。若只讨论外部流动问题，即$z\to\infty$对应$\zeta\to\infty$，则取$\zeta=z+\sqrt{z^2-b^2}$，但在$z=\pm b$处，变换不保角，因为$\dfrac{\mathrm{d}z}{\mathrm{d}\zeta}=0$，而其他地方变换均保角。

将$z=x+\mathrm{i}y=r\mathrm{e}^{\mathrm{i}\theta}$和$\zeta=\xi+\mathrm{i}\eta=\rho\mathrm{e}^{\mathrm{i}\alpha}$代入式(5.5.13)得

$$x+\mathrm{i}y=\frac{1}{2}\left(\xi+\mathrm{i}\eta+\frac{b^2}{\xi+\mathrm{i}\eta}\right)=\frac{1}{2}\left(\xi+\frac{\xi b^2}{\xi^2+\eta^2}\right)+\mathrm{i}\,\frac{1}{2}\left(\eta-\frac{\eta b^2}{\xi^2+\eta^2}\right)$$

于是

$$\begin{cases}x=\dfrac{1}{2}\xi\left(1+\dfrac{b^2}{\xi^2+\eta^2}\right)\\ y=\dfrac{1}{2}\eta\left(1-\dfrac{b^2}{\xi^2+\eta^2}\right)\end{cases} \tag{5.5.15a}$$

或者写成极坐标的形式为

$$\begin{cases}x=\dfrac{1}{2}\rho\cos\alpha\left(1+\dfrac{b^2}{\rho^2}\right)\\ y=\dfrac{1}{2}\rho\sin\alpha\left(1-\dfrac{b^2}{\rho^2}\right)\end{cases} \tag{5.5.15b}$$

下面讨论采用茹可夫斯基变换式(5.5.13)或式(5.5.14)后前后图形的变化。

(1)圆变换为直线或直线变换为圆。假设ζ平面上有圆心在原点半径为b的圆，其参数方程为

$$\begin{cases}\xi=b\cos\alpha\\ \eta=b\sin\alpha\end{cases}\text{或}\rho=b$$

则由式(5.5.15)可得

$$\begin{cases}x=b\cos\theta\\ y=0\end{cases}$$

这表示ζ平面上半径为b的圆，经过式(5.5.13)的变换后，变为物理平面z上$x=\pm b$之间的直线段；反之z平面上$x=\pm b$之间的直线段，经过式(5.5.14)的变换后，变为ζ平面上半径为b的圆，如图5.5.4所示。

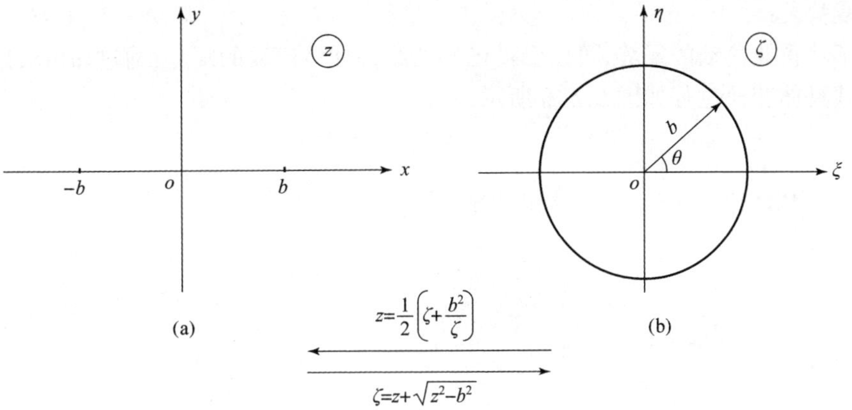

图 5.5.4　直线段与圆周之间的变换

(2)圆变换为椭圆或椭圆变换为圆。假设 ζ 平面上有圆心在原点半径为 a 的圆,其参数方程为

$$\begin{cases}\xi = a\cos\alpha \\ \eta = a\sin\alpha\end{cases} \text{或} \rho = a > b$$

则由式(5.5.15)可得椭圆方程为$\frac{x^2}{a_1^2}+\frac{y^2}{b_1^2}=1$,其中

$$\begin{cases}a = a_1 + b_1 \\ b = \sqrt{a_1^2 - b_1^2}\end{cases}$$

这表示 ζ 平面上半径为 $a>b$ 的圆,经过式(5.5.13)的变换后,变为物理平面 z 上长轴在 x 轴上的椭圆,其焦点为 $x=\pm b$;反之 z 平面上椭圆,经过式(5.5.14)的变换后,变为 ζ 平面上半径为 $a>b$ 的圆,如图 5.5.5 所示。因此,如果要求解某一椭圆形柱面绕流,则可采用上述茹可夫斯基变换,只要将 $b=\sqrt{a_1^2-b_1^2}$代入变换公式即可。

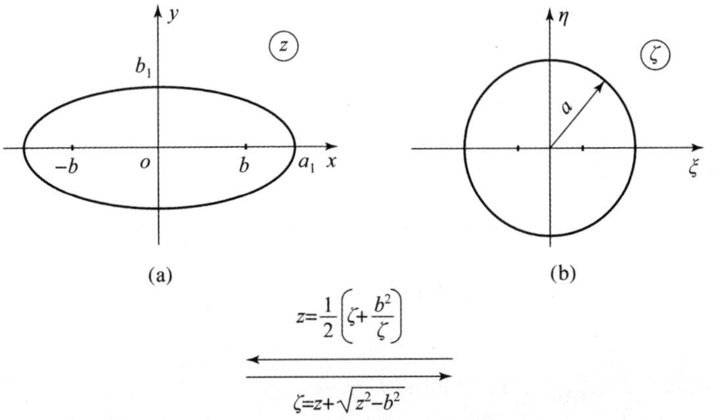

图 5.5.5　椭圆与圆周之间的变换

5.5.3　绕平板无环流流动

1. 平板横向绕流

假设平板宽为 $2a$,流体以垂直于平板的速度绕平板流动,如图 5.5.6(a)所示,求其

流动的复势。

为了获得此流动的复势,可以借助已知的绕圆柱体流动的复势,通过茹可夫斯基变换获得。其具体变换过程如图 5.5.6 所示。

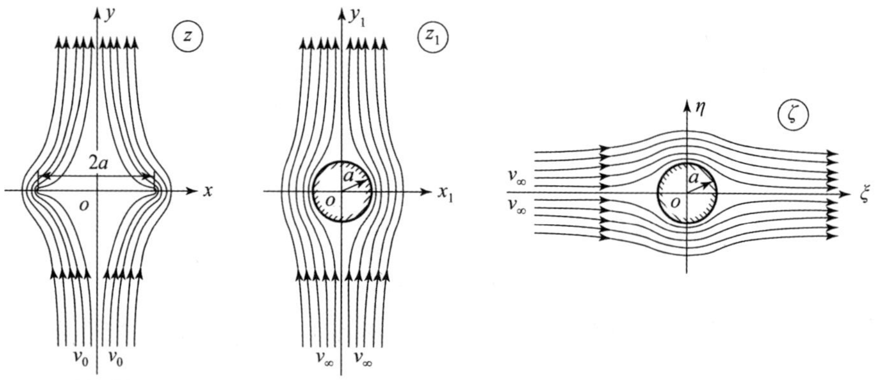

(a) 平板横向绕流　(b) 圆柱横向绕流　(c) 圆柱纵向绕流 (速度下标)

图 5.5.6　平板横向绕流

已知圆柱纵向绕流的复势为

$$W(\zeta) = |v_\infty|\left(\zeta + \frac{r_0^2}{\zeta}\right) \tag{5.5.16}$$

ζ 平面到辅助平面 z_1 的变换关系式为

$$z_1 = \zeta e^{i\frac{\pi}{2}} = i\zeta$$

得

$$\zeta = z_1 e^{-i\frac{\pi}{2}} = -iz_1 \tag{5.5.17}$$

将式(5.5.17)代入式(5.5.16)得

$$W(z_1) = |v_\infty|\left(-iz_1 - \frac{r_0^2}{iz_1}\right) = -i|v_\infty|\left(z_1 - \frac{r_0^2}{z_1}\right) \tag{5.5.18}$$

z_1 平面到物理平面 z 的变换关系式为

$$z_1 = z + \sqrt{z^2 - b^2} \tag{5.5.19}$$

将式(5.5.19)代入到式(5.5.18)得

$$W(z) = -i|v_\infty|\left(z + \sqrt{z^2 - b^2} - \frac{r_0^2}{z + \sqrt{z^2 - b^2}}\right) \tag{5.5.20}$$

根据给定条件,式中:$r_0 = a, b = a$。式(5.5.20)简化得

$$W(z) = -2i|v_\infty|\sqrt{z^2 - a^2}$$

由无穷远处条件确定 v_0 与 v_∞ 之间的关系:

$$\left.\frac{dW(z)}{dz}\right|_{z=-\infty} = -i|v_o| = -2i|v_\infty|\left.\frac{z}{\sqrt{z^2 - a^2}}\right|_{z=-\infty} = -2i|v_\infty|$$

最终得到平板横向绕流的复势为

$$W(z) = -i|v_0|\sqrt{z^2 - a^2}$$

流体速度分布为

$$\bar{v}=\frac{\mathrm{d}W}{\mathrm{d}z}=-\mathrm{i}|v_0|\frac{z}{\sqrt{z^2-a^2}} \tag{5.5.21}$$

因平板表面方程为 $z=x,|x|<a$,所以

$$\bar{v}_{表面}=v_{表面}=\mp|v_0|\frac{x}{\sqrt{a^2-x^2}} \tag{5.5.22}$$

式(5.5.22)的符号,在平板的上表面取负号,下表面取正号,这样才能保证流动的真实情况并保证速度在边界上的连续。由 $v_{表面}=0$,即$\frac{x}{\sqrt{a^2-x^2}}=0$,得到驻点位置 $x=0$。

关于式(5.5.22)中"∓",还可以通过以下推导确定。

平板方程为 $x=a\cos\theta$;上表面:$x_{上}=a\cos\theta(0,\pi)$;下表面:$x_{下}=a\cos\theta(\pi,2\pi)$。由式(5.5.21)得,$\bar{v}_{表面}=v_{表面}=-|v_0|\frac{\cos\theta}{|\sin\theta|}$。从而上表面:$v_{表面}=-|v_0|\cot\theta$,下表面:$v_{表面}=+|v_0|\cot\theta$。合写为

$$\bar{v}_{表面}=v_{板}=\mp|v_0|\frac{x}{\sqrt{a^2-x^2}}$$

即式(5.5.22)。

或者直接根据上下表面流体流动方向定出:上表面正半轴($x>0$)流速为负,负半轴($x<0$)流速为正;下表面流向与上表面正好相反,因而表面速度符号选取需符合式(5.5.22)。

2. 平板纵向绕流

$$W(z)=|v_0|z \tag{5.5.23}$$

3. 平板倾斜绕流

1)复势

采取势流迭加:

$$W(z)=v_xz-\mathrm{i}v_y\sqrt{z^2-a^2}=|v_0|z\cos\alpha-\mathrm{i}|v_0|\sqrt{z^2-a^2}\sin\alpha \tag{5.5.24}$$

采用变换方法(这里只作简要推导):

$$W(\zeta)=|v_\infty|\left(\zeta+\frac{a^2}{\zeta}\right)$$

$$W(z_1)=|v_\infty|\left(z_1\mathrm{e}^{-\mathrm{i}\alpha}+\frac{a^2}{z_1\mathrm{e}^{-\mathrm{i}\alpha}}\right)=|v_\infty|\left(z_1\mathrm{e}^{-\mathrm{i}\alpha}+\frac{a^2\mathrm{e}^{\mathrm{i}\alpha}}{z_1}\right)=z_1\bar{v}_\infty+\frac{a^2}{z_1}v_\infty$$

$$\begin{aligned}W(z)&=\bar{v}_\infty(z+\sqrt{z^2-a^2})+\frac{v_\infty a^2}{z+\sqrt{z^2-a^2}}\\&=\bar{v}_\infty(z+\sqrt{z^2-a^2})+v_\infty(z-\sqrt{z^2-a^2})\\&=(v_\infty+\bar{v}_\infty)z+\sqrt{z^2-a^2}(\bar{v}_\infty-v_\infty)\\&=2|v_\infty|z\cos\alpha-2\mathrm{i}|v_\infty|\sin\alpha\sqrt{z^2-a^2}\end{aligned}$$

根据无穷远边界条件:$z\to\infty$,$v\to v_0$ 确定 v_∞ 大小:

$$\bar{v}_0=\left.\frac{\mathrm{d}W(z)}{\mathrm{d}z}\right|_{z=\infty}=2|v_\infty|\cos\alpha-2\mathrm{i}|v_\infty|\sin\alpha\cdot\left.\frac{2z}{2\sqrt{z^2-a^2}}\right|_{z\to\infty}=2\bar{v}_\infty$$

即 $2|v_\infty| = |v_o|$,从而

$$W(z) = |v_0|z\cos\alpha - \mathrm{i}|v_0|\sqrt{z^2 - a^2}\sin\alpha$$

即式(5.5.24)。如果 $\alpha = \frac{\pi}{2}$,则 $W(z) = -\mathrm{i}|v_0|\sqrt{z^2 - a^2}$,即式(5.5.20),表示横向绕流。

2)速度分布

$$\bar{v} = \frac{\mathrm{d}W}{\mathrm{d}z} = |v_0|\cos\alpha - \frac{\mathrm{i}|v_0|\sin\alpha}{\sqrt{z^2 - a^2}}z \tag{5.5.25}$$

平板两端的流速为无限大,即当 $z = \pm a$ 时,$|\bar{v}| = |v| = \infty$,这实际上是不可能的,必定存在涡旋。

令 $\bar{v} = 0$,即 $\bar{v} = |v_0|\cos\alpha - \frac{\mathrm{i}|v_0|\sin\alpha}{\sqrt{z^2 - a^2}}z = 0$,可求得驻点位置。因平板上 $z = x = a\cos\theta \leqslant a$,所以由 $|v_0|\cos\alpha = \frac{|v_0|\sin\alpha}{\sqrt{a^2 - x^2}}x$ 得 $\cos\alpha|\sin\theta| = \sin\alpha\cos\theta$。因此驻点为 $z = x = \pm a\cos\alpha$,其中 y 轴右侧平板上方取正号,在左边下方取负号。理由:$x = a\cos\theta = \begin{cases}\theta = 0,\pi(\text{上}) \\ \theta = \pi, 2\pi(\text{下})\end{cases}$,代入 $\cos\alpha|\sin\theta| = \sin\alpha\cos\theta$ 得,上侧 $\theta = \alpha$,下侧 $\theta = k\pi - \alpha$,所以 $x = \pm a\cos\alpha$。

由于流动没有环流,根据库塔-茹可夫斯基定理,$Y = -\rho v_0 \Gamma = 0$,即合力为0,平板没有受到流体的任何作用力。

5.5.4 绕平板有环流流动

根据复势的可叠加性,绕平板的有环流流动可以通过将无环流流动与一个环流的复势叠加得到,后者根据涡旋的复势利用上述同样的变换函数进行变换得到,而在变换过程中,环流大小不变。

1. 流动复势

假定涡旋为顺时针,涡旋在辅助平面 ζ 上的复势为

$$W_3(\zeta) = \frac{\mathrm{i}\Gamma}{2\pi}\ln\zeta$$

式中:Γ 取绝对值。经旋转变换 $\zeta = z_1 e^{-\mathrm{i}\alpha}$,得到涡旋在辅助平面 z_1 上的复势为

$$W_3(z_1) = \frac{\mathrm{i}\Gamma}{2\pi}\ln(z_1 e^{-\mathrm{i}\alpha}) = \frac{\mathrm{i}\Gamma}{2\pi}(\ln z_1 - \mathrm{i}\alpha) \tag{5.5.26}$$

由于复势中的常数不影响求解速度场,所以式(5.5.26)中的常数 $-\mathrm{i}\alpha$ 忽略不写。

经茹可夫斯基变换 $z_1 = z + \sqrt{z^2 - a^2}$,得到物理平面 z 上涡旋的复势表达式为

$$W_3(z) = \frac{\Gamma\mathrm{i}}{2\pi}\ln(z + \sqrt{z^2 - a^2}) \tag{5.5.27}$$

表示的是绕平板的纯环流流动的复势。用茹可夫斯基变换可以将半径为 a 的圆柱体变换为宽为 $2a$ 的平板,因此式(5.5.27)是满足绕平板流动内边界条件的。

根据复势叠加性,并结合前面得到的无环流流动复势,可以得到绕平板有环流流动的复势为

$$W(z) = |v_0|z\cos\alpha - \mathrm{i}|v_0|\sqrt{z^2-a^2}\sin\alpha + \frac{\Gamma \mathrm{i}}{2\pi}\ln(z+\sqrt{z^2-a^2})$$

2. 速度分布

$$\bar{v} = \frac{\mathrm{d}W}{\mathrm{d}z} = |v_0|\cos\alpha - \frac{\mathrm{i}|v_0|z\sin\alpha}{\sqrt{z^2-a^2}} + \frac{\Gamma \mathrm{i}}{2\pi}\frac{1}{\sqrt{z^2-a^2}}$$

$$\bar{v} = |v_0|\cos\alpha - \mathrm{i}\frac{2\pi z|v_0|\sin\alpha - \Gamma}{2\pi\sqrt{z^2-a^2}} \tag{5.5.28}$$

对于平板后缘点 $z=a$ 处,$z^2-a^2\to 0$,$v\to\infty$,实际不可能,故 $2\pi z|v_0|\sin\alpha - \Gamma = 0$,即

$$\Gamma = 2\pi z|v_0|\sin\alpha = 2\pi a|v_0|\sin\alpha \tag{5.5.29}$$

将式(5.5.29)代入式(5.5.28)得

$$\bar{v} = |v_0|\cos\alpha + \frac{\mathrm{i}|v_0|\sin\alpha}{\sqrt{z^2-a^2}}(a-z) \tag{5.5.30}$$

在平板表面上 $z=x$,$|x|<a$,则

$$\bar{v} = |v_0|\cos\alpha + \frac{\mathrm{i}|v_0|\sin\alpha}{\sqrt{z^2-a^2}}(a-z) = |v_0|\cos\alpha + |v_0|\sin\alpha\sqrt{\frac{a-z}{a+z}}$$

$$= |v_0|\cos\alpha \pm |v_0|\sin\alpha\sqrt{\frac{a-x}{a+x}}$$

平板上表面取正号,在下边取负号。其理由为

$$z = x = a\cos\theta$$

$$\bar{v}_{表面} = |v_0|\cos\alpha + \frac{|v_0|\sin\alpha}{a|\sin\theta|}a(1-\cos\theta)$$

$$= |v_0|\cos\alpha + |v_0|\sin\alpha\frac{1-\cos\theta}{|\sin\theta|}$$

3. 压强分布

得到速度分布后,就可以根据伯努利方程得到压强分布。压强分布通常用无量纲的压强系数表示,即

$$c_p = \frac{p-p_0}{\frac{1}{2}\rho|v_0|^2} = 1 - \left(\cos^2\alpha \pm 2\sin\alpha\sqrt{\frac{a-x}{a+x}}\cos\alpha + \sin^2\alpha\frac{a-x}{a+x}\right) \tag{5.5.31}$$

当冲角很小时,$\cos\alpha\approx 1$,$\sin\alpha\approx\alpha$,则

$$\begin{cases} c_{p上} = -2\alpha\sqrt{\dfrac{a-x}{a+x}} \\ c_{p下} = +2\alpha\sqrt{\dfrac{a-x}{a+x}} \end{cases} \tag{5.5.32}$$

可见,流体作用于平板上下表面的压强分布大小相等、方向相反,即形成了一压差,从而平板受到一合力。平板所受合力,即升力可由库塔－茹可夫斯基定理得到:

$$\bar{P} = \mathrm{i}\rho v_0\Gamma$$

$$|P| = 2\pi\rho|v_0|^2 a\sin\alpha \tag{5.5.33}$$

当冲角 α 很小时，

$$\sin\alpha \approx \alpha, |P| = L = 2\pi\rho |v_0|^2 a\alpha \tag{5.5.34}$$

升力系数为

$$C_L = \frac{L}{\frac{1}{2}\rho v_0^2 A} = \frac{L}{\frac{1}{2}\rho |v_0|^2 2a \cdot 1} \approx 2\pi\alpha \tag{5.5.35}$$

快艇在滑行状态时，可以当作为小冲角的平板绕流，但这时平板上面为空气，下面为水。根据表面压强分布的性质可以证明，在这种状态下所受力为原受力的一半，因此快艇所受到的升力为

$$L' = \pi\rho |v_0|^2 a\alpha, 或 C_L = \pi\alpha \tag{5.5.36}$$

例题 5.6：求椭圆 $\frac{x^2}{a^2} + \frac{y^2}{b^2} = 1$ 的绕流运动复势和复速度。已知来流速度为 v_0，流动方向与 x 轴正向夹角为 α。

解：应用茹可夫斯基变换 $\zeta = z + \sqrt{z^2 - b_1^2}$，可将椭圆变换为辅助平面上半径为 $a+b$ 的圆，式中 $b_1^2 = a^2 - b^2$，对应来流速度为 $\frac{1}{2}v_0$，方向不变。由 6.4.4 小节绕圆柱无环量运动内容，可得辅助平面上的运动复势为

$$W = \frac{1}{2}v_0\zeta \mathrm{e}^{-\mathrm{i}\alpha} + \frac{1}{2}v_0 \mathrm{e}^{\mathrm{i}\alpha}\frac{(a+b)^2}{\zeta}$$

将变换式代入得物理平面上绕椭圆柱的流动复势为

$$\begin{aligned} W &= \frac{1}{2}v_0\mathrm{e}^{-\mathrm{i}\alpha}(z + \sqrt{z^2 - b_1^2}) + \frac{1}{2}v_0\mathrm{e}^{\mathrm{i}\alpha}\frac{(a+b)^2}{(z + \sqrt{z^2 - b_1^2})} \\ &= \frac{1}{2}v_0\mathrm{e}^{-\mathrm{i}\alpha}(z + \sqrt{z^2 - b_1^2}) + \frac{1}{2}v_0\mathrm{e}^{\mathrm{i}\alpha}\left(\frac{a+b}{b_1}\right)^2(z - \sqrt{z^2 - b_1^2}) \end{aligned}$$

复速度为

$$\frac{\mathrm{d}W}{\mathrm{d}z} = \frac{1}{2}v_0\mathrm{e}^{-\mathrm{i}\alpha}\left(1 + \frac{z}{\sqrt{z^2 + b_1^2}}\right) + \frac{1}{2}v_0\mathrm{e}^{\mathrm{i}\alpha}\left(\frac{a+b}{b_1}\right)^2\left(1 - \frac{z}{\sqrt{z^2 - b_1^2}}\right)$$

5.6 不可压缩势流平面流动的镜像法

当源、汇、偶极、点涡等流场的奇点或物体周围还存在固体壁面情况下，如何去求解流场的复势呢？本节就介绍在流场中存在直线边界或圆周边界时求复势的一种特殊方法——镜像法。

镜像法的基本思想：设想以 C_l 为边界的区域 Ω' 之外有一组流体奇点 S，如在 Ω' 之内放置另外一组奇点 S' 之后，组合的流场中有一条流线与 C_l 重合，则奇点 S' 就是奇点 S 关于 C_l 的镜像，而由奇点 S 和 S' 构成的组合流场的复势就是 Ω' 之外区域 Ω 中流场的复势，具体如图 5.6.1 所示。

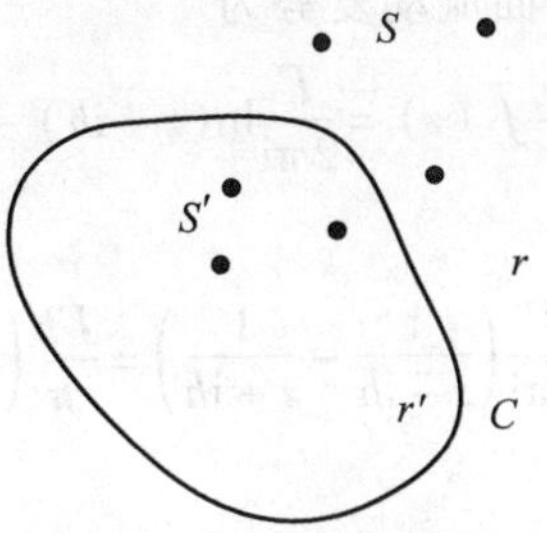

图 5.6.1　奇点及其镜像

5.6.1　平壁面镜像定理

首先讨论平面固壁边界的情况：一种情况是平面固壁位于 $y=0$，即 x 轴上；另一种情况是在 $x=0$，即 y 轴上。

1. $y=0$ 平壁面定理

设在无界流场中位于 $y>0$ 的上半平面中存在一组奇点，其复势为 $f(z)$，则当在流场中插入平板 $y=0$ 的平面固壁之后，上半平面流场的复势为

$$W(z)=f(z)+\bar{f}(z) \tag{5.6.1}$$

式中：$\bar{f}(z)$ 为 $f(z)$ 表达式中系数取共轭后得到的函数，即除 z 以外将 $f(z)$ 中所有虚数 i 改写为 $-\mathrm{i}$，例如：

$$\begin{cases} f(z)=\dfrac{\Gamma}{2\pi \mathrm{i}}\ln(z-z_1)+\dfrac{Q}{2\pi}\ln(z-z_2) \\ \bar{f}(z)=-\dfrac{\Gamma}{2\pi \mathrm{i}}\ln(z-\bar{z}_1)+\dfrac{Q}{2\pi}\ln(z-\bar{z}_2) \end{cases}$$

式中：$\bar{f}(z)$ 表示插入的平板对原流场带来的影响。

证明：首先 $f(z)$ 的奇点 z_j 已知，都位于 $y>0$ 的上半平面中，则 $\bar{f}(z)$ 的奇点 $\bar{z}_j$ 都位于下半平面 $y<0$ 之内，不破坏上半平面的奇性。

其次，考察平面固壁线 $y=0$。在 $y=0$ 上，$z=\bar{z}$，所以复势在 $y=0$ 上为

$$W(z)=f(z)+\bar{f}(z)=f(z)+\bar{f}(\bar{z})=f(z)+\overline{f(z)}$$

上式只有实部，虚部为零，即 $\psi=0$，说明 $y=0$ 是流线。

因此，式(5.6.1)是所要求的满足边界条件的复势。

例题 5.7：如图 5.6.2 所示，在 $z_0=\mathrm{i}h$ 处放置一个环量为 Γ 的点涡，$y=0$ 是一无限长固壁，试求流场复数及固壁上速度与压强分布。

解：当不存在固壁时，在 $z_0=\mathrm{i}h$ 处点涡诱导流场运动的复势是

$$f(z)=\frac{\Gamma}{2\pi \mathrm{i}}\ln(z-\mathrm{i}h)$$

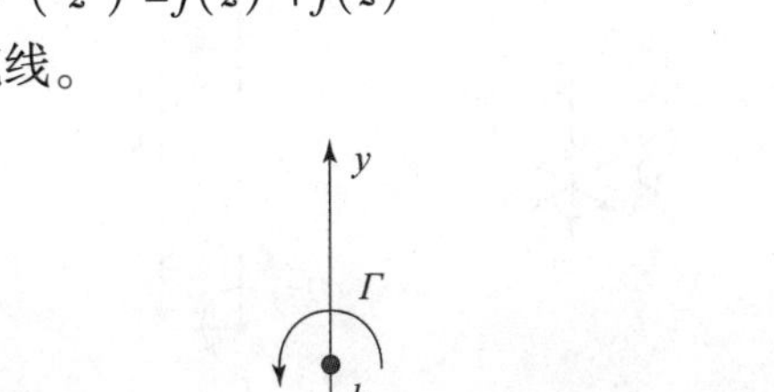

图 5.6.2　上半平面点涡

当放入固壁 $y=0$ 后，上半平面流动复势为

$$W(z)=f(z)+\bar{f}(z)=\frac{\Gamma}{2\pi i}\ln(z-ih)-\frac{\Gamma}{2\pi i}\ln(z+ih)$$

流场复速度为

$$\frac{dW}{dz}=\frac{\Gamma}{2\pi i}\left(\frac{1}{z-ih}-\frac{1}{z+ih}\right)=\frac{\Gamma h}{\pi}\left(\frac{1}{z^2+h^2}\right)$$

在固壁 $y=0$ 上

$$v_x=\frac{\Gamma h}{\pi}\left(\frac{1}{x^2+h^2}\right)$$

$$v_y=0$$

由伯努利方程可求得平面 $y=0$ 上压强分布为

$$p=C-\frac{1}{2}\rho v^2=C-\frac{1}{2}\rho\frac{\Gamma^2h^2}{\pi^2}\left(\frac{1}{x^2+h^2}\right)^2$$

2. $x=0$ 平壁面定理

设在无界流场中位于 $x>0$ 的右半平面中存在一组奇点，其复势为 $f(z)$，则当仅在流场中插入平板 $x=0$ 的平面固壁之后，上半平面流场的复势为

$$W(z)=f(z)+\bar{f}(-z) \tag{5.6.2}$$

式中：$\bar{f}(-z)$ 表示插入平板 $x=0$ 时对原流场带来的影响。请参照前面的方法加以证明该定理。

实际应用平面镜像定理时，只需注意壁面上流体不可穿透条件，就可定出映射点情况，这类似平面镜子成像。图 5.6.3 所示为点源、点涡流场在插入水平壁面和垂直壁面情况下的映射点位置以及成像，而成像点处的奇点与壁面对流场的影响是等价的。

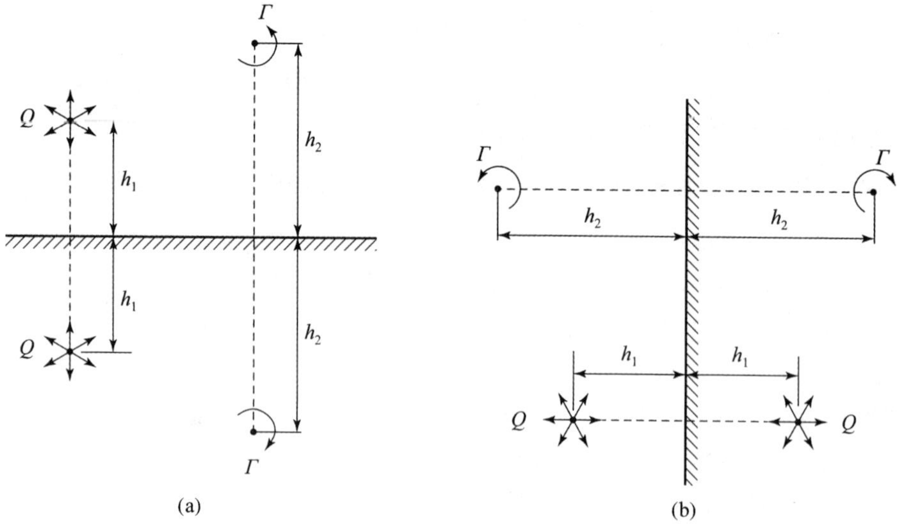

图 5.6.3　奇点平壁面成像

例题 5.8：如图 5.6.4 所示，一强度为 1 的源位于 (2,0) 点，y 轴为壁面，求解流场的复势以及壁面所受到的作用力。

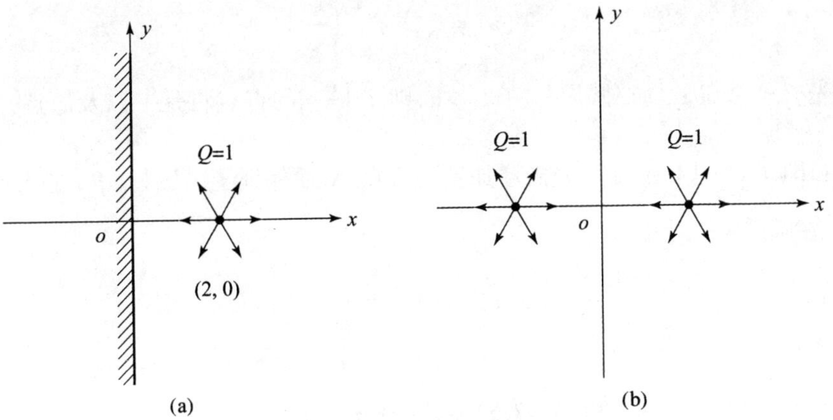

图 5.6.4　点源及其镜像

解:根据镜像定理:在$(-2,0)$处放置同样大小的源(图 5.6.4b),便可使得流动与存在壁面情况一样。

则流场的复势为

$$W(z)=\frac{Q}{2\pi}\ln(z-2)+\frac{Q}{2\pi}\ln(z+2)$$

在壁面,即 y 轴上的速度分布为

$$\begin{cases} v_x=\dfrac{\partial\varphi}{\partial x}=0 \\ v_y=\dfrac{\partial\varphi}{\partial y}=\dfrac{y}{\pi(4+y^2)} \end{cases}$$

并取 1、2 两点,其中 2 点在无限远处:

$$\begin{cases} 1\text{ 点}:v_y=\dfrac{y}{\pi(4+y^2)},p=? \\ 2\text{ 点}:v_y=v_\infty=0,p=p_0 \end{cases}$$

由伯努利积分得到压强分布为

$$p+\frac{1}{2}\rho v_y^2=p_0$$

因此壁面受到的合力为

$$R_x=\int_{-\infty}^{+\infty}(p_0-p)\mathrm{d}y=\int_{-\infty}^{+\infty}\frac{1}{2}\rho\frac{y^2}{\pi^2(4+y^2)^2}\mathrm{d}y$$

令 $y=\tan\alpha$,则

$$R_x=\frac{\rho}{2\pi^2}\int_{-\frac{\pi}{2}}^{\frac{\pi}{2}}\frac{1}{2}\sin^2\alpha\mathrm{d}\alpha=\frac{\rho}{2\pi^2}\int_0^{\frac{\pi}{2}}\sin^2\alpha\mathrm{d}\alpha=\frac{\rho}{8\pi}$$

即受到一吸力。

5.6.2　圆柱面镜像定理

理想不可压缩平面势流,设流场中无固壁时它的复势为 $f(z)$,$f(z)$的所有奇点都在圆 $|z|=a$ 外,今在流场中放置一半径为 a 的圆周 $|z|=a$,则复势为

$$W(z)=f(z)+\bar{f}\left(\frac{a^2}{z}\right) \tag{5.6.3}$$

证明：首先$f(z)$奇点z_i均在圆周外，$|z_i|>a$，则$\bar{f}\left(\frac{a^2}{z}\right)$的奇点将是$\frac{a^2}{z_i}$以及原点，因而它们均在圆内，即$\bar{f}\left(\frac{a^2}{z}\right)$不在$|z|>a$内增加新的奇点，从而保证了区域$|z|>a$的奇性。

其次在圆周$z=ae^{i\theta}$上

$$\frac{a^2}{z}=a\mathrm{e}^{-\mathrm{i}\theta}=\bar{z}$$

圆周上复势为

$$W(z)=f(z)+\bar{f}(z)=f(z)+\overline{f(z)}$$

上式只有实部，虚部为零，即$\psi=0$，说明$|z|=a$是流线。

应用圆周定理可以很简单地得到绕圆柱体流动的复势。

例题 5.9：设在$z=z_0$点有一强度为Γ的点涡，其复势为$W(z)=\frac{\Gamma}{2\pi\mathrm{i}}\ln(z-z_0)$，求插入半径为$a$的圆周$|z|=a$后得流场复势。

解：应用圆周定理为

$$W(z)=f(z)+\bar{f}\left(\frac{a^2}{z}\right)$$

式中

$$f(z)=\frac{\Gamma}{2\pi\mathrm{i}}\ln(z-z_0)$$

$$\bar{f}\left(\frac{a^2}{z}\right)=\frac{\Gamma\mathrm{i}}{2\pi}\ln\left(\frac{a^2}{z}-\bar{z}_0\right)$$

$$W(z)=\frac{\Gamma}{2\pi\mathrm{i}}\ln\left[\frac{z(z-z_0)}{a^2-z\bar{z}_0}\right]$$

5.7 定常绕流中柱体受力的复势表示

对于理想不可压缩流体平面无旋定常绕流问题，实际是求复势$W(z)$的问题。

5.7.1 作用力和作用力矩的布拉休斯公式

一般求解柱体上受力步骤为

$$W(z)\to \boldsymbol{v}\to p\to \boldsymbol{R}(\boldsymbol{M})$$

而下面引入的“布拉休斯公式(Blasius Formula)”，则提供了更为简单计算方法：

$$W(z)\xrightarrow{\text{Blasius}}\boldsymbol{R}(\boldsymbol{M})$$

布拉休斯合力(矩)计算公式，如下：

如图 5.7.1 所示，设有一任意形状的无限长柱

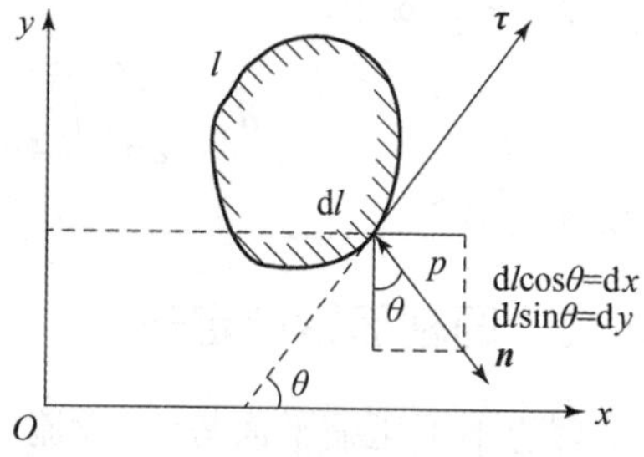

图 5.7.1 布拉休斯公式导出用图

体,它的轮廓线由围线 l 所组成,在理想流中,流体外形与流线重合,即 l 也是一条流线,设 $\boldsymbol{\tau}$ 及 $\boldsymbol{n}$ 为 l 的单位切线、内法线矢量(流场以外法线为正)。

柱体表面压力为 p,则作用在整个物体上的压力合力为

$$\boldsymbol{R} = \int_l p\boldsymbol{n}\mathrm{d}l$$

其中

$$R_x = \oint_l pn_x\mathrm{d}l = \oint_l -p\sin\theta\mathrm{d}l = \oint_l -p\mathrm{d}y$$

$$R_y = \oint_l pn_y\mathrm{d}l = \oint_l p\cos\theta\mathrm{d}l = \oint_l p\mathrm{d}x$$

令

$$\bar{R} = R_x - \mathrm{i}R_y$$

则

$$\bar{R} = \oint_l -p\mathrm{d}y - \mathrm{i}\oint_l p\mathrm{d}x = -\oint_l p(\mathrm{d}y + \mathrm{i}\mathrm{d}x) = -\mathrm{i}\oint_l p\mathrm{d}\bar{z}$$

由于

$$\mathrm{d}z = \mathrm{d}x + \mathrm{i}\mathrm{d}y = \mathrm{d}l\mathrm{e}^{\mathrm{i}\theta}$$

所以

$$\mathrm{d}\bar{z} = \mathrm{d}x - \mathrm{i}\mathrm{d}y = \mathrm{d}l\mathrm{e}^{-\mathrm{i}\theta} = \mathrm{d}z\mathrm{e}^{-2\mathrm{i}\theta}$$

沿着流线,应用伯努利积分方程可得

$$p + \frac{1}{2}\rho|v|^2 = c_l \text{ 或 } p = c_l - \frac{1}{2}\rho|v|^2$$

则

$$\bar{R} = \oint_l -\mathrm{i}\left(c_l - \frac{1}{2}\rho|v|^2\right)(\mathrm{d}x - \mathrm{i}\mathrm{d}y)$$

因为

$$\oint_l c_l\mathrm{d}x = c_l\oint_l \mathrm{d}x = 0,\ \oint_l c_l\mathrm{i}\mathrm{d}y = 0$$

所以

$$\bar{R} = \mathrm{i}\frac{\rho}{2}\oint_l |v|^2(\mathrm{d}x - \mathrm{i}\mathrm{d}y) = \mathrm{i}\frac{\rho}{2}\oint_l |v|^2\mathrm{e}^{-2\mathrm{i}\theta}\mathrm{d}z$$

而

$$|v|e^{-\mathrm{i}\theta} = \bar{v} = \frac{\mathrm{d}W}{\mathrm{d}z}$$

因此

$$\bar{R} = \mathrm{i}\frac{\rho}{2}\oint_l\left(\frac{\mathrm{d}W}{\mathrm{d}z}\right)^2\mathrm{d}z = R_x - \mathrm{i}R_y$$

即

$$\begin{cases} R_x = \mathrm{Re}\left[\dfrac{\mathrm{i}\rho}{2}\oint_l\left(\dfrac{\mathrm{d}W}{\mathrm{d}z}\right)^2\mathrm{d}z\right] \\ R_y = \mathrm{Im}\left[-\dfrac{\mathrm{i}\rho}{2}\oint_l\left(\dfrac{\mathrm{d}W}{\mathrm{d}z}\right)^2\mathrm{d}z\right] \end{cases} \tag{5.7.1}$$

作用在整个柱体上的压力合力矩为

$$\mathrm{d}M = x\mathrm{d}R_y - y\mathrm{d}R_x = p(x\mathrm{d}x + y\mathrm{d}y)$$

$$M = \oint_l p(x\mathrm{d}x + y\mathrm{d}y)$$

注意：

$$z\mathrm{d}\bar{z} = (x\mathrm{d}x + y\mathrm{d}y) + \mathrm{i}(y\mathrm{d}x - x\mathrm{d}y)$$

从而有

$$x\mathrm{d}x + y\mathrm{d}y = \mathrm{Re}(z\mathrm{d}\bar{z})$$

由于

$$\oint_l c_l(x\mathrm{d}x + y\mathrm{d}y) = c_l \frac{x^2 + y^2}{2}\bigg|_l = 0$$

最终得到：

$$M = -\frac{\rho}{2}\oint_l |v|^2(x\mathrm{d}x + y\mathrm{d}y) = \mathrm{Re}\left[-\oint_l \frac{\rho}{2}|v|^2 \mathrm{e}^{-2\mathrm{i}\theta} z\mathrm{d}z\right]$$

即

$$M = \mathrm{Re}\left[\oint_l -\frac{\rho}{2}\left(\frac{\mathrm{d}W}{\mathrm{d}z}\right)^2 z\mathrm{d}z\right] \tag{5.7.2}$$

式(5.7.1)和式(5.7.2)即为用于计算柱体所受合力和合力矩的布拉休斯公式。

例题 5.10：采用布拉休斯公式求解例 5.8。

解：流场复势为

$$W(z) = \frac{Q}{2\pi}\ln(z-2) + \frac{Q}{2\pi}\ln(z+2)$$

$$\frac{\mathrm{d}W}{\mathrm{d}z} = \frac{1}{2\pi}\left(\frac{1}{z-2} + \frac{1}{z+2}\right)$$

$$\left(\frac{\mathrm{d}W}{\mathrm{d}z}\right)^2 = \frac{1}{4\pi^2}\left[\left(\frac{1}{z-2}\right)^2 + \frac{1}{2}\left(\frac{1}{z-2} - \frac{1}{z+2}\right) + \left(\frac{1}{z+2}\right)^2\right]$$

$$\bar{R} = \oint_{|Z|=r_0=\infty} \frac{\rho\mathrm{i}}{2}\left(\frac{\mathrm{d}W}{\mathrm{d}z}\right)^2 \mathrm{d}z = (2\pi\mathrm{i}) \cdot \frac{-\rho\mathrm{i}}{4} \cdot \frac{1}{4\pi^2} = \frac{\rho}{8\pi} = R_x - \mathrm{i}R_y$$

这里是将无限长的平板看作是半径为 ∞ 的圆柱面，由于流体在右侧，故奇点在(-2,0)处，应用复变函数留数定理进行围道积分。最终，得

$$\begin{cases} R_x = \dfrac{\rho}{8\pi} \\ R_y = 0 \end{cases}$$

5.7.2 库塔－茹可夫斯基升力定理

库塔－茹可夫斯基升力定理，如下：

理想流体对任意形状柱体的作用力与无限远处流速 v_∞ 垂直，沿 v_0 方向逆速度环流 Γ_C 转向 90°，其大小为 $\rho v_\infty \Gamma_C$。

下面可采用布拉休斯公式及留数定理来证明库塔－茹可夫斯基升力定理。

假设无穷远均匀流流过一物体,在周界 C 以外无任何奇点,则对任一包围物体周界 C 的圆周 C_1,复速度在 C_1 外域中可展开为罗朗级数:

$$\frac{\mathrm{d}W}{\mathrm{d}z}=\cdots+\frac{a_{-n}}{z^n}+\cdots+\frac{a_{-1}}{z}+a_0+a_1z+\cdots+a_nz^n+\cdots \tag{5.7.3}$$

式中:系数为

$$a_m=\frac{1}{2\pi\mathrm{i}}\oint_{C_1}\frac{\frac{\mathrm{d}W}{\mathrm{d}z}}{z^{m+1}}\mathrm{d}z(m=0,\pm1,\pm2,\cdots) \tag{5.7.4}$$

特别是

$$a_{-1}=\frac{1}{2\pi\mathrm{i}}\oint_{C_1}\frac{\mathrm{d}W}{\mathrm{d}z}\mathrm{d}z=\frac{1}{2\pi\mathrm{i}}\oint_{C_1}(\mathrm{d}\varphi+\mathrm{i}\mathrm{d}\psi)=\frac{1}{2\pi\mathrm{i}}(\Gamma+\mathrm{i}Q)$$

因为无穷远来流速度大小为 v_∞,攻角为 α,则

$$\left.\frac{\mathrm{d}W}{\mathrm{d}z}\right|_{z\to\infty}=v_\infty\mathrm{e}^{-\mathrm{i}\alpha}$$

因此可以推出

$$a_0=V_\infty\mathrm{e}^{-\mathrm{i}\alpha},a_1=a_2=\cdots=0$$

这样,式(5.7.3)成为

$$\frac{\mathrm{d}W}{\mathrm{d}z}=V_\infty\mathrm{e}^{-\mathrm{i}\alpha}+\frac{Q-\mathrm{i}\Gamma}{2\pi}\frac{1}{z}+\frac{A_2}{z^2}+\cdots+\frac{A_n}{z^n}+\cdots \tag{5.7.5}$$

将式(5.7.5)代入布拉休斯公式,并注意到周界 C 上 Q 为零

$$\begin{aligned}\bar{R}&=\oint_C\frac{\rho\mathrm{i}}{2}\left(\frac{\mathrm{d}W}{\mathrm{d}z}\right)^2\mathrm{d}z=\mathrm{i}\frac{\rho}{2}\oint_C\left(V_\infty\mathrm{e}^{-\mathrm{i}\alpha}+\frac{Q-\mathrm{i}\Gamma}{2\pi}\frac{1}{z}+\frac{A_2}{z^2}+\cdots+\frac{A_n}{z^n}+\cdots\right)^2\mathrm{d}z\\&=\mathrm{i}\frac{\rho}{2}\oint_C\left(V_\infty\mathrm{e}^{-\mathrm{i}\alpha}\cdot\frac{Q-\mathrm{i}\Gamma}{\pi}\cdot\frac{1}{z}\right)\mathrm{d}z=-\pi\cdot\rho V_\infty\frac{\Gamma_C}{\pi\mathrm{i}}\mathrm{e}^{-\mathrm{i}\alpha}=\rho V_\infty\Gamma_C\mathrm{i}(\cos\alpha-\mathrm{i}\sin\alpha)\\&=\rho V_\infty\Gamma_C\sin\alpha+\mathrm{i}\rho V_\infty\Gamma_C\cos\alpha\end{aligned}$$

即

$$\begin{cases}R_x=\rho V_\infty\Gamma_C\sin\alpha\\R_y=-\rho V_\infty\Gamma_C\cos\alpha\end{cases}$$

写成矢量形式得

$$\boldsymbol{R}=R_x\boldsymbol{i}+R_y\boldsymbol{j}=\rho V_\infty\Gamma_C\sin\alpha\boldsymbol{i}-\rho V_\infty\Gamma_C\cos\alpha\boldsymbol{j}=\rho\boldsymbol{V}_\infty\times\boldsymbol{\Gamma}_C \tag{5.7.6}$$

这就是库塔-茹可夫斯基计算升力的公式。

对于合力矩,采用同样方法可以求出:

$$M=\mathrm{Re}\left[\oint_C-\frac{\rho}{2}\left(\frac{\mathrm{d}W}{\mathrm{d}z}\right)^2z\mathrm{d}z\right]=-\frac{1}{2}\rho\mathrm{Re}\left[2\pi\mathrm{i}\left(-\frac{\Gamma_C^2}{4\pi^2}+2V_\infty\mathrm{e}^{-\mathrm{i}\alpha}\cdot A_2\right)\right] \tag{5.7.7}$$

可见合力矩不仅与来流速度大小和方向有关,而且与复速度的罗朗级数中$\frac{1}{z^2}$项的系数有关,即与柱体剖面的周界形状和方位有关。

例题 5.11:分别用布拉休斯公式和库塔-茹可夫斯基定理求解绕圆柱体有环流流动

中柱体受到的作用力。

解:流场的复势以及复速度为

$$W(z)=v_0\left(z+\frac{r_0^2}{z}\right)+\frac{\Gamma\mathrm{i}}{2\pi}\ln z$$

$$\frac{\mathrm{d}W}{\mathrm{d}z}=v_0\left(1-\frac{r_0^2}{z^2}\right)+\frac{\Gamma\mathrm{i}}{2\pi z}$$

(1)应用布拉休斯公式得

$$\bar{R}=\oint_l\frac{\rho\mathrm{i}}{2}\left(\frac{\mathrm{d}W}{\mathrm{d}z}\right)^2\mathrm{d}z=\mathrm{i}\frac{\rho}{2}\oint_l\left[v_0^2\left(1-\frac{2r_0^2}{z^2}+\frac{r_0^2}{z^4}\right)-\frac{\Gamma^2}{4\pi^2z^2}+\frac{v_0\Gamma\mathrm{i}}{\pi z}-\frac{v_0r_0^2\Gamma_0\mathrm{i}}{\pi z^3}\right]\mathrm{d}z$$

应用留数定理:

$$\oint f(z)\,\mathrm{d}z=2\pi\mathrm{i}\,\mathrm{res}f(z)$$

$$\bar{R}=\frac{\rho\mathrm{i}}{2}\cdot2\pi\mathrm{i}\cdot\frac{v_0\Gamma\mathrm{i}}{\pi}=-\mathrm{i}\rho v_0\Gamma$$

则流体对物体的作用力为

$$\begin{cases}R_x=0\\R_y=\rho v_0\Gamma\end{cases}$$

(2)应用库塔-茹可夫斯基定理,则可直接求得结果。

5.8 不可压缩势流空间轴对称流动

在第2章中介绍了空间轴对称流动,这样的流动在实际工程中是常见的。对于不可压缩流体势流定常流动,既存在速度势,同时也存在流函数(斯托克斯流函数),本节专门讨论这样的流动。

5.8.1 基本流动

1. 空间均匀流

在空间中有速度为v_∞,平行于z轴的均匀流,在柱坐标系(r,ε,z)中,流场的速度分量为

$$\begin{cases}v_r=v_\varepsilon=0\\v_z=v_\infty\end{cases}\tag{5.8.1}$$

这个流动显然是轴对称且满足不可压缩和无旋条件。在柱坐标系下,速度势和流函数与速度之间的关系分别为

$$\begin{cases}\dfrac{\partial\varphi}{\partial z}=v_z=v_\infty\\\dfrac{\partial\varphi}{\partial r}=v_r=0\\\dfrac{\partial\varphi}{r\partial\varepsilon}=v_\varepsilon=0\end{cases}$$

$$\begin{cases}\dfrac{\partial\psi}{\partial z} = -rv_r = 0\\ \dfrac{\partial\psi}{\partial r} = rv_z = rv_\infty\\ \dfrac{\partial\psi}{\partial\varepsilon} = 0\end{cases}$$

速度势由下式求得

$$\varphi = \int \boldsymbol{v}.\,\mathrm{d}\boldsymbol{l} = \int v_r\mathrm{d}r + v_\varepsilon r\mathrm{d}\varepsilon + v_z\mathrm{d}z = v_\infty z \tag{5.8.2}$$

$$\psi = \int (rv_z)\,\mathrm{d}r - (v_r r)\,\mathrm{d}z = \frac{r^2}{2}v_\infty \tag{5.8.3}$$

利用球坐标系与柱坐标系之间的转换关系：

$$\begin{cases}z = R\cos\theta\\ r = R\sin\theta\end{cases}$$

可以得到空间均匀流动速度势和流函数在球坐标系中的表达式：

$$\varphi = v_\infty R\cos\theta \tag{5.8.4}$$

$$\psi = \frac{1}{2}v_\infty R^2\sin^2\theta \tag{5.8.5}$$

2. 空间点源(汇)

设源(汇)的强度为 Q_s，则在球坐标系(R,θ,ε)中，流场的速度分量为

$$\begin{cases}v_R = \dfrac{Q_s}{4\pi R^2}\\ v_\theta = v_\varepsilon = 0\end{cases} \tag{5.8.6}$$

在球坐标系下，速度势和流函数与速度之间的关系分别为

$$\begin{cases}v_R = \dfrac{\partial\varphi}{\partial R} = \dfrac{1}{R^2\sin\theta}\dfrac{\partial\psi}{\partial\theta} = \dfrac{Q_s}{4\pi R^2}\\ v_\theta = \dfrac{\partial\varphi}{R\partial\theta} = -\dfrac{1}{R\sin\theta}\dfrac{\partial\psi}{\partial R} = 0\\ v_\varepsilon = \dfrac{\partial\varphi}{R\sin\theta\partial\varepsilon} = 0\end{cases}$$

分别求得速度势和流函数：

$$\varphi = \int \boldsymbol{v}.\,\mathrm{d}\boldsymbol{l} = \int v_R\mathrm{d}R + v_\theta R\mathrm{d}\theta + R\sin\theta v_\varepsilon\mathrm{d}\varepsilon = -\frac{Q_s}{4\pi R} \tag{5.8.7}$$

$$\psi = \int -(v_\theta R\sin\theta)\,\mathrm{d}R + (R^2\sin\theta v_R)\,\mathrm{d}\theta = -\frac{Q_s}{4\pi}\cos\theta \tag{5.8.8}$$

利用柱坐标系与球坐标系之间的转换关系：

$$\begin{cases}R = \sqrt{r^2 + z^2}\\ \cos\theta = \dfrac{z}{R}\end{cases}$$

可以得到空间点源流动速度势和流函数在柱坐标系中的表达式：

$$\varphi = -\frac{Q_s}{4\pi\sqrt{r^2+z^2}} \tag{5.8.9}$$

$$\psi = -\frac{Q_s}{4\pi}\frac{z}{\sqrt{r^2+z^2}} \tag{5.8.10}$$

3. 空间偶极子

与平面偶极子一样,在空间等强度的点源和点汇构成空间偶极子。类似平面偶极子推导,可得到空间偶极子流动的速度势和流函数在球坐标系中的表达:

$$\begin{cases}\varphi = \tilde{M}_t \cdot \dfrac{\cos\theta}{R^2} \\ \psi = -\tilde{M}_t \cdot \dfrac{\sin^2\theta}{R}\end{cases} \tag{5.8.11}$$

式中

$$\tilde{M}_t = \lim_{\substack{\delta_s\to 0 \\ Q_s\to 0}} \frac{Q_s}{4\pi}\cdot\delta_s$$

式中:变量如图5.8.1所示。

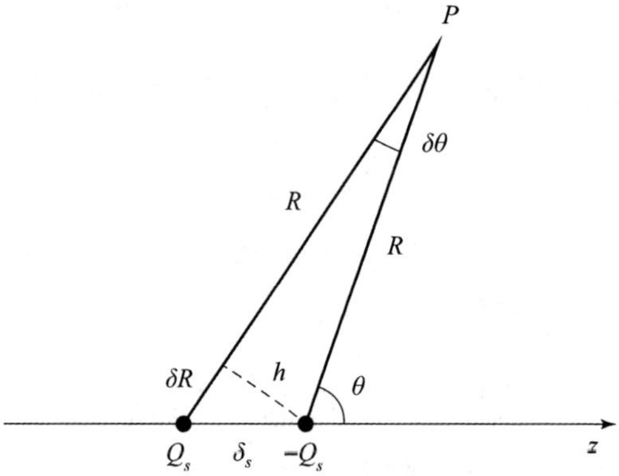

图5.8.1　相聚 δ_s 的点源和点汇

根据球坐标系与柱坐标系的转换关系,可以由式(5.8.11)得到柱坐标系中偶极子流动速度势和流函数:

$$\begin{cases}\varphi = \tilde{M}_t \dfrac{z}{(z^2+r^2)^{3/2}} \\ \psi = -\tilde{M}_t \dfrac{r^2}{(z^2+r^2)^{3/2}}\end{cases} \tag{5.8.12}$$

4. 线源(汇)

如图5.8.2所示,在 z 轴上自原点出发的长为 l_1 的线段上连续分布着强度相等的点源,这就是线源。

设单位长度线源上的流量为 q,线源微元 δl 所产生的流动流函数为

$$\delta\psi = -\frac{q\delta l}{4\pi}\cos\alpha$$

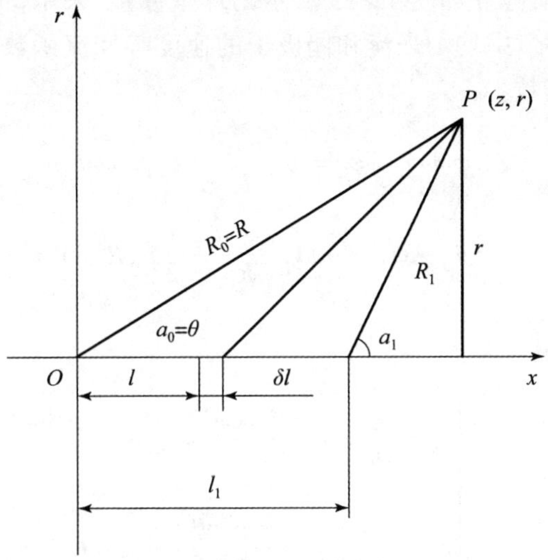

图 5.8.2　线源

因此整段线源所产生的流动的流函数为

$$\psi = \int_0^{l_1} -\frac{q}{4\pi}\cos\alpha\delta l = -\frac{q}{4\pi}\int_0^{l_1}\cos\alpha\delta l$$

由于 $z-l=r\cot\alpha$，即 $\mathrm{d}l=r\csc^2\alpha\mathrm{d}\alpha$，因此

$$\begin{aligned}\psi &= \int_0^{l_1} -\frac{q}{4\pi}\cos\alpha\delta l = -\frac{q}{4\pi}\int_{\alpha_0}^{\alpha_1} r\frac{\cos\alpha}{\sin^2\alpha}\mathrm{d}\alpha \\ &= -\frac{rq}{4\pi}\left(\frac{1}{\sin\alpha_0}-\frac{1}{\sin\alpha_1}\right) = -\frac{q}{4\pi}(R-R_1) \end{aligned} \tag{5.8.13}$$

同样可就得速度势为

$$\varphi = -\frac{1}{4\pi}\int_0^{l_1}\frac{q}{\sqrt{(z-l)^2+r^2}}\mathrm{d}l = \frac{q}{4\pi l_1}\ln\frac{\tan\dfrac{\theta_A}{2}}{\tan\dfrac{\theta_B}{2}} \tag{5.8.14}$$

5.8.2　基本流动叠加

1. 圆球绕流问题

无穷远处速度为 v_∞ 的均匀来流不脱体绕过半径为 a 的圆球(图 5.8.3)，求解流场。

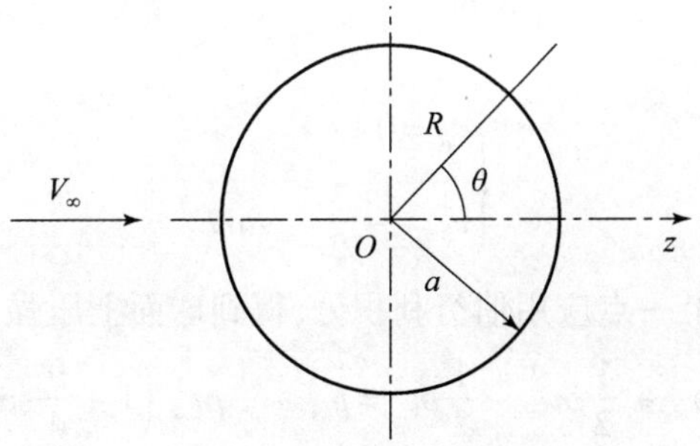

图 5.8.3　圆球定常绕流

上面是轴对称流动，建立如图5.8.3所示的球坐标系，采用奇点叠加法，求解圆球绕流问题。根据5.8.1小节中均匀来流和偶极子的速度势和流函数表达式，叠加得到圆球绕流场的速度势和流函数：

$$\varphi=\varphi_1+\varphi_2=\tilde{M}_t\frac{\cos\theta}{R^2}+v_\infty R\cos\theta \tag{5.8.15}$$

$$\psi=\psi_1+\psi_2=-\tilde{M}_t\frac{\sin^2\theta}{R}+\frac{1}{2}v_\infty R^2\sin^2\theta \tag{5.8.16}$$

流场的速度分布为

$$\begin{cases} v_R=\dfrac{\partial\varphi}{\partial R}=-\dfrac{2\tilde{M}_t\cos\theta}{R^3}+v_\infty\cos\theta \\ v_\theta=\dfrac{1}{R}\dfrac{\partial\varphi}{\partial\theta}=-\dfrac{\tilde{M}_t\sin\theta}{R^3}-v_\infty\sin\theta \end{cases} \tag{5.8.17}$$

由 $v_R=0$ 和 $v_\theta=0$ 求得两个驻点位置，具体为$\left(0,\left(\dfrac{2\tilde{M}_t}{v_\infty}\right)^{1/3}\right)$和$\left(\pi,\left(\dfrac{2\tilde{M}_t}{v_\infty}\right)^{1/3}\right)$。由于球面是个流面，即 $\psi|_{R=a}=0$，则

$$-\frac{\tilde{M}_t}{R}+\frac{1}{2}v_\infty a^2=0$$

由此可以确定偶极子强度为$\tilde{M}_t=\dfrac{v_\infty a^3}{2}$，将此代入式(5.8.15)、式(5.8.16)得均匀来流绕圆球流动的解为

$$\varphi=v_\infty\cos\theta\left(R+\frac{a^3}{2R^2}\right) \tag{5.8.18}$$

$$\psi=\frac{1}{2}v_\infty\sin^2\theta\left(R^2-\frac{a^3}{R}\right) \tag{5.8.19}$$

将式(5.8.18)、式(5.8.19)代入式(5.8.17)得速度分布为

$$\begin{cases} v_R=\dfrac{\partial\varphi}{\partial R}=v_\infty\cos\theta\left(1-\dfrac{a^3}{R^3}\right) \\ v_\theta=\dfrac{1}{R}\dfrac{\partial\varphi}{\partial\theta}=-v_\infty\sin\theta\left(1+\dfrac{a^3}{2R^3}\right) \end{cases} \tag{5.8.20}$$

在球面 $R=a$ 上，

$$\begin{cases} v_R=0 \\ v_\theta=-\dfrac{3}{2}v_\infty\sin\theta \end{cases}$$

对无穷远点与球面上一点应用伯努利积分，得到球面上压强分布为

$$p=p_\infty+\frac{1}{2}\rho v_\infty^2-\frac{1}{2}\rho v^2=p_\infty+\frac{1}{2}\rho v_\infty^2\left(1-\frac{9}{4}\sin^2\theta\right)$$

压强系数为

$$C_p = \frac{p - p_\infty}{\frac{1}{2}\rho v_\infty^2} = 1 - \frac{9}{4}\sin^2\theta$$

由于圆球绕流是对称流动,因此所受合力为零。

2. 零冲角回转体绕流问题

1)半体绕流

设有一速度为 v_∞ 沿 z 轴方向的均匀来流,与一个位于原点、强度为 Q_s 的点源相组合形成相应的流动。根据奇点叠加法,流场的速度势和流函数分别为

$$\varphi = \varphi_1 + \varphi_2 = v_\infty R\cos\theta - \frac{Q_s}{4\pi R} \tag{5.8.21}$$

$$\psi = \psi_1 + \psi_2 = \frac{1}{2}v_\infty R^2\sin^2\theta - \frac{Q_s}{4\pi}\cos\theta \tag{5.8.22}$$

流面方程为

$$\psi = \frac{1}{2}v_\infty a^2\sin^2\theta - \frac{Q_s}{4\pi}\cos\theta = C$$

速度分布为

$$\begin{cases} v_R = \dfrac{\partial\varphi}{\partial R} = v_\infty\cos\theta + \dfrac{Q_s}{4\pi R^2} \\ v_\theta = \dfrac{1}{R}\dfrac{\partial\varphi}{\partial\theta} = -v_\infty\sin\theta \end{cases} \tag{5.8.23}$$

由式(5.8.23)求得驻点位置为 $(R_s, \theta_s) = \left(\sqrt{\dfrac{Q_s}{4\pi v_\infty}}, \pi\right)$

过驻点的流面为

$$\psi = \frac{1}{2}v_\infty R^2\sin^2\theta - \frac{Q_s}{4\pi}\cos\theta = \frac{Q_s}{4\pi} \tag{5.8.24}$$

可见均匀流动与点源叠加形成了半体绕流,如图 5.8.4 所示。

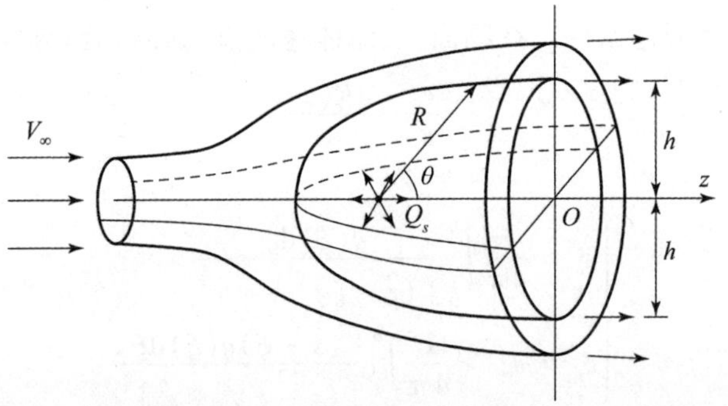

图 5.8.4 定常半体绕流

半体方程由式(5.8.24)求得

$$R = \sqrt{\frac{Q_s}{4\pi v_\infty}}\csc\frac{\theta}{2} \tag{5.8.25}$$

当 $z \to 0$,即 $\theta \to 0$ 时,极限半径 h 存在

$$h = 2\sqrt{\frac{Q_s}{4\pi v_\infty}} = 2R_s \tag{5.8.26}$$

应用伯努利方程求得流场的压强分布,压强系数为

$$C_p = \frac{p - p_\infty}{\frac{1}{2}\rho v_\infty^2} = 1 - \frac{v^2}{v_\infty^2} = 1 - \frac{v_R^2 + v_\theta^2}{v_\infty^2}$$

将式(5.8.23)代入得

$$C_p = -\frac{Q_s}{4\pi R^2 v_\infty}\left(\frac{Q_s}{4\pi R^2 v_\infty} + 2\cos\theta\right) \tag{5.8.27}$$

2)零冲角回转体绕流

如图5.8.5所示,无穷远处有一速度为的均匀流流致一以 z 轴为对称轴的回转体,该回转体过 z 轴平面上的变线方程为 $r = R(z)$。

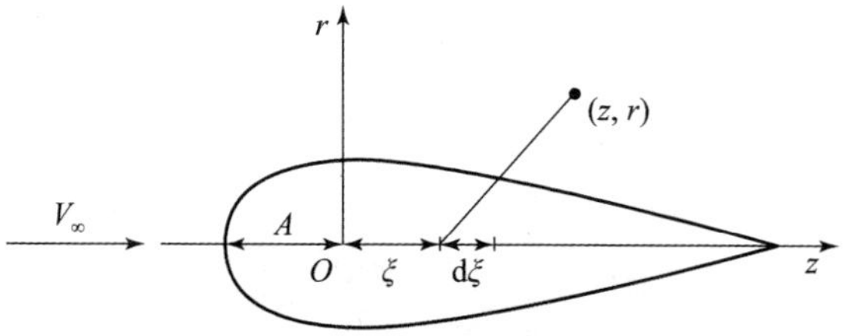

图5.8.5　零冲角回转体绕流

由于物体的存在,均匀流的流场将受到干扰,其干扰作用可以通过在物面或者在物体内甚至物体外布置的奇点来等效。其关键是布置奇点后,回转体的表面必须是流面。根据来流及物体的形状,整个流动将为沿 z 轴的对称运动,故可在 z 轴上的 AB 段布置连续分布的源汇以等效回转体对流场的扰动。设单位长度上的源强为 $q(\xi)$,则线源和来流叠加形成的流场速度势为

$$\varphi = \varphi_1 + \varphi_2 = v_\infty z - \frac{1}{4\pi}\int_A^B \frac{q(\xi)\,\mathrm{d}\xi}{\sqrt{(z-\xi)^2 + r^2}} \tag{5.8.28}$$

显然该速度势满足无穷远条件。在物面上,流体速度方向必须沿着物面切线方向,即

$$\frac{v_r}{v_z} = \frac{\mathrm{d}R(z)}{\mathrm{d}z} \tag{5.8.29}$$

式中

$$\begin{cases} v_r = \dfrac{r}{4\pi}\displaystyle\int_A^B \frac{q(\xi)\,\mathrm{d}\xi}{[(z-\xi)^2 + r^2]^{\frac{3}{2}}} \\ v_z = v_\infty + \dfrac{1}{4\pi}\displaystyle\int_A^B \frac{(z-\xi)q(\xi)\,\mathrm{d}\xi}{[(z-\xi)^2 + r^2]^{\frac{3}{2}}} \end{cases} \tag{5.8.30}$$

将式(5.8.30)代入式(5.8.29)得

$$v_r = \frac{r}{4\pi}\int_A^B \frac{q(\xi)\,\mathrm{d}\xi}{[(z-\xi)^2 + r^2]^{\frac{3}{2}}} = \frac{\mathrm{d}R(z)}{\mathrm{d}z}\left\{v_\infty + \frac{1}{4\pi}\int_A^B \frac{(z-\xi)q(\xi)\,\mathrm{d}\xi}{[(z-\xi)^2 + r^2]^{\frac{3}{2}}}\right\} \tag{5.8.31}$$

由式(5.8.31)可以求得源强 q,因而可以求得绕回转体流动的速度势式(5.8.28)。

上述问题的求解方法,可以拓展到其他绕流问题,根据问题的特点,在物面或者物体

内部布置源汇或者偶极等。这在船舶与海洋工程水动力学问题势流求解中有广泛的应用。

5.9　附加质量及其性质

5.9.1　相对运动速度势和绝对运动速度势

当物体做等速直线运动时,可以根据相对运动确定其压强分布和合作用力,而当物体作非等速直线运动时,就不能采用相对运动来分析流场运动,而需要研究其绝对运动。因为此时动坐标系不再是惯性坐标系,不满足力学的相对性原理条件,在计算其压强分布和作用力时,应考虑动坐标系的惯性力和惯性矩。船舶与海洋结构物在静水中的变速运动、风浪中摇荡运动等属于非定常运动,此时求解结构所受到的作用力时需要考虑绝对运动。

物体在静止流场中以速度 $\boldsymbol{v}_0(t)$ 作变速直线运动,在大地坐标系 (x,y,z) 中观察到的周围流体运动如图 5.9.1(a)所示,这种运动是绝对运动,记流场绝对速度为 $\boldsymbol{v}(x,y,z,t)$,绝对速度势为 $\varphi(x,y,z,t)$。若取固结于物体的动坐标系 (x^*,y^*,z^*),则动坐标系中观察到的流体相对运动如图 5.9.1(b)所示。记动坐标系中流场速度为 $\boldsymbol{v}^*(x^*,y^*,z^*,t)$,相对速度势为 $\varphi^*(x^*,y^*,z^*)$。

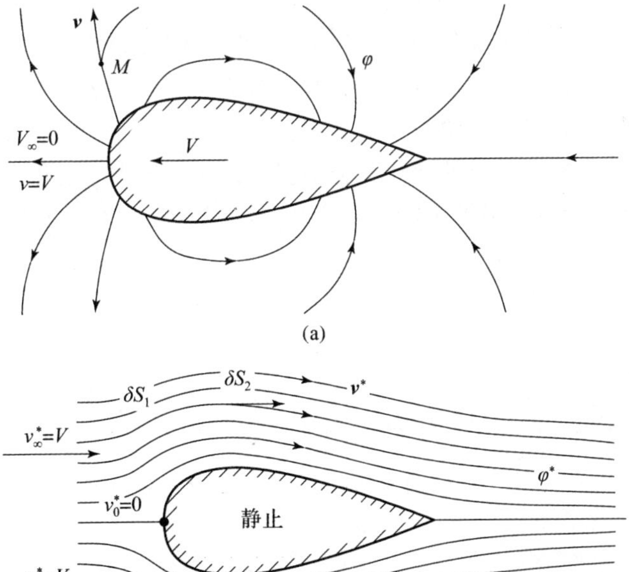

(a)

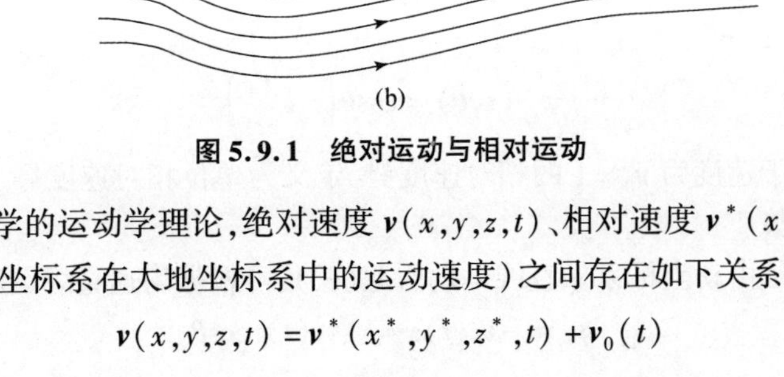

(b)

图 5.9.1　绝对运动与相对运动

根据理论力学的运动学理论,绝对速度 $\boldsymbol{v}(x,y,z,t)$、相对速度 $\boldsymbol{v}^*(x^*,y^*,z^*,t)$ 和牵连速度 $\boldsymbol{v}_0(t)$(动坐标系在大地坐标系中的运动速度)之间存在如下关系式:

$$\boldsymbol{v}(x,y,z,t)=\boldsymbol{v}^*(x^*,y^*,z^*,t)+\boldsymbol{v}_0(t) \tag{5.9.1}$$

由于标量或矢量与坐标系的选取无关,因此既可以用大地坐标系描述绝对运动,也可以用动坐标系描述绝对运动,即

$$\boldsymbol{v}(x,y,z,t)=\nabla\varphi(x,y,z,t)=\nabla^{*}\varphi(x^{*},y^{*},z^{*},t) \tag{5.9.2}$$

记牵连速度势为 $\varphi_e(x^{*},y^{*},z^{*},t)$,则牵连速度为 $\boldsymbol{v}_0=\nabla^{*}\varphi_e(x^{*},y^{*},z^{*},t)$。根据式(5.9.1),可得到在动坐标系中表达的绝对速度势、相对速度势和牵连速度势三者之间的关系为

$$\varphi(x^{*},y^{*},z^{*},t)=\varphi^{*}(x^{*},y^{*},z^{*},t)+\varphi_e(x^{*},y^{*},z^{*},t) \tag{5.9.3}$$

由于动坐标系中,物体壁面与坐标系之间的关系保持不变,使得有关物面条件、物面积分比大地坐标系中简单得多,因此通常选择在动坐标系中讨论绝对运动。

5.9.2 非定常运动速度势的求解

前面章节介绍了定常绕流运动的流场速度势,即相对速度势的求解方法,下面将介绍如何在动坐标系中求解非定常绕流运动的绝对速度势方法。

假设一个物体在静止流场中以速度 $\boldsymbol{v}_0(t)$ 作非定常直线运动。流场的相对速度势在固结于物体动坐标系中的定解问题为

$$\begin{cases}\nabla^{*2}\varphi^{*}(x^{*},y^{*},z^{*},t)=0 & (\text{流场中})\\ \dfrac{\partial\varphi^{*}(x^{*},y^{*},z^{*},t)}{\partial n}=0 & (\text{物面上})\\ |\nabla^{*}\varphi^{*}|=v_0(t) & (\text{无穷远处})\end{cases}$$

从定解问题可见,由于动坐标系下物面及其单位法向量不随时间变化,速度势的非定常性源于来流速度,与定常绕流定常问题是一样的,这说明对于同一物体而言,在来流速度方向不变的情况下,速度大小的变化不会引起流线和等势线的变化。因此,非定常绕流问题的相对速度势完全可以借助于定常绕流的方法来求解。下面为分析方便,将动坐标系(x^{*},y^{*},z^{*})中上标“ * ”略写。

下面以圆柱体以速度 $\boldsymbol{v}_0(t)$ 沿 x^{*} 负轴做直线运动为例来说明各速度势的求解及特点。

1. 相对速度势

由 5.4.4 小节内容,相对速度势为

$$\varphi^{*}=v_0(t)\cos\theta\left(r+\frac{r_0^2}{r}\right)=\varphi^{*}(r,\theta,t)$$

或者写成

$$\varphi^{*}=v_0(t)\varphi_0^{*}(r,\theta)$$

式中

$$\varphi_0^{*}(r,\theta)=\cos\theta\left(r+\frac{r_0^2}{r}\right)$$

式中:φ_0^{*} 为对应于速度为 $\boldsymbol{v}_0=1$ 的相对速度势,定义为单位相对速度势。

2. 牵连速度势

牵连速度势是由动坐标系做直线运动引起的,其可根据匀速直线运动速度势获得,即

$$\varphi_e=-v_0(t)x=-v_0(t)r\cos\theta$$

则单位牵连速度势为

$$\varphi_{e0} = -x = -r\cos\theta$$

3. 绝对速度势

依照式(5.9.3),绝对速度势为

$$\varphi(x,y,z,t) = \varphi^* + \varphi_e = v_0(t)\frac{r_0^2}{r}\cos\theta \tag{5.9.4}$$

单位绝对速度势为

$$\varphi_0(x,y,z,t) = \frac{r_0^2}{r}\cos\theta \tag{5.9.5}$$

从上面分析看出,尽管变速运动下各速度势是非定常的,但各相应单位速度势却都与时间无关,仅是位置的函数。

以上结果可以进一步推广到浮式结构物在静止流场中作六自由度运动的情况。假设平移速度为 $\boldsymbol{v}_0(t)$,旋转角速度为 $\boldsymbol{\Omega}(t)$,则在动坐标系中绝对速度势的定解问题为

$$\begin{cases} \nabla^2\varphi(x,y,z,t) = 0 & (\text{流场中}) \\ \dfrac{\partial\varphi(x,y,z,t)}{\partial n} = \boldsymbol{v}_b(t)\cdot\boldsymbol{n} & (\text{物面上}) \\ |\nabla\varphi| = v_0(t) & (\text{无穷远处}) \end{cases}$$

其中

$$\boldsymbol{v}_b(t) = \boldsymbol{v}_0(t) + \boldsymbol{\Omega}\times\boldsymbol{r}$$

$$\boldsymbol{v}_b(t)\cdot\boldsymbol{n} = \boldsymbol{v}_0\cdot\boldsymbol{n} + (\boldsymbol{r}\times\boldsymbol{n})\cdot\boldsymbol{\Omega} = \sum_{i=1}^{6} v_i n_i$$

其中物面广义法向量 n_i 为

$$\begin{cases} (n_1,n_2,n_3) = \boldsymbol{n} \\ (n_4,n_5,n_6) = \boldsymbol{r}\times\boldsymbol{n} \end{cases}$$

物面广义速度 v_i 为

$$\begin{cases} (v_1,v_2,v_3) = \boldsymbol{v}_0(t) \\ (v_4,v_5,v_6) = \boldsymbol{\Omega}(t) \end{cases}$$

基于拉普拉斯方程的线性叠加性,以及边界条件的线性特点,绝对速度势可分解为用单位速度势表达的形式为

$$\varphi = \sum_{i=1}^{6} v_i\varphi_{0i}(\boldsymbol{r}) \tag{5.9.6}$$

其中单位速度势的定解问题为

$$\begin{cases} \nabla^2\varphi_{0i}(x,y,z,t) = 0 & (\text{流场中}) \\ \dfrac{\partial\varphi_{0i}(x,y,z,t)}{\partial n} = n_i & (\text{物面上}) \\ |\nabla\varphi_{0i}| = 0 & (\text{无穷远处}) \end{cases}$$

对于简单形状物体 φ_{0i} 具有解析解,而对于任意形状物体的绕流,需要采用保角变换法或者奇点分布法等求解。

5.9.3 附加惯性力和附加质量

当物体在静止流场中运动时,物体周围的流体质点受到扰动,产生相应的运动。如果物体的运动速度增加,则所有流体质点的速度也呈同倍数增加,说明流体的动能相应增加了。根据理论力学中动力学理论知,要使得流体的动能增加,则必须对其做功。根据作用与反作用原理,物体将受到流体的反作用力。这种力产生的原因是由于物体要改变自身速度的同时必须也改变流体的速度,而流体具有惯性,要使速度有所改变,必须有力的作用。这种由于流体的惯性而引起的力,就称为"附加惯性力"。求解附加惯性力,首先需计算流场的动能。

1. 势流场的动能

在流场中任取一包围运动物体的足够大的流域 V,其封闭面为 S,流场边界面的法向量 $\boldsymbol{n}$ 以指向流域外为正(所有封闭面都取外法线为正)。体积 V 内的流体质点的动能为

$$T = \iiint_V \frac{1}{2}\rho v^2 \mathrm{d}V \tag{5.9.7}$$

若流场无旋有势,根据速度场与速度势之间的关系,式(5.9.7)可以改写为

$$\begin{aligned} T &= \iiint_V \frac{1}{2}\rho v^2 \mathrm{d}V = \iiint_V \frac{1}{2}\rho \nabla\varphi \cdot \nabla\varphi \mathrm{d}V = \iiint_V \frac{1}{2}\rho [\nabla \cdot (\varphi\nabla\varphi) - \varphi\nabla^2\varphi]\mathrm{d}V \\ &= \iiint_V \frac{1}{2}\rho\nabla \cdot (\varphi\nabla\varphi)\mathrm{d}V = \frac{1}{2}\rho \oiint_S \varphi\frac{\partial\varphi}{\partial n}\mathrm{d}S \end{aligned} \tag{5.9.8}$$

可见只要求得边界上的 $\varphi\dfrac{\partial\varphi}{\partial n}$,就可以求得整个流域内流体质点的动能。

如果流域内存在物体,其物体表面为 S_0,如图 5.9.2 所示,则整个流域内流体动能为

$$T = \frac{1}{2}\rho \oiint_S \varphi\frac{\partial\varphi}{\partial n}\mathrm{d}S = \frac{1}{2}\rho \oiint_{S_1} \varphi\frac{\partial\varphi}{\partial n}\mathrm{d}S - \frac{1}{2}\rho \oiint_{S_0} \varphi\frac{\partial\varphi}{\partial n}\mathrm{d}S \tag{5.9.9}$$

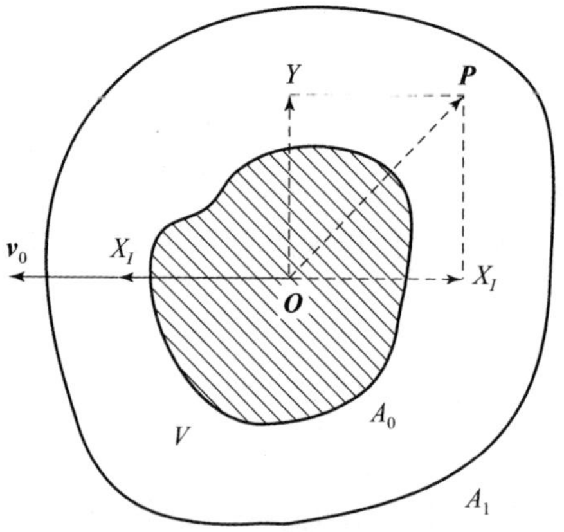

图 5.9.2 流域动能计算图

2. 附加惯性力

求得流体动能后就可以计算附加惯性力了。设物体以 $\boldsymbol{v}_0(t)$ 作直线平移变速运动,流体对物体作用力的合力为 $\boldsymbol{P}$,它在 $\boldsymbol{v}_0(t)$ 的相反方向上的分力为附加惯性力 X_I(图 5.9.2 中用虚线表示)。物体对流体有一个反作用力,其大小也为 X_I(图 5.9.2 中用实线表

示），方向与物体运动速度相同。如果物体位移为 dl，则根据动能原理，以流体为讨论对象，流体动能的改变量 dT 为

$$dT = X_I dl$$

因此附加惯性力为

$$X_I = \frac{dT}{dl} = \frac{dT}{dt} \bigg/ \frac{dl}{dt} = \frac{1}{v_0} \cdot \frac{dT}{dt} \tag{5.9.10}$$

3. 附加质量

式（5.9.7）可以改写为

$$T = \frac{1}{2}\rho v_0^2 \iiint_V \frac{v^2}{v_0^2} dV = \frac{1}{2} m_t v_0^2 \tag{5.9.11}$$

式中：m_t 称为附加质量。若物体作直线平移变速运动，或物体作一般运动而仅考虑其速度的一个分量，则根据前面讨论，v/v_0 与时间无关。因此附加质量仅决定于物体的形状及其运动方向，这是附加质量很重要的一个性质。

将式（5.9.11）对时间求导并代入式（5.9.10）即可得到附加惯性力和附加质量之间的关系为

$$X_I = m_t \frac{dv_0}{dt}$$

即附加惯性力与附加质量和物体运动的加速度成正比。当物体作等速直线运动时，附加惯性力为零，当物体作减速运动时，附加惯性力为负。这表示物体在理想无旋流场中运动时，流体既可以妨碍物体的加速，也可以妨碍物体的减速。

下面举一个简单的例子，以更好地理解附加质量的含义。假设质量为 m 的刚体在理想无界流域中以变速 $\boldsymbol{v}_0(t)$ 运动，试求物体受到的推力 F。

以物体为研究对象，则物体运动方程为

$$F - X_I = m \frac{dv_0}{dt}$$

因此推力为

$$F = X_I + m \frac{dv_0}{dt} = (m_t + m) \frac{dv_0}{dt}$$

可见，物体在理想流体中作变速运动时受到惯性力的作用，这个作用相当于物体在真空中运动，而在质量 m 上增添了一附加质量 m_t，其结果是使物体的惯性加大，既难以加速也难以减速。$(m + m_t)$ 称为物体的“虚质量”，这就是附加质量定义的由来。基于这个概念，可以方便研究船舶与海洋结构物的摇荡、回转、出入水、砰击等问题。

最后来讨论附加质量计算的方法。结合式（5.9.9）和式（5.9.11）可以得到计算附加质量 m_t 的公式。当式（5.9.9）中流域外界 S_1 取得与物体足够远时，有以下关系（此处不作具体推导，但可以通过特殊绕流，如绕球体、圆柱体运动加以验证）：

$$\begin{cases} \varphi \propto \dfrac{1}{r^2}, \dfrac{\partial \varphi}{\partial n} \propto \dfrac{1}{r^3}, S_1 \propto r^2 \text{（三维运动）} \\ \varphi \propto \dfrac{1}{r}, \dfrac{\partial \varphi}{\partial n} \propto \dfrac{1}{r^2}, S_1 \propto r \text{（二维运动）} \end{cases}$$

因此

$$T=\frac{1}{2}\rho\oiint_{S}\varphi\frac{\partial\varphi}{\partial n}\mathrm{d}S=\frac{1}{2}\rho\oiint_{S_1}\varphi\frac{\partial\varphi}{\partial n}\mathrm{d}S-\frac{1}{2}\rho\oiint_{S_0}\varphi\frac{\partial\varphi}{\partial n}\mathrm{d}S=-\frac{1}{2}\rho\oiint_{S_0}\varphi\frac{\partial\varphi}{\partial n}\mathrm{d}S \quad (5.9.12)$$

附加质量的计算公式为

$$m_t=-\rho\frac{1}{v_0^2}\oiint_{S_0}\varphi\frac{\partial\varphi}{\partial n}\mathrm{d}S=-\rho\oiint_{S_0}\varphi_0\frac{\partial\varphi_0}{\partial n}\mathrm{d}S \quad (5.9.13)$$

可见附加质量仅由单位绝对速度势所确定,而与物体运动速度 $\boldsymbol{v}_0(t)$ 无关。这里再次强调一下,积分中的法线方向取封闭周线的外法线为正。

上述附件质量计算公式还可以推广到结构物作六自由度运动情况,得到广义附加质量计算方法。将式(5.9.6)代入动能计算公式(5.9.12),则有

$$T=-\frac{1}{2}\rho\oiint_{S_0}\varphi\frac{\partial\varphi}{\partial n}\mathrm{d}S=-\frac{1}{2}\sum_{i=1}^{6}\sum_{j=1}^{6}v_iv_j\left(\rho\oiint_{S_0}\varphi_{0i}\frac{\partial\varphi_{0j}}{\partial n}\mathrm{d}S\right) \quad (5.9.14)$$

广义附加质量计算表达式为

$$(m_t)_{ij}=-\rho\oiint_{S_0}\varphi_{0_i}\frac{\partial\varphi_{0j}}{\partial n}\mathrm{d}S(i=1,2,3,\cdots,6;\ j=1,2,3,\cdots,6) \quad (5.9.15)$$

广义附加质量 $(m_t)_{ij}$ 表示物体沿 j 方向运动而引起的 i 方向的附加质量,其共有36项。这里广义附加质量不再都是质量的量纲,只有当 $i,j=1,2,3$ 时,$(m_t)_{ij}$ 具有质量量纲,当 $i,j=4,5,6$ 时,$(m_t)_{ij}$ 具有惯性矩(转动惯量)量纲,其他情况为交叉积。广义附加质量具有如下性质:

(1)广义附加质量具有对称性,即 $(m_t)_{ij}=(m_t)_{ji}$

证明:

$$(m_t)_{ij}=-\rho\oiint_{S_0}\varphi_{0_i}\frac{\partial\varphi_{0j}}{\partial n}\mathrm{d}S=-\rho\oiint_{S_0}\varphi_{0_i}\nabla\varphi_{0j}\cdot\boldsymbol{n}\mathrm{d}S=-\rho\iiint_{V}\nabla\cdot(\varphi_{0_i}\nabla\varphi_{0j})\mathrm{d}V \quad (5.9.16)$$

由于单位绝对速度势都满足拉普拉斯方程,因此有

$$\nabla\cdot(\varphi_{0_i}\nabla\varphi_{0j})=\nabla\varphi_{0i}\cdot\nabla\varphi_{0j}=\nabla\varphi_{0j}\cdot\nabla\varphi_{0i}=\nabla\cdot(\varphi_{0j}\nabla\varphi_{0i})$$

代入式(5.9.16)得

$$\begin{aligned}(m_t)_{ij}&=-\rho\oiint_{S_0}\varphi_{0_i}\frac{\partial\varphi_{0j}}{\partial n}\mathrm{d}S=-\rho\iiint_{V}\nabla\cdot(\varphi_{0_i}\nabla\varphi_{0j})\mathrm{d}V\\&=-\rho\iiint_{V}\nabla\cdot(\varphi_{0j}\nabla\varphi_{0i})\mathrm{d}V=-\rho\oiint_{S_0}\varphi_{0j}\frac{\partial\varphi_{0i}}{\partial n}\mathrm{d}S=(m_t)_{ji}\end{aligned}$$

因此 $(m_t)_{ij}$ 中的36个量中只有21个量是相互独立的。

(2)如果物体有1个对称面,且这一对称面为坐标平面,那么21个独立量中有9个为零,这样只剩下12个独立量。假设对称面为 xoz 平面,则

$$\begin{cases}(m_t)_{12}=(m_t)_{14}=(m_t)_{16}=0\\(m_t)_{32}=(m_t)_{34}=(m_t)_{36}=0\\(m_t)_{52}=(m_t)_{54}=(m_t)_{56}=0\end{cases}$$

(3)如果物体有2个对称面,且对称面为坐标平面,则又有4个等于零,即36个量中只有8个量是独立且不等于零的。假设对称面为 xoz 平面和 yoz 平面,则另4个等于零的量为

$$(m_t)_{13}=(m_t)_{35}=(m_t)_{26}=(m_t)_{46}=0$$

(4)如果物体有 3 个对称面,且对称面为坐标平面,则又有 2 个为零,此时 36 个量中只有 6 个量是独立且不等于零的,即

$$\begin{cases}(m_t)_{ii}\neq 0(i=1,2,3,4,5,6)\\(m_t)_{ij}=0(i\neq j)\end{cases}$$

这样流体的动能为

$$T=-\frac{1}{2}\rho\oint\!\!\!\oint_{S_0}\varphi\frac{\partial\varphi}{\partial n}\mathrm{d}S=\frac{1}{2}\sum_{i=1}^{6}\sum_{j=1}^{6}v_iv_j(m_t)_{ij}$$

$$=\frac{1}{2}((m_t)_{11}v_{0x}^2+(m_t)_{22}v_{0y}^2+(m_t)_{33}v_{0z}^2+(m_t)_{44}\Omega_x^2+(m_t)_{55}\Omega_y^2+(m_t)_{66}\Omega_z^2)$$

这里需要强调:在计算流体动能时,不能用相对运动来代替绝对运动,因为在前一种情况下,无限远处流体以速度 v_0 流向物体,所以整个流场流体的动能为无限大;在后一种情况下,只有相邻运动物体有限的一部分流体被扰动,因此整个流场的动能为有限值。另外,绝对速度势或单位绝对速度势所表示的流体质点速度是“绝对”的,而流体质点位置却是“相对”的,相对于固定在物体上,随同物体运动的坐标系,但这种“相对”的位置不影响物体总动能的计算;当物体在非无界域中运动时,附加质量的对称性会有变化。

例题 5.12:一半径为 r_0 的无限长圆柱体,以速度 $\boldsymbol{v}_0(t)$ 沿垂直于本身轴线的方向在无界域中作变速直线运动(图 5.9.3),求其单位长度上的附加质量。

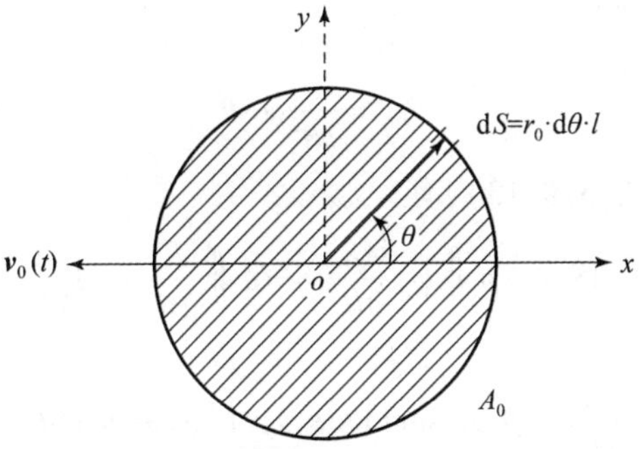

图 5.9.3　无限长圆柱体附加质量

解:将坐标系建立在运动的圆柱体上,在动坐标系中分析绝对运动。流场绝对速度势为

$$\varphi(x,y,z,t)=\varphi^*+\varphi_e=\varphi^*=v_0(t)\frac{r_0^2}{r}\cos\theta$$

单位速度势为

$$\varphi_0=\frac{r_0^2}{r}\cos\theta$$

代入计算附加质量的公式(5.9.13),有

$$m_t=-\rho\oint\!\!\!\oint_{S_0}\varphi_0\frac{\partial\varphi_0}{\partial n}\mathrm{d}S=-\rho\oint\!\!\!\oint_{S_0}\varphi_0\frac{\partial\varphi_0}{\partial r}\mathrm{d}S=-\rho\oint\!\!\!\oint_{S_0}\frac{r_0^2}{r}\cos\theta\left(-\frac{r_0^2}{r^2}\cos\theta\right)\mathrm{d}S=\rho\int_0^{2\pi}r_0^2\cos^2\theta\mathrm{d}\theta=\rho\pi r_0^2$$

结果表示圆柱体的附加质量等于圆柱体本身相同体积流体的质量。

例 5－13:一半径为 a 的圆球,以速度 $v_0(t)$ 沿 z 轴负方向在无界域中做变速直线运动(图 5.9.4),求其附加质量。

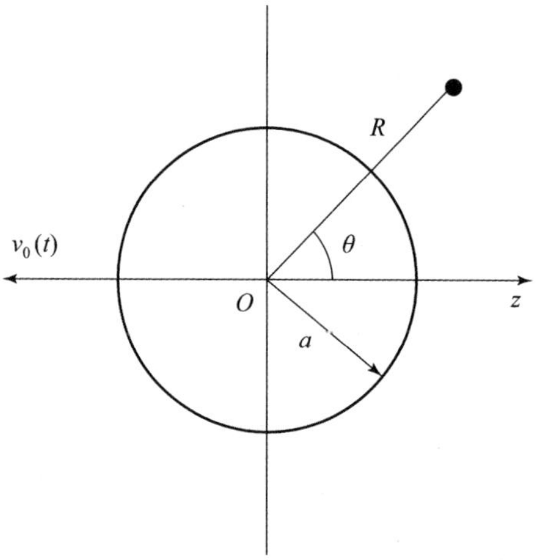

图 5.9.4　圆球在静止流场中作变速运动

解:参照 5.8.2 小节圆球定常绕流的结果,圆球变速运动在连体坐标系中表达的绝对速度势为

$$\varphi(x,y,z,t)=\varphi^*+\varphi_e=\varphi^*=v_0\cos\theta\left(R+\frac{a^3}{2R^2}\right)-v_0 z=v_0\frac{a^3}{2R^2}\cos\theta$$

单位速度势为

$$\varphi_0=\frac{a^3}{2R^2}\cos\theta$$

代入计算附加质量的公式(5.9.13),有

$$m_t=-\rho\oiint_{S_0}\varphi_0\frac{\partial\varphi_0}{\partial n}\mathrm{d}S=-\rho\oiint_{S_0}\varphi_0\frac{\partial\varphi_0}{\partial R}\mathrm{d}S=\rho\oiint_{S_0}\frac{a^3}{2R^2}\cos\theta\left(\frac{a^3}{R^3}\cos\theta\right)\mathrm{d}S$$

$$=\rho\oiint_{S_0}\frac{a^3}{2R^2}\cos\theta\left(\frac{a^3}{R^3}\cos\theta\right)R^2\sin\theta\mathrm{d}\theta\mathrm{d}\varepsilon=\rho\int_0^{\pi}\frac{a^3}{2}\cos^2\theta\sin\theta\mathrm{d}\theta\int_0^{2\pi}\mathrm{d}\varepsilon=\frac{2}{3}\rho\pi a^3$$

上述结果表示,圆球在无界域中作变速运动的附加质量为圆球排开流体质量的一半。

5.10　无界流域中运动物体所受的力

物体在无界势流中运动时,如果求得速度势 φ,则速度场为

$$\boldsymbol{v}=\nabla\varphi$$

流场动压力 p 可由拉格朗日积分求得

$$p=-\rho\left(\frac{\partial\varphi}{\partial t}+\frac{1}{2}\nabla\varphi\cdot\nabla\varphi\right)\tag{5.10.1}$$

作用在物体上的动压力合力为

$$\boldsymbol{F}=\iint_{S_b(t)}p\boldsymbol{n}\mathrm{d}S=-\rho\iint_{S_b(t)}\left(\frac{\partial\varphi}{\partial t}+\frac{1}{2}\nabla\varphi\cdot\nabla\varphi\right)\boldsymbol{n}\mathrm{d}S\tag{5.10.2}$$

式中：$S_b(t)$是物体在 t 时刻的湿表面；$\boldsymbol{n}$ 是指向物体内部的单位法向量，即对于流域来讲是外法线方向。作用在物体上的动压力合力矩为

$$\boldsymbol{M} = \iint_{S_b(t)} p(\boldsymbol{r}\times\boldsymbol{n})\,\mathrm{d}S = -\rho \iint_{S_b(t)} \left(\frac{\partial\varphi}{\partial t} + \frac{1}{2}\nabla\varphi\cdot\nabla\varphi\right)(\boldsymbol{r}\times\boldsymbol{n})\,\mathrm{d}S \tag{5.10.3}$$

式中：$\boldsymbol{r}$ 是从取矩参考点出发的位置矢量，这里取坐标原点。在远方取一个不随时间变化的固定封闭控制面 S_c 将物体包围在其内，用 $V(t)$表示 $S_b(t)$以外 S_c 以内的流域体积，在 $V(t)$内流体动量的变化率为

$$\rho\frac{\mathrm{d}}{\mathrm{d}t}\iiint_{V(t)} \nabla\varphi\,\mathrm{d}V = \rho\frac{\mathrm{d}}{\mathrm{d}t}\iint_{S_b+S_c} \varphi\boldsymbol{n}\,\mathrm{d}S \tag{5.10.4}$$

这里应用了广义高斯公式。对式(5.10.4)左边应用迁移定理得

$$\rho\frac{\mathrm{d}}{\mathrm{d}t}\iiint_{V(t)} \nabla\varphi\,\mathrm{d}V = \rho\iiint_{V(t)} \nabla\frac{\partial\varphi}{\partial t}\mathrm{d}V + \rho\iint_{S_b+S_c} \nabla\varphi(\boldsymbol{u}.\,\boldsymbol{n})\,\mathrm{d}S \tag{5.10.5}$$

式中：$\boldsymbol{u}$ 为边界曲面的运动速度，在 S_c 上为零。在 $S_b(t)$上，物体表面的流体法向速度与物面运动法向速度相等，即

$$\boldsymbol{u}\cdot\boldsymbol{n} = \nabla\varphi\cdot\boldsymbol{n} = \frac{\partial\varphi}{\partial n}$$

故式(5.10.5)可以改写为

$$\rho\frac{\mathrm{d}}{\mathrm{d}t}\iiint_{V(t)} \nabla\varphi\,\mathrm{d}V = \rho\iint_{S_b+S_c} \frac{\partial\varphi}{\partial t}\boldsymbol{n}\,\mathrm{d}S + \rho\iint_{S_b} \frac{\partial\varphi}{\partial n}\nabla\varphi\,\mathrm{d}S \tag{5.10.6}$$

由于 S_c 是固定不动的，则

$$\iint_{S_c} \frac{\partial\varphi}{\partial t}\boldsymbol{n}\,\mathrm{d}S = \frac{\mathrm{d}}{\mathrm{d}t}\iint_{S_c} \varphi\boldsymbol{n}\,\mathrm{d}S \tag{5.10.7}$$

由式(5.10.4)、式(5.10.6)、式(5.10.7)得

$$\iint_{S_b} \frac{\partial\varphi}{\partial t}\boldsymbol{n}\,\mathrm{d}S + \iint_{S_c} \frac{\partial\varphi}{\partial n}\nabla\varphi\,\mathrm{d}S = \frac{\mathrm{d}}{\mathrm{d}t}\iint_{S_b} \varphi\boldsymbol{n}\,\mathrm{d}S \tag{5.10.8}$$

将式(5.10.8)代入动压力合力计算公式(5.10.2)得

$$\boldsymbol{F} = -\rho\frac{\mathrm{d}}{\mathrm{d}t}\iint_{S_b(t)} \varphi\boldsymbol{n}\,\mathrm{d}S + \rho\iint_{S_b(t)} \left[\frac{\partial\varphi}{\partial n}\nabla\varphi - \frac{1}{2}(\nabla\varphi\cdot\nabla\varphi)\boldsymbol{n}\right]\mathrm{d}S \tag{5.10.9}$$

可以验证：

$$\iint_{S_b(t)+S_c} \left[\frac{\partial\varphi}{\partial n}\nabla\varphi - \frac{1}{2}(\nabla\varphi\cdot\nabla\varphi)\boldsymbol{n}\right]\mathrm{d}S = 0 \tag{5.10.10}$$

因此式(5.10.9)中右边第二个积分域可以换成远方控制面 S_c 上的积分，即

$$\boldsymbol{F} = -\rho\frac{\mathrm{d}}{\mathrm{d}t}\iint_{S_b(t)} \varphi\boldsymbol{n}\,\mathrm{d}S - \rho\iint_{S_c} \left[\frac{\partial\varphi}{\partial n}\nabla\varphi - \frac{1}{2}(\nabla\varphi\cdot\nabla\varphi)\boldsymbol{n}\right]\mathrm{d}S \tag{5.10.11}$$

式(5.10.11)也可以通过动量定理直接推导得出，即流体动量的变化率应等于作用于 S_c 和 $S_b(t)$的动压合力及与通过 S_c 的动量通量率之和，具体表达式为

$$-\rho\frac{\mathrm{d}}{\mathrm{d}t}\iiint_{V(t)} \nabla\varphi\,\mathrm{d}V = \boldsymbol{F} + \boldsymbol{F}_c + \rho\iint_{S_c} \frac{\partial\varphi}{\partial n}\nabla\varphi\,\mathrm{d}S \tag{5.10.12}$$

式(5.10.12)左边为

$$-\rho\frac{\mathrm{d}}{\mathrm{d}t}\iiint\limits_{V(t)}\nabla\varphi\mathrm{d}V=-\rho\frac{\mathrm{d}}{\mathrm{d}t}\iint\limits_{S_b+S_c}\varphi\boldsymbol{n}\mathrm{d}S=-\rho\frac{\mathrm{d}}{\mathrm{d}t}\iint\limits_{S_b}\varphi\boldsymbol{n}\mathrm{d}S-\rho\iint\limits_{S_c}\frac{\partial\varphi}{\partial t}\boldsymbol{n}\mathrm{d}S$$

用拉格朗日积分计算 $\boldsymbol{F}_c$,最后代入到式(5.10.12),就可得(5.10.11)。

同理,可以推导得到动压力矩的计算公式:

$$\boldsymbol{M}=-\rho\frac{\mathrm{d}}{\mathrm{d}t}\iint\limits_{S_b(t)}\varphi(\boldsymbol{r}\times\boldsymbol{n})\mathrm{d}S-\rho\iint\limits_{S_c}\boldsymbol{r}\times\left[\frac{\partial\varphi}{\partial n}\nabla\varphi-\frac{1}{2}(\nabla\varphi\cdot\nabla\varphi)\boldsymbol{n}\right]\mathrm{d}S \quad (5.10.13)$$

可以看出,式(5.10.11)和式(5.10.13)比式(5.10.2)和式(5.10.3)复杂,但由于用远方的控制面 S_c 来表达,而控制面可取到无穷远,从而能够使速度势具有远方的特征,使得问题的讨论更为方便。

若取 S_c 为无限大球面,则 φ 在无穷远处特征为

$$\varphi=O(r^{-2}),r\to\infty$$

所以式(5.10.11)和式(5.10.13)中 S_c 面上积分都为零,因而计算公式简化为

$$\boldsymbol{F}=-\rho\frac{\mathrm{d}}{\mathrm{d}t}\iint\limits_{S_b(t)}\varphi\boldsymbol{n}\mathrm{d}S \quad (5.10.14)$$

$$\boldsymbol{M}=-\rho\frac{\mathrm{d}}{\mathrm{d}t}\iint\limits_{S_b(t)}\varphi(\boldsymbol{r}\times\boldsymbol{n})\mathrm{d}S \quad (5.10.15)$$

下面就物体做定常平动和非定常摇荡运动作进一步讨论。

1.物体做定常平动

由于物体做定常平动,式(5.10.14)右边积分项与时间无关,因此时间导数为零,表示物体此运动模式下合力为零,这是典型的达朗贝尔佯谬,是由于假设流体无黏性导致的。但其力矩不一定为零。假设物体以恒定速度 u 沿大地坐标系 (X,Y,Z) X 轴正向运动,对应连体坐标系 (x,y,z),两者之间的关系为

$$\begin{cases}x=X-ut\\ y=Y\\ z=Z\end{cases}$$

大地坐标系下的绝对速度势为 $\varphi(X,Y,Z;t)$,连体坐标系下的相对速度势可表达为均匀来流与扰动速度势 $\phi(x,y,z)$ 的叠加,即

$$-ux+\phi(x,y,z)$$

为定常速度势,与时间无关。与牵连速度势 ux 叠加,则得到连体坐标系下表达的绝对速度势 $\phi(x,y,z)$,因而

$$\varphi(X,Y,Z;t)=\varphi(x+ut,y,z;t)=\phi(x,y,z)$$

此外,在连体坐标系中,物面法向 $\boldsymbol{n}$ 与时间无关,但 $\boldsymbol{R}\times\boldsymbol{n}$ 与时间有关,即

$$\boldsymbol{R}\times\boldsymbol{n}=\boldsymbol{r}\times\boldsymbol{n}+(0,-utn_3,utn_2)$$

若一般设物体的平动速度为 $\boldsymbol{u}$,则

$$\boldsymbol{R}\times\boldsymbol{n}=\boldsymbol{r}\times\boldsymbol{n}+t(\boldsymbol{u}\times\boldsymbol{n})$$

故当物体做定常运动时,力矩表达式为

$$\boldsymbol{M}=-\rho\iint\limits_{S_b(t)}\varphi(\boldsymbol{u}\times\boldsymbol{n})\mathrm{d}S=-\rho\boldsymbol{u}\times\iint\limits_{S_b(t)}\varphi\boldsymbol{n}\mathrm{d}S \quad (5.10.16)$$

由此可见,力矩与物体运动速度相垂直。如果物体关于垂直于 $\boldsymbol{u}$ 的两个方向都对称,则力矩

$\boldsymbol{M}$ 为零。对于潜艇,关于纵舯剖面对称,所以潜艇作定常运动时,它会受到纵摇力矩。

2. 物体作非定常六自由度运动

假设平动速度为 $\boldsymbol{u}(t)$,旋转角速度为 $\boldsymbol{\omega}(t)$,则速度势 φ 满足物面条件为

$$\left.\frac{\partial\varphi}{\partial n}\right|_{S_b}=\boldsymbol{u}\cdot\boldsymbol{n}+(\boldsymbol{\omega}\times\boldsymbol{r})\cdot\boldsymbol{n} \tag{5.10.17}$$

式中:$\boldsymbol{r}$ 是从连体坐标系旋转中心出发的矢径,即位置矢量。速度和旋转角速度在连体坐标系中分量表达为

$$\boldsymbol{u}=(u_1,u_2,u_3),\boldsymbol{\omega}=(\omega_1,\omega_2,\omega_3)$$

法向量及与位置矢量点积的分量表达为

$$\boldsymbol{n}=(n_1,n_2,n_3),\boldsymbol{r}\times\boldsymbol{n}=(n_4,n_5,n_6) \tag{5.10.18}$$

并注意到 $(\boldsymbol{\omega}\times\boldsymbol{r})\cdot\boldsymbol{n}=\boldsymbol{\omega}\cdot(\boldsymbol{r}\times\boldsymbol{n})$,因此式(5.10.17)表达的边界条件又可以表达为

$$\frac{\partial\varphi}{\partial n}=\sum_{i=1}^{6}u_i n_i \tag{5.10.19}$$

由此可以将速度势分解为

$$\varphi=\sum_{i=1}^{6}u_i\varphi_i \tag{5.10.20}$$

因为 $u_i(i=1,2,\cdots,6)$ 只与时间有关,诸 φ_i 在物面上满足的边界条件为

$$\left.\frac{\partial\varphi_i}{\partial n}\right|_{S_b}=n_i(i=1,2,\cdots,6) \tag{5.10.21}$$

式中:φ_i 在连体坐标系中与时间无关只与空间有关,因此式(5.10.20)分离了时间和空间因素。φ_i 就是以单位速度作第 i 模态运动所对应的速度势,简称为单位速度势。只要给定物体的几何形状,就可以求得 6 个单位速度势,按式(5.10.20)线性叠加就可以获得总的速度势。

确定单位速度势的定解条件为

$$\nabla^2\varphi_i=0\text{(流场内)}$$

$$\left.\frac{\partial\varphi_i}{\partial n}\right|_{S_b}=n_i(i=1,2,\cdots,6)$$

$$\varphi_i=O(r^{-2}),r\to\infty$$

将分解式(5.10.20)代入动压力合力和力矩公式得

$$\boldsymbol{F}=-\rho\sum_{i}^{6}\left[\frac{\mathrm{d}}{\mathrm{d}t}u_i(t)\iint_{S_b(t)}\varphi_i(x,y,z)\boldsymbol{n}\mathrm{d}S\right] \tag{5.10.22}$$

可知

$$\frac{\mathrm{d}\boldsymbol{n}}{\mathrm{d}t}=\boldsymbol{\omega}\times\boldsymbol{n}$$

故式(5.10.22)又可改写为

$$\boldsymbol{F}=-\rho\sum_{i}^{6}\dot{u}_i(t)\iint_{S_b(t)}\varphi_i\boldsymbol{n}\mathrm{d}S-\rho\sum_{i}^{6}u_i(t)\boldsymbol{\omega}\times\iint_{S_b(t)}\varphi_i\boldsymbol{n}\mathrm{d}S \tag{5.10.23}$$

把力矩表达式(5.10.15)中位置矢量 $\boldsymbol{r}$ 分解为 $\boldsymbol{r}=\boldsymbol{r}_o(t)+\boldsymbol{r}'$ 两部分,其中:$\boldsymbol{r}_o(t)$ 为大地坐标系原点到旋转中心的矢径,$\boldsymbol{r}'$ 为旋转中心到物体任意一点的位置矢量。由此可知

$$\frac{\mathrm{d}\boldsymbol{r}_o}{\mathrm{d}t}=\boldsymbol{u},\frac{\mathrm{d}}{\mathrm{d}t}(\boldsymbol{r}'\times\boldsymbol{n})=\boldsymbol{\omega}\times(\boldsymbol{r}'\times\boldsymbol{n})$$

则力矩表达式可以改写为

$$\boldsymbol{M}=\boldsymbol{r}_o\times\boldsymbol{F}-\rho\sum_i^6 u_i\boldsymbol{u}\times\iint_{S_b(t)}\varphi_i\boldsymbol{n}\mathrm{d}S-\rho\sum_i^6\dot{u}_i\iint_{S_b(t)}\varphi_i(\boldsymbol{r}'\times\boldsymbol{n})\mathrm{d}S-\rho\sum_i^6 u_i\boldsymbol{\omega}\times\iint_{S_b(t)}\varphi_i(\boldsymbol{r}'\times\boldsymbol{n})\mathrm{d}S \tag{5.10.24}$$

从表达式(5.10.23)、式(5.10.24)可见,力和力矩的构成因素中,与物体形状有关的只体现在以下两个积分中:

$$\iint_{S_b(t)}\varphi_i\boldsymbol{n}\mathrm{d}S \text{ 和 } \iint_{S_b(t)}\varphi_i(\boldsymbol{r}'\times\boldsymbol{n})\mathrm{d}S$$

这两个积分量可统一表达成

$$\iint_{S_b(t)}\varphi_i n_j\mathrm{d}S\quad(i,j=1,2,\cdots,6) \tag{5.10.25}$$

共有36个元素,这些元素就是物体的附加质量$(m_t)_{ij}$,注意到边界条件,有

$$(m_t)_{ij}=-\rho\oiint_{S_b}\varphi_i\frac{\partial\varphi_j}{\partial n}\mathrm{d}S\quad(i,j=1,2,\cdots,6) \tag{5.10.26}$$

这就是式(5.9.15)的计算公式,说明可从不同角度推导出附加质量计算的公式。

习　题

5-1　平面势流由点源和点汇叠加而成,点源位于(-1,0),其流量为$Q_1=20\mathrm{m}^3/\mathrm{s}$,点汇位于(2,0)点,其流量为$Q_2=40\mathrm{m}^3/\mathrm{s}$,已知流体密度为$\rho=1.8\mathrm{kg/m}^3$,流场中(0,0)点的压力为0,试求点(0,1)和(1,1)的流速和压力。

5-2　流速为$u_0=10\mathrm{m/s}$沿正向的均匀流与位于原点的点涡叠加。已知驻点位于(0,-5),试求:(1)点涡的强度;(2)(0,5)点的流速以及通过驻点的流线方程。

5-3　如图5.4.6所示的圆柱体,条件同例5-5,但同时它还绕本身轴线以角速度60r/min旋转。试决定驻点的位置,并计算B,D两点的速度和压强。在这种条件下,如果水深增至100m时,求产生空泡现象的速度。

5-4　一圆柱体的直径为0.6m,以6m/s的速度在静水内运动。如果它同时还转动着,在每米长度上产生了5880N的升力。求其升力系数和所需的转速。

5-5　已知复势为

(1)$W(z)=(1+\mathrm{i})z$;

(2)$W(z)=(1+\mathrm{i})\ln\left(\dfrac{z+1}{z-4}\right)$;

(3)$W(z)=-6\mathrm{i}z+\mathrm{i}\dfrac{24}{z}$.

试分析以上流动的组成,绘出流线图。并计算通过围线$x^2+y^2=9$的流量,及沿这一围线的速度环量。

5-6　写出下列流动的复势:(1)$u=u_0\cos\alpha$,$v=u_0\sin\alpha$;(2)强度为m,位于$(a,0)$点的平面点源;(3)强度为Γ,位于原点的点涡;(4)强度为M,方向为α,位于原点的平面偶极。

5-7　已知复势为$W(z)=2z+\dfrac{8}{z}+3\mathrm{i}\ln z$。求其速度分布及绕$x^2+y^2=10$的环量。试验证有一条流线与$x^2+y^2=4$的圆柱体表面重合,并用布拉休斯公式求对圆柱体的作用力。

5－8　如题图 5－1 所示，一平面不可压缩势流是由在离无限长的直壁距离为 a 处放源所形成的。求(1) $y=b$ 点处的速度大小和方向；(2)直壁何处流体速度最大？(3)证明作用在 $-b\leqslant y\leqslant b$ 间的合力为 $2p_\infty b\left(\frac{Q}{2\pi}\right)^2\rho\left[\frac{1}{a}\arctan\frac{b}{a}-\frac{b}{a^2+b^2}\right]$，其中：$p_\infty$ 为无穷远处的压强。$\left(\text{提示：}\int\frac{x^2}{(a^2+x^2)^2}\mathrm{d}x=-\frac{x}{2(a^2+x^2)}+\frac{1}{2a}\arctan\frac{x}{a}+c\right)$。

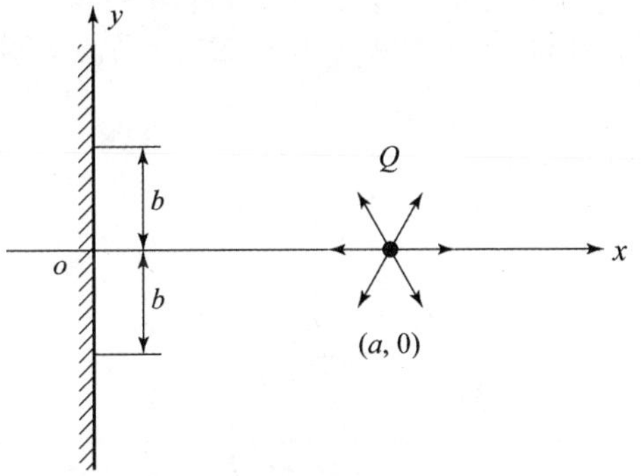

题图 5－1

5－9　如正文中图 5.4.6 所示的圆柱体，条件与例 5－5 相同，试写出流动的绝对速度势、牵连速度势、相对速度势及对应的单位速度势，并求出圆柱体表面上如下诸点绝对速度势的大小及方向：A、B、C、D 以及 $\theta=45°$，$\theta=135°$等 6 个点。

5－10　密度为 ρ_b 的半直圆柱由于自重沉于水底，速度为 V_∞ 的均匀来流绕过次半直圆柱。半圆柱与底面间有很小间隙，滞止压强是 p_0，求能使半圆柱浮起的最小速度 V_∞（题图 5－2）。

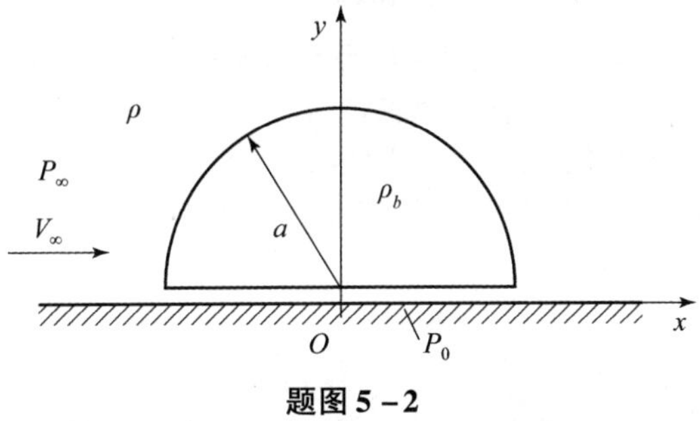

题图 5－2

5－11　半径为 a 的圆形管道置在无穷长的平坦海床上（题图 5－3），若海水来流速度为 V_∞，压强为 p_0，

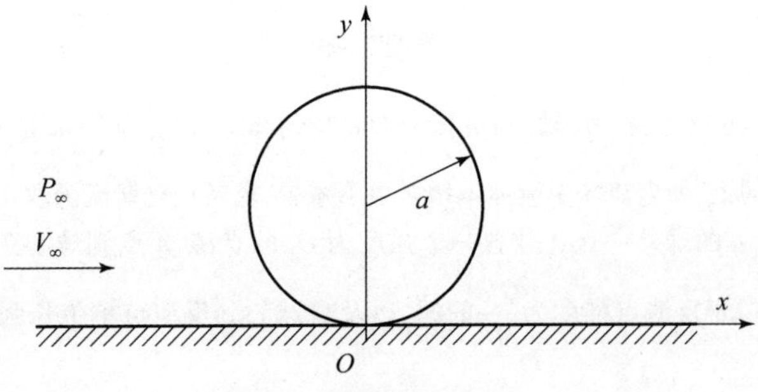

题图 5－3

（1）证明流动复势为 $W(z)=\pi aV_\infty \coth\dfrac{a\pi}{z}$；

（2）求海床上压强；

（3）求管壁上压强。

5-12 建立静止坐标系，分析半径为 a 的圆球以速度 $v(t)$ 在无界流体中运动的流场。无穷远流体静止，球心瞬时位置 r_0。求流动速度势及压强 p。

5-13 半径为 a 的圆球放在半径为 $b(b>a)$ 的球壳内，中间充满了无黏性不可压缩流体。如题图 5-4 所示，两球同心，突然内球和外壳分别以 U_0 和 V_0 速度运动，求该瞬时流场速度势 φ。

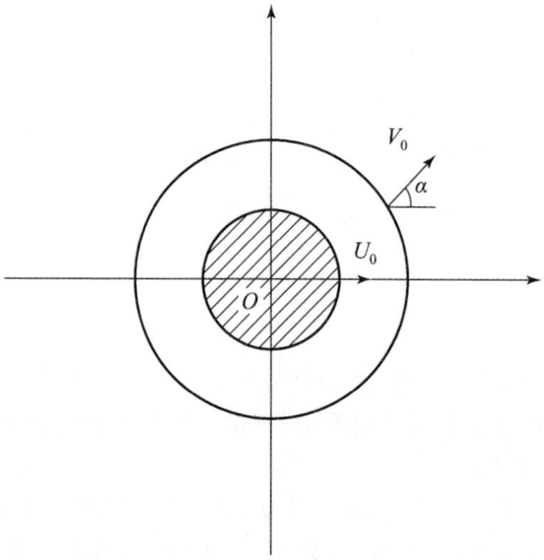

题图 5-4

5-14 如题图 5-5 所示，在平行于 Oz 轴的三维均匀流场中，在 $z=-a$ 与 $z=a$ 处分别放置一个强度为 Q_s 的源与一个强度为 Q_s 的汇，求组合流场的：

（1）过驻点的流线，从而可看出这是什么物体的绕流；

（2）若此物体长半轴为 z_s，短半轴为 h，求两者之间联系式。

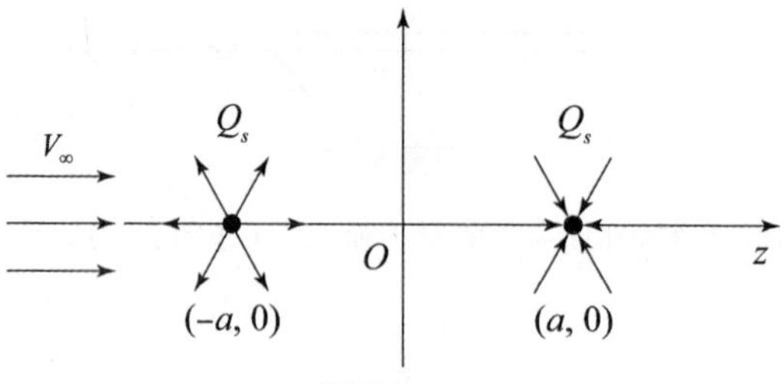

题图 5-5

5-15 如题图 5-6 所示，在 Qz 轴的 OA 段分布有均匀线源，强度为 $\dfrac{q}{a}$，a 是 OA 长度；在 OA 两端 O 点与 A 点放置强度相同汇，使全流场中流体不增多也不减少，求斯托克斯流函数 ψ。

5-16 在半径为 a 的球外一点 A 放置一个强度为 Q_s 的点源，A 点到球心距离为 f。证明 A 点的源关于球面的映像是位于反演点强度为 $\dfrac{Q_s a}{f}$ 的源，以及自球心到反演点单位长强度为 $-\dfrac{Q_s}{a}$ 的线汇（题图 5-7）。

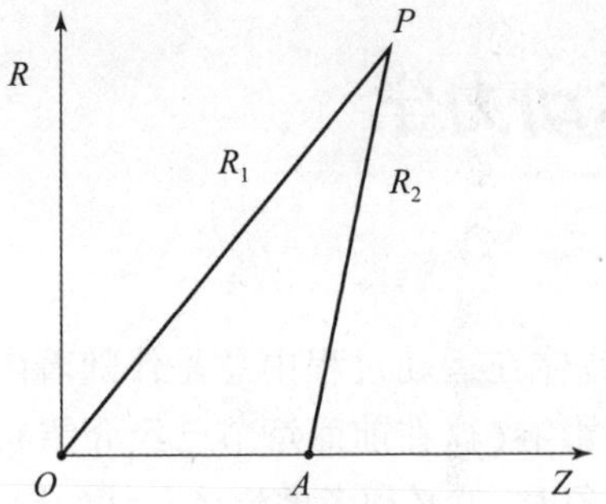

题图 5 - 6

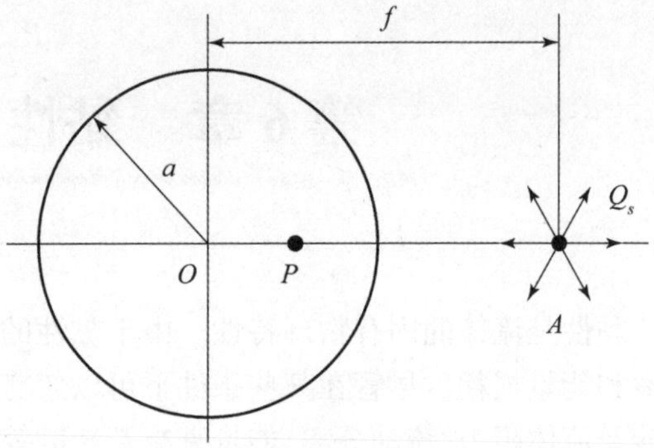

题图 5 - 7

5 - 17　在无限静水中有一半径为 R 的圆柱体,它从速度为零加速至 U,所需推力做功多少?

5 - 18　在无限液体中有一长为 L,半径为 R 的垂直圆柱体。其轴心被长为 l 的绳子系住。它一方面以角速度 Ω 在水平面内绕绳子固定端公转,另一方面又以另一角速度 ω 绕本身轴线自转(假设都为逆时针旋转)。设圆柱体重量为 G,液体密度为 ρ,并假设 $l \gg R$,试求绳子所受到的张力。

5 - 19　设有一半径为 R 的二元圆柱体在液体中以水平分速度 $u = U_0 t$(m/s)运动。设 $t = 0$ 时,它静止于坐标原点,液体密度为 ρ,圆柱体密度为 σ。试求流体作用在圆柱体上的推力及当 $t = 2$s 时圆柱体的位置。

5 - 20　一个直径为 d 圆柱筒漂浮在静止水面上,圆柱筒底部装有重物使它始终保持垂直方向,且圆筒浸没在水中长度为 h。现在如使水面突然上升一微小高度 y_0,试确定圆柱筒的运动(设圆柱筒运动附加质量为 $\frac{1}{6}\rho d^3$,且忽略黏性阻力影响)。

第 6 章　黏性流体动力学

黏性是流体的固有物理特性。由于黏性的存在，流体在运动过程中总是伴随着内部摩擦和能量损耗。尽管在某些条件下可以忽略黏性的影响（这在前面章节已经介绍），但当涉及流体阻力、流动分离、能量衰减及耗散等流动现象时，就必须考虑流体黏性的影响。本章将基于黏性流体动力学的基本方程——纳维尔 - 斯托克斯方程（Navier - Stokes equations，N - S 方程），并通过简化 N - S 方程，求解几种典型不可压缩黏性流体层流的流动，分析其基本特性；讨论湍流流动的基本特征，推导雷诺湍流方程及其求解所采用的湍流模式；结合管道流动计算，阐明管道内流体流动状态的判别条件，讨论沿程损失和局部损失计算方法并应用到管路计算；阐述边界层理论、边界层分离和控制方法。

6.1　不可压缩黏性流体层流运动

6.1.1　N - S 方程的简化形式

1. 不可压缩黏性流体三维流

对于黏性流体运动，在第 2 章已经推导出相应的连续方程和动量方程。当流体不可压缩时，N - S 方程可简化为

$$\frac{\partial \boldsymbol{v}}{\partial t}+(\boldsymbol{v}\cdot\nabla)\boldsymbol{v}=\boldsymbol{F}_b-\frac{1}{\rho}\nabla p+\boldsymbol{\nu}\nabla^2\boldsymbol{v} \tag{6.1.1}$$

2. 不可压缩黏性流体定常平面流

由式(6.1.1)，N - S 方程简化为

$$\begin{cases} v_x\dfrac{\partial v_x}{\partial x}+v_y\dfrac{\partial v_x}{\partial y}=F_{bx}-\dfrac{1}{\rho}\dfrac{\partial p}{\partial x}+\nu\left(\dfrac{\partial^2 v_x}{\partial x^2}+\dfrac{\partial^2 v_x}{\partial y^2}\right)\\ v_x\dfrac{\partial v_y}{\partial x}+v_y\dfrac{\partial v_y}{\partial y}=F_{by}-\dfrac{1}{\rho}\dfrac{\partial p}{\partial y}+\nu\left(\dfrac{\partial^2 v_y}{\partial x^2}+\dfrac{\partial^2 v_y}{\partial y^2}\right)\end{cases} \tag{6.1.2}$$

（1）沿 x 向均匀流，忽略质量力，则

$$\begin{aligned} &v_x=C\\ &v_y=0\\ &\left.\begin{aligned}F_{bx}=\frac{1}{\rho}\frac{\partial p}{\partial x}=0\\ F_{by}=\frac{1}{\rho}\frac{\partial p}{\partial y}=0\end{aligned}\right\}\Rightarrow p=C \end{aligned} \tag{6.1.3}$$

（2）沿 x 向平行流（层流），忽略质量力，则

$$\begin{cases} v_x = v_x(x,y) \\ v_y = 0 \end{cases} \Rightarrow \begin{cases} v_x \dfrac{\partial v_x}{\partial x} = -\dfrac{1}{\rho}\dfrac{\partial p}{\partial x} + \nu \nabla^2 v_x \\ 0 = -\dfrac{1}{\rho}\dfrac{\partial p}{\partial y} \end{cases} \tag{6.1.4}$$

利用连续方程$\dfrac{\partial v_x}{\partial x}=0$,得

$$\begin{aligned} & v = v_x(y) \\ & p = p(x) \\ & \frac{\partial^2 v_x}{\partial y^2} = \frac{\mathrm{d}^2 v_x}{\mathrm{d}y^2} = \frac{1}{\mu}\frac{\mathrm{d}p}{\mathrm{d}x} \end{aligned} \tag{6.1.5}$$

3. 理想流体

对于理想流体,动力黏性系数$\mu=0$,N－S 方程简化为欧拉运动学方程(Euler′s kinematical equations)。

通过联立求解 N－S 方程及连续方程可以得到不可压缩黏性流体运动的流场特性,但由于 N－S 方程左边惯性项中包含非线性项,因此无法求出精确解。只有当流动问题比较简单,方程中不出现非线性项时才能获得方程的精确解。本节主要介绍平行平板间的定常层流流动、圆管内的定常层流流动、往复振荡平板引起的层流流动等典型算例来说明 N－S 方程精确解的求解过程,并进一步把握黏性流体层流运动的基本特性。

6.1.2　平行平板间的定常层流流动

考虑两个平行平板之间不可压缩黏性流体的定常层流运动。下板静止,上板以速度 $U=\mathrm{const}$ 运动,两板相距 $2h$。如图6.1.1(a)所示,若不计质量力,则流动应满足下列基本方程和边界条件:

$$\frac{\partial v_x}{\partial x} + \frac{\partial v_y}{\partial y} = 0 \tag{6.1.6}$$

$$v_x \frac{\partial v_x}{\partial x} + v_y \frac{\partial v_x}{\partial y} = -\frac{1}{\rho}\frac{\partial p}{\partial x} + \nu\left(\frac{\partial^2 v_x}{\partial x^2} + \frac{\partial^2 v_x}{\partial y^2}\right) \tag{6.1.7}$$

$$v_x \frac{\partial v_y}{\partial x} + v_y \frac{\partial v_y}{\partial y} = -\frac{1}{\rho}\frac{\partial p}{\partial y} + \nu\left(\frac{\partial^2 v_y}{\partial x^2} + \frac{\partial^2 v_y}{\partial y^2}\right) \tag{6.1.8}$$

$$v_x\big|_{y=-h} = 0,\ v_x\big|_{y=h} = U \tag{6.1.9}$$

$$v_y\big|_{y=\pm h} = 0 \tag{6.1.10}$$

考虑边界条件,流体只沿 x 方向运动,即 $v_x = v, v_y = 0$,于是式(6.1.6)、式(6.1.8)分别变为

$$\frac{\partial v_x}{\partial x} = 0 \text{ 或 } v_x = v_x(y)$$

$$\frac{\partial p}{\partial y} = 0 \text{ 或 } p = p(x)$$

则式(6.1.7)变为

$$\frac{\mathrm{d}^2 v_x}{\mathrm{d}y^2} = \frac{\mathrm{d}^2 v}{\mathrm{d}y^2} = \frac{1}{\mu}\frac{\mathrm{d}p}{\mathrm{d}x} = \mathrm{const} \tag{6.1.11}$$

式(6.1.11)恒为常数是因为其左边仅为 y 的函数,右边仅为 x 的函数。对式(6.1.11)积分可得

$$v=\frac{1}{2\mu}\frac{\mathrm{d}p}{\mathrm{d}x}y^2+C_1y+C_2$$

由边界条件式(6.1.9)确定积分常数,整理后可得平板间流场的速度分布:

$$v=\frac{U}{2}\left(1+\frac{y}{h}\right)-\frac{h^2}{2\mu}\frac{\mathrm{d}p}{\mathrm{d}x}\left(1-\frac{y^2}{h^2}\right)\quad\left(-1\leqslant\frac{y}{h}\leqslant1\right)\tag{6.1.12}$$

速度分布取决于上板前进速度 U 和沿流动方向的压力梯度$\frac{\mathrm{d}p}{\mathrm{d}x}$,因此流动是由压差力和平板的运动引起的,在$\frac{\mathrm{d}p}{\mathrm{d}x}$取不同值时,会有不同速度分布曲线,如图 6.1.1(b)所示,下面分别加以讨论。

(1)当 $U\neq0,\frac{\mathrm{d}p}{\mathrm{d}x}=0$ 时,称为“纯剪切流动”,又称为“库埃特流(Couette flow)”。其速度分布呈线性分布,如图 6.1.1(c)所示。

$$v=\frac{U}{2}\left(1+\frac{y}{h}\right)\quad\left(-1\leqslant\frac{y}{h}\leqslant1\right)$$

(2)当 $U=0,\frac{\mathrm{d}p}{\mathrm{d}x}\neq0$ 时,称为“泊肃叶流(Poiseuille flow)”,其速度分布为抛物线,如图 6.1.1(d)所示。

$$v=-\frac{h^2}{2\mu}\frac{\mathrm{d}p}{\mathrm{d}x}\left(1-\frac{y^2}{h^2}\right)=u_{\max}\left(1-\frac{y^2}{h^2}\right),\quad\left(-1\leqslant\frac{y}{h}\leqslant1\right)$$

当 $y=0$ 时,即在 y 轴上的流体速度达到最大值 $v_{\max}=-\frac{1}{2\mu}\frac{\mathrm{d}p}{\mathrm{d}x}h^2$,平均速度 $v_{\mathrm{m}}=\frac{2}{3}v_{\max}$(图 6.1.1(b))。显然,总流动是纯剪切流动和泊肃叶流的叠加。

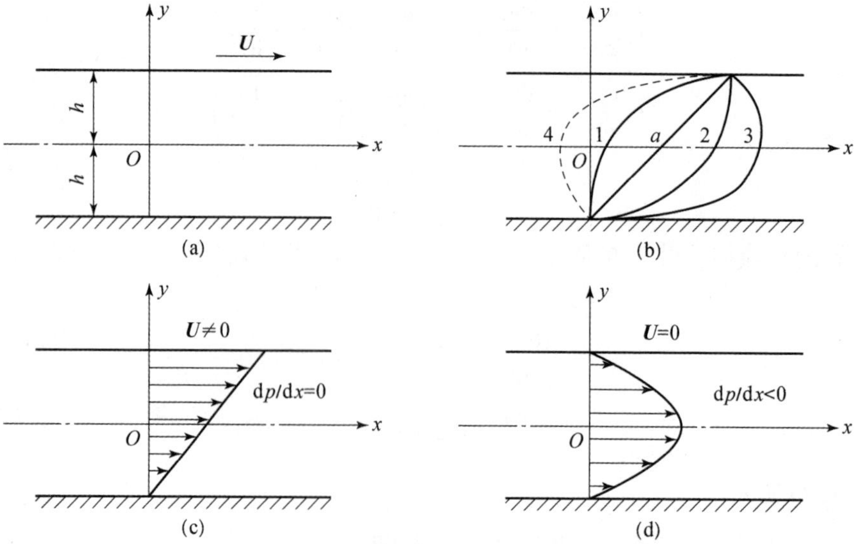

图 6.1.1　平行板间的定常层流流动

对于平行平板间的定常层流流动，无论上板是静止还是运动，只要有压力梯度，流场的速度剖面都是抛物线型，这是层流运动的典型特征。

为考察速度剖面的形状，将式(6.1.12)对 y 求导得

$$\left.\frac{\mathrm{d}v}{\mathrm{d}y}\right|_{y=-h}=\frac{U}{2h}-\frac{h}{\mu}\frac{\mathrm{d}p}{\mathrm{d}x}=\frac{1}{2}\frac{U}{h}(1+P)$$

式中：$P=-\frac{2h^2}{\mu U}\frac{\mathrm{d}p}{\mathrm{d}x}$为无因次压强梯度。由此可见，当 $P>0$，即$\frac{\mathrm{d}p}{\mathrm{d}x}<0$(顺压)时，$\left.\frac{\mathrm{d}v}{\mathrm{d}y}\right|_{y=-h}>0$，截面上的速度都为正，速度剖面向右凸出；当 $P<-1$ 时，$\left.\frac{\mathrm{d}v}{\mathrm{d}y}\right|_{y=-h}<0$，表明在较大的逆压梯度作用下，下板附近将出现倒流，速度剖面向左凸出。图 6.1.1(b)给出了不同 P 值下的速度剖面形状。有关逆压和顺压的概念以及对流动的影响，还将在边界层章节中进一步讨论。

6.1.3　圆管内的定常层流运动

有一半径为 a 的无限长圆管，不可压黏性流体在压力梯度$\frac{\mathrm{d}p}{\mathrm{d}x}$的作用下，作定常直线层流运动。设圆管水平放置，不计质量力。下面讨论管内流动的速度分布、流量及阻力。

根据流场边界为轴对称的特点，选取柱坐标系(r,ε,x)的 x 轴与管中心线重合，如图 6.1.2 所示。由于流动具有轴对称性质，因此沿 r 和 ε 方向的速度分量均为零，流动只存在 x 方向的速度分量 u，并且 $u=u(r)$；又由于流体只做直线运动，不计质量力，因此管内同一横截面上的压强相等，仅为 x 的函数，即 $p=p(x)$。

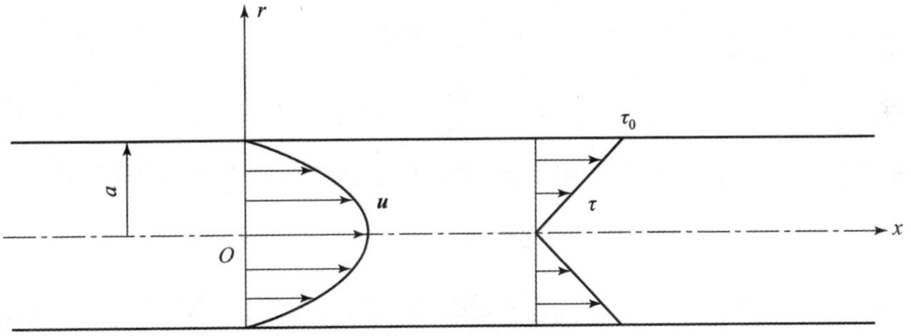

图 6.1.2　圆管内的层流

1. 速度分布

下面将采用两种方法求解速度分布。

1)方法 1：简化并求解 N－S 方程

首先给出柱坐标系中的 N－S 方程：

$$\begin{cases}\frac{\mathrm{d}v_r}{\mathrm{d}t}-\frac{v_\varepsilon^2}{r}=F_{br}-\frac{1}{\rho}\frac{\partial p}{\partial r}+\nu\left(\nabla^2 v_r-\frac{2}{r^2}\frac{\partial v_\varepsilon}{\partial \varepsilon}-\frac{v_r}{r^2}\right)\\ \frac{\mathrm{d}v_\varepsilon}{\mathrm{d}t}-\frac{v_r v_\varepsilon}{r}=F_{b\varepsilon}-\frac{1}{\rho}\frac{\partial p}{r\partial \varepsilon}+\nu\left(\nabla^2 v_\theta-\frac{2}{r^2}\frac{\partial v_r}{\partial \varepsilon}-\frac{v_\varepsilon}{r^2}\right)\\ \frac{\mathrm{d}v_x}{\mathrm{d}t}=F_{bx}-\frac{1}{\rho}\frac{\partial p}{\partial x}+\nu\nabla^2 v_x\end{cases}\tag{6.1.13}$$

其中,质点导数和拉普拉斯算子分别为

$$\begin{cases}\dfrac{\mathrm{d}}{\mathrm{d}t}=\dfrac{\partial}{\partial t}+v_r\dfrac{\partial}{\partial r}+v_\varepsilon\dfrac{\partial}{r\partial\varepsilon}+v_z\dfrac{\partial}{\partial z}\\ \nabla^2=\dfrac{\partial^2}{\partial r^2}+\dfrac{1}{r}\dfrac{\partial}{\partial r}+\dfrac{1}{r^2}\dfrac{\partial^2}{\partial\varepsilon^2}+\dfrac{\partial^2}{\partial z^2}\end{cases}$$

在不计质量力时,对于水平放置的无限长圆管中的定常层流流动,在柱坐标系中的 N-S 方程可简化为

$$\begin{cases}\dfrac{\partial p}{\partial r}=0\\ \dfrac{\partial p}{\partial\varepsilon}=0\\ \dfrac{1}{r}\dfrac{\mathrm{d}}{\mathrm{d}r}\left(r\dfrac{\mathrm{d}u}{\mathrm{d}r}\right)=\dfrac{1}{\mu}\dfrac{\partial p}{\partial x}\end{cases}$$

进一步改写为

$$\frac{1}{r}\frac{\mathrm{d}}{\mathrm{d}r}\left(r\frac{\mathrm{d}u}{\mathrm{d}r}\right)=\frac{1}{\mu}\frac{\mathrm{d}p}{\mathrm{d}x}\tag{6.1.14}$$

将式(6.1.14)两边对 r 积分,可得

$$u=\frac{1}{4\mu}\frac{\mathrm{d}p}{\mathrm{d}x}r^2+C_1\ln r+C_2$$

式中:C_1,C_2为积分常数。

由于在 $r=0$ 处,速度 u 为有限值,因此 $C_1=0$。常数 C_2 由管壁边界条件 $u_{r=a}=0$ 确定,其值为 $C_2=-\dfrac{a^2}{4\mu}\dfrac{\mathrm{d}p}{\mathrm{d}x}$。所以,管内的速度分布为

$$u=-\frac{1}{4\mu}\frac{\mathrm{d}p}{\mathrm{d}x}(a^2-r^2)\tag{6.1.15}$$

若考虑长度为 l 的一段管道,记上游截面 1 与下游截面 2 之间的压力差(压降)为 $\Delta p=p_1-p_2>0$,则$\dfrac{\mathrm{d}p}{\mathrm{d}x}=-\dfrac{\Delta p}{l}$。因此,速度式(6.1.15)可改写为

$$u=\frac{1}{4\mu}\frac{\Delta p}{l}(a^2-r^2)\tag{6.1.16}$$

2)方法 2:采用理论力学方法

选取如图 6.1.3 所示的坐标系,从中取一长为 l,半径为 r 流体作为讨论对象。

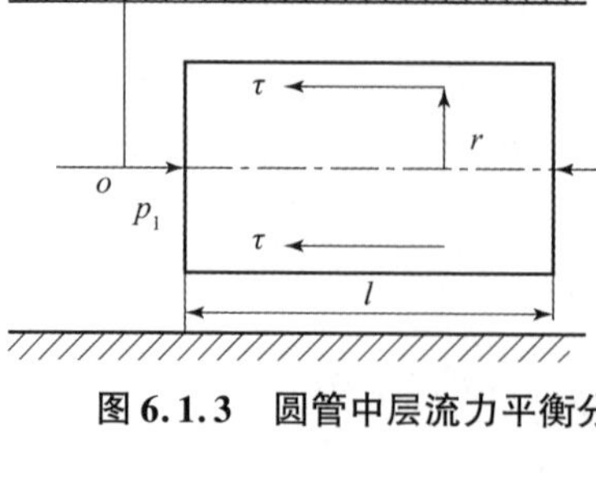

图 6.1.3　圆管中层流力平衡分析图

沿 x 方向列出平衡方程：

$$(p_1 - p_2)\pi r^2 = 2\pi r l \tau$$

因此

$$\tau = \frac{r}{2l}(p_1 - p_2) = \frac{\Delta p r}{2l} \tag{6.1.17}$$

由牛顿内摩擦定律得

$$\tau = -\mu \frac{\mathrm{d}u}{\mathrm{d}r} \tag{6.1.18}$$

由式(6.1.17)、式(6.1.18)得

$$\frac{\mathrm{d}u}{\mathrm{d}r} = -\frac{1}{2\mu}\frac{(p_1 - p_2)}{l}r = -\frac{1}{2\mu}\frac{\Delta p}{l}r \tag{6.1.19}$$

对式(6.1.19)积分：

$$u = -\frac{1}{4\mu}\frac{\Delta p}{l}r^2 + C$$

由边界条件：$r = a$ 处，$u = 0$ 得

$$C = \frac{1}{4\mu}\frac{\Delta p}{l}a^2$$

所以

$$u = \frac{1}{4\mu}\frac{\Delta p}{l}(a^2 - r^2)$$

这就是式(6.1.16)。对于黏性流体层流运动，在管轴 $r = 0$ 处速度达到最大值：

$$u_{\max} = \frac{\Delta p}{4\mu l}a^2 \tag{6.1.20}$$

因此，式(6.1.15)还可以表示为

$$u = u_{\max}\left(1 - \frac{r^2}{a^2}\right) \tag{6.1.21}$$

从式(6.1.21)可见，圆管内层流运动的速度分布也是抛物线型的(回转抛物面)，与平行平板间的流动相对应，称为圆管中的泊肃叶流动。

2. 流量与平均流速

通过圆管的体积流量为

$$Q = \int_0^a u \cdot 2\pi r \mathrm{d}r = 2\pi u_{\max}\int_0^a \left(1 - \frac{r^2}{a^2}\right) r \mathrm{d}r = \frac{\pi a^2}{2}u_{\max} \tag{6.1.22}$$

将式(6.1.20)代入式(6.1.22)，得

$$Q = \frac{\pi a^4}{8\mu l}\Delta p \tag{6.1.23}$$

式(6.1.23)称为“泊肃叶定律”。由此可见，圆管内的流量 Q 与压力降 Δp 成正比，与半径 a 的四次方成正比，而与黏性系数 μ 及管长成反比。如果测得两截面间的压强降 Δp，则可以通过式(6.1.23)计算管内流量 Q；反之，若测得流量 Q，则可以计算维持流动所需的压强降 Δp。

根据流量 Q 可以求出圆管截面上的平均流速(u_m)：

$$u_m = \frac{Q}{\pi a^2} = \frac{\Delta p}{8\mu l}a^2 \tag{6.1.24a}$$

对照式(6.1.20),有

$$u_m = \frac{1}{2}u_{\max} \tag{6.1.24b}$$

可见,圆管层流运动的平均速度是最大速度的一半。

3. 阻力及阻力系数

由式(6.1.16)可知,管内层流的切应力分布为

$$\tau = \mu\frac{\partial u}{\partial r} = -\frac{\Delta p}{2l}r \tag{6.1.25}$$

沿径向线性变化(图6.1.3)。在用理论力学方法推导过程中,用力的平衡关系也能得到式(6.1.25),区别在于这里是代数值,当 $p_1 - p_2 = \Delta p > 0$ 时,$\tau < 0$,表示方向沿 x 轴负向。在管轴 $r = 0$ 上,$\tau = 0$;在管壁上达到最大值(假定 $\Delta p > 0$):

$$\tau_0 = \frac{\Delta p}{2l}a$$

为了用无因次的流体动力系数来表示压力降,定义圆管层流流动的流体动力为

$$F = C_F \cdot \frac{1}{2}\rho u_m^2 \cdot \pi \mathrm{d}l$$

式中 $F = \Delta p \cdot \frac{1}{4}\pi \mathrm{d}^2$。

定义圆管流动摩擦阻力系数 $\lambda = 4C_F$,则

$$\lambda = \frac{4F}{\frac{1}{2}\rho u_m^2 \pi \mathrm{d}l} = \frac{\tau_0}{\frac{1}{8}\rho u_m^2} = \frac{\Delta p}{\frac{l}{d}\frac{1}{2}\rho u_m^2} \tag{6.1.26}$$

因此,只要获得摩擦阻力系数 λ,圆管内流动的压力降 Δp 或沿程损失 $\Delta h_f = \frac{\Delta p}{\rho g}$ 可由下式计算

$$\Delta p = \lambda\frac{l}{d}\frac{1}{2}\rho u_m^2 \tag{6.1.27}$$

$$\Delta h_f = \frac{\Delta p}{\rho g} = \lambda\frac{l}{d}\frac{u_m^2}{2g} \tag{6.1.28}$$

壁面切应力

$$\tau_0 = \frac{1}{8}\lambda\rho u_m^2 \tag{6.1.29}$$

需要指出,在定义阻力系数时并未考虑管内的流动状态,因此管内摩擦阻力系数的定义式(6.1.26)以及摩擦阻力或流动损失计算公式(6.1.27)对于层流和湍流都是适用的。

对于层流,由式(6.1.24a)推导得

$$\lambda = \frac{64}{Re} \tag{6.1.30}$$

式中:$Re = \frac{u_m d}{\nu}$ 是对于圆管直径和平均速度而言的雷诺数。由此可见,圆管中层流运动

($Re < Re_{cr}$)的阻力系数与雷诺数成反比，压降 Δp 或沿程损失 Δh_f 与平均速度 u_m 成正比。

以上理论结果无论是速度分布、流量，还是阻力系数都与实验结果十分吻合，具体见圆管内流动章节内容。

6.1.4　往复振荡平板引起的层流流动

一无限大平板在其自身平面内以圆频率作往复简谐振荡，如图 6.1.4 所示。设平板沿方 x 向的运动速度为 $u = U\cos\omega t$，远方压强为大气压，不计质量力，现分析平板振荡所引起的上半空间不可压黏性流体的运动。

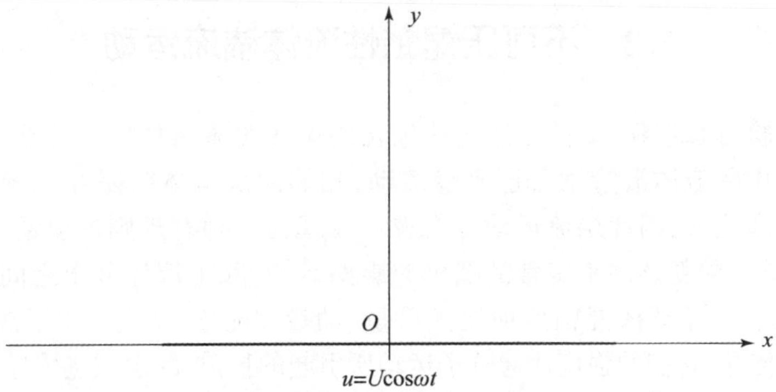

图 6.1.4　平板简谐振荡

该问题为一非定常运动，满足下列基本方程和边界条件：

$$\frac{\partial v_x}{\partial x} + \frac{\partial v_y}{\partial y} = 0 \tag{6.1.31}$$

$$\frac{\partial v_x}{\partial t} + v_x \frac{\partial v_x}{\partial x} + v_y \frac{\partial v_x}{\partial y} = -\frac{1}{\rho}\frac{\partial p}{\partial x} + \nu\left(\frac{\partial^2 v_x}{\partial x^2} + \frac{\partial^2 v_x}{\partial y^2}\right) \tag{6.1.32}$$

$$\frac{\partial v_y}{\partial t} + v_x \frac{\partial v_y}{\partial x} + v_y \frac{\partial v_y}{\partial y} = -\frac{1}{\rho}\frac{\partial p}{\partial y} + \nu\left(\frac{\partial^2 v_y}{\partial x^2} + \frac{\partial^2 v_y}{\partial y^2}\right) \tag{6.1.33}$$

$$v_x\big|_{y=0} = u = U\cos\omega t,\ v_x\big|_{y\to\infty} = 0 \tag{6.1.34}$$

$$v_y\big|_{y=0} = 0,\ v_y\big|_{y\to\infty} = 0 \tag{6.1.35}$$

$$p_{y\to\infty} = p_a \tag{6.1.36}$$

由于平板无限大，因此在任一垂直于 x 轴的平面上的流动是相同的，即物理量与 x 轴无关或关于 x 的偏导数为零。所以

$$v_x = v_x(y,t),\ v_y = v_y(y,t),\ p = p(y,t) \tag{6.1.37}$$

将式(6.1.37)代入式(6.1.31)，并应用式(6.1.35)，可知

$$v = 0 \tag{6.1.38}$$

将式(6.1.37)和式(6.1.38)代入式(6.1.33)，并应用边界条件式(6.1.36)，可得全流场压力为

$$p = p_a$$

式(6.1.31)和式(6.1.32)简化为

$$\frac{\partial u}{\partial t} = \nu \frac{\partial^2 u}{\partial y^2} \tag{6.1.39}$$

式(6.1.39)表示不可压缩黏性流体中,由于平板运动引起的黏性沿 y 方向的扩散,称为扩散方程或热传导方程,因此可利用数理方程的求解方法获得在满足边界条件式(6.1.34)下的解:

$$u = Ue^{-ky}\cos(ky - \omega t) \tag{6.1.40}$$

式中:$k = \sqrt{\dfrac{\omega}{2\nu}}$。可以看出,该式代表的运动是一个衰减波(黏性扰动),它沿 x 方向振荡,而从板面出发沿 y 方向传播,波长 $\lambda = \dfrac{2\pi}{k} = 2\pi\sqrt{\dfrac{2\nu}{\omega}}$。

6.2 不可压缩黏性流体湍流运动

由雷诺实验可观察到,黏性流体运动包含层流和湍流两种性质截然不同的运动状态。层流运动中的流体沿管轴分层平稳流动,相邻两层流体微团互不掺混,只有流体分子间的碰撞和交换,因此层流运动在宏观上表现为一种有规则的流动。与层流运动相比较,湍流是一种复杂的不定常的随机的旋涡运动,除了流体分子之间的碰撞以外,流体微团之间通过脉动掺混剧烈地交换质量、动量和能量,从而产生了湍流扩散、湍流摩阻和湍流热传导,它们的强度比起分子运动所引起的扩散、摩阻和热传导要大得多。因此,当湍流发生之后的运动特性与层流完全不相同。例如:当圆管中的流动处于层流状态时,速度剖面为抛物面,平均速度是最大速度的一半,压力降与平均速度的一次方成正比;而当流动处于湍流状态时,由于掺混的结果,速度剖面变得较为丰满,只在管壁附近出现很大的速度梯度,平均速度为最大速度的 80% ~90%,压力降几乎与平均速度的平方成正比(图 6.2.1)。导致这种现象最主要的原因就是湍流的随机性或脉动性,这是湍流的基本特征。

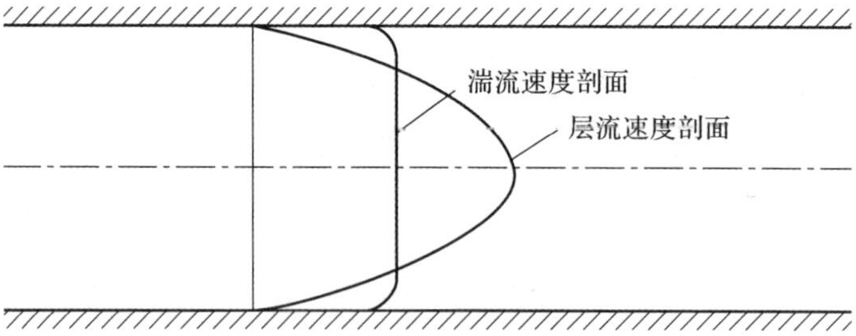

图 6.2.1 圆管中的平均速度分布

湍流理论主要研究两方面的问题:一是湍流产生的原因,二是湍流运动的基本规律。

1. 湍流产生的原因

层流和湍流在一定条件下可以相互转化或转捩。雷诺通过对圆管内黏性流体的流动实验研究发现,在一定的外界条件下,层流和湍流相互转化取决于雷诺数 Re。由层流转变为湍流时对应的 Re 称为临界雷诺数 Re_{cr}。Re_{cr} 不是一个固定值,它还取决于流体所受扰动的大小,这些扰动可以是来流速度的不均匀、物体表面的粗糙程度、流体中掺混杂质的多少,或者来流温度的不均匀等。当雷诺数较低时,这些扰动受到黏性阻尼的作用而衰减,流动可以保持层流状态,当雷诺数增加到一定值时,流体惯性力远远大于黏性力,惯性力使扰动放大超过了黏性力的阻尼作用，于是扰动得以发展，最终出现湍流。也就是说，转捩是扰动放大导致流动失稳的结果。

在圆管流动中，又可以分为上临界雷诺数和下临界雷诺数，通常提到的临界雷诺数是指后者。在具体条件下流动状态发生转变的雷诺数称为上临界雷诺数，并用 $R'e_{cr}$ 表示，通常 $R'e_{cr}$ 约为 12000 ~ 13000，在实验室内很理想的条件下 $R'e_{cr}$ 可达 10^5 的量级。无论管流的扰动有多大，它必将衰减下去，而流动状态始终能保持为层流的最大雷诺数称为下临界雷诺数，并用 $R''e_{cr}$ 表示。下临界雷诺数比较固定，约为 2000（也有的文献中取 2300）。在具体应用时，为了简便，采用下临界雷诺数作为判断依据，即当流动雷诺数 $Re \leqslant R''e_{cr}$ 时为层流，否则为湍流。

除圆管内的流体运动，在沿物体表面的边界层内的流动中也存在两种不同的流动状态及其转捩，在绕流物体前缘附近的流动保持为层流，到达某一点后经一很短的过渡后转变为湍流（图 6.2.2）。

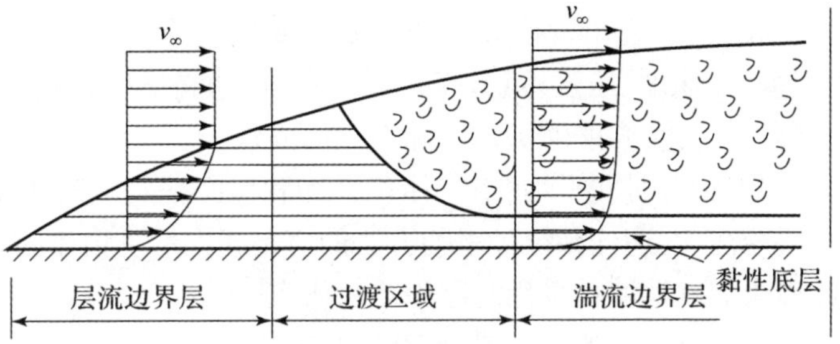

图 6.2.2　平板上的混合边界层

以上只是从概念上阐述了转捩或湍流产生的原因，深入分析湍流的成因则属于流动稳定性理论的范畴。流动稳定性理论的发展已经历了 100 多年的历程，但直到现在还不能完全解释从层流到湍流的转捩机理。人们通常把湍流运动通俗地描述为由许许多多不同尺度的旋涡运动叠加而成的。这些旋涡在方向上是三维的，大小强弱不一，发生的位置和周期也极不规则；大尺度的旋涡在流向下游的过程中会分裂成小涡，而小涡由于黏性耗损逐渐消失，其所带的能量转化为热能，整个流动是旋涡不断产生——分裂——湮灭的过程。

2. 湍流运动的基本规律

由于湍流运动是一种脉动运动，因此每一点的速度随时间空间随机变化。图 6.2.3 是利用热线测速仪测得管道中某点的轴向速度随时间的变化曲线。

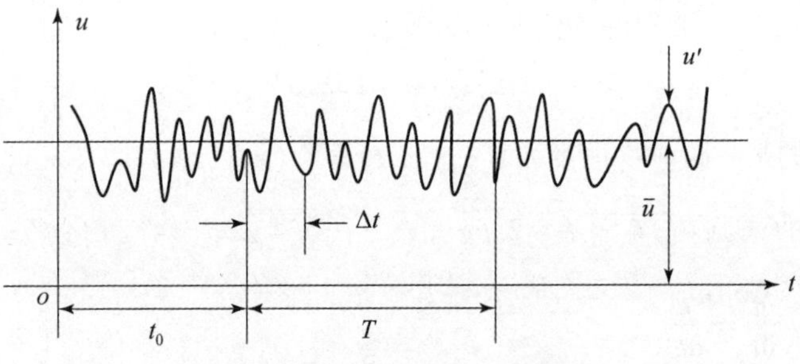

图 6.2.3　湍流速度的脉动性

可以看出,不同时刻湍流的真实(瞬时)速度 u 在某一平均速度 $\bar{u}$ 附近作随机脉动,瞬时速度与平均速度之差称为脉动速度 u',即 $u=\bar{u}+u'$。

与流体速度相类似,湍流中的流体压强也处于脉动状态,瞬时压强也可以表示为平均压强与脉动压强之和,即 $p=\bar{p}+p'$。

湍流速度的脉动性有如下一些特点:①脉动的数值不是小量,不能被忽略;②脉动总是三维的,其中沿主流流动方向的脉动量为最大,而以既垂直于主流流动方向又垂直于固体表面方向的脉动量为最小;③其是流体微团的脉动,而非流体分子的脉动。

在湍流流动中流体的瞬时速度和瞬时压强都是随时变化的,因此如果采用瞬时速度和瞬时压强来研究湍流运动,则问题将变得极其复杂,而且从工程角度看一般情况下也没这个必要。例如:研究管道内的流体流动,关心的是流体主流的速度分布、压强分布和能量损失等,并不关心每一个流体质点如何运动。因此,通常情况下把湍流场看成是统计平均场和随机脉动场的叠加,即每一点的瞬时物理量看成是平均值和脉动值之和,然后应用统计平均的方法,从 N-S 方程出发研究平均运动的变化规律。在工程中关心的和大多数仪器测得的物理量(如速度、压强、阻力等)也都是平均意义下的数值,因此这样的处理方法使问题的研究大大简化,并能够满足实际工程的要求。

常用的统计平均方法有时间平均、空间体积平均和概率平均。对于湍流运动这一随机过程,具有各态历经性,上述三种统计平均方法的值是相同的。由于时间平均更容易通过实验测量,因此湍流的流动特性采用时间平均法研究。

如图 6.2.3 所示,管内某点的轴向瞬时速度,其时间平均值定义为

$$\bar{u}=\frac{1}{T}\int_{t_0}^{t_0+T}u(x,y,z,t)\,\mathrm{d}t \tag{6.2.1}$$

式中:T 为比湍流脉动周期 Δt 长得多的时间间隔,以获得稳定的平均值,这样时均值 $\bar{u}$ 与 t_0 及 T 无关。

$\bar{u}$ 的几何意义是 $u-t$ 曲线和 t 轴所围面积的平均高度,物理意义是以 $\bar{u}$ 代替 u 时保持相同的流量。

考虑三维黏性流体流动,引入平均值后,瞬时速度和压强等物理量可表示为

$$v_x=\bar{v}_x+v_x',v_y=\bar{v}_y+v_y',v_z=\bar{v}_z+v_z';p=\bar{p}+p' \tag{6.2.2}$$

根据平均值的定义式(6.2.1)可知,脉动值的均值应为零,即

$$\overline{v_x'}=0,\overline{v_y'}=0,\overline{v_z'}=0;\overline{p'}=0 \tag{6.2.3}$$

但脉动值 $u_i'(i=1,2,3)$ 乘积的均值并不为零,即

$$\overline{u_i'u_j'},(i,j=1,2,3) \tag{6.2.4}$$

设湍流流动的某一瞬时物理量为 $f(x,y,z,t)=\bar{f}(x,y,z,t)+f'(x,y,z,t)$,下面给出湍流时间平均计算的法则:① $\bar{\bar{f}}=\bar{f}$,② $\overline{\bar{f}g}=\bar{f}\,\bar{g}$,③ $\overline{f+g}=\bar{f}+\bar{g}$,④ $\overline{f'}=0$,⑤ $\overline{fg}=\bar{f}\,\bar{g}+\overline{f'g'}$,⑥ $\overline{\frac{\partial f}{\partial x}}=\frac{\partial\bar{f}}{\partial x}$,⑦ $\overline{\frac{\partial f}{\partial t}}=\frac{\partial\bar{f}}{\partial t}$。

几种典型的湍流流动如下:

(1)定常湍流。定常湍流是指空间各点物理量的平均值不随时间变化的湍流,也称为“准定常湍流”,如图 6.2.3 所示的湍流。否则,若平均值随时间变化,则称为“非定常湍流”。例如:管内(湍流)流动的流量若随时间是变化的,则空间各点上物理量的均值就是非定常的。

(2)均匀各向同性湍流。在均匀各向同性湍流中,不同点和同一点在不同方向上湍流的特性都是一样的,这种湍流存在于无界流场中或远离边界的流场中。例如:在远离水面和底面的深水区中、高空的自然风中、风洞或水洞试验段核心区的湍流就属于此类。

(3)自由剪切湍流。自由剪切湍流是指边界为自由面而无固壁限制的湍流。例如:自由射流、尾流及两股汇合的平行流动等属于这种流动。

(4)壁面剪切湍流。壁面剪切湍流是指存在固壁边界的湍流。例如:管内及物体壁面边界层的湍流属于此类。

6.2.1　湍流求解方法

1. 直接求解 N - S 方程

直接求解 N - S 方程的方法能对湍流流动中最小尺度涡进行求解,但必须采用很小的空间与时间步长,即空间网格足够精细,能辨识能量耗散发生的科尔莫戈罗夫(Kolmogorov)长度尺度;时间步长足够小,可以求得湍流脉动最快的周期。因而计算量大,目前只能计算雷诺数较低的简单湍流运动,如槽道或圆管湍流等。但随着计算机性能和算法技术的不断突破,直接求解法终将得到普遍工程应用。

2. 求解雷诺平均应力方程

通过直接求解 N - S 方程来获得复杂流场信息,目前技术上尚有较大困难,通常是依据工程问题对 N - S 方程进行不同方式的简化。目前工程应用较为广泛的方法是,将 N - S 方程转化为雷诺平均应力方程(Reynolds - averaged Navier - Stokes equations, RANS Equations)。该方法关注平均流动以及湍流对平均流动特性的影响。由于采用了时均,增加了湍流应力项,因此需要根据不同湍流模型来封闭求解的方程,目前主要有涡黏性模型和雷诺应力模型。后面将单独介绍 RANS 方程的推导以及引入的典型湍流模型。

3. 大涡模拟方法

大涡模拟方法(large eddysimulation, LES)是基于网格尺度封闭模型及大尺度涡进行直接求解 N - S 方程,用亚格子模型模拟小尺度涡对大尺度涡的影响,其网格尺度要比涡的尺度大,可以模拟湍流的一些细节。但对网格和时间步的要求仍很严格,计算量和精确度处于 DNS 和 RNAS 之间,适用于高雷诺数,剪切层涡旋脱落或小尺度过程。目前由于高性能计算机的拥有以及并行算法的实施,该方法已经在复杂几何边界、高湍流流动模拟中得到应用。

6.2.2　RANS 方程

雷诺认为,湍流的瞬时速度场满足 N - S 方程,因此采用时间平均法可建立湍流平均运动方程——RANS 方程。湍流瞬时流场的 N - S 方程为

$$\begin{aligned}
&\frac{\partial v_x}{\partial t}+v_x\frac{\partial v_x}{\partial x}+v_y\frac{\partial v_x}{\partial y}+v_z\frac{\partial v_x}{\partial z}=F_{bx}-\frac{1}{\rho}\frac{\partial p}{\partial x}+\nu\nabla^2 v_x\\
&\frac{\partial v_y}{\partial t}+v_x\frac{\partial v_y}{\partial x}+v_y\frac{\partial v_y}{\partial y}+v_z\frac{\partial v_y}{\partial z}=F_{by}-\frac{1}{\rho}\frac{\partial p}{\partial y}+\nu\nabla^2 v_y\\
&\frac{\partial v_z}{\partial t}+v_x\frac{\partial v_z}{\partial x}+v_y\frac{\partial v_z}{\partial y}+v_z\frac{\partial v_z}{\partial z}=F_{bz}-\frac{1}{\rho}\frac{\partial p}{\partial z}+\nu\nabla^2 v_z
\end{aligned}\tag{6.2.5a}$$

或写成

$$\frac{\partial v_i}{\partial t}+\frac{\partial(v_iv_j)}{\partial x_j}=F_{bi}-\frac{1}{\rho}\frac{\partial p}{\partial x_i}+\nu\frac{\partial^2 v_i}{\partial x_j\partial x_j}\tag{6.2.5b}$$

对方程式(6.2.5b)取时间平均值有

$$\overline{\frac{\partial v_i}{\partial t}}+\overline{\frac{\partial(v_iv_j)}{\partial x_j}}=\overline{F_{bi}}-\overline{\frac{1}{\rho}\frac{\partial p}{\partial x_i}}+\nu\overline{\frac{\partial^2 v_i}{\partial x_j\partial x_j}}\tag{6.2.6}$$

利用式(6.2.2)~式(6.2.4)及时均运算法则,可算得式(6.2.6)各项如下:

$$\begin{cases}
\overline{\dfrac{\partial v_i}{\partial t}}=\dfrac{\partial\overline{v_i}}{\partial t}\\
\overline{\dfrac{1}{\rho}\dfrac{\partial p}{\partial x_i}}=\dfrac{1}{\rho}\dfrac{\partial\overline{p}}{\partial x_i}\\
\overline{\dfrac{\partial^2 v_i}{\partial x_j\partial x_j}}=\dfrac{\partial^2\,\overline{v}_i}{\partial x_j\partial x_j}\\
\overline{\dfrac{\partial(v_iv_j)}{\partial x_j}}=\dfrac{\partial\overline{(v_iv_j)}}{\partial x_j}=\dfrac{\partial(\overline{v_i}\,\overline{v_j})}{\partial x_j}+\dfrac{\partial(\overline{v_i'v_j'})}{\partial x_j}
\end{cases}\tag{6.2.7}$$

将式(6.2.7)代入式(6.2.6),整理得

$$\frac{\partial\overline{v_i}}{\partial t}+\frac{\partial(\overline{v_i}\,\overline{v_j})}{\partial x_j}=\overline{F_{bi}}-\frac{1}{\rho}\frac{\partial\overline{p}}{\partial x_i}+\nu\frac{\partial^2\,\overline{v}_i}{\partial x_j\partial x_j}+\frac{1}{\rho}\frac{\partial(-\rho\overline{v_i'v_j'})}{\partial x_j}\tag{6.2.8a}$$

或写成分量式:

$$\begin{aligned}
&\frac{\partial\overline{v_x}}{\partial t}+\frac{\partial(\overline{v_x}\,\overline{v_x})}{\partial x}+\frac{\partial(\overline{v_x}\,\overline{v_y})}{\partial y}+\frac{\partial(\overline{v_x}\,\overline{v_z})}{\partial z}=\\
&\overline{F_{bx}}-\frac{1}{\rho}\frac{\partial\overline{p}}{\partial x}+\nu\nabla^2\overline{v_x}+\frac{1}{\rho}\left[\frac{\partial(-\rho\overline{v_x'v_x'})}{\partial x}+\frac{\partial(-\rho\overline{v_x'v_y'})}{\partial y}+\frac{\partial(-\rho\overline{v_x'v_z'})}{\partial z}\right]\\
&\frac{\partial\overline{v_y}}{\partial t}+\frac{\partial(\overline{v_x}\,\overline{v_y})}{\partial x}+\frac{\partial(\overline{v_y}\,\overline{v_y})}{\partial y}+\frac{\partial(\overline{v_y}\,\overline{v_z})}{\partial z}=\\
&\overline{F_{by}}-\frac{1}{\rho}\frac{\partial\overline{p}}{\partial y}+\nu\nabla^2\overline{v_y}+\frac{1}{\rho}\left[\frac{\partial(-\rho\overline{v_x'v_y'})}{\partial x}+\frac{\partial(-\rho\overline{v_y'v_y'})}{\partial y}+\frac{\partial(-\rho\overline{v_y'v_z'})}{\partial z}\right]\\
&\frac{\partial\overline{v_z}}{\partial t}+\frac{\partial(\overline{v_x}\,\overline{v_z})}{\partial x}+\frac{\partial(\overline{v_y}\,\overline{v_z})}{\partial y}+\frac{\partial(\overline{v_z}\,\overline{v_z})}{\partial z}=\\
&\overline{F_{bz}}-\frac{1}{\rho}\frac{\partial\overline{p}}{\partial z}+\nu\nabla^2\overline{v_z}+\frac{1}{\rho}\left[\frac{\partial(-\rho\overline{v_x'v_z'})}{\partial x}+\frac{\partial(-\rho\overline{v_y'v_z'})}{\partial y}+\frac{\partial(-\rho\overline{v_z'v_z'})}{\partial z}\right]
\end{aligned}\tag{6.2.8b}$$

质量力可忽略的定常湍流运动雷诺应力平均方程为

$$
\begin{aligned}
&\frac{\partial(\overline{v_x v_x})}{\partial x}+\frac{\partial(\overline{v_x v_y})}{\partial y}+\frac{\partial(\overline{v_x v_z})}{\partial z}= \\
&-\frac{1}{\rho}\frac{\partial \bar{p}}{\partial x}+\nu\nabla^2\overline{v_x}+\frac{1}{\rho}\left[\frac{\partial(-\rho\,\overline{v_x' v_x'})}{\partial x}+\frac{\partial(-\rho\,\overline{v_x' v_y'})}{\partial y}+\frac{\partial(-\rho\,\overline{v_x' v_z'})}{\partial z}\right] \\
&\frac{\partial(\overline{v_x v_y})}{\partial x}+\frac{\partial(\overline{v_y v_y})}{\partial y}+\frac{\partial(\overline{v_y v_z})}{\partial z}= \\
&-\frac{1}{\rho}\frac{\partial \bar{p}}{\partial y}+\nu\nabla^2\overline{v_y}+\frac{1}{\rho}\left[\frac{\partial(-\rho\,\overline{v_x' v_y'})}{\partial x}+\frac{\partial(-\rho\,\overline{v_y' v_y'})}{\partial y}+\frac{\partial(-\rho\,\overline{v_y' v_z'})}{\partial z}\right] \\
&\frac{\partial(\overline{v_x v_z})}{\partial x}+\frac{\partial(\overline{v_y v_z})}{\partial y}+\frac{\partial(\overline{v_z v_z})}{\partial z}= \\
&-\frac{1}{\rho}\frac{\partial \bar{p}}{\partial z}+\nu\nabla^2\overline{v_z}+\frac{1}{\rho}\left[\frac{\partial(-\rho\,\overline{v_x' v_z'})}{\partial x}+\frac{\partial(-\rho\,\overline{v_y' v_z'})}{\partial y}+\frac{\partial(-\rho\,\overline{v_z' v_z'})}{\partial z}\right]
\end{aligned}
\tag{6.2.8c}
$$

不可压缩湍流的瞬时运动连续性方程为

$$\frac{\partial v_x}{\partial x}+\frac{\partial v_y}{\partial y}+\frac{\partial v_z}{\partial z}=0$$

对应的时均方程为

$$\frac{\partial \overline{v_x}}{\partial x}+\frac{\partial \overline{v_y}}{\partial y}+\frac{\partial \overline{v_z}}{\partial z}=0 \tag{6.2.9}$$

式(6.2.8)就是著名的 Reynolds 湍流方程，由 Reynolds 于 1895 年首先推导出，简称为 Reynolds 方程，它与连续方程式(6.2.9)一起构成了不可压缩湍流平均运动的基本方程。

由 Reynolds 方程可见，在湍流运动中除了平均运动的黏性应力 $\nu\frac{\partial^2\bar{v}_i}{\partial x_j\partial x_j}$ 之外，还多出了与脉动速度相关的项 $-\rho\overline{v_i'v_j'}$，称为湍流应力或 Reynolds 应力，它是一个二阶张量，记作

$$P_{ij}'=-\rho\overline{v_i'v_j'} \tag{6.2.10a}$$

或

$$
\boldsymbol{P}'=\begin{bmatrix}
-\rho\overline{v_x'v_x'} & -\rho\overline{v_x'v_y'} & -\rho\overline{v_x'v_z'} \\
-\rho\overline{v_y'v_x'} & -\rho\overline{v_y'v_y'} & -\rho\overline{v_y'v_z'} \\
-\rho\overline{v_z'v_x'} & -\rho\overline{v_z'v_y'} & -\rho\overline{v_z'v_z'}
\end{bmatrix} \tag{6.2.10b}
$$

显然 $\boldsymbol{P}'$ 是对称张量，即 $p_{ij}'=p_{ji}'$，只有 6 个分量是独立的，其中对角线上为 3 个法向应力，其余 3 个为切向应力。

从方程的推导过程可以看出，Reynolds 应力来源于非线性的迁移惯性力项，在物理上代表了由于湍流脉动引起的单位面积上的动量输运率，这种动量的输运表现为湍流应力；从能量的观点来看，平均流不断地对脉动流输送能量，从而维持湍流的脉动。因此，可以得出结论：湍流应力 $-\rho\overline{v_i'v_j'}$ 是与平均流相关联的。

为了衡量湍流脉动量的大小，通常引入“湍流度”的概念，其定义为

$$\varepsilon=\frac{1}{\bar{u}}\sqrt{\frac{1}{3}\left[(v_x')^2+(v_y')^2+(v_z')^2\right]}$$

式中：$\bar{u}$ 表示平均速度；v'_x, v'_y, v'_z 为来流中脉动速度的三个分量。

在绕物体的流动中，边界层内流动状态的转捩以及流动分离不仅取决于来流的雷诺数，而且依赖来流的湍流度、壁面粗糙度，以及外部主流的压力梯度，因此风洞或水洞试验段的来流湍流度 ε 对边界层、阻力和升力的试验都有很大影响，要尽可能降低 ε 的值。现有的风洞湍流度一般约为1%，低的风洞湍流度只有0.02%。

应当指出，湍流运动基本方程组(6.2.8)和式(6.2.9)是不封闭的。方程的个数只有4个，而未知量却包含10个，即3个速度分量 $\bar{v}_i$、1个压强分量 $\bar{p}$ 及6个湍流应力分量 p'_{ij}。为了使方程组封闭，必须在湍流应力与平均速度之间建立补充关系式，即“湍流模型”。

关于湍流模型的建立主要有两种方法：一种方法是湍流统计理论，即利用统计数学方法从最基本的物理守恒定律（流体力学基本方程组）出发，探讨湍流脉动的机理和内部结构，从而建立湍流运动的封闭方程组，该理论至今距解决工程问题的要求仍相差甚远。另一种方法是湍流模式理论或湍流半经验理论，是根据一些假设及实验结果建立湍流应力与平均速度之间的关系，进而建立封闭方程组。从20世纪20年代开始发展起来的一系列湍流半经验理论或模式理论，以普朗特（L. Prandtl）混合长度理论（1925年）最具有代表性。此外，还包括单参数湍流模型、双参数湍流模型、代数应力模型等。

6.2.3 湍流模型

1. 零方程模型

零方程模型直接用平均流动物理量模化涡黏性系数，而不引入任何湍流量，主要有普朗特混合长度理论和 B－L（Baldwin－Lomax）模型。

1）普朗特混合长度理论

普朗特混合长度理论的基本思想是把湍流中微团的脉动与气体分子的运动相比拟，即气体的运动需要经过一段自由行程，流体微团在和其他微团碰撞前也要经过一段路程。为简单起见，只讨论时均流为单向剪切流 $\bar{v}_x = \bar{u}(y)$ 的情况。

对于湍流运动，分子动量输运而引起的黏性应力表示为

$$\bar{\tau}_{xy} = \mu \frac{\mathrm{d}\bar{u}}{\mathrm{d}y}$$

对于由微团脉动引起的湍流切应力，Boussinesq（1877）认为也可以表示成上述形式，即

$$\tau_t = -\rho \overline{v'_x v'_y} = -\rho \overline{u'v'} = \mu_t \frac{\mathrm{d}\bar{u}}{\mathrm{d}y} \tag{6.2.11}$$

式中：μ_t 称为“湍流黏性系数”或“涡黏性系数”。因此，时均流为单向剪切湍流的摩擦切应力可表示为

$$\tau = \bar{\tau}_{xy} + \tau_t = \mu \frac{\mathrm{d}\bar{u}}{\mathrm{d}y} + \mu_t \frac{\mathrm{d}\bar{u}}{\mathrm{d}y} = (\mu + \mu_t) \frac{\mathrm{d}\bar{u}}{\mathrm{d}y} \tag{6.2.12}$$

因此，求解湍流剪切应力的关键在于如何获得涡黏性系数 μ_t 与流场参数之间的关系。为确定它们之间的关系，普朗特认为：在湍流运动中流体微团之间的碰撞也需要经过

一个与分子平均自由程相当的长度 l'，在距离 l' 内流体微团不与其它流体团相碰，保持自己的动量不变，只是在经过了 l' 距离后才与那里的微团碰撞，改变了动量，如图 6.2.4 所示。某层流体微团（图中阴影部分）的时均速度、脉动速度分别为 $\bar{u}$ 和 u'，v'，脉动速度 v' 使得流体发生层与层之间的质量和动量交换。

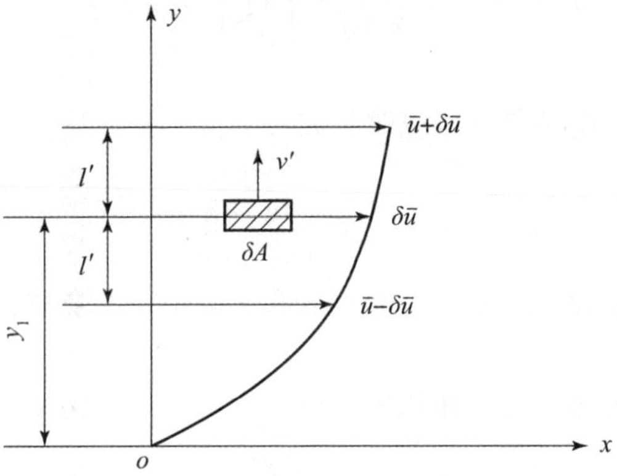

图 6.2.4　混合长度理论

设在流层之间取一微元面积 δA，则 y_1 层的流体在单位时间内通过 δA 脉动到 y_1+l' 层的质量为 $\rho v'\delta A$。根据动量定理，这种流层之间单位时间内动量的变化等于流层之间的摩擦阻力，即

$$\delta F=\rho v'\delta A(\bar{u}+\delta\bar{u})-\rho v'\delta A\bar{u}=\rho v'\delta A\delta\bar{u} \tag{6.2.13}$$

式(6.2.13)两边同除以 δA，即可得到湍流切应力为

$$\tau_t=\rho v'\delta\bar{u} \tag{6.2.14}$$

y_1 层和 y_1+l' 层流体的时均速度差可用泰勒级数展开，并略去高阶小量，得到速度脉动为

$$\delta\bar{u}_1=\bar{u}(y+l')-\bar{u}(y)=l'\frac{\mathrm{d}\bar{u}}{\mathrm{d}y}$$

同样，y_1 层的流体在单位时间内通过 δA 脉动到 y_1-l' 层引起的速度脉动为

$$\delta\bar{u}_2=\bar{u}(y-l')-\bar{u}(y)=-l'\frac{\mathrm{d}\bar{u}}{\mathrm{d}y}$$

注意：到达 y_1 层的流体微团是随机从上下两方来的，两者机会是均等的。故可认为 y_1 处速度脉动量 u' 与以上两种扰动幅度的平均值同量级，即

$$|u'|=\frac{1}{2}(|\delta\bar{u}_1|+|\delta\bar{u}_2|)=l'\left|\frac{\mathrm{d}\bar{u}}{\mathrm{d}y}\right| \tag{6.2.15}$$

此外，普朗特进一步假定 v' 和 u' 同量阶，即 $v'\sim u'$。事实上，该假定的合理性不难由连续性要求给出解释。当微团以速度 u' 离开某一位置时就空出一部分空间，四周流体纷纷流进来填补这一空间，于是产生了量阶相同的脉动速度 v'。由式(6.2.15)有

$$|v'|=\kappa l'\left|\frac{\mathrm{d}\bar{u}}{\mathrm{d}y}\right| \tag{6.2.16}$$

式中：κ 是比例常数。

将式(6.2.15)式(6.2.16)代入式(6.2.14)得

$$\tau_t = \rho\kappa l'^2 \left(\frac{\mathrm{d}\bar{u}}{\mathrm{d}y}\right)^2 = -\rho\overline{u'v'}$$

令 $l^2 = \kappa l'^2$,则有

$$\tau_t = \rho l^2 \left(\frac{\mathrm{d}\bar{u}}{\mathrm{d}y}\right)^2 \tag{6.2.17}$$

因为 τ_t 和$\frac{\mathrm{d}\bar{u}}{\mathrm{d}y}$同号,式(6.2.17)应改写成

$$\tau_t = \rho l^2 \left|\frac{\mathrm{d}\bar{u}}{\mathrm{d}y}\right| \frac{\mathrm{d}\bar{u}}{\mathrm{d}y} \tag{6.2.18}$$

通常称 l 为"混合长度",一般说来混合长度 l 不是一个常数,它将在具体问题中通过假定及实验结果来确定。

将式(6.2.18)与式(6.2.11)相比较,有

$$\mu_t = \rho l^2 \left|\frac{\mathrm{d}\bar{u}}{\mathrm{d}y}\right|$$

可见,涡黏性系数 μ_t 与平均流场有关,它远远大于由分子运动引起的层流黏性系数 μ,但 μ_t 与 μ 不同,它不是流体的属性,只决定于流体的密度、时均速度梯度和混合长度。下面讨论混合长度的确定方法。

在边界层内,混合长度设为

$$l = \kappa y \tag{6.2.19}$$

通过实验得到卡门常数 $\kappa = 0.41$。

2)B - L 模型

Baldwin - Lomax 对此提出了改进的混合长度模型(B - L 模型),主要思想是对边界层内外流动采用不同的模化方式。

内层:

$$\nu_t = l^2 \Omega \tag{6.2.20}$$

式中:Ω 是涡量;l 为混合长度,表达为

$$l = \kappa y\left[1 - \exp\left(-\frac{y^+}{A}\right)\right] \left(A = 26\nu\ \sqrt{\tau_w/\rho}\right) \tag{6.2.21}$$

外层:

$$\nu_t = 0.0168 C_{\mathrm{cp}} F_{\mathrm{wake}} F_{\mathrm{kleb}} \tag{6.2.22}$$

式中

$$F_{\mathrm{wake}} = \min\left(y_{\max} F_{\max}, C_{\mathrm{wk}} y_{\max} U_{\mathrm{dif}}^2 / F_{\max}\right) \tag{6.2.23}$$

式中:$F_{\max}$是下列函数的最大值:

$$F(y) = \begin{cases} y\Omega\left(1 - \exp\left(-\dfrac{y^+}{A^+}\right)\right) & (\text{壁面附近}) \\ y\Omega & (\text{尾流中}) \end{cases} \tag{6.2.24}$$

F_{kleb}是 Klebanoff 间歇函数:

$$F_{\mathrm{kleb}} = \left[1 + 5.5\left(\frac{C_{\mathrm{kleb}} y}{y_{\max}}\right)^6\right]^{-1} \tag{6.2.25}$$

U_{dif}是平均速度分布中最大值与最小值之差,即 $U_{\mathrm{dif}} = \mathrm{MAX}(\sqrt{u_i u_i}) - \mathrm{MIN}(\sqrt{u_i u_i})$;

y_{max}是$F(y)$的最大值所在位置。

几个模化参数值为

$$\kappa=0.41, A^+=26.0, C_{cp}=1.6, C_{kleb}=0.3, C_{wk}=0.25$$

B－L模型只适合小曲率壁面的湍流流动，不适合强逆压梯度边界层、分离流、射流和尾迹的计算。

混合长度理论属于半经验、半理论，虽然其所依据的假设并不严格，但它使雷诺湍流方程封闭了，而且通过实验确定混合长度以尽可能使该模型的结果接近实际情况。混合长度理论又称为零方程湍流模型，其优点：

(1)易于实施，计算量小；

(2)适合射流、混合层、尾流和边界层等薄剪切层流动，且有较好的计算精度。

其缺点：

(1)完全不适合分离流和循环流；

(2)只能计算平均流动特性和湍流剪切应力。

2. 一方程模型

在零方程模型中，l和μ_t都把雷诺应力与当地平均速度梯度相联系，是一种局部平衡的概念，忽略了湍流脉动的影响。为弥补混合长度假设的不足，1942年Kolmogorov和1945年Prandtl提出从中考虑湍流脉动特性的影响：

$$\mu_t=C_\mu \rho l_t k^{1/2} \tag{6.2.26}$$

式中：C_μ为经验常数，$C_\mu=0.09$；l_t为湍流长度，通常与湍流混合长度l不等；k为湍动能，其满足下式：

$$\frac{\partial k}{\partial t}+\bar{u}_j\frac{\partial k}{\partial x_j}=\frac{\partial}{\partial x_j}\left[\left(\nu+\frac{\nu_t}{P_{rk}}\right)\frac{\partial k}{\partial x_j}\right]+\nu_t\left(\frac{\partial \bar{u}_i}{\partial x_j}+\frac{\partial \bar{u}_j}{\partial x_i}\right)\frac{\partial \bar{u}_i}{\partial x_j}-C_D\frac{k^{3/2}}{l_t} \tag{6.2.27}$$

式中：P_{rk}为湍动动能普朗特常数，通常$P_{rk}=1$；C_D为经验常数，其值范围为0.08～0.38；l_t的确定通常采用类似混合长度理论中l的计算式。一方程模型是从经验和量纲分析出发，先针对简单流动，再逐渐补充发展成适用于带有层流流动的固壁湍流流动，模式中选用的变量是与涡黏性相关的量，易用于非结构化网格中去。典型的一方程模型有Spalart－Allmaras(S－A)模型和Baldwin－Barth(B－B)模型。这里只对Spalart－Allmaras(S－A)模型作简要介绍。

如图6.2.5所示粗实线，壁面附近涡黏系数ν_t的变化趋势分为两段：①在对数区($y^+>30$)，可以视为线性变化；②在黏性底层($y^+<5$)，视为y^+的四次方变化。即

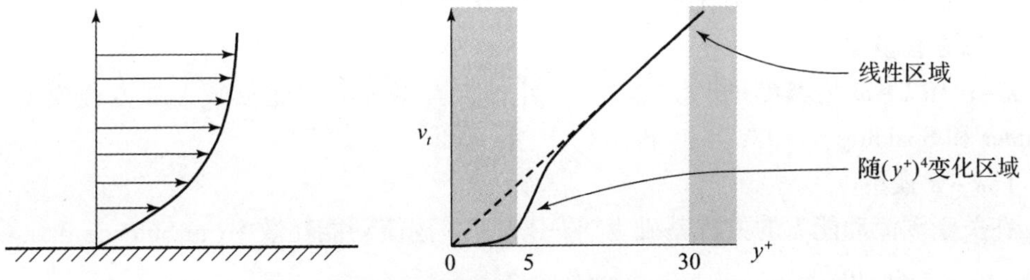

图6.2.5　近壁面湍流流动分区

$$\begin{cases} \dfrac{\nu_t}{\nu} = ky^+ & (y^+ > 30) \\ \dfrac{\nu_t}{\nu} = kf[(y^+)^4] & (y^+ < 5) \end{cases} \tag{6.2.28}$$

这导致了在数值计算时,黏性底层附近需要布置更多的网格才能达到精确模拟。为解决这个问题,引入一个新的变量 $\tilde{\nu}$(涡黏参数),当壁面为平板时,其沿图 6.2.5 中虚线为线性变化。$\tilde{\nu}$ 与 ν_t 的关系为

$$\nu_t = \tilde{\nu} f_{\nu_1}, f_{\nu_1} = \frac{\chi^3}{\chi^3 + c_{v1}^3}, \chi = \frac{\tilde{\nu}}{\nu} \tag{6.2.29}$$

式中:f_{ν_1} 为黏性阻尼效应;$\tilde{\nu}$ 在平板边界层中为线性变化,即

$$\tilde{\nu} = ky^+ \tag{6.2.30}$$

对于非平板流动,$\tilde{\nu}$ 的输运方程为

$$\frac{\partial \tilde{\nu}}{\partial t} + \nabla \cdot (\boldsymbol{U} \tilde{\nu}) = C_{b1}[1 - f_{t2}] \tilde{S} \tilde{\nu} + \frac{1}{\sigma_\nu}[\nabla \cdot ((\nu + \tilde{\nu}) \nabla \tilde{\nu}) + C_{b2} | \nabla \tilde{\nu} |^2] - \left(C_{w1} f_w - \frac{C_{b1}}{\kappa^2} f_{t2}\right)\left(\frac{\tilde{\nu}}{d}\right)^2 + f_{t1} \Delta U^2 \tag{6.2.31}$$

等式右边第一项为湍流生成项,第二项为湍流扩散项。在 Spalart - Allmaras 模型中,扩散项含有一个附加非线性项 $C_{b2} | \nabla \tilde{\nu} |^2$,该项在湍流区域的边缘处(尾流区域)非常重要。由于附加项为非线性的,一般处理为源项,以保证扩散项为线性。等式右边第三项为湍流衰减项。壁面的存在因黏性或无黏的阻碍,会对湍流产生衰减效果,因此该项为负值。d 为到最近壁面的距离,且当 $d \to 0$ 时,$f_w \to 0$ 来防止分母为零。

$$\tilde{S} = S + \frac{\tilde{\nu}}{\kappa^2 d^2} f_{v2}, f_{\nu 2} = 1 - \frac{\chi}{1 + \chi f_{\nu 1}}$$

式中:$S = \sqrt{2\Omega_{ij}\Omega_{ij}}$;$\Omega_{ij} = \dfrac{1}{2}\left(\dfrac{\partial u_i}{\partial x_j} - \dfrac{\partial u_j}{\partial x_i}\right)$;$f_w = q\left[\dfrac{1 + C_{w3}^3}{q^6 + C_{w3}^3}\right]^{1/6}$;$q = r + C_{w2}(r^6 - r)$。其中:$r = \dfrac{\tilde{\nu}}{\tilde{S} \kappa^2 d^2}$;$f_{t1} = C_{t_1} q_t \exp\left[-C_{t2} \dfrac{\omega_t^2}{\Delta U^2}(d^2 + q_t^2 d_t^2)\right]$;$f_{t2} = C_{t3} \exp[-C_{t4} \chi^2]$。

上面方程中涉及的常数,一般取值为

$\sigma_\nu = 2/3$,$C_{b1} = 0.1355$,$C_{b2} = 0.622$,$\kappa = 0.41$,$C_{w1} = C_{b1}/\kappa^2 + (1 + C_{b2})/\sigma_v$,$C_{w1} = 0.3$,$C_{v1} = 7.1$,$C_{t1} = 1.0$,$C_{t2} = 2.0$,$C_{t3} = 1.1$,$C_{t4} = 2.0$

3. 二方程模型

$k - \varepsilon$ 和 $k - \omega$ 为典型的二方程模型,且各自有多种的变化形式。二方程模型是由 Launder 和 Spalding 于 1972 年提出。

1)$k - \varepsilon$ 模型

在关于湍流动能 k 的方程基础上,再引入一个湍流动能耗散率(turbulence dissipation rate)$\varepsilon \left(\varepsilon = \nu_t \overline{\dfrac{\partial u_i'}{\partial x_j} \dfrac{\partial u_i'}{\partial x_j}}\right)$,其为各向同性的小尺度涡的机械能转化为热能的速率,建立 $k - \varepsilon$

输运方程,从而形成 $k-\varepsilon$ 二方程模型。

(1)标准(Standard)$k-\varepsilon$ 模型。

由量纲分析知

$$\frac{\mu_t}{\rho}\sim\frac{k^2}{\varepsilon} \tag{6.2.32}$$

μ_t 可以表达为 k 和 ε 函数,即

$$\mu_t=\rho C_\mu\frac{k^2}{\varepsilon} \tag{6.2.33}$$

式中:C_μ 为经验常数。

k 和 ε 是确定涡黏系数的两个未知量,它们分别满足以下输运方程:

$$\frac{\mathrm{D}(\rho k)}{\mathrm{D}t}=\frac{\partial(\rho k)}{\partial t}+\frac{\partial(\rho\bar{u}_j k)}{\partial x_j}=\frac{\partial}{\partial x_j}\left[\left(\mu+\frac{\mu_t}{Pr_k}\right)\frac{\partial k}{\partial x_j}\right]+P_k+G_b-\rho\varepsilon-Y_M+S_k \tag{6.2.34}$$

$$\frac{\mathrm{D}(\rho\varepsilon)}{\mathrm{D}t}=\frac{\partial(\rho\varepsilon)}{\partial t}+\frac{\partial(\rho\bar{u}_j\varepsilon)}{\partial x_j}=\frac{\partial}{\partial x_j}\left[\left(\mu+\frac{\mu_t}{Pr_\varepsilon}\right)\frac{\partial\varepsilon}{\partial x_j}\right]+C_{1\varepsilon}\frac{\varepsilon}{k}(P_k+C_{3\varepsilon}G_b)-\rho C_{2\varepsilon}\frac{\varepsilon^2}{k}+S_\varepsilon \tag{6.2.35}$$

式中:$P_k=\left(-\frac{2}{3}\rho k\delta_{ij}-\frac{2}{3}\mu_t\bar{S}_{kk}+2\mu_t\bar{S}_{ij}\right)\frac{\partial\bar{u}_j}{\partial x_j}$, $\bar{S}_{ij}=\frac{1}{2}\left(\frac{\partial\bar{u}_i}{\partial x_j}+\frac{\partial\bar{u}_j}{\partial x_i}\right)$;$G_b=\beta_T\rho g_i\frac{\mu_t}{\sigma_T}\frac{\partial\bar{T}}{\partial x_i}$,$\beta_T=-\frac{1}{\rho}\frac{\partial p}{\partial T}$;$Y_M=2\rho\varepsilon Ma_t^2$,$Ma_t=\sqrt{\frac{2k}{c^2}}$,$c=\sqrt{\gamma\bar{R}T}$。其中:$P_k$ 为由于平均速度梯度引起的湍流动能 k 的生成项;G_b 为由于浮力引起的湍流动能 k 的生成项,对于不可压流体,$G_b=0$;$-\rho\varepsilon$ 为耗散项;Y_M 为可压缩修正项,是可压缩湍流中脉动扩张的贡献;$C_{1\varepsilon}\frac{\varepsilon}{k}P_k$ 为 ε 的生成项;$C_{1\varepsilon}\frac{\varepsilon}{k}C_{3\varepsilon}G_b$ 为浮力修正项;$-\rho C_{2\varepsilon}\frac{\varepsilon^2}{k}$为耗散项;$S_k$ 和 S_ε 分别是 k 和 ε 的源项;c 为声速;β_T 为膨胀系数;经验常数分别为 $C_\mu=0.09$;$Pr_k=1.0$;$Pr_\varepsilon=1.3$;$C_{1\varepsilon}=1.44$;$C_{2\varepsilon}=1.92$;$C_{3\varepsilon}$是可压缩流计算中与浮力相关的系数,当主流与重力方向平行时,$C_{3\varepsilon}=1.0$;当主流与重力方向垂直时,$C_{3\varepsilon}=0$。模型中的经验常数主要是根据一些特殊条件下的实验结果而确定的,在不同的文献讨论不同的问题时,这些值会有一定的出入,但总的来讲,取值结果还是比较一致。在具体的模拟过程中还需要根据相关文献具体分析。

对于不可压缩流动,且不考虑源项时,k 和 ε 输运方程改写为

$$\frac{\mathrm{D}(\rho k)}{\mathrm{D}t}=\frac{\partial(\rho k)}{\partial t}+\frac{\partial(\rho\bar{u}_j k)}{\partial x_j}=\frac{\partial}{\partial x_j}\left[\left(\mu+\frac{\mu_t}{Pr_k}\right)\frac{\partial k}{\partial x_j}\right]+P_k-\rho\varepsilon \tag{6.2.36}$$

$$\frac{\mathrm{D}(\rho\varepsilon)}{\mathrm{D}t}=\frac{\partial(\rho\varepsilon)}{\partial t}+\frac{\partial(\rho\bar{u}_j\varepsilon)}{\partial x_j}=\frac{\partial}{\partial x_j}\left[\left(\mu+\frac{\mu_t}{Pr_\varepsilon}\right)\frac{\partial\varepsilon}{\partial x_j}\right]+C_{1\varepsilon}\frac{\varepsilon}{k}P_k-\rho C_{2\varepsilon}\frac{\varepsilon^2}{k} \tag{6.2.37}$$

标准 $k-\varepsilon$ 模型是针对湍流发展非常充分的湍流流动来建立的,因此它是一种针对高雷诺数湍流的计算模型。当雷诺数较低时,不适宜直接采用该模型,而需要进行特殊处理,如壁面函数等。该模型比零方程和一方程有很大的改进,但湍流应力公式把湍流应力与时均流场直接挂钩,无法正确描述时均流场速度梯度为零而湍流应力不为零的一类流

动;由标量函数构成的涡黏性系数无法体现湍流输运的各项异性。这两个方面的弱点是涡黏模型本质上的缺陷。因此在分析强旋流、浮力流、重力分层流等会遇到较大的问题。

(2)双层 $k-\varepsilon$ 模型。

双层 $k-\varepsilon$ 模型是为了改进低雷诺数的近壁面湍流而提出的,数值稳定性较高。把边界层划分为两个区域,分别求解:

①$y^+ \geqslant 200$ 的完全湍流区,按照标准模型的方法求解,得到涡黏系数 $\mu_{t,t}$;

②$y^+ < 200$ 的黏性区,只求解 k 方程,然而耗散率 $\varepsilon = C_\mu^{3/4}k^{3/2}l_t$,其中:湍流长度 l_t 采用式(6.2.21)计算。涡黏系数 $\mu_{t,v} = C_\mu^{1/4}\rho l_t k^{1/2}$。

为了实现湍流区向黏性区的光滑过渡,对 $\mu_{t,t}$ 和 $\mu_{t,v}$ 进行加权作为涡黏系数,即 $\mu_t = F_\mu \mu_{t,t} + (1-F_\mu)\mu_{t,v}$,随着远离壁面,系数 F_μ 逐渐从 0 变为 1。

相较于低雷诺数的标准 $k-\varepsilon$ 模型,双层 $k-\varepsilon$ 模型有数值稳定性高、网格依赖性低的优点。

(3)重整化群(renormalization Group,RNG)$k-\varepsilon$ 模型。

RNG$k-\varepsilon$ 模型由 Yakhot 和 Orzag 在 1986 年提出,通过在大尺度运动和修正后的黏度项体现小尺度的影响,而使这些小尺度运动有系统地从控制方程中去除。RNG$k-\varepsilon$ 模型中 k 和 ε 分别满足以下输运方程:

$$\frac{D(\rho k)}{Dt} = \frac{\partial(\rho k)}{\partial t} + \frac{\partial(\rho \bar{u}_j k)}{\partial x_j} = \frac{\partial}{\partial x_j}\left[\alpha_k\left(\mu + \frac{\mu_t}{Pr_k}\right)\frac{\partial k}{\partial x_j}\right] + P_k + G_b - \rho\varepsilon - Y_M \quad (6.2.38)$$

$$\frac{D(\rho \varepsilon)}{Dt} = \frac{\partial(\rho \varepsilon)}{\partial t} + \frac{\partial(\rho \bar{u}_j \varepsilon)}{\partial x_j} = \frac{\partial}{\partial x_j}\left[\alpha_\varepsilon\left(\mu + \frac{\mu_t}{Pr_\varepsilon}\right)\frac{\partial \varepsilon}{\partial x_j}\right] + C_{1\varepsilon}\frac{\varepsilon}{k}(P_k + C_{3\varepsilon}G_b) - \rho C_{2\varepsilon}^*\frac{\varepsilon^2}{k} \quad (6.2.39)$$

$$\mu_t = \rho C_\mu \frac{k^2}{\varepsilon} \quad (6.2.40)$$

式中:大部分变量在标准 $k-\varepsilon$ 模型方程式(6.2.34)、式(6.2.35)中都有表达,不同的有 $C_{2\varepsilon}^* = C_{2\varepsilon} + \dfrac{C_\mu \rho \eta^3(1-\eta/\eta_0)}{1+\beta\eta^3}$,$\eta = \dfrac{k}{\varepsilon}\bar{S}$,$\bar{S} = \sqrt{2\bar{S}_{ij}\bar{S}_{ij}}$;经验常数分别为 $C_\mu = 0.0845$;$\alpha_k = \alpha_\varepsilon = 1.39$;$Pr_\varepsilon = 1.3$;$C_{1\varepsilon} = 1.42$;$C_{2\varepsilon} = 1.68$;$\eta_0 = 4.377$;$\beta = 0.012$。

与标准 $k-\varepsilon$ 模型相比,RNG $k-\varepsilon$ 模型的主要变化如下:

①通过修正湍流动力黏性系数,考虑了平均流动中的旋涡流(swirling flow)及旋转流(rotating flow)流动情况,使模型对瞬变流和流线弯曲的影响能做出更好的预测;

②在 ε 方程中增加了一项,从而反映了主流的时均变化率,这样使 RNG $k-\varepsilon$ 模型中生成项不仅与流动情况有关,而且有效地改善了 ε 方程的精度。

(4)可实现(Realizable)$k-\varepsilon$ 模型。

标准 $k-\varepsilon$ 模型对时均应变率特别大的情况,有可能导致负的正应力,这种情况是不可能实现的。因此为了保证计算结果的可实现性,对正应力进行某种数学约束。为了保证这种约束,C_μ 不再视为常数,与应变率联系起来。$k-\varepsilon$ 的输运方程为

$$\frac{D(\rho k)}{Dt} = \frac{\partial(\rho k)}{\partial t} + \frac{\partial(\rho \bar{u}_j k)}{\partial x_j} = \frac{\partial}{\partial x_j}\left[\left(\mu + \frac{\mu_t}{Pr_k}\right)\frac{\partial k}{\partial x_j}\right] + P_k + G_b - \rho\varepsilon - Y_M \quad (6.2.41)$$

$$\frac{\mathrm{D}(\rho\varepsilon)}{\mathrm{D}t}=\frac{\partial(\rho\varepsilon)}{\partial t}+\frac{\partial(\rho\bar{u}_j\varepsilon)}{\partial x_j}=\frac{\partial}{\partial x_j}\left[\left(\mu+\frac{\mu_t}{Pr_\varepsilon}\right)\frac{\partial\varepsilon}{\partial x_j}\right]+\rho C_1 S_\varepsilon-\rho C_2\frac{\varepsilon^2}{k+\sqrt{\nu\varepsilon}}+C_{1\varepsilon}\frac{\varepsilon}{k}C_{3\varepsilon}G_b \tag{6.2.42}$$

$$\mu_t=\rho C_\mu\frac{k^2}{\varepsilon} \tag{6.2.43}$$

式中

$$C_\mu=\frac{1}{A_0+A_S\dfrac{U^*k}{\varepsilon}} \tag{6.2.44}$$

式中：$A_S=\sqrt{6}\cos\phi,\phi=\dfrac{1}{3}\arccos(\sqrt{6}W),W=\dfrac{\bar{S}_{ij}\bar{S}_{jk}\bar{S}_{ki}}{\sqrt{\bar{S}_{ij}\bar{S}_{ij}}};U^*=\sqrt{\bar{S}_{ij}\bar{S}_{ij}+\tilde{\Omega}_{ij}\tilde{\Omega}_{ij}},\tilde{\Omega}_{ij}=\Omega_{ij}-2\varepsilon_{ijk}\omega_k$，

$\Omega_{ij}=\bar{R}_{ij}-\varepsilon_{ijk}\omega_k,\bar{R}_{ij}=\dfrac{1}{2}\left(\dfrac{\partial\bar{u}_i}{\partial x_j}-\dfrac{\partial\bar{u}_j}{\partial x_i}\right);C_1=\max\left[0.43,\dfrac{\eta}{\eta+5}\right],\eta=\dfrac{k}{\varepsilon}\bar{S},\bar{S}=\sqrt{2\bar{S}_{ij}\bar{S}_{ij}}$。

经验常数分别为 $Pr_k=1.0;Pr_\varepsilon=1.2;C_{1\varepsilon}=1.44;C_2=1.92;C_{3\varepsilon}=0.09;A_0=4.04$；对于流动速度与重力方向相同的流动 $C_{3\varepsilon}=1.0$；对于流动方向与重力方向垂直的流动 $C_{3\varepsilon}=0$。

上面的 $\bar{R}_{ij}$是从角速度为 ω_k 的参考系中观察到的时均转动速率张量，对于无旋流场，U^* 计算式根号内的第二项为零，该项专门用以表示旋转的影响。

与标准 $k-\varepsilon$ 模型比较，Realizable $k-\varepsilon$ 模型的主要变化如下：

①湍流动力黏性系数计算公式发生变化，引进了与旋转和曲率有关的内容。

②ε 方程发生了很大变化，生成项不再包含 k 方程中的生成项 P_k，现在的形式更好地表示了光谱的能量转换。

③ε 方程中的倒数第二项不具有任何奇异性，即使 k 很小或为零，分母也不会为零。

Realizable $k-\varepsilon$ 模型适用于旋转流动、强逆压梯度的边界层流动、流动分离和二次流等。特别是射流曲率变化大的情况，有很好的表现。

(5)标准 $k-\omega$ 模型。

标准 $k-\varepsilon$ 模型无法准确预测带有逆压力梯度的边界层流动。为解决这一问题，诸多湍流模型被提出，Wilcox 提出的 $k-\omega$ 模型就是其中之一。

引入比湍流耗散率(specific turbulence dissipation rate)ω：

$$\omega=\frac{\varepsilon}{C_\mu k}$$

因此将原方程中 ε 转化为 ω 的表达，得到不可压缩且不考虑源项的 $k-\omega$ 两方程：

$$\frac{\mathrm{D}(\rho k)}{\mathrm{D}t}=\frac{\partial(\rho k)}{\partial t}+\frac{\partial(\rho\bar{u}_j k)}{\partial x_j}=\frac{\partial}{\partial x_j}\left[\left(\mu+\frac{\mu_t}{Pr_k}\right)\frac{\partial k}{\partial x_j}\right]+P_k-\rho C_\mu k\omega \tag{6.2.45}$$

$$\frac{\mathrm{D}(\rho\omega)}{\mathrm{D}t}=\frac{\partial(\rho\omega)}{\partial t}+\frac{\partial(\rho\bar{u}_j\omega)}{\partial x_j}=\frac{\partial}{\partial x_j}\left[\left(\mu+\frac{\mu_t}{Pr_\omega}\right)\frac{\partial\omega}{\partial x_j}\right]+\alpha\frac{\omega}{k}P_k-\beta_1\rho\omega^2 \tag{6.2.46}$$

$$\mu_t = \rho \frac{k}{\omega} \tag{6.2.47}$$

其中经验常数：$C_\mu = 0.09, Pr_k = Pr_\omega = 2.0, \alpha = 0.553, \beta_1 = 0.075$。

(6) SST $k-\omega$ 模型。

SST $k-\omega$ 模型由 Menter 提出，是在原 BSL(Baseline) $k-\omega$ 模型基础上的进一步改进。模型的优点：一方面，在边界层附近应用 $k-\omega$ 模型，使模型可以直接计算到黏性底层，进而使 SST $k-\omega$ 模型可以用作低雷诺数模型，无需额外的阻尼公式；另一方面，在完全发展的流动区域切换到 $k-\varepsilon$ 模型，避免了 $k-\omega$ 模型对于入口自由来流湍流过于敏感的问题。

SST $k-\omega$ 模型的 k 与 ω 的输运方程为

$$\frac{D(\rho k)}{Dt} = \frac{\partial(\rho k)}{\partial t} + \frac{\partial(\rho \bar{u}_j k)}{\partial x_j} = \frac{\partial}{\partial x_j}\left[\left(\mu + \frac{\mu_t}{Pr_k}\right)\frac{\partial k}{\partial x_j}\right] + P_k - \rho C_\mu k\omega \tag{6.2.48}$$

$$\frac{D(\rho \omega)}{Dt} = \frac{\partial(\rho \omega)}{\partial t} + \frac{\partial(\rho \bar{u}_j \omega)}{\partial x_j} = \frac{\partial}{\partial x_j}\left[\left(\mu + \frac{\mu_t}{Pr_\omega}\right)\frac{\partial \omega}{\partial x_j}\right] + \alpha \frac{\omega}{k} P_k - \beta_2 \rho \omega^2 + 2(1 - F_1)\frac{\rho}{C_\omega \omega}\frac{\partial k}{\partial x_j}\frac{\partial \omega}{\partial x_j} \tag{6.2.49}$$

式中：F_1 为混合函数，当 $F_1 = 0$ 时为 $k-\varepsilon$ 模型，当 $F_1 = 1$ 时为标准 $k-\omega$ 模型，即主流区设 $F_1 = 0$，近壁面区设 $F_1 = 1$，可以得到较理想的结果。混合函数取

$$F_1 = \tanh(\arg_1^4) \tag{6.2.50}$$

式中：$\arg_1$ 是关于节点到最近壁面的距离 y 的函数，其表达式为

$$\arg_1 = \min\left[\max\left(\frac{\sqrt{k}}{0.09\omega y}, \frac{500\mu}{\rho y^2 \omega}\right), \frac{4\rho k}{C_\omega D_\omega^+ y^2}\right] \tag{6.2.50}$$

引入限制器：

$$\mu_t = \frac{a_1 \rho k}{\max(a_1 \omega, SF_2)} \tag{6.2.51}$$

式中：a_1 是常系数；F_2 为混合函数，则

$$\begin{cases} F_2 = \tanh(\arg_2^2) \\ \arg_2 = \max\left(2\dfrac{\sqrt{k}}{0.09\omega y}, \dfrac{500\mu}{\rho y^2 \omega}\right) \end{cases} \tag{6.2.52}$$

其中 SST $k-\omega$ 模型中的经验常数：$C_\mu = 0.09, Pr_k = 1.0, Pr_\omega = 2.0, \alpha = 0.44, \beta_2 = 0.083, C_\omega = 1.17$。

4. 雷诺应力模型

雷诺应力模型(Reynolds stress models, RSM)，又称为雷诺应力输运模型，是较高级的湍流封闭模型，所采用的封闭方法通常称为二阶封闭模式。RSM 采用求解雷诺应力输运方程以及耗散率方程，而不是涡黏性假设来封闭方程，因此 RSM 模型在三维求解中需要额外求解 7 个方程。

雷诺应力模型包括单独求解雷诺应力 $\rho \overline{u_i' u_j'}$ 方程以对平均 RANS 方程加以封闭。其输运方程为

$$\begin{cases}\underbrace{\frac{\partial}{\partial t}(\rho\overline{u_i'u_j'})}_{\text{非稳态项}}+\underbrace{\frac{\partial}{\partial x_k}(\rho u_k\overline{u_i'u_j'})}_{C_{ij}-\text{对流项}}=\underbrace{-\frac{\partial}{\partial x_k}[(\rho\overline{u_i'u_j'u_k'})+\overline{p'(\delta_{kj}u_i'+\delta_{ik}u_j')}]}_{D_{T,ij}-\text{湍流扩散项}}+\\ \underbrace{\frac{\partial}{\partial x_k}\left[\mu\frac{\partial}{\partial x_k}(\overline{u_i'u_j'})\right]}_{D_{L,ij}-\text{分子扩散项}}\underbrace{-\rho\left(\overline{u_i'u_k'}\frac{\partial u_j}{\partial x_k}+\overline{u_j'u_k'}\frac{\partial u_i}{\partial x_k}\right)}_{P_{ij}-\text{应力生成项}}\underbrace{-\rho\beta(g_i\overline{u_j'\theta}+g_j\overline{u_i'\theta})}_{G_{ij}-\text{浮力生成项}}\\ \underbrace{\overline{p'\left(\frac{\partial u_i'}{\partial x_j}+\frac{\partial u_j'}{\partial x_i}\right)}}_{\varphi_{ij}-\text{压力应变项}}\underbrace{-2\mu\overline{\frac{\partial u_i'}{\partial x_k}\frac{\partial u_j'}{\partial x_k}}}_{\varepsilon_{ij}-\text{耗散项}}\underbrace{-2\rho\Omega_k(\overline{u_j'u_m'}\varepsilon_{ikm}+\overline{u_i'u_m'}\varepsilon_{jkm})}_{F_{ij}-\text{系统旋转生成项}}+S_{user}\end{cases}\tag{6.2.53}$$

式中：非稳态项、对流项、分子扩散相、压力生成项以及系统旋转生成项无需额外建模，直接进行离散即可。其他项则需要建立模型使方程封闭。

1）湍流扩散项 $D_{T,ij}$

可采用简化的广义梯度模型（这由 Daly and Harlow 提出）：

$$D_{T,ij}=\frac{\partial}{\partial x_k}\left(\frac{\mu_t}{\sigma_k}\frac{\partial\overline{u_i'u_j'}}{\partial x_k}\right)\tag{6.2.54}$$

式中：$\sigma_k=1.0$。

2）浮力生成项 G_{ij}

$$\begin{cases}G_{ij}=-\rho\beta(g_i\overline{u_j'\theta}+g_j\overline{u_i'\theta})\\ \overline{u_i'\theta}=\frac{\mu_t}{Pr_t}\left(\frac{\partial T}{\partial x_i}\right)\end{cases}\tag{6.2.55}$$

式中：Pr_t 为能量的湍流普朗特数，默认取值 0.8。

3）压力应变项 φ_{ij}

压力应变项有线性压力应变模型、二次压力应变模型和 Stress – Omega 模型三种模型可选择，其中较为常用的是第一种。

（1）线性压力应变模型为

$$\varphi_{ij}=p'\left(\frac{\partial u_i'}{\partial x_j}+\frac{\partial u_j'}{\partial x_i}\right)\tag{6.2.56}$$

压力应变相可分解为

$$\varphi_{ij}=\varphi_{ij,1}+\varphi_{ij,2}+\varphi_{ij,w}\tag{6.2.57}$$

等式右边 3 项分别是慢速压力应变项、使得雷诺应力和湍能趋向各向同性。快速压力应变项，使雷诺应力的产生率趋向各向同性；壁面反射项，体现固壁边界的影响。其中

$$\varphi_{ij,1}=-C_1\rho\frac{\varepsilon}{k}\left[\overline{u_i'u_j'}-\frac{2}{3}\delta_{ij}k\right]\tag{6.2.58}$$

式中：常数 $C_1=1.8$。

$$\varphi_{ij,2}=-C_2\left[\left(P_{ij}+F_{ij}+\frac{5}{6}G_{ij}-C_{ij}\right)-\frac{2}{3}\delta_{ij}\left(P+\frac{5}{6}G-C\right)\right]\tag{6.2.59}$$

式中：$C_2=06$；$P_{ij},F_{ij},G_{ij},C_{ij}$为式（6.2.53）中对应的项；$P=\frac{1}{2}P_{kk}$，$G=\frac{1}{2}G_{kk}$，$C=\frac{1}{2}C_{kk}$。

$$\varphi_{ij,w}=-C_1'\frac{\varepsilon}{k}\left(\overline{u_k'u_m'}n_kn_m\delta_{ij}-\frac{3}{2}\overline{u_i'u_k'}n_jn_k-\frac{3}{2}\overline{u_j'u_k'}n_in_k\right)\frac{C_lk^{3/2}}{\varepsilon d}+$$

$$C'_2\left(\varphi_{km,2}n_k n_m - \frac{3}{2}\varphi_{ik,2}n_j n_k - \frac{3}{2}\varphi_{jk,2}n_i n_k\right)\frac{C_l k^{3/2}}{\varepsilon d} \tag{6.2.60}$$

式中：$C'_1=0.5$；$C'_2=0.3$；n_k 为 x_k 方向壁面的单位法向量；d 为到壁面的垂直距离。

（2）二次压力应变模型为

$$\varphi_{ij} = -(C_1\rho\varepsilon + C_1^* P)b_{ij} + C_2\left(\rho\varepsilon b_{ik}b_{kj} - \frac{1}{3}b_{mn}b_{mn}\delta_{ij}\right) + (C_3 - C_3^*\sqrt{b_{ij}b_{ij}})\rho k S_{ij} +$$

$$C_4\rho k\left(b_{ik}S_{jk} + b_{jk}S_{ik} - \frac{2}{3}b_{mn}S_{mn}\delta_{ij}\right) + C_5\rho k(b_{ik}\Omega_{jk} + b_{jk}\Omega_{ik}) \tag{6.2.61}$$

式中：b_{ij}为雷诺应力各项异性张量，即

$$b_{ij} = \frac{\overline{u'_i u'_j}}{2k} - \frac{1}{3}\delta_{ij} \tag{6.2.62}$$

S_{ij}和 Ω_{ij}分别为应变率张量和平均旋转角速度张量；各常数分别取值为 $C_1=3.4$，$C_1^*=1.8$，$C_2=4.2$，$C_3=0.8$，$C_3^*=1.3$，$C_4=1.25$，$C_5=0.4$。

该模型在一系列基本剪切流中具有较好的性能，包括平面应变、旋转平面剪切和轴对称膨胀/收缩。当选用增强壁面函数时，该模型不可用。

（3）Stress－Omega 模型。

Stress－Omega 模型适合对曲面上的流动和涡流建模，不需要对壁面反射项进行处理。

$$\varphi_{ij} = \varphi_{ij,1} + \varphi_{ij,2} \tag{6.2.63}$$

$$\varphi_{ij} = -C_1\rho\beta^*_{RSM}\omega\left[u'_i u'_j - \frac{2}{3}\delta_{ij}k\right] - \hat{\alpha}_0\left[P_{ij} - \frac{1}{3}P_{kk}\delta_{ij}\right] -$$

$$\hat{\beta}_0\left[D_{ij} - \frac{1}{3}P_{kk}\delta_{ij}\right] - k\hat{\gamma}_0\left[S_{ij} - \frac{1}{3}S_{kk}\delta_{ij}\right] \tag{6.2.64}$$

式中

$$D_{ij} = -\rho\left[\overline{u'_i u'_m}\frac{\partial u_m}{\partial x_j} + \overline{u'_j u'_m}\frac{\partial u_m}{\partial x_i}\right] \tag{6.2.65}$$

其中：$\hat{\alpha}_0 = \frac{8+C_2}{11}$，$\hat{\beta}_0 = \frac{8C_2-2}{11}$，$\hat{\gamma}_0 = \frac{60C_2-4}{55}$，$C_1=1.8$，$C_2=0.52$。

上述给出了几种不同的湍流模型，具体数值计算时参见有关黏性流体动力学文献资料。

表 6.2.1 给出了湍流数值模拟常用湍流模型的适用性及局限性。

表 6.2.1　典型湍流模型

湍流模型	适用性及局限性
Baldwin－Barth（B－B）一方程模型	对计算网格的要求低，壁面的网格可以与采用 B－L 模型的相当，计算量小。但对一些流动尺度变换比较大的流动问题不太适合，如平板射流问题
Spalart－Allmaras（S－A）一方程模型	主要应用于空气动力学和流体机械等含中度分离现象的场合，计算量小，对于预测低雷诺数流动十分有效。但对一些流动尺度变换比较大的流动问题不太适合，如平板射流问题

续表

湍流模型	适用性及局限性
Standard $k-\varepsilon$ 二方程模型	由 Launder and Spalding 从实验现象中总结出来的，具有适用范围广、经济、精度合理的优点，适用于高雷诺数流动，边界层流动、管内流动、剪切流动，有较多的数据积累。但只适合完全湍流的流动过程模拟
RNG $k-\varepsilon$ 二方程模型	较 Standard $k-\varepsilon$ 模型能模拟较低雷诺数流动，并考虑了湍流涡旋，提高了在这方面的精度。但依然只对充分发展湍流有效，仍属高雷诺数湍流模型，对低雷诺数流动和近壁区域流动仍需特殊处理
Realizable $k-\varepsilon$ 二方程模型	能较精确地预测平面和圆形射流扩散作用，且对于旋转流动，强逆压梯度的边界层流动，流动分离和二次流有很好的表现
Standard $k-\omega$ 二方程模型	基于 Wilcox $k-\omega$ 模型，为考虑低雷诺数、可压缩性和剪切流传播而修改得到。适用于存在逆压梯度情况时的边界层流动分离和转捩
SST $k-\omega$ 二方程模型	在广泛的流动领域中，比标准 $k-\omega$ 模型有更高的精度和可信度，但由于对壁面距离依赖性较强，不太适用于自由剪切流
Reynolds Stress 七方程模型	避免了各向同性的涡黏性假设，占用较多的 CPU 时间和内存，较难收敛，适用于强旋流运动

6.3　不可压缩黏性流体圆管内湍流流动

管道流动是工程中最常见的流动之一，研究圆管内的流体流动规律对于管路系统的设计具有重要指导意义。本节将基于 Prandtl 混合长度理论来研究圆管内的湍流运动。

6.3.1　基本概念

1. 充分发展流

无论是层流还是湍流，都假定流体充满了圆管的整个截面。在实际管道中，从入口处开始流动有一个逐渐发展的过程，假设均匀流从圆弧形入口进入直径为 d 的直圆管，如图 6.3.1 所示。由于黏性的作用使得管壁上的速度为零，并在壁面附近形成边界层。随着流体向前方推移，边界层的厚度逐渐增长，速度剖面形状不断变化。由于通过管道的流量是一定的，而边界层的厚度逐渐增大，以致未受管壁影响的中心部分流速必然加快。至下游某一距离 L 处，管壁边界层厚度曲线在圆管中心处汇合，黏性的影响遍及整个圆管，流动不再受入口的影响，速度剖面不再变化，成为充分发展的层流或湍流。把入口至边界层相交这个长度 L 称为入口段或起始段。入口段以后的流动称为充分发展流，充分发展流的流态与雷诺数相关。

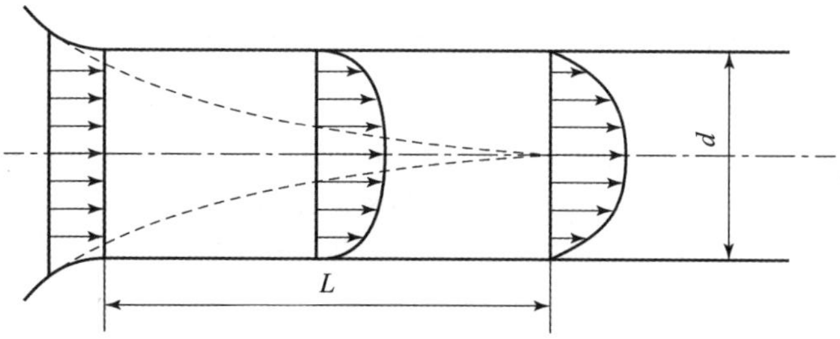

图 6.3.1　管内入口段流动的发展

入口段的长度同样与流动状态有关。对于圆管内的层流,入口段的长度由式(6.3.1)近似给出

$$\frac{L}{d} \approx 0.057Re \tag{6.3.1}$$

式中:$Re=\dfrac{u_m d}{v}$。当 $Re_{cr}=2000$ 时,达到充分发展层流所需长度为 116 倍直径;而达到充分发展湍流所需的长度约为 25 ~ 50 倍的直径,取决于壁面的粗糙度和入口的形状,对于直角形入口,入口段的长度要比圆形入口的短。

本章仅讨论圆管内充分发展的定常湍流流动,入口段除外。如果工程需要的话,可将充分发展流的结果乘以一个修正因子应用于入口段。

2. 管内湍流结构、黏性底层、水力光滑和水力粗糙

对于充分发展的管内湍流,其速度(时均速度)分布不同于层流。湍流脉动所引起的流层之间的动量交换使得管道中心部分的速度较层流均匀;在靠近管壁处,湍流脉动受到壁面限制,黏性的阻滞作用使得流速急剧下降,从而形成了中心部分较平坦而近壁面处速度梯度较大的速度分布剖面,如图 6.3.2 所示。

在管中心处大部分区域的流动是不规则的脉动运动,称为湍流核心区。而在靠近固体壁面的一个薄层内,脉动运动受到壁面的限制,脉动运动几乎完全消失,黏性力起主导作用,流动呈平滑的层流运动特征,这一薄层称为黏性底层(或层流底层)。在黏性底层与湍流核心区相邻的区域,两种流动状态并存,称为过渡区。过渡区很薄,一般不单独考虑,而是合并到湍流核心区统一处理,如图 6.3.2 所示。

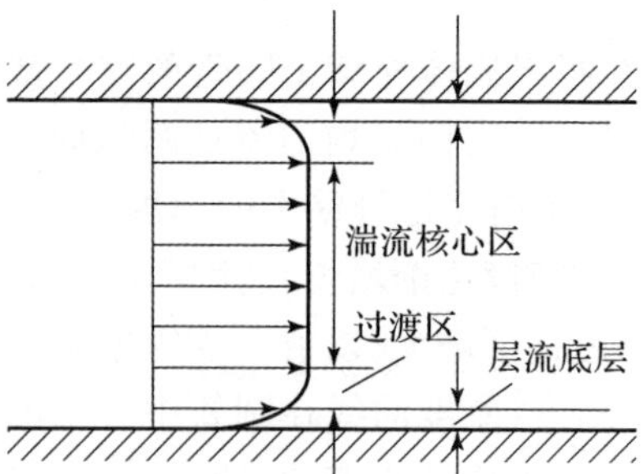

图 6.3.2　管内湍流结构

黏性底层中的切应力取决于式(6.2.12)中的第一项,湍流核心区的切应力取决于该式的两项,但第二项直到接近壁面都比第一项大很多,因而第一项可以忽略不计。

黏性底层的厚度 δ 很薄，通常只有几分之一毫米。但是，其对湍流流动的能量损失以及流体与壁面之间的换热等物理现象却有着重要的影响。这种影响与管道壁面的粗糙程度直接有关。把管壁粗糙凸出部分的平均高度 ε 称为绝对粗糙度，而把 ε/d 称为相对粗糙度。常用管道壁面的绝对粗糙度 ε 列于表 6.3.1。

表 6.3.1　常用管道壁面绝对粗糙度

管子材料	平均绝对粗糙度 ε/mm	管子材料	平均绝对粗糙度 ε/mm
干净铜管、铅管	0.0015 ~ 0.01	水泥管（平整）	0.33
新无缝钢管	0.04 ~ 0.17	干净玻璃管	0.0015 ~ 0.01
煤气管路上使用一年后钢管	0.12	橡胶软管	0.01 ~ 0.03
普通条件下浇成的钢管	0.19	极粗糙的内涂橡胶的软管	0.20 ~ 0.30
使用数年后的钢管	0.19	混凝土槽	0.80 ~ 9.0
精制镀锌钢管	0.25	陶土排水管	0.45 ~ 6.0
普通镀锌钢管	0.39	涂有珐琅质的排水管	0.25 ~ 6.0
普通新铸铁管	0.25 ~ 0.42	纯水泥表面管	0.25 ~ 1.25
粗陋镀锌钢管	0.50	水泥浆硅砌体	0.8 ~ 6.0
旧的生锈钢管	0.60	水泥普通块石砌体	6.0 ~ 16.0
污秽的金属管	0.75 ~ 0.90	刨平木板制成的木槽	0.25 ~ 2.0

当 $\delta > \varepsilon$ 时，即黏性底层完全淹没了管壁的粗糙凸出部分（图 6.3.3(a)），这时黏性底层以外的湍流区完全感受不到管壁粗糙度的影响，流体好像在完全光滑的管子中流动一样，这种情况的管内流动称为是“水力光滑”的，这种管道简称为“光滑管”。

当 $\delta < \varepsilon$ 时，即管壁的粗糙凸出部分有一部分或大部分暴露在湍流区中，这时流体流过凸出部分时将引起旋涡，造成新的能量损失，管壁粗糙度将对湍流流动产生影响，这种情况的管内流动称为是“水力粗糙”的，这种管道简称“粗糙管”。

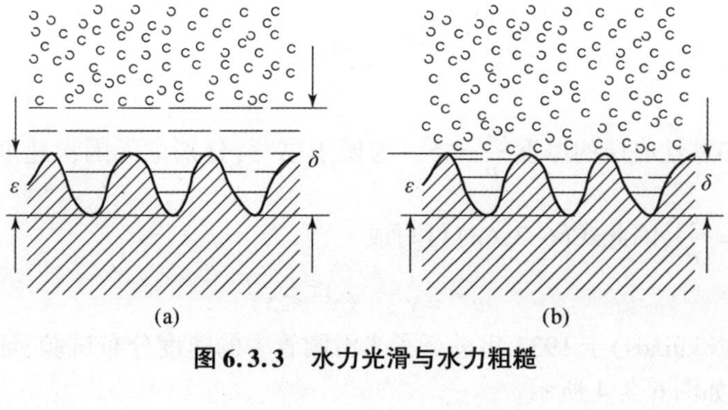

图 6.3.3　水力光滑与水力粗糙

由于黏性底层厚度 δ 随雷诺数发生变化,因此同样一根管道在不同的雷诺数下会处于水力光滑或水力粗糙这两种不同的流动状态。

实验证明,δ 的数值依赖于雷诺数,可用半经验公式为

$$\frac{\delta}{d}=\frac{34.2}{Re^{0.875}} \tag{6.3.2a}$$

或

$$\delta=\frac{32.8d}{Re\sqrt{\lambda}} \tag{6.3.2b}$$

式中:d 为管道直径;λ 是核心区为湍流时的沿程阻力系数。

6.3.2 圆管内的湍流速度分布

本节讨论光滑管($\delta>\varepsilon$)和粗糙管($\delta<\varepsilon$)内的速度分布。

1. 黏性底层速度分布 $y\leqslant\delta$

设 y 是从壁面算起的距离,在黏性底层中的切应力由

$$\tau=\mu\frac{\mathrm{d}u}{\mathrm{d}y} \tag{6.3.3}$$

决定。根据层流的特征,速度分布为抛物线,但由于层流底层很薄,速度分布可近似为线性的,于是层流底层中的切应力 τ 为一常数,等于壁面上的摩擦应力 τ_0。因此式(6.3.3)可写为

$$\tau_0=\mu\frac{u}{y}$$

或

$$u=\frac{\tau_0}{\mu}y=\frac{\tau_0}{\rho\nu}y \tag{6.3.4}$$

令

$$u_\tau=\sqrt{\frac{\tau_0}{\rho}} \tag{6.3.5}$$

由于式(6.3.5)具有速度的因次(L/T),故称为壁面切应力速度。只要壁面切应力 τ_0 给定,则 u_τ 也是已知的常数。将式(6.3.5)代入式(6.3.4),可以得到黏性底层的无因次速度分布为

$$\frac{u}{u_\tau}=\frac{yu_\tau}{\nu} \tag{6.3.6a}$$

由实验得知黏性底层的厚度$\frac{yu_\tau}{\nu}\leqslant5$。为便于书写,分别记无因次速度和无因次厚度为 $u^+=\frac{u}{u_\tau}$,$y^+=\frac{yu_\tau}{\nu}$,因此式(6.3.6a)可写成

$$u^+=y^+\quad(y^+\leqslant5) \tag{6.3.6b}$$

尼古拉兹(Nikurads)于1932年进行了光滑圆管中的速度分布试验,证实了 $y^+\leqslant5$ 时上式的正确性,如图6.3.4所示。

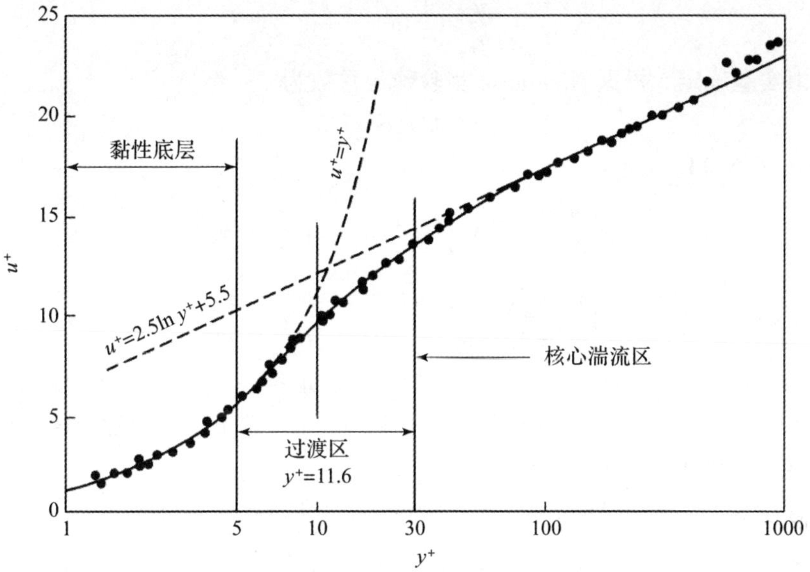

图 6.3.4　光滑圆管中的速度分布

2. 过渡层内的速度分布($5<y^+<30$)

黏性底层至湍流核心区之间过渡区的速度分布可近似地用 Sleicher(1958 年)公式表示:

$$u^+=11\arctan\left(\frac{y^+}{11}\right)$$

3. 水力光滑管湍流核心区速度分布$\left(\frac{\varepsilon u_\tau}{\nu}<4,y^+\geqslant 30\right)$

当$\varepsilon<\frac{4\nu}{u_\tau}$时,壁面粗糙度不影响湍流核心区中的速度分布,流动是水力光滑的。这时湍流核心区($y^+\geqslant 30$)中的 Reynolds 应力远远大于分子黏性应力,忽略分子黏性应力,仍假设核心区中$\tau\approx\tau_0$ = 常数,于是式(6.2.12)写成

$$\tau=(\mu+\mu_t)\frac{\mathrm{d}u}{\mathrm{d}y}\approx\rho l^2\left(\frac{\mathrm{d}u}{\mathrm{d}y}\right)^2=\tau_0 \tag{6.3.7}$$

利用式(6.3.5),式(6.3.7)可以写成

$$\frac{\mathrm{d}u}{\mathrm{d}y}=\frac{u_\tau}{l} \tag{6.3.8}$$

因为v'在壁面上为零,于是 Prandtl 提出假设:近壁面处的混合长度l与离壁面的距离y成正比,即

$$l=ky \tag{6.3.9}$$

将式(6.3.9)代入式(6.3.8)并积分,可得下述湍流速度分布规律。

(1)对数定律:

$$\frac{u}{u_\tau}=\frac{1}{k}\ln y+c_1 \tag{6.3.10}$$

式中:c_1为积分常数。令$c_1=c+\frac{1}{k}\ln\frac{u_\tau}{\nu}$,则式(6.3.10)可写成

$$\frac{u}{u_\tau}=\frac{1}{k}\ln\frac{yu_\tau}{\nu}+c \tag{6.3.11}$$

常数 k,c 由实验确定。根据 Nikuradse 实验确定常数为

$$k=0.4,c=5.5$$

于是式(6.3.11)成为

$$\text{或}\quad \begin{cases}\dfrac{u}{u_\tau}=2.5\ln\dfrac{yu_\tau}{\nu}+5.5, & \left(\dfrac{yu_\tau}{\nu}\geqslant 30\right)\\ u^+=2.5\ln y^+ +5.5, & (y^+\geqslant 30)\\ u^+=5.75\lg y^+ +5.5, & (y^+\geqslant 30)\end{cases} \tag{6.3.12}$$

式(6.3.12)称为圆管内湍流速度分布的“对数定律”，它与 Nikuradse 的实验结果(图6.3.4)非常一致。这表明尽管作了近壁假定 $\tau\approx\tau_0$ 和 $l=ky$，对数定律的使用范围实际上可延伸至圆管中心。

最大速度 $u_{\max}$ 位于圆管中心 $y=a$ 处，由式(6.3.12)第一式可知

$$\frac{u_{\max}}{u_\tau}=2.5\ln\frac{au_\tau}{\nu}+5.5 \tag{6.3.13}$$

由于黏性底层和过渡层很薄，管流的平均速度 u_m 可近似按式(6.3.12)所示的对数分布规律计算，注意到 $y=a-r$，于是

$$u_m=\frac{1}{\pi a^2}\int_0^a u\cdot 2\pi r\mathrm{d}r$$

积分得

$$\frac{u_m}{u_\tau}=2.5\ln\frac{au_\tau}{\nu}+1.75 \tag{6.3.14}$$

将式(6.3.13)与式(6.3.14)相减，可得平均速度与最大速度之间的关系

$$u_m=u_{\max}-3.75u_\tau \tag{6.3.15}$$

(2)亏损定律。将式(6.3.13)与式(6.3.11)第一式相减，得

$$\frac{u_{\max}-u}{u_\tau}=2.5\ln\frac{a}{y} \tag{6.3.16}$$

式(6.3.16)称为圆管湍流速度分布的“亏损定律”，表示距管壁 y 处的速度相对于圆管中心最大速度的减少。

需要指出的是，对数定律仅适用于水力光滑管；而亏损定律对水力光滑和水力粗糙管都适用，因为从式(6.3.11)得到式(6.3.15)的相减过程中减去了两者不同的常数项 c(光滑管：$c=5.5$，粗糙管：$c=8.5$)。

(3)指数定律。当 $Re<3.2\times10^6$ 时，光滑管速度分布可用更为方便的指数方程近似，即

$$\frac{u}{u_\tau}=c_n\left(\frac{yu_\tau}{\nu}\right)^n \tag{6.3.17}$$

或

$$\frac{u}{u_{\max}}=\left(\frac{y}{a}\right)^n \tag{6.3.18}$$

式中:系数 c_n 和指数 n 随雷诺数 Re 而变化,如表6.3.2所列。由式(6.3.18)不难得到平均流速 u_m 与最大流速 u_{max} 的比值为

$$\frac{u_m}{u_{max}}=\frac{2}{(n+1)(n+2)}$$

当 $\mathrm{Re}=1.1\times10^5$ 时,$n=\frac{1}{7}$,$c_n=8.74$,则

$$\frac{u}{u_{max}}=\left(\frac{y}{a}\right)^{1/7} \tag{6.3.19}$$

这就是通常采用的布拉休斯(Blasuis)七分之一次方规律。在实际应用中,$\mathrm{Re}<10^5$ 时取 $n=\frac{1}{7}$;$Re>2\times10^6$ 时取 $n=\frac{1}{10}$。根据比值 $\frac{u_m}{u_{max}}$ 可以利用测定圆管中心处最大流速的办法求出平均流速,进而求出流量,这是求管道平均流速和流量的简便方法之一。

表6.3.2　指数定律中的参数与雷诺数的对应关系

Re	n	u_m/u_{max}	Re	n	u_m/u_{max}
4.0×10^3	1/6.0	0.791	1.1×10^6	1/8.8	0.849
2.3×10^4	1/6.6	0.808	2.0×10^6	1/10	0.865
1.1×10^5	1/7	0.818	3.2×10^6	1/10	0.865

图6.3.5所示为当平均速度相同但雷诺数不同时,层流与湍流的速度分布剖面。可见,湍流速度剖面较为丰满;同样是湍流,雷诺数越大越接近于平均速度。

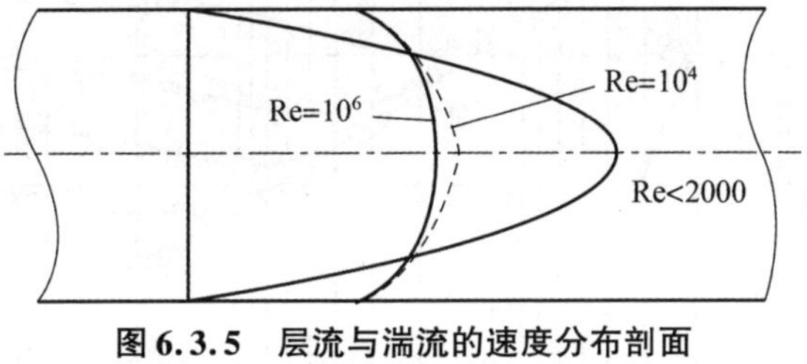

图6.3.5　层流与湍流的速度分布剖面

4. 水力粗糙管湍流核心区速度分布 $\left(\frac{\varepsilon u_\tau}{\nu}>60\right)$

当 $\varepsilon>60\frac{\nu}{u_\tau}$ 时,壁面粗糙度严重影响湍流核心区。由 Nikuradse 实验确定的常数 $k=0.4$、$C=8.5$。这时,由式(6.3.11)和式(6.3.14)知水力粗糙管中湍流核心区的速度分布为

$$\frac{u}{u_\tau}=2.5\ln\frac{y}{\varepsilon}+8.5 \tag{6.3.20}$$

$$\frac{u_m}{u_\tau}=2.5\ln\frac{a}{\varepsilon}+4.75 \tag{6.3.21}$$

平均速度 u_m 与最大速度 u_{max} 之间的关系仍为式(6.3.15)。

6.3.3　圆管中的摩擦阻力系数

由6.1节内容知,无论管内是层流流动,还是湍流流动,其摩擦阻力均按式(6.1.28)

计算,关键在于它们的摩擦阻力系数 λ 如何决定。

将圆管壁面切应力与摩擦阻力系数的关系式 $\tau_0 = \frac{1}{8}\lambda\rho u_m^2$,两边除以 ρ,并利用定义式(6.3.6),得

$$\lambda = 8\left(\frac{u_\tau}{u_m}\right)^2 \tag{6.3.22}$$

由此可见,只要已知速度分布公式就可求出平均速度 u_m,从而求出阻力系数 λ。对于层流,阻力系数已经用解析的方法推导出来(式(6.3.23)),对于光滑管或粗糙管湍流的阻力系数,有的可用理论方法求得,另一些情况只能由实验给出经验或半经验公式。

尼古拉兹(Nikuradse)对不同直径不同流量的管流进行了大量的实验,而且考虑了不同粗糙度的影响。图 6.3.6 给出的是由实验整理出来的曲线,这些实验曲线分如下 5 个区域。

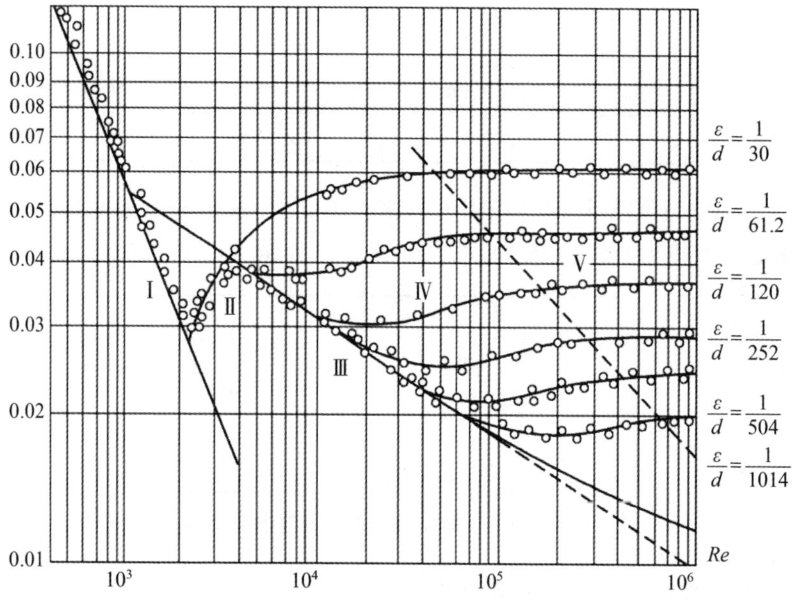

图 6.3.6　Nikuradse 实验曲线

1. 层流区(Re <2300)

当管流处于层流状态时,管壁的粗糙度对阻力系数没有影响,实验点基本上落在直线Ⅰ上。λ 只与 Re 有关,即

$$\lambda = \frac{64}{\mathrm{Re}} \tag{6.3.23}$$

由式(6.3.23)及式(6.1.28)知,流动损失 Δh_f 与 u_m 成正比,故称层流区为“1 次方阻力区”。

2. 过渡区(2300 < Re <4000)

这是由层流向湍流过渡的不稳定区域,可能是层流,也可能是湍流,实验点分布在曲线Ⅱ周围。

3. 湍流水力光滑区$\left[4000 < \mathrm{Re} < 26.98\left(\frac{d}{\varepsilon}\right)^{8/7}\right]$

对于充分发展湍流而言，水力光滑管的实验点都落在直线Ⅲ上。显然 λ 与相对粗糙度$\frac{\varepsilon}{d}$无关，只是 Re 的函数，直线Ⅲ可以由湍流速度分布公式求得。

当 $4000 < \mathrm{Re} < 10^5$ 时，将布拉休斯七分之一次方速度分布式(6.3.17) ~ 式(6.3.19)代入式(6.3.22)，得到阻力系数公式为

$$\lambda = \frac{0.3164}{\mathrm{Re}^{0.25}} \tag{6.3.24}$$

由于此式形式简单，在工程计算中常被采用。在其适用范围内，光滑圆管中的沿程损失 Δh_f 与 $u_m^{1.75}$ 成正比，故称湍流光滑管区为 1.75 次方阻力区。

当 $\mathrm{Re} > 10^5$ 时，式(6.3.24)有较大误差，需用对数速度分布导出 λ 计算式。

当 $10^5 < \mathrm{Re} < 10^6$ 时，尼古拉兹计算公式为

$$\lambda = 0.0032 + 0.221\mathrm{Re}^{-0.237} \tag{6.3.25}$$

将式(6.3.14)代入式(6.3.22)，整理后可得

$$\frac{1}{\sqrt{\lambda}} = 2.035\lg(\mathrm{Re}\sqrt{\lambda}) - 0.913 \tag{6.3.26a}$$

此式与实验数据相比仍会产生一定误差，若对式中的系数进行修正，可以得到与实验数据更为吻合的公式为

$$\frac{1}{\sqrt{\lambda}} = 2.0\lg(\mathrm{Re}\sqrt{\lambda}) - 0.8 \tag{6.3.26b}$$

式(6.3.22)通常称作光滑圆管中湍流的 Karman – Prandtl 阻力系数公式，又称为 Prandtl – Schlichting 公式，其适用范围是 $3000 < \mathrm{Re} < 4 \times 10^6$。

4. 湍流粗糙管过渡区$\left[26.98\left(\frac{d}{\varepsilon}\right)^{8/7} < \mathrm{Re} < 4160\left(\frac{d}{2\varepsilon}\right)^{0.85}\right]$

随着 Re 数的增大，湍流流动的层流底层逐渐减薄，水力光滑管逐渐过渡为水力粗糙管，因而实验点逐渐脱离直线Ⅲ，进入区域Ⅳ，而且相对粗糙度大的比小的脱离较早，这个区域的阻力系数与雷诺数和相对粗糙度都有关，即 $\lambda = f\left(\mathrm{Re}, \frac{\varepsilon}{d}\right)$。$\lambda$ 可按经验公式：

$$\frac{1}{\sqrt{\lambda}} = -2\lg\left(\frac{2.51}{\mathrm{Re}\sqrt{\lambda}} + \frac{\varepsilon}{3.71d}\right) \tag{6.3.27}$$

计算。

5. 湍流粗糙管平方阻力区$\left[\mathrm{Re} > 4160\left(\frac{d}{2\varepsilon}\right)^{0.85}\right]$

当 Re 增大到一定程度时湍流充分发展，流动能量的损失主要取决于脉动运动，黏性的影响可以忽略不计。因此阻力系数 λ 与 Re 无关，只与相对粗糙度$\frac{\varepsilon}{d}$有关，流动进入区域Ⅴ，该区间的沿程损失 Δh_f 与 u_m^2 成正比，故称此区域为平方阻力区。

该区域管内的平均速度公式为式(6.3.21)，将其代入式(6.3.22)，可得到阻力系数计算公式为

$$\frac{1}{\sqrt{\lambda}}=2.03\lg\frac{d}{2\varepsilon}+1.68 \tag{6.3.28}$$

将式(6.3.28)稍加修正,则可得到与实验数据更加吻合的近似公式为

$$\frac{1}{\sqrt{\lambda}}=2.0\lg\frac{d}{2\varepsilon}+1.74 \tag{6.3.29}$$

为便于工程计算,莫迪(Moody)把管内流动的实验数据整理成图6.3.7所示,称为莫迪图。该图以$\frac{\varepsilon}{d}$为参变数,以λ与Re分别为纵横坐标,形式上可表示为函数$\lambda=f\left(\mathrm{Re},\frac{\varepsilon}{d}\right)$。图6.3.7也分为五个区域,即层流区、临界区、光滑管区、过渡区、完全湍流粗糙管区,根据管道的相对粗糙度及雷诺数即可确定对应的摩擦阻力系数。

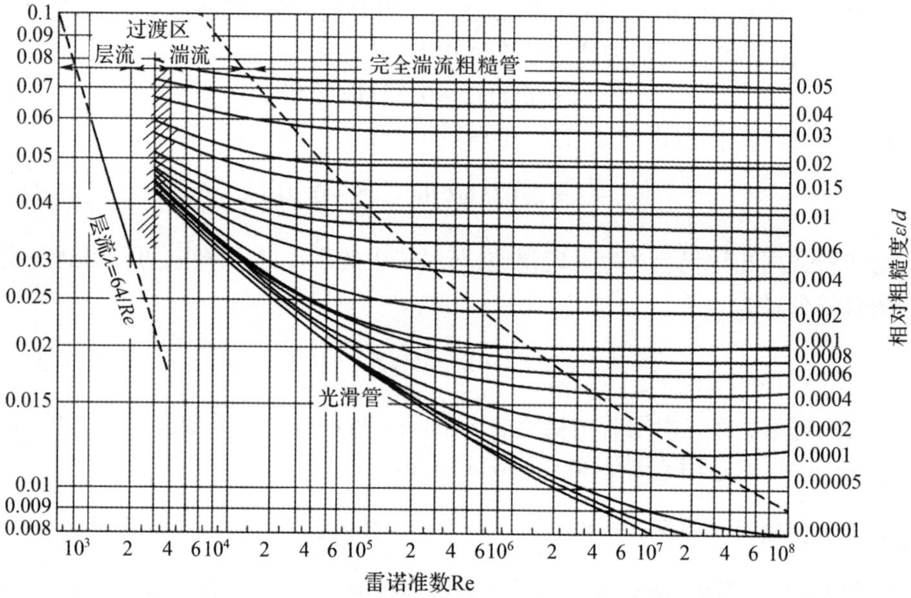

图6.3.7　莫迪图

例6.1:设水以平均流速$V=14\text{cm/s}$,流经内径为$d=50\text{mm}$的光滑管,试求管道的沿程摩阻因数(水温为20℃)。

解:先确定流态。查表$t=20$℃时,$\nu=1.011\times10^{-6}\text{m}^2/\text{s}$

流动雷诺数$\mathrm{Re}=\frac{Vd}{\nu}=\frac{0.14\times0.05}{1.011\times10^{-6}}=6294>2300$,为紊流。

有以下2种方法求流动的沿程摩阻因数:

方法1:查莫迪图。由Re及紊流光滑区,得$\lambda\approx0.034$

方法2:经验公式计算。由于$4\times10^3<\mathrm{Re}=6294<10^5$,可应用布拉休斯(Blasius)公式:

$$\lambda=\frac{0.3164}{\mathrm{Re}^{0.25}}=\frac{0.3164}{6924^{0.25}}=0.0346$$

例6.2:设水以平均流速$V=60\text{cm/s}$流经内径为$d=20\text{cm}$的光滑圆管,试求:①圆管中心的流速;②管壁剪切应力(水温为20℃)。

解：先求流动雷诺数为

$$Re=\frac{Vd}{\nu}=\frac{0.60\times0.20}{1.011\times10^{-6}}=118694>2300$$

这为紊流，可应用公式(6.3.26b)求沿程摩阻系数：

$$\frac{1}{\sqrt{\lambda}}=2.0\lg(Re\sqrt{\lambda})-0.8\text{（适用范围为 }3000<Re<4\times10^{6}\text{）}$$

由于该公式对 λ 是隐式，因此先用布拉休斯公式来计算：

$$\lambda=\frac{0.3164}{Re^{0.25}}=\frac{0.3164}{118694^{0.25}}=0.017$$

然后应用迭代法，应用公式(6.3.26b)得

$$\lambda=0.0174$$

由管壁切向应力公式(6.1.29)得

$$\tau_0=\frac{1}{8}\lambda\rho V^2=\frac{1}{8}\times0.0174\times1000\times0.6^2=0.783\text{Pa}$$

切应力速度为

$$u_\tau=\sqrt{\frac{\tau_0}{\rho}}=\sqrt{\frac{0.783}{1000}}=0.028$$

由紊流光滑区流速分布公式(6.3.12)，可得

$$\frac{u}{u_\tau}=5.5+5.75\lg\frac{yu_\tau}{\nu}$$

当 $y=0.10$m，即管轴中心处，$u=u_{max}$

故圆管中心流速为

$$u_{max}=0.028\left(5.5+5.75\lg\frac{0.1\times0.028}{1.011\times10^{-6}}\right)=0.71\text{m/s}$$

6.3.4　管道流动局部损失

流体在管道内流动时，除了沿程损失外，还存在局部损失。其主要由于存在弯头、突然扩大或缩小、阀门、过滤网等引起流体相互碰撞和形成涡旋等引起的。局部损失可用类似沿程损失速度头的形式表达，即

$$h_j=\zeta\frac{u^2}{2g}\tag{6.3.30}$$

式中：ζ 为“局部损失系数”。因此，计算局部损失的关键在于确定局部损失系数。

1. 管道截面突然扩大

如图 6.3.8 所示，流体从小直径的管道流向大直径的管道。由于流体有惯性，它不可能按照管道的形状突然扩大，而是离开小管后逐渐扩大，因此在管壁拐角与流束之间形成涡旋，涡旋靠主流束带动旋转，主流束把能量传递给涡旋，涡旋又把得到的能量消耗在旋转运动中（变成热而耗散）。另外，从直径管道中流出的流体有较高的速度，必然要碰撞大直径管道中流速较低的流体，产生碰撞损失。管道截面突然扩大的流体局部能量损失可以用理想流体动力学中的动量定理加以分析。下面给出具体推导。

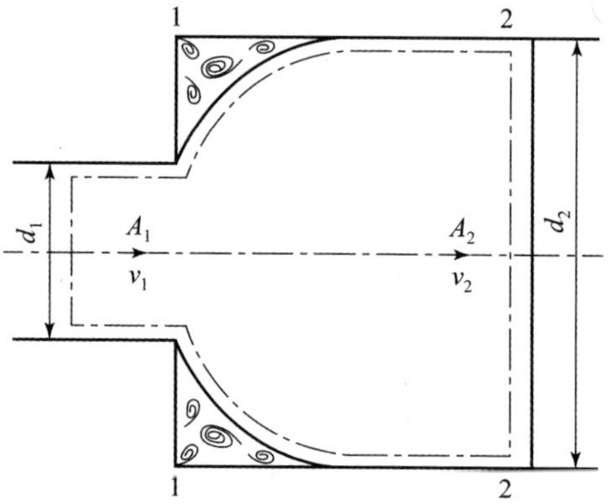

图 6.3.8　突然扩大管道流动

取如图 6.3.8 所示坐标系和控制面。根据所给的条件对 1-1 和 2-2 断面列出伯努利方程：

$$\Delta h=\left(z_1+\frac{p_1}{\rho g}+\frac{v_1^2}{2g}\right)-\left(z_2+\frac{p_2}{\rho g}+\frac{v_2^2}{2g}\right) \tag{6.3.31}$$

式中：$z_1=z_2$。根据连续方程得

$$v_1A_1=v_2A_2 \tag{6.3.32}$$

对控制面列出 x 向的动量方程：

$$-\rho v_1^2A_1+\rho v_2^2A_2=p_1A_1-p_2A_2+p_1(A_2-A_1) \tag{6.3.33}$$

联合式(6.3.31)、式(6.3.32)得

$$\Delta h=\frac{(v_1-v_2)^2}{2g} \tag{6.3.34}$$

由式(6.3.32)得 $v_1=\dfrac{A_2}{A_1}v_2$，代入式(6.3.34)得

$$\Delta h=\left(1-\frac{A_1}{A_2}\right)^2\frac{v_1^2}{2g}$$

显然，按小截面流速计算的局部损失系数为

$$\zeta_1=\left(1-\frac{A_1}{A_2}\right)^2 \tag{6.3.35}$$

按大面积流速计算的局部损失系数为

$$\zeta_2=\left(\frac{A_2}{A_1}-1\right)^2 \tag{6.3.36}$$

如图 6.3.9 所示，当管道与大面积的水池相连时，$A_2\gg A_1$，由式(6.3.35)可知，管道出口能量损失系数为 $\zeta_1\approx1$，即管道中水流的速度头完全消散于池水中。

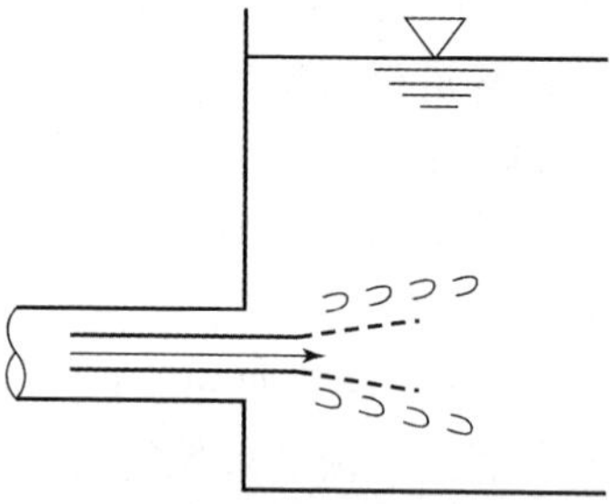

图 6.3.9　管道出口损失

2. 管道截面突然缩小

如图 6.3.10 所示，流体从大直径管道流往小直径管道时，流线弯曲，流束必定收缩。在流体进入小直径管道后，由于流体有惯性，流体将继续收缩直至最小截

面 A_c(称为“缩颈”),然后逐渐扩大,直至充满整个小直径截面 A_2。在缩颈附近的流束与管壁之间有一个充满涡旋的低压区。在大直径截面与小直径截面连接的凸肩处,也常有涡旋形成。所有涡旋运动均要消耗能量;在流线弯曲、流体的加速过程中,流体质点碰撞、速度分布变化等也都会造成能量损失。由于流体沿突然缩小管道的流动是先收缩后扩展,故它的能量损失也应有两部分组成。参照式(6.3.30),可将局部损失表达为

$$h_j = \zeta \frac{v_2^2}{2g} = \zeta_c \frac{v_c^2}{2g} + \frac{(v_c - v_2)^2}{2g} \tag{6.3.37}$$

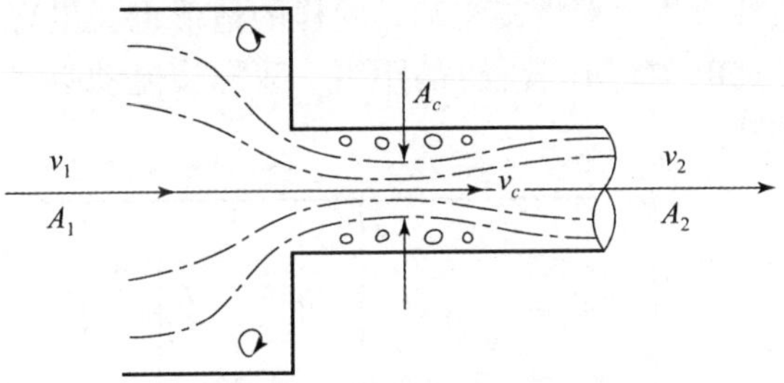

图 6.3.10　管道截面突然缩小

令 $C_c = \frac{A_c}{A_2}$,称为流束的“收缩系数”。根据连续方程 $A_c v_c = A_2 v_2$。由式(6.3.37)得

$$\zeta = \frac{\zeta_c}{C_c^2} + \left(\frac{1}{C_c} - 1\right)^2 \tag{6.3.38}$$

根据实验,当$\frac{A_2}{A_1} \approx 0$ 时,$\zeta = 0.5$、$C_c = 0.617$,因此$\left(\frac{1}{C_c} - 1\right)^2 = 0.385$,$\frac{\zeta_c}{C_c^2} = 0.115$;当$\frac{A_2}{A_1} = 1$时,为等直径管道,没有收缩与扩展,故$\frac{\zeta_c}{C_c^2} = 0$。假设$\frac{\zeta_c}{C_c^2}$随着直径比由 0.115 缩小到 0,则由式(6.3.38)便可得到截面突然缩小管道的局部损失系数的近似值。该局部损失系数的实测值列于表 6.3.3。

当水池与管道相连时 $A_1 >> A_2$,管道截面突然缩小的问题便成为管道入口问题,其局部损失系数为 $\zeta = 0.5$。

3. 弯管

流体在弯管中流动损失由三部分组成。一是由切向应力产生的沿程损失,特别是在流动方向改变、流速分布变化中产生的损失;二是形成涡旋所产生的损失;三是由二次流形成的双螺旋流动产生的损失。当流体沿弯管流动时,弯管外侧的压强高,内侧的压强低。流体由直管进入弯管前,截面 AA'(图 6.3.11)处的压强是均匀的。流体进入弯管后,外侧由 A 到 B 的流动为增压过程,B 点压强达到最高,从 B 到 D',压强逐渐下降;内侧由 A'到 C,压强逐渐下降,C 点压强最低,从 C 到 D 的流动为增压过程,直至流体进入直管后,截面 DD'处的压强又趋于均匀。在 AB 和 CD 这两段增压过程中,都有可能因边界层能量被黏滞力所消耗而出现边界

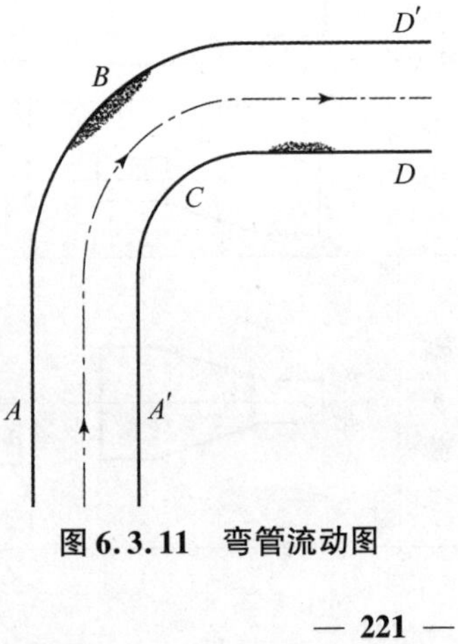

图 6.3.11　弯管流动图

层分离(具体见边界层理论),形成涡旋,造成能量损失。

关于二次流形成双螺旋流动的机理,可以用矩形弯管内的流动加以解释。如图 6.3.12 所示,靠近上壁面 ef 和下壁面 gh 的流体由于黏滞力作用而流速降低,由上下壁至中心线 bc 流速将逐渐增高。流体在弯管中流动时,流速高的离心惯性大,所以沿中心线 cb 的压强增量将大于沿 ef 和 gh 的压强增量。因此,b 处的压强将大于 f 和 g 处的压强,流体将自 b 处流向 f 和 g 处,而 c 处的流体也将靠离心惯性不断流向 b 处。这样 c 处的流体压强将小于 e 和 h 处的压强,二次流便在径向平面内发生,其旋向如图 6.3.12 所示。这两个旋转运动与主流相结合,便产生了双螺旋流动。同样的情形也会出现在沿圆截面的弯管流动中,并可往下游延续(50 ~ 75)d(管径)的距离。双螺旋流动必然在主流之外增加了局部流速,从而增加了损耗。

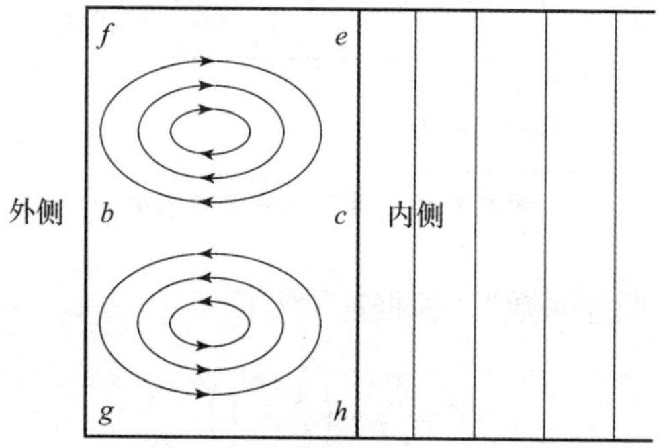

图 6.3.12　弯管截面上双涡旋

局部损失系数 ζ 随弯管的总弯角 θ、弯管中心线的曲率半径与管径之比值 $\frac{R}{d}$ 而变,具体数值如表 6.3.3(更为详细数据请查阅有关手册)所列。

表 6.3.3　几种典型管道流动局部损失系数

类型	示意图	局部损失系数 ζ										
截面突然缩小	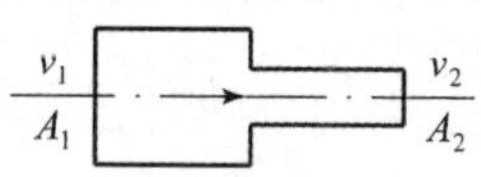	A_2/A_1	0.01	0.1	0.2	0.3	0.4	0.5	0.6	0.7	0.8	0.9	1.0
		ζ_2	0.5	0.47	0.45	0.38	0.34	0.30	0.25	0.20	0.15	0.09	0
截面突然扩大	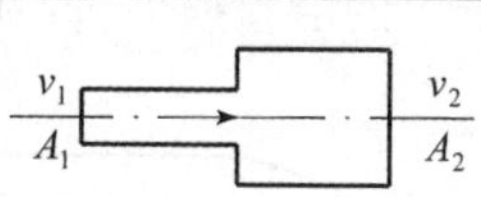	A_1/A_2	1	0.9	0.8	0.7	0.6	0.5	0.4	0.3	0.2	0.1	0
		ζ_1	0	0.01	0.04	0.09	0.16	0.25	0.36	0.49	0.64	0.81	1
		ζ_2	0	0.0123	0.0625	0.184	0.444	1	2.25	5.44	16	81	∞
渐缩管	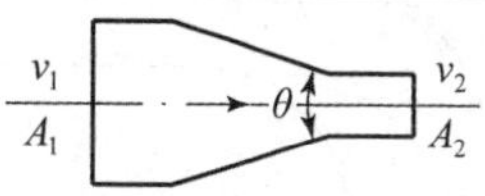	$\zeta_2 = \frac{\lambda}{8\sin\frac{\theta}{2}}\left[1-\left(\frac{A_2}{A_1}\right)^2\right]$										
渐扩管	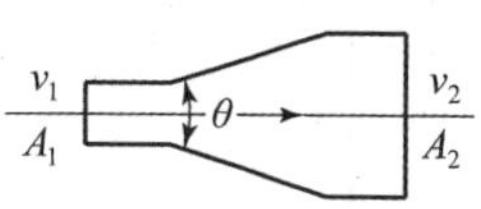	$\zeta_2 = \frac{\lambda}{8\sin\frac{\theta}{2}}\left[1-\left(\frac{A_2}{A_1}\right)^2\right]+k\left(1-\frac{A_1}{A_2}\right)$										
		$\theta/(°)$	2	4	6	8	10	12	14	16	20	25	
		k	0.022	0.048	0.072	0.103	0.138	0.177	0.221	0.270	0.386	0.645	

续表

<table>
<tr><th>类型</th><th>示意图</th><th colspan="11">局部损失系数 ζ</th></tr>
<tr><td rowspan="3">折管</td><td rowspan="3">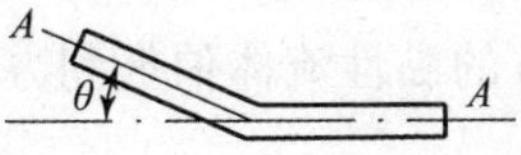</td><td colspan="11">$\zeta=0.946\sin^2\dfrac{\theta}{2}+2.047\sin^4\dfrac{\theta}{2}$</td></tr>
<tr><td>$\theta/(°)$</td><td>20</td><td>40</td><td>60</td><td>80</td><td>90</td><td>100</td><td>120</td><td colspan="3">140</td></tr>
<tr><td>ζ</td><td>0.064</td><td>0.139</td><td>0.364</td><td>0.740</td><td>0.985</td><td>1.260</td><td>1.861</td><td colspan="3">2.431</td></tr>
<tr><td rowspan="4">90°弯管</td><td rowspan="4">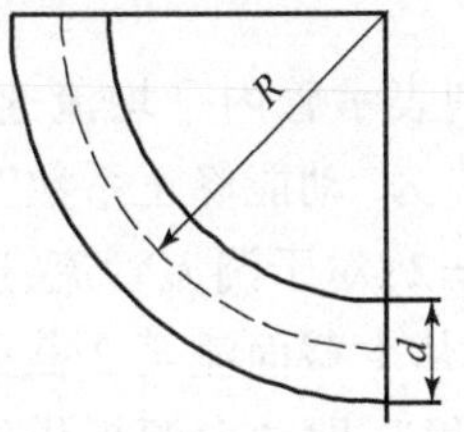</td><td colspan="11">$\zeta_{90°}=0.131+0.163(d/R)^{3.5}$</td></tr>
<tr><td>d/R</td><td>0.1</td><td>0.2</td><td>0.3</td><td>0.4</td><td>0.5</td><td>0.6</td><td>0.7</td><td>0.8</td><td>0.9</td><td>1.0</td></tr>
<tr><td>ζ</td><td>0.131</td><td>0.132</td><td>0.133</td><td>0.137</td><td>0.145</td><td>0.157</td><td>0.177</td><td>0.204</td><td>0.241</td><td>0.291</td></tr>
<tr><td colspan="11">当 $\theta<90°$ 时，$\zeta=\zeta_{90°}\dfrac{\theta°}{90°}$</td></tr>
<tr><td rowspan="2">闸阀</td><td rowspan="2">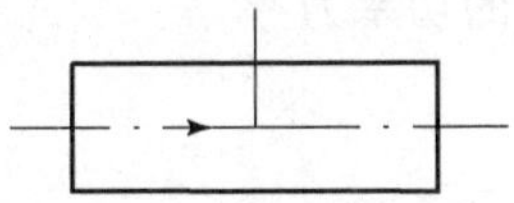</td><td>开度/%</td><td>10</td><td>20</td><td>30</td><td>40</td><td>50</td><td>60</td><td>70</td><td>80</td><td>90</td><td>100</td></tr>
<tr><td>ζ</td><td>60</td><td>16</td><td>6.5</td><td>3.2</td><td>1.8</td><td>1.1</td><td>0.6</td><td>0.30</td><td>0.18</td><td>0.1</td></tr>
<tr><td rowspan="2">球阀</td><td rowspan="2">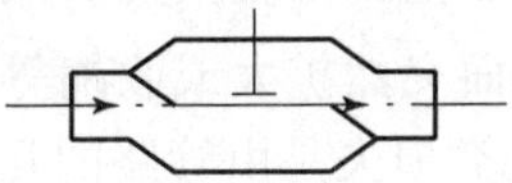</td><td>开度/%</td><td>10</td><td>20</td><td>30</td><td>40</td><td>50</td><td>60</td><td>70</td><td>80</td><td>90</td><td>100</td></tr>
<tr><td>ζ</td><td>85</td><td>24</td><td>12</td><td>6.5</td><td>5.7</td><td>4.8</td><td>4.4</td><td>4.1</td><td>4.0</td><td>3.9</td></tr>
<tr><td rowspan="2">蝶阀</td><td rowspan="2">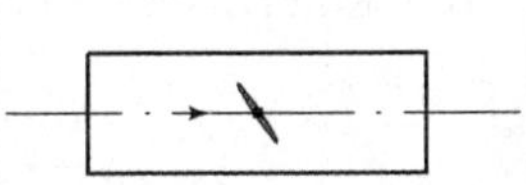</td><td>开度/%</td><td>10</td><td>20</td><td>30</td><td>40</td><td>50</td><td>60</td><td>70</td><td>80</td><td>90</td><td>100</td></tr>
<tr><td>ζ</td><td>200</td><td>65</td><td>26</td><td>16</td><td>8.3</td><td>4</td><td>1.8</td><td>0.85</td><td>0.48</td><td>0.8</td></tr>
<tr><td rowspan="2">分支管道</td><td>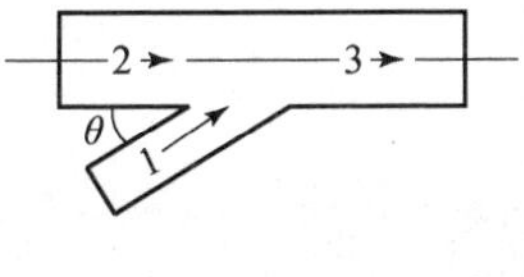</td><td colspan="11">$q=Q_1/Q_2\quad m=A_1/A_3\quad n=d_1/d_3$
$\zeta_{13}=-0.92(1-q)^2-q^2[(1.2-n^{1/2})(\cos\theta/m-1)+0.8(1-1/m^2)-(1-m)\cos\theta/m]+(2-m)q(1-q)$
$\zeta_{23}=0.03(1-q)^2-q^2[1+(1.62-n^{1/2})(\cos\theta/m-1)-0.38(1-m)]+(2-m)q(1-q)$</td></tr>
<tr><td>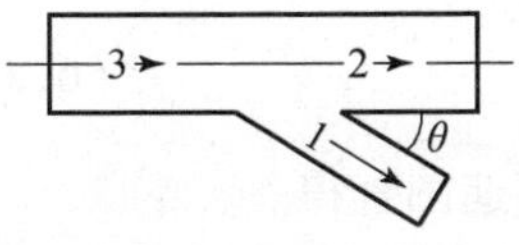</td><td colspan="11">$\zeta_{31}=-0.95(1-q)^2-q^2[1.3\text{ctan}(180-\theta)/2-0.3+(0.4-0.1m/m^2)]\times[1-0.9(n/m)^{1/2}]-0.4q(1-q)(1+1/m)\text{ctan}(180-\theta)/2$
$\zeta_{32}=-0.03(1-q)^2-0.35q^2+0.2q(1-q)$</td></tr>
</table>

在管道系统的计算中，通常将管件的局部损失换算成等值的沿程损失。因 l_e 表示等值长度，则

$$l_e=\frac{\zeta}{\lambda}d$$

6.3.5 管路计算

工程中的管路通常包括动力源（如水泵或风机等流体机械）、管道和各种部件（如弯

头、阀门、突然收缩结构、扩张结构和分叉等)。管路的计算主要有三类问题:①给定管路尺寸和流量,确定流经管路的压强降或流动损失;②给定管路尺寸和允许的压强降,确定流量;③根据给定的流量和压强降,设计管路的尺寸,主要是确定管径。

1. 能量方程

管路计算的基本公式是能量方程。将沿流线(管道轴线)的黏性流体伯努利方程在管截面 A 上积分,就可以得到沿管道的能量方程:

$$\frac{p_1}{\rho g}+\alpha_1\frac{u_{m1}^2}{2g}+z_1+H_T=\frac{p_2}{\rho g}+\alpha_2\frac{u_{m2}^2}{2g}+z_2+\Delta h \tag{6.3.39}$$

表示单位重量流体沿管路的能量守恒。$u_{mi}=Q/A_i$,p_i 和 z_i 分别表示管内平均流速、压力和管截面中心的 z 值,其中下标 $i=1,2$ 表示两个截面位置;α 称为"动能修正系数",它与管内速度分布有关;对于层流管流,速度分布是抛物面,这时 $\alpha=2$;对于湍流管流,速度分布比较饱满,这时 $\alpha\approx1$,工程计算中一般取 $\alpha=1$;Δh 表示流体从 1 截面流至 2 截面的能量(流动)损失,压强降 $\Delta p=\rho g\Delta h$;H_T 表示动力头,也称为"扬程",即动力源提供给管内单位重量流体的能量。如果管内体积流量为 Q,则动力源提供的功率为

$$N=\rho gQH_T$$

2. 流动损失

管路中的流动损失 Δh 包括两类:一类是由黏性摩擦应力引起的沿程损失 Δh_f;另一类是流体通过管路中各种部件(如接头、弯头、阀门、闸板、截面突然扩大或收缩等连接件)时,由于周围流动的旋涡、转向或撞击引起的能量损失,这类损失是由管路的几何形状变化造成的,发生在局部区域,故称为"局部损失",用 Δh_ζ 表示。总的流动损失即为两者的叠加:

$$\Delta h=\Delta h_f+\Delta h_\zeta$$

(1)沿程损失。沿程损失的计算公式为

$$\Delta h_f=\lambda\frac{l}{d}\frac{u_m^2}{2g} \tag{6.3.40}$$

式中:λ 为沿程损失系数;l 是沿程管道长度;d 代表管道直径。

沿程阻力系数是 Re 数和相对粗糙度$\dfrac{\varepsilon}{d}$的函数,即

$$\lambda=f\left(Re,\frac{\varepsilon}{d}\right),Re=\frac{u_m d}{\nu} \tag{6.3.41}$$

可根据不同的流动区域采用上节给出的公式计算,也可根据莫迪图查得。

(2)局部损失。由于各种部件通道的形状及流动过程非常复杂,局部损失主要由实验确定。通常将局部能量损失表示为

$$\Delta h_\zeta=\zeta\frac{u_m^2}{2g} \tag{6.3.42}$$

式中:ζ 为局部损失系数,其值由实验确定,具体计算时可参考表 6.3.3,也可从机械工程师手册或水力学手册中查得。在使用数据时要特别注意推荐公式中使用的特征流速 u_m。

3. 管路计算

(1)简单管路和串联管路。"简单管路"是指管径和粗糙度相同的一根或数根管子串

在一起的管路。对这种管路,可在确定 λ 和 ζ 后直接应用能量方程式(6.3.39)求解。"串联管路"是由直径或粗糙度不同的几个简单管路串联在一起的管路,通过串联管路各管段的流量是相同的,但流速可能不同。串联管路的总阻力损失等于各简单管路的阻力损失之和,由下式计算得

$$\Delta h = \sum_i \Delta h_f + \sum_i \Delta h_\zeta = \sum_i \left(\lambda \frac{l}{d}\frac{u_m^2}{2g}\right) + \sum_i \left(\zeta \frac{u_m^2}{2g}\right)_i \tag{6.3.43}$$

(2)并联管路。管路中还有可能出现并联的情形,如图 6.3.13 所示。在上游某处分成几路,在下游某处又汇合成一路,称为"并联管道"。由于在并联管道的分叉(节点 A 和 B)处流动连续。因此,并联管道各支管(1 和 2)的流动损失相等,即压降相同,各支管中的流量由支管的阻力系数确定,而总流量应等于各支管流量之和。

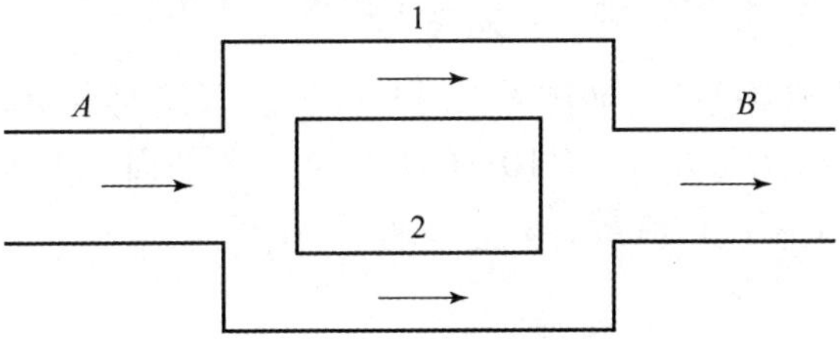

图 6.3.13　并联管道示意图

对于图 6.3.13 所示的管路,有

$$\Delta h_1 = \Delta h_2 \text{(环路条件)} \tag{6.3.44}$$

$$Q = Q_1 + Q_2 \text{(节点条件)} \tag{6.3.45}$$

即

$$\left(\lambda_1 \frac{l_1}{d_1} + \sum_i \zeta_{1i}\right)\frac{u_{m1}^2}{2g} = \left(\lambda_2 \frac{l_2}{d_2} + \sum_i \zeta_{2i}\right)\frac{u_{m2}^2}{2g} \tag{6.3.46}$$

$$u_m A = u_{m1} A_1 + u_{m2} A_2 \tag{6.3.47}$$

将式(6.3.44)~式(6.3.47)分别代入式(6.3.39)并联立求解,可完成管路计算。

例 6.3:某工厂架设一条铸铁输水管,长 500m,直径 200mm,流量为 100L/s。水源为 5m 深井,进口有一个滤水网($\zeta = 5.2$),管路中有 10 个 90°弯头($\zeta = 0.48$),两个阀门($\zeta = 0.08$),运动黏性系数 $\nu = 1.3\text{mm}^2/\text{s}$,粗糙度 $\varepsilon = 1.3\text{mm}$。求所需水泵压头。

解:参见图 6.3.14,出口截面 2 与水泵轴线在同一水平面上。取 1 和 2 截面建立能量方程:

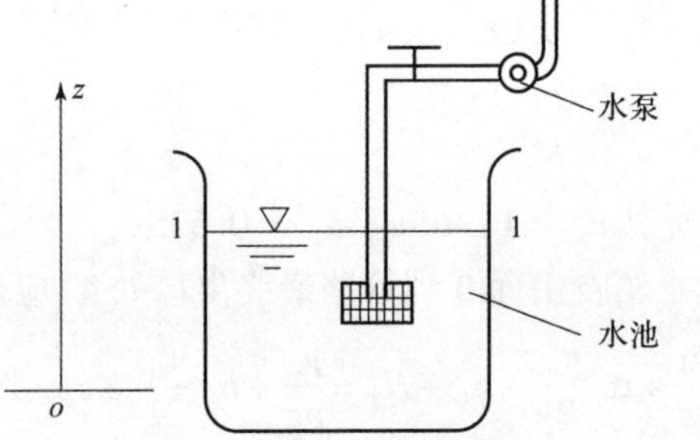

图 6.3.14　管路示意图

$$H_T = 5 + \frac{u_m^2}{2g} + \Delta h$$

$$u_m = \frac{Q}{\frac{\pi}{4}d^2} = \frac{100 \times 10^{-3}}{\frac{\pi}{4} \times 0.2^2} = 3.18\text{m/s}$$

由 $Re = \frac{u_m d}{\nu} = 4.9 \times 10^5$ 和 $\frac{\varepsilon}{d} = 0.0065$，查莫迪图可知 $\lambda = 0.033$。

$$\Delta h = \sum_i \left(\zeta + \lambda \frac{l}{d}\right)_i \frac{u_m^2}{2g} = \left(5.2 + 10 \times 0.48 + 2 \times 0.08 + 0.033 \times \frac{500}{0.2}\right) \frac{3.18^2}{2 \times 9.8} = 47.8\text{m}$$

于是所需水泵压头为

$$H_T = 5 + \frac{3.18^2}{2 \times 9.8} + 47.8 = 53.3\text{m}$$

例 6.4：有一输水管路系统，如图 6.3.15 所示。管路直径 $d = 80\text{mm}$，粗糙度 $\varepsilon = 1.3\text{mm}$，且 $\nu = 1\text{mm}^2/\text{s}$，$l_1 = l_2 = l_4 = 10\text{m}$（处于同一水平面），$l_3 = 15\text{m}$，水箱自由面相对于水平支管高出 5m，求出口流量。

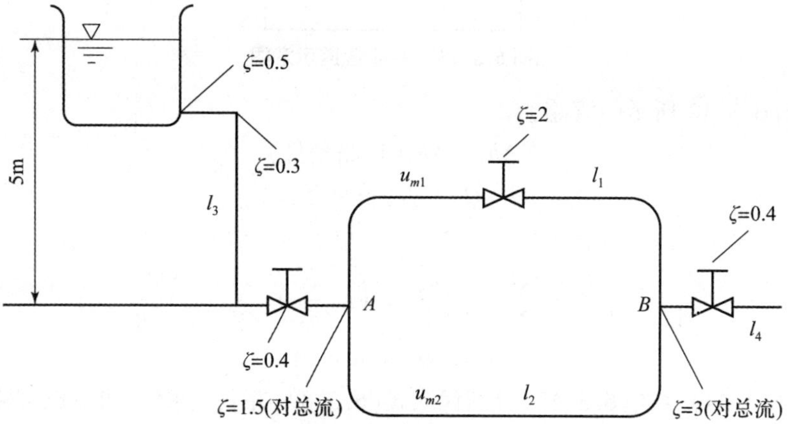

图 6.3.15　输水管路系统

解：假定整个管路系统内的流动为湍流，并且处于阻力平方区：由 $\frac{\varepsilon}{d} = 0.0163$，查莫迪图知 $\lambda = 0.045$，$Re > 6 \times 10^4$。

对 l_1 和 l_2 两路并联水平支管应用能量方程有

$$\left(2 \times 0.3 + 2 + 0.045 \times \frac{10}{0.08}\right) \frac{u_{m1}^2}{2 \times 9.8} = \left(2 \times 0.3 + 0.045 \times \frac{10}{0.08}\right) \frac{u_{m2}^2}{2 \times 9.8}$$

解得 $\frac{u_{m1}}{u_{m2}} = 0.87$

又因 $u_{m1} + u_{m2} = u_m$，所以 $u_{m1} = 0.465u_m$，$u_{m2} = 0.535u_m$

对整个管路系统（从水箱自由面 0 到管路最终出口处 4）应用能量方程式(6.3.39)：

$$\frac{p_0}{\rho g} + \alpha_0 \frac{u_{m0}^2}{2g} + z_0 + H_T = \frac{p_4}{\rho g} + \alpha_4 \frac{u_{m4}^2}{2g} + z_4 + \Delta h$$

式中：$p_0 = p_4 = p_a$，$\alpha_0 = \alpha_4 = 1$，$u_{m0} \approx 0$，$u_{m4} \approx u_m$，$z_0 - z_4 = 5\text{m}$，$H_T = 0$，Δh 为整个管道流动沿

程损失和局部损失之和,代入各数据得

$$5 = \frac{u_m^2}{2\times 9.8} + \left(0.045\times\frac{15+10}{0.08} + 0.5 + 2\times 0.3 + 2\times 0.4 + 1.5 + 3 + 1\right)\frac{u_m^2}{2\times 9.8} + \left(0.045\times\frac{10}{0.08} + 2\times 0.3\right)\frac{(0.53u_m)^2}{2\times 9.8}$$

注意:最终出口处的局部损失为 $\zeta = 1$,上式等号右边的后两项为管道流动总的损失 Δh。对上式进行计算求得

$$u_m = 2.01\text{m/s}, Q = \frac{\pi}{4}d^2 u_m = 10.1\text{L/s}$$

验算得

$$u_{m1} = 0.465u_m = 0.935\text{m/s}, u_{m2} = 0.535u_m = 1.075\text{m/s}$$

$Re_1 = \frac{u_{m1}d}{\nu} = \frac{0.935\times 0.08}{1\times 10^{-6}} = 74800$, $Re_2 = \frac{u_{m2}d}{\nu} = \frac{1.075\times 0.08}{1\times 10^{-6}} = 86000$,均大于 6×10^4,这说明求解沿程阻力系数 λ 的假定正确。若与假定不符,则需迭代计算。

6.4　边界层流动分离和控制

6.4.1　边界层的概念

人们熟悉的大多数外部流动均属 $Re \gg 1$ 的流动。一般物体的特征长度量级在 $10^{-2} \sim 10^2$m 范围,当物体在空气或水中以速度 $U = 0.1 \sim 100$m/s 运动时,相应的雷诺数 Re 约在 $10^2 \sim 10^9$,如普通汽车和船舶以正常速度行驶时,雷诺数 Re 均在 10^6 以上,因此大雷诺数流动是普遍存在的现象。

1. 边界层的定义

当舰船、飞机等大尺度物体以较高速度在黏性小的空气、水等流体中运动时具有一些特殊的性质,为了解决这些实际问题需引进边界层的概念。下面以平板代替这些物体的表面来讨论当黏性小的流体流过平板时,紧靠平板处的流动特点。

假设一薄平板平行于流速的方向,流体以均匀速度 U_0 流过平板,如图 6.4.1 所示。在平板的前端 A 点,流速处处保持为 U_0。但流体流过平板时由于黏性的作用,在平板表面上的流速为 $v = 0$,靠近平板表面的流速低于 $U_0(v < U_0)$,在离平板某一距离 δ 处,流速由 0 增大至接近 U_e(通常取 99% U_e),δ 为流速受到影响的厚度,也就是流体黏性发生作用的范围。如图 6.4.1(b)所示,随着离前端 A 点距离的增加,受到影响的流体层也加厚。

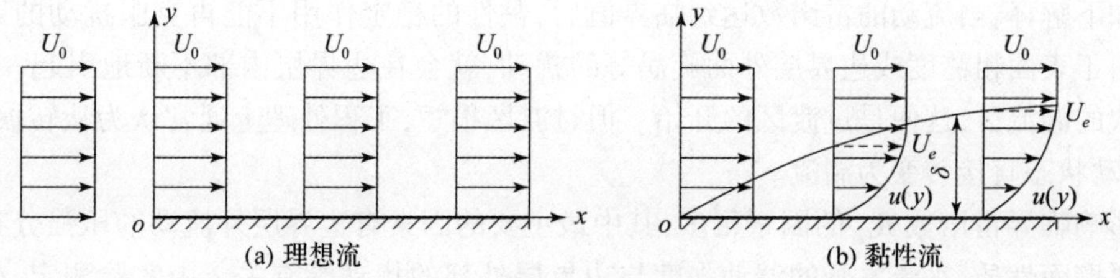

图 6.4.1　边界层概念

根据实验测定,受到黏性影响的流体层的相对厚度 δ/x 决定于流速 U_0,离前端 A 点的距离 x 和流体的运动黏性系数 v 组成的雷诺数 R_x,其由下式所定义:

$$R_x = \frac{U_0 x}{v} \tag{6.4.1}$$

随着 R_x 的增大,黏性稳定作用下降,因而在受到黏性影响的流体层内有如下关系:

$$\frac{\delta}{x}\downarrow \rightarrow \frac{\partial v}{\partial y}\uparrow \rightarrow \tau = \mu\frac{\partial v}{\partial y}\uparrow$$

说明在这很薄的一层流体中,在很小的距离 δ 内,流速由 0 迅速增至 U_e,即速度的变化率很大。这样根据牛顿内摩擦定律:

$$\tau = \mu\frac{\partial v}{\partial y}$$

此时剪切应力不可忽略,即流体黏性影响必须考虑。而当 $y=\delta$ 时,$\partial v/\partial y=0$,即 $\tau=0$,因而可忽略黏性,当作理想流来处理。

边界层的定义:在雷诺数较大流动中,紧靠物体表面,流速受到黏性显著影响,摩擦剪应力不能忽略不计这一极薄层流体,定义为边界层(附面层)。

通常设定 $v=0.99U_e$ 的位置线作为边界层的外边界(理论上讲应伸至无穷远),U_e 为完全理想流体绕流时物面上的切向速度,对于平板 $U_e \approx U_0$,δ 为边界层厚度如图 6.4.1(b)所示。

2. 边界层概念提出的意义

将流域划分为两种截然不同的两部分以分别处理,即流体黏性影响完全局限在边界层内部,由边界层理论求解有关问题;对于边界层外面,可借助势流理论获得有关速度、压强分布,其结果可作为边界层内流动的外边界条件。

6.4.2 边界层流动状态

流动状态类似管流,也分为层流和湍流,它由雷诺数 $R_\delta = U_o\delta/\nu$ 和扰动共同决定。由于 δ 与 x 有一定对应关系,且利用 R_x 较 R_δ 方便,因此一般采用式(6.4.1)定义的雷诺数 $R_x = U_o x/\nu$ 来判断边界层流动的状态。

在边界层中由层流转变为湍流的雷诺数,称为临界雷诺数,其表达式为

$$R_{xcr} = \frac{U_o x_{cr}}{\nu} \tag{6.4.2}$$

式中:x_{cr}为层流转变为湍流的转捩点位置。

根据实验测定,实际边界层中存在层流区,过渡区和湍流区(图 6.4.2)。对过渡区可以作如下解释:当流动的雷诺数达到临界值后,黏性的稳定作用不能再克服扰动的影响,于是由于表面粗糙度或边界层外面旋涡等的扰动,就会在边界层内部不断地引起一小块一小块的湍流区,这便是过渡区的开始。但过渡区很短,工程处理上通常认为从转捩点开始,流动状态直接转变为湍流。

影响临界雷诺数 R_{xcr}的因素很多,其中最主要的因素有边界层外流动的压强分布,固体边界壁面性质,来流本身的湍动强度与边界层外部的扰动等有关。由实验测定,$R_{xcr} = (3.5 \sim 5)\times 10^5$,通常取高值,即 5×10^5。另外在一定雷诺数的条件下,边界层从层流转

变为湍流还与扰动的波长或频率有关。某一部分频率的扰动会发散，从而使层流转变为湍流，另一部分频率的扰动会衰减，使流动仍保持为层流。

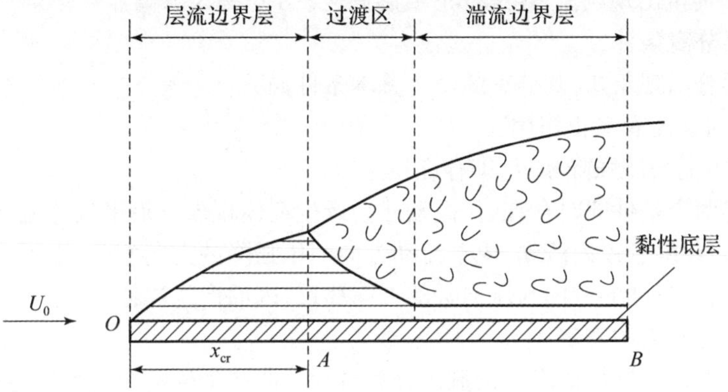

图 6.4.2　边界层的流动状态

6.4.3　边界层分离及引起的阻力

1. 边界层分离定义

流体沿壁面流动过程中，边界层厚度逐渐加大，由于摩擦损失，使壁面近旁流体动能较主流区更为减少。如加上流动存在正的压力梯度，则流体速度衰减更快，直到壁面处流体停止流动，甚至出现倒流，而主流脱离开壁面流动，这种现象称边界层离体。

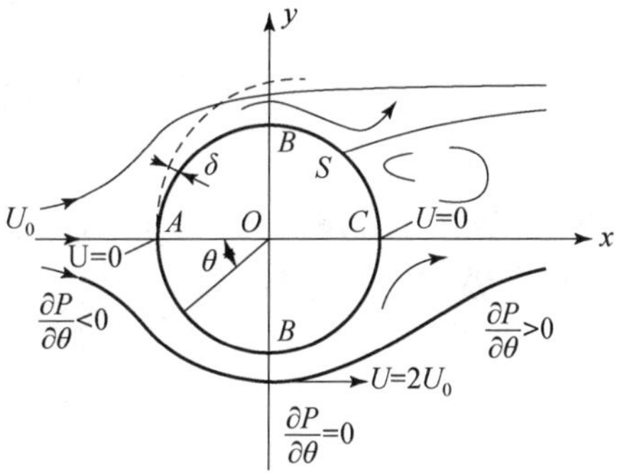

图 6.4.3　边界层的离体

下面以图 6.4.3 所示的绕圆柱体流动来说明离体的原因，图中下半部分为理想流流情况，上半部分为考虑黏性影响的实际流动。

对于下半部分对应的理想流体流动，其具体结果如表 6.4.1 所列。

表 6.4.1　理想流体绕圆柱无环流流动

位置	速度	压力系数	能量转化
A→B	$0 \to 2U_0$	1 ~ −3	压能→动能
B→C	$2U_0 \to 0$	−3 ~ 1	动能→压能

从表 6.4.1 可见，$A \to B$ 的流动中，压强分布为顺压，使得流速加大；相反，$B \to C$ 流动中，压强为逆压，阻碍流体向前流动，但由于理想流体无能量损耗，使得流体动能可克服逆压引起的阻力，正好到达终点 C。

对于上半部分黏性流体绕流，自 A 点形成边界层，压强梯度变化与理想流体一样，即

$$\underset{(A\to B)}{\frac{\partial p}{\partial x}<0} \to \underset{(B\to C)}{\frac{\partial p}{\partial x}>0}$$

但因黏性的存在,在 $B\to C$ 流动中,流体的惯性力不仅要克服流体黏性阻力而且还要克服由逆压引起的阻力;在一定条件下,使流体无法继续向下游移动,在圆柱表面某点(图中 S 点)滞止不前,甚至出现倒流,在尾部形成旋涡区。S 点称为分离点。

2. 边界层分离条件

从边界层分离现象知,其分离的两个基本条件如下:

(1)黏性对速度有滞止作用;

(2)流动方向与压强降相反,即存在逆压区。

只有上述两个条件同时存在时,流动才会产生离体现象。沿平板的流动没有压强降,所以没有离体;收缩管道内流动,由于流动方向与压强降的方向相同,也不产生离体;扩大管道内流动,由于流动的方向与压强降的方向相反,因而产生离体。

3. 边界层分离点的确定

下面将通过边界层特征来讨论流体分离过程。曲线坐标的薄边界层运动方程为

$$\begin{cases} v_x \dfrac{\partial v_x}{\partial x} + v_y \dfrac{\partial v_x}{\partial y} = -\dfrac{1}{\rho}\dfrac{\partial p}{\partial x} + \nu \dfrac{\partial^2 v_x}{\partial y^2} \\ \dfrac{\partial v_x}{\partial x} + \dfrac{\partial v_y}{\partial y} = 0 \end{cases}$$

在壁面 $y=0$ 上,有

$$\begin{cases} v_x = 0, v_y = 0 \\ \mu \dfrac{\partial^2 v_x}{\partial y^2} = \dfrac{\partial p}{\partial x} \end{cases} \quad (y=0)$$

表明在壁面附近速度的曲线斜率取决于压强梯度。

边界层外缘 $y=\delta$ 处,有

$$\frac{\partial v_x}{\partial y} = 0, \frac{\partial^2 v_x}{\partial y^2} = 0 \quad y=\delta$$

(1)顺压区 $\left(\dfrac{\partial p}{\partial x} < 0\right)$ 流动情况。在顺压区,有

$$\frac{\partial p}{\partial x} < 0 \Rightarrow \left.\frac{\partial^2 v_x}{\partial y^2}\right|_{y=0} < 0$$

表示 $\dfrac{\partial v_x}{\partial y}$ 为减函数,即在壁面附近,随 y 的增加而减小。

由于 $y=0$ 处,$v_x=0$;$y=\Delta y$ 处,$v_x>0$,所以

$$\left.\frac{\partial v_x}{\partial y}\right|_{y=0} > 0$$

由于在顺压区内速度分布是单调变化的(图 6.4.4(a)),从而整个边界层内,有

$$\frac{\partial v_x}{\partial y} > 0, 0 \leqslant y < \delta$$

在边界层内 $\dfrac{\partial v_x}{\partial y}$ $\left(\dfrac{\partial v_x}{\partial y} > 0\right)$ 也是一条没有拐点的光滑曲线(图 6.4.4(b)),相应 $\dfrac{\partial v_x^2}{\partial y^2}$ $\left(\dfrac{\partial v_x^2}{\partial y^2} \leqslant 0\right)$ 的曲线也绘制在图 6.4.4(c)中。

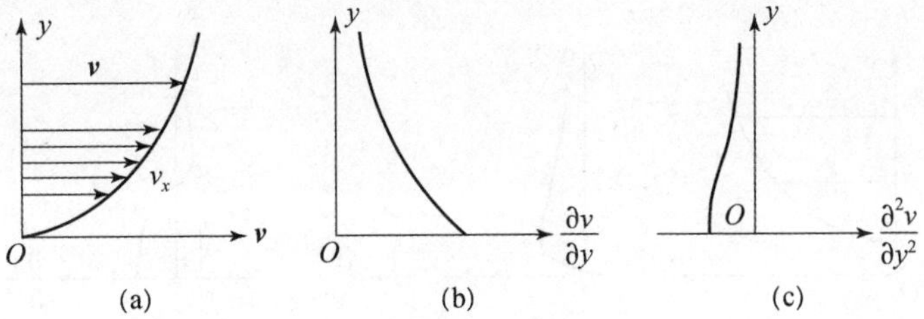

图 6.4.4　顺压

(2)在逆压区$\left(\frac{\partial p}{\partial x}>0\right)$流动情况。在逆压区,有

$$\frac{\partial p}{\partial x}>0\Rightarrow\left.\frac{\partial^2 v_x}{\partial y^2}\right|_{y=0}>0$$

表示靠近壁面处,$\frac{\partial v_x}{\partial y}$为增函数,随 y 的增加而增加。

在 $y=0$ 处,$v_x=0$;$y=\Delta y$ 处,v_x 可能为正或负或零值;$y=\delta$ 处,$\frac{\partial v_x}{\partial y}=\frac{\partial^2 v_x}{\partial y^2}=0$。若 $v_x>0$,则$\frac{\partial v_x}{\partial y}$在壁面附近($y\leqslant\Delta y$)随 y 增加而增加,即$\frac{\partial v_x^2}{\partial y^2}>0$;而在($\Delta y\leqslant y\leqslant\delta$)区域,随 y 增加而减小直至为零,即$\frac{\partial v_x^2}{\partial y^2}<0$。于是在 $0<y<\delta$ 范围内,必有$\frac{\partial v_x^2}{\partial y^2}=0$,即 $v_x(y)$曲线出现了拐点(图 6.4.5(a));如果$\frac{\partial p}{\partial x}>0$ 的值进一步加大,使得 $y=\Delta y$ 处,可能出现 $v_x=0$ 情况(图 6.4.5 中虚线),$\left.\frac{\partial v_x}{\partial y}\right|_{y=0}=0$,表明已出现边界层分离,此点称为边界层分离点,用 S 表示。当压力梯度进一步加大,$\left.\frac{\partial v_x}{\partial y}\right|_{y=0}<0$,即出现逆流,如图 6.4.6 所示。$\left.\frac{\partial v_x}{\partial y}\right|_{y=0}>0$ 时,τ_0 为正,$\left.\frac{\partial v_x}{\partial y}\right|_{y=0}=0$ 时,$\tau_0=0$,因此分离点在$\frac{\partial v_x}{\partial y}=0$ 或 $\tau_0=0$ 处。

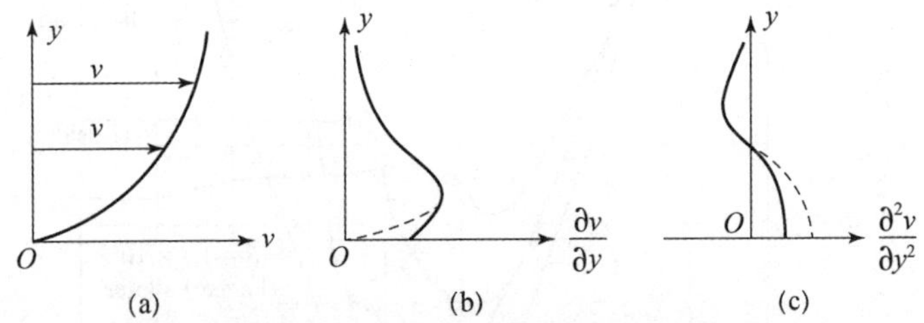

图 6.4.5　逆压(虚线为临界状态)

4. 分离引起的阻力——形状阻力

在离体点后面的边界层被破坏,边界层厚度急剧加大,前面的薄边界层理论已不再适用。离体后边界层边界外的速度和压强的分布也会发生变化。下面仍以绕圆柱体的流动为例,进一步讨论不同来流速度,即不同雷诺数情况下的流动分离特点,以及引起的绕流阻力。

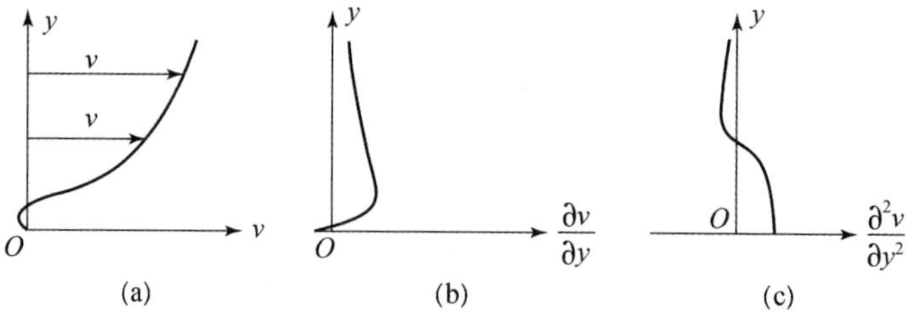

图 6.4.6　逆压区出现分离倒流

如果假定是层流边界层流动，并且认为边界层外缘的切向速度仍可由势流求得，则

$$U_e = 2U_\infty \sin\theta \tag{6.4.3}$$

式中：U_∞ 为入射流速度；θ 为角坐标，$\theta = 0$ 对应于圆柱表面上的前驻点，图 6.4.7 所示（这里的定义与第 5 章中圆柱绕流稍有差异，那里定义前驻点 $\theta = \pi$）。

这样，绕圆柱体流动大约在 $\theta = \pm 110°$ 处分离（Schlichting，1979）。但这与绕圆柱体层流边界层流动的实际情况不相符，测得的分离角大约为 $\theta = \pm 80°$。这表明从无分离的势流理论得到的式(6.4.3)不能用来描述沿整个圆柱表面边界层外缘的速度场和压强分布，沿整个圆柱表面压强分布如图 6.4.8 所示。从该图看出前后两部分的压强分布不再前后对称，从而引起前后压差力，由于分离情况与物体形状有关，故称这压差力为形状阻力。

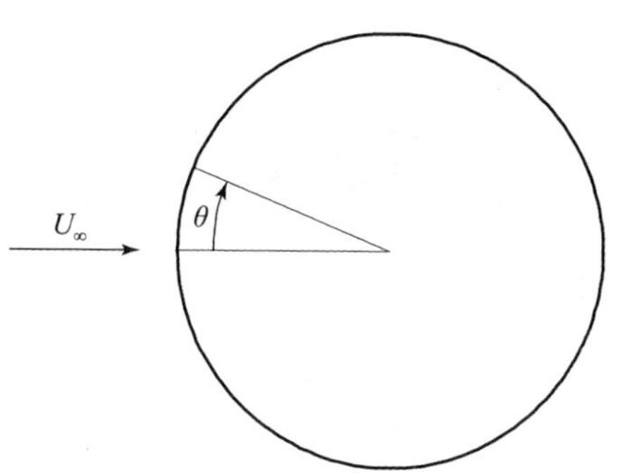

图 6.4.7　绕圆柱体流动

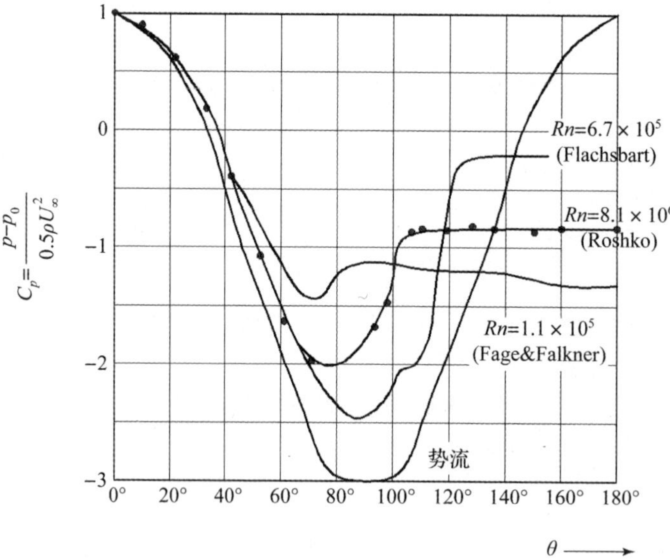

图 6.4.8　绕圆柱流动压强分布

6.5　黏性不可压缩流体无界绕流阻力的计算

6.5.1　圆柱与圆球绕流阻力

为了进一步说明边界层分离这一重要现象，本节将专门讨论无限长圆柱和圆球绕流，以便为计算海洋工程中有关圆柱结构，如张力腿、横撑、立柱、立管等的流场提供理论依据。

1. 圆柱绕流

图 6.5.1 为不同雷诺数下圆柱绕流图像。随着雷诺数的变化，圆柱绕流可以分为 5 个阶段，如下：

(1) 斯托克斯区（$0 < Re \leqslant 4$）。尾涡流动没有明显分离，上下游流动基本对称，圆柱尾涡尚未形成，黏性影响在圆柱四周广阔范围内（图 6.5.1(a)）。

(2) 对称尾迹区（$5 < Re \leqslant 40$）。流动分离，圆柱体后出现两个对称的旋涡，稳定吸附在圆柱体后部（图 6.5.1 (b)）。

(3) 卡门涡街区（$40 < Re \leqslant 3 \times 10^5$）。流动分离后，在圆柱体后形成卡门涡街。当 $40 < Re < 150$ 时，在圆柱体两侧的涡对，开始周期性地交替离开圆柱体，离体后又在分离点后不断形成旋涡，周期性交替离体的旋涡在尾迹中交叉排列，成为卡门涡街，并保持层流状态（图 6.5.1 (c)）；当 $150 < Re < 3 \times 10^5$ 时，涡街向湍流转变，$Re = 300$ 时，涡街在圆柱下游 $50D$ 距离以外，出现完全湍流（图 6.5.1 (d)）。在 $Re = 3 \times 10^5$ 附近，边界层内流动发生显著变化，一般将其定义为临界雷诺数（注：有文献取 2.5×10^5，也有取 3.5×10^5）。$Re < 3 \times 10^5$ 时，这一区域称为亚临界区。

(4) 超临界区（$3 \times 10^5 \leqslant Re < 3.5 \times 10^6$）。在超临界区，边界层分离点向后移动，涡旋区域变小，分离之前的边界层从层流转捩为湍流，逐渐不再能观察到规则的旋涡脱落（图 6.5.1 (e)）。

(5) 超高临界区（$Re > 3.5 \times 10^6$）。在超高临界区，湍流涡街又重新建立，尾迹中又出现周期性特征（图 6.5.1 (f)）。

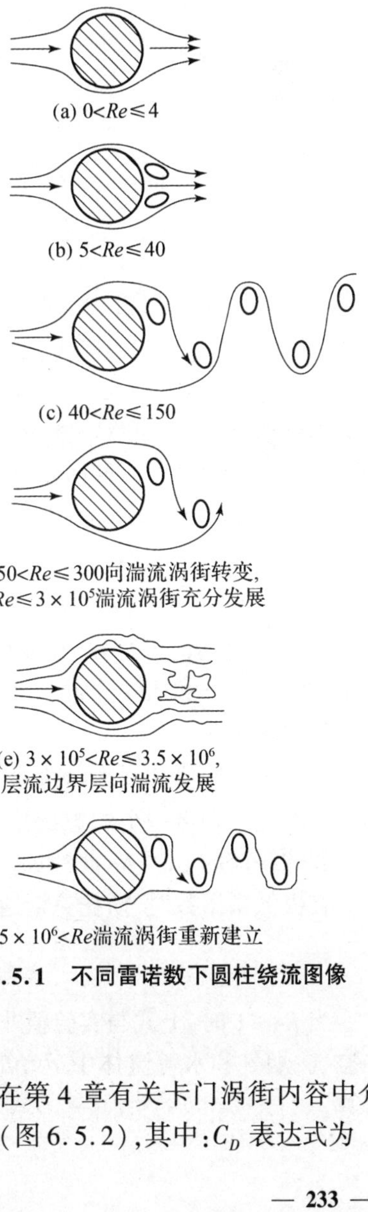
(a) $0<Re\leqslant 4$
(b) $5<Re\leqslant 40$
(c) $40<Re\leqslant 150$
(d) $150<Re\leqslant 300$向湍流涡街转变，$300<Re\leqslant 3\times 10^5$湍流涡街充分发展
(e) $3\times 10^5<Re\leqslant 3.5\times 10^6$，层流边界层向湍流发展
(f) $3.5\times 10^6<Re$湍流涡街重新建立

图 6.5.1　不同雷诺数下圆柱绕流图像

圆柱绕流的泻涡频率 f_{st} 或 St 数与 Re 的关系，已经在第 4 章有关卡门涡街内容中介绍，这里再给出圆柱绕流阻力系数 C_D 与 Re 的关系曲线（图 6.5.2），其中：C_D 表达式为

$$C_D = \frac{F_D}{\frac{1}{2}\rho U_\infty^2 d}$$

式中：F_D 为单位长度圆柱受到的阻力；U_∞ 是来流速度；d 是圆柱直径；ρ 为流体密度。

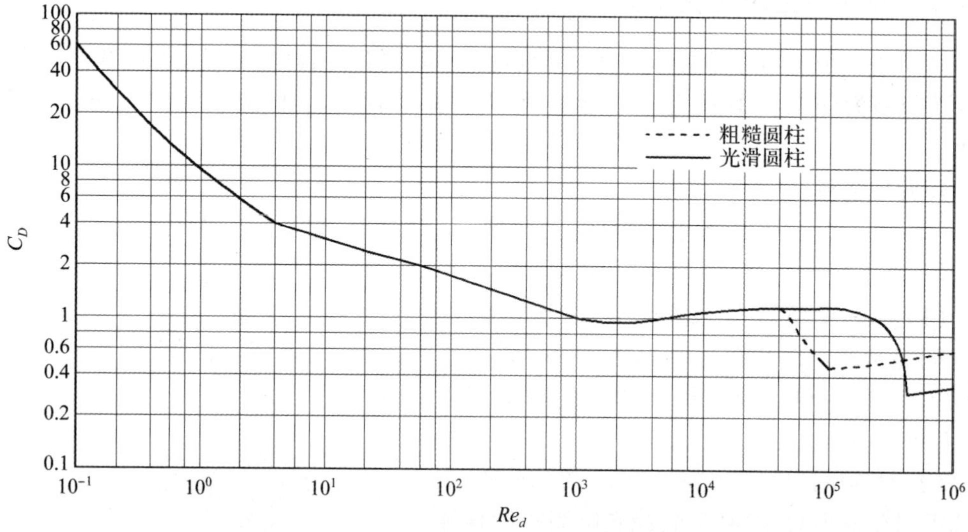

图 6.5.2　圆柱绕流阻力曲线

从图 6.5.2 可以看到，在 $Re < 10^3$ 范围内，随着 Re 数的增大，阻力系数 C_D 一直在减小，原因是流动状态为层流，类似平板层流流动，$C_D \propto (Re)^{-1/2}$，因此阻力与来流速度成正比。在距离前驻点 $\theta = \pm 80°$ 位置，层流边界层分离，产生分离后的涡流区，使该区域壁面处于低压区，作用于整个壁面的净压强差增大，导致阻力增大，两者相抵，C_D 不再减小，保持在 1 ~ 1.2 范围内，此时摩擦力对阻力不起主要作用，直到 $Re = 3 \times 10^3$。Re 再增大时至 $2 \times 10^5 < Re < 5 \times 10^5$ 范围内，层流边界层尚未分离时，已经由层流转变为湍流。然后在 $\theta = \pm 130°$ 位置出现湍流边界层分离，此时由于净压强差引起的阻力增加不大，所以 C_D 急剧下降到 0.3 左右，此现象称为“失阻”。$Re > 3.5 \times 10^6$ 后，湍流边界层分离点向前移到 $\theta = \pm 103°$ 位置，于是 C_D 再度增大到 0.7 左右。图 6.5.3 给出了层流和湍流边界层情况下的流动图形和压强分布。

2. 圆球绕流

圆球绕流的流动现象以及 $C_D - Re$ 曲线与圆柱绕流相似。所不同的是圆球绕流时剥落下来的是一个接一个的螺旋形涡，而圆柱绕流剥落下来的是平面点涡，且形成卡门涡街。圆球绕流的 $C_D - Re$ 曲线如图 6.5.4 所示，其临界雷诺数也为 $Re_{cr} = 3 \times 10^5$。

在极低雷诺数时，斯托克斯通过求解 N – S 方程得到了解析解，其阻力系数为

$$C_D = \frac{24}{Re_d} \tag{6.5.1}$$

当 $Re \leqslant 1$ 时，上式与实验值非常一致。现实生活经常遇到的粉尘、油滴、气泡等微粒在空气、烟气和水等流体中运动时，它们在运动中所受到的阻力可以近似用式(6.5.1)计算。

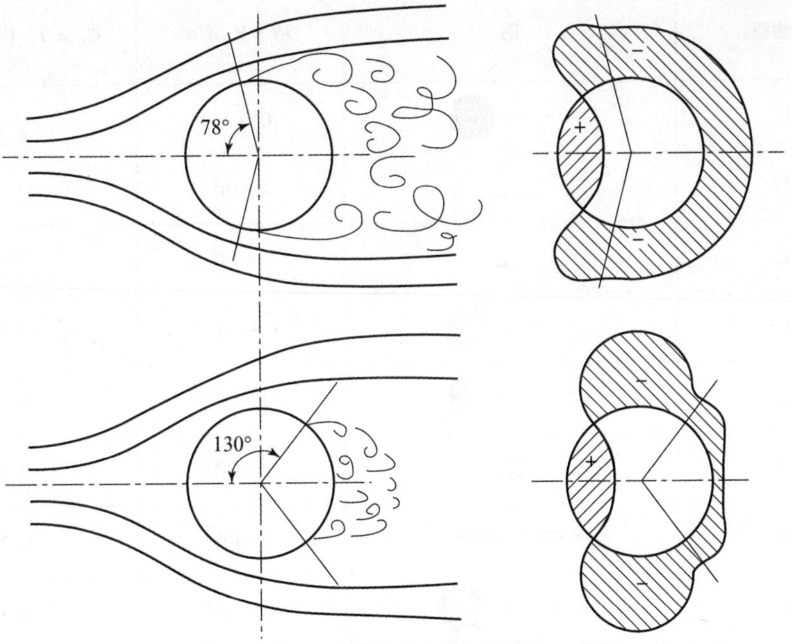

图 6.5.3　圆柱绕流的层流和湍流边界层

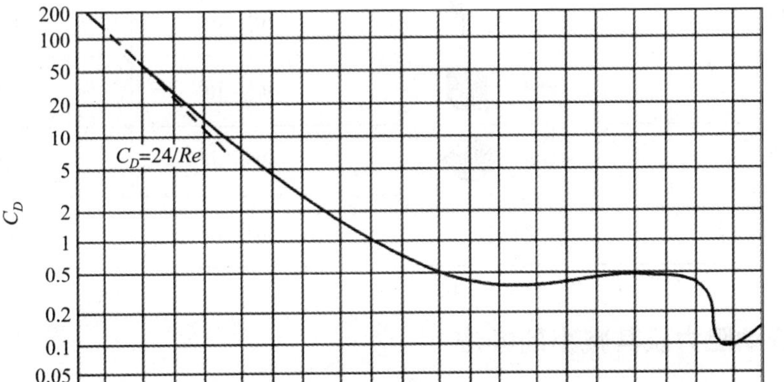

图 6.5.4　圆球绕流阻力曲线

在图 6.5.4 的曲线中，$10 < Re < 10^5$ 的范围内，C_D 的近似公式为

$$C_D = \frac{10}{\sqrt{Re_d}}$$

式中：$500 < Re < 2 \times 10^5$ 范围，阻力系数基本保持为 $C_D = 0.44$。

最后表 6.5.1 给出了若干不同类型物体二维绕流的阻力系数的实验值，以供参考。

表 6.5.1 若干典型物体二维绕流阻力系数

二元物型	图	$Re = V_\infty d/\nu$	$C_D = D\Big/\left(\frac{1}{2}\rho V_\infty^2 A\right)$
圆柱	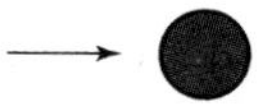	$10^4 \sim 10^5$	1.2
半管		4×10^4	1.2
半管	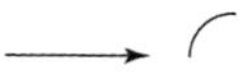	4×10^4	2.3
方柱	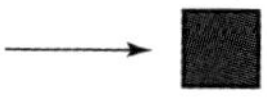	3.5×10^4	2.0
平板		$10^4\times10^6$	1.98
椭柱	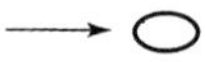 2:1	1×10^5	0.46
椭柱	 8:1	2×10^5	0.20
球	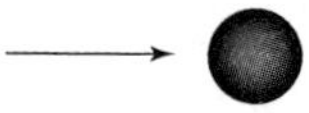	$10^4 \sim 10^5$	0.47
半球		$10^4 \sim 10^5$	0.42
半球		$10^4 \sim 10^5$	1.17
方块	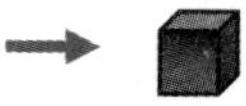	$10^4 \sim 10^5$	1.05
方块		$10^4 \sim 10^5$	0.80
矩形板(长/宽 =5)	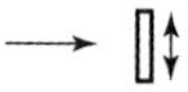 宽	$10^3 \sim 10^5$	1.20

6.5.2 流动阻力及其减小的办法

在前面已讨论过黏性流体流动阻力的两个部分:摩擦阻力和形状阻力。下面将进一步阐述这两种阻力产生的原因和变化规律,从而提出减小它们的方法。

1. 阻力成分

黏性阻力,或称为型阻,包括摩擦阻力 R_f 和形状阻力 R_p 两部分。

(1)R_f 是由于流体具有黏性,在物面形成边界层而形成的,计算公式为 $R_f = C_f \cdot \frac{1}{2}\rho U_0^2 A_f$。

(2)形状阻力 R_p:由于黏性存在,影响边界层(不管分离,不分离),造成流动方向上前后压力差不平衡而引起的。

流线型物体,虽没有边界层分离,但由于边界层排挤作用,在尾部 B 本是驻点的地方,不再成为驻点,从而压力形成了一个差,如图 6.5.5 所示。

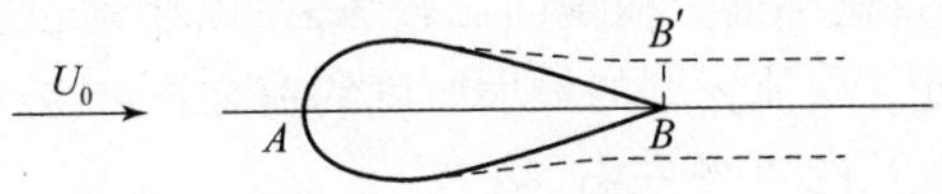

图 6.5.5 流线型物体

对于非流线型物体,边界层在尾部形成分离从而形成旋涡,从而造成尾部压力下降,在流动方向上形成了一压力差。

总黏性阻力:$R = R_f + R_p = (C_f \cdot A_f + C_p \cdot A_p) \cdot \dfrac{\rho U_0^2}{2}$

测量整个物体表面上的压力分布,然后求出压力合力在物体运动方向上的投影,便可以计算出形状阻力。或者用实验方法来测定物体的黏性阻力,从中减去"相当平板"的摩擦阻力,也可以决定形状阻力的大小。

2. 黏性阻力减小方法

首先分析 R 与哪些因素有关,从阻力成分析知

$$R = f(\text{流动状态,流体密度,粗糙度,湿表面积等})$$

1)采用人工激流方法,以改变流动状态以降低黏压阻力

当雷诺数大于某一临界值 Re_{xcr}后,阻力突然急剧减小。许多非流线型物体都会发生类似的现象,称为阻力危机,这是因为雷诺数增大时,转变点前移。当转变点移至离体点前面时,边界层在离体前转变为湍流。湍流具有较丰满的速度分布,因此具有较大的动能,能够更好地克服压力的抵抗,将离体点推移向后,从而缩小旋涡区,降低形状阻力。圆球的黏性阻力绝大部分是形状阻力,当边界层的湍流区延长后,虽然增加了摩擦阻力,但却大大减小了形状阻力,所以黏性阻力还是减小了,这也是高尔夫球采用粗糙表面的原因。

为使层流在小雷诺数时能够转变为湍流,可以在物体表面前部的层流区贴上砂纸或围以细铁丝,这样就会产生扰动,使流动状态提前转变。这种人为地促使层流提前转变为湍流的方法称为"人工激流",这在船模阻力中常用。

2)采用流线型物体,降低形状阻力 R_P

采用流线型物体,可以有效避免边界层分离,从而起到降低形状阻力的作用。流线型物体的长宽比越大,则压力梯度越小,因而形状阻力越小。但同时由于浸湿面积增加而摩擦阻力增加。所以有一个最理想的长宽比,这时摩擦阻力和形状阻力之和(黏性阻力)为最小值。对于回转体,这个长宽比为 5 ~ 7。

这里要注意的是,流线型物体仅是形状阻力较低而已。考虑到其他阻力时,物体可能需采取其他形状,如舰船为了减小兴波阻力,超声速飞机为了减小冲击波阻力,都采取尖锐的首部形状。

3)采用层流翼型以降低 R_f

在采用流线型形状后,在黏性阻力中形状阻力所占的百分比大大降低,这时摩擦阻力便突出了。为了进一步减小黏性阻力便需要降低摩擦阻力。

在减压加速过程中,速度剖面比较丰满,层流边界层的稳定性可以提高,所以在物体最小压力点以前容易保持为层流。而最小压力点对应于物体最大横截面的地方,因此将物体最大横截面的位置后移,可以在更大的区域内提高边界层的稳定性,就有可能延长层

流区，从而降低摩擦阻力。这种最大横截面比较靠后，以便延长层流区，降低摩擦阻力的翼剖面形状称为层流翼型。层流翼型的最大厚度约在全长40% ~70%处（离前端），而普通翼型的最大厚度仅为全长的30%左右。

层流翼型可以将临界雷诺数提高至 $Re_{xcr} \approx 5\times10^6$。因此在 $Re_L \leqslant 10^7$ 时可以大大降低黏性阻力。当雷诺数很大时，层流翼型将失去作用，边界层基本上仍全部为湍流。另外层流翼型的加工和维护较困难，如果表面粗糙或沾污，都会引起扰动，边界层将会转变为湍流。

4）边界层控制

边界层控制的目的不仅是为了减小黏性阻力，还可以增大机翼的最大升力，以便进行机翼的操纵、增加船用舵的侧向力、增大增压器的效率和影响冲击波的状况等。边界层控制的方法有如下几种：

（1）前缘缝翼。前缘缝翼（图6.5.6）是在机翼前面，和机翼之间有一条小隔缝的小机翼，这个隔缝由于进口宽，出口窄，流体经过它流向机翼的上表面时，流速增加，这样就能使上表面不发生离体，升力不致急剧下降，反而可以提高。前缘缝翼是挺高机翼（包括船用舵和水翼）最大升力较好方法之一。

（2）抽吸作用。将边界层内迟滞下来的流体在离体前吸掉，流来新的、具有较大动能的流体，这样就有可能避免离体，从而降低形状阻力，同时将边界层内一部分流体抽吸后，改变了这里的速度分布，增加了流动的稳定性，延长层流区，从而减小摩擦阻力（图6.5.7）。

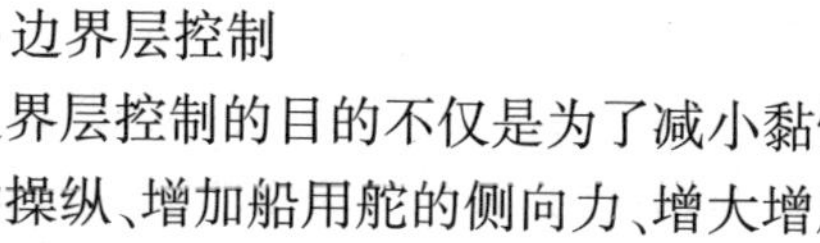

图6.5.6　前缘缝翼

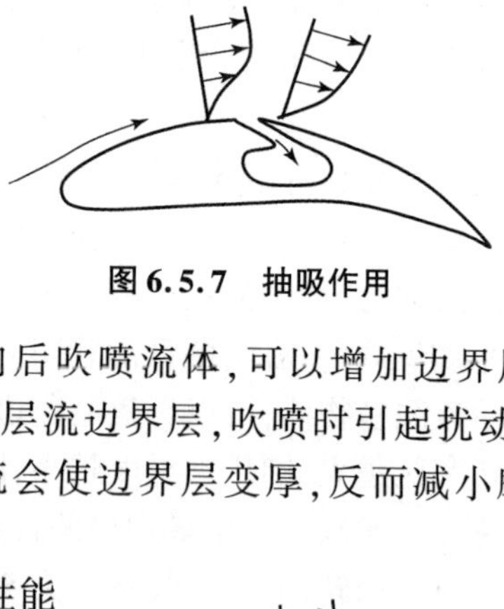

图6.5.7　抽吸作用

（3）吹喷作用。利用某些设备自物体表面向后吹喷流体，可以增加边界层内流体的动能，从而防止或推迟边界层的离体。对于层流边界层，吹喷时引起扰动，使层流提前过渡为湍流，会增加摩擦阻力。对于湍流会使边界层变厚，反而减小摩擦阻力（图6.5.8）。

（4）蒙皮作用。在物体表面上覆盖一层减震性能良好的橡皮，或覆盖一层薄的橡皮膜，膜内盛有减震油，这些材料可以吸收层流边界层内产生的扰动能量，使所产生的扰动衰减下来，不致发散而使流动状态转变为湍流。这样就可以延长层流区，从而减小摩擦阻力。

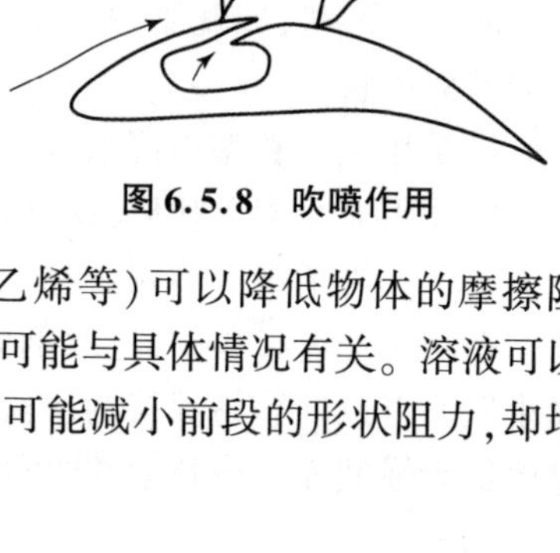

图6.5.8　吹喷作用

（5）聚合物溶液减阻作用。聚合物溶液（如聚氧化乙烯等）可以降低物体的摩擦阻力，但其机理还不是很清楚。另外能否降低形状阻力，还可能与具体情况有关。溶液可以推迟湍流边界层的离体，使得层流边界层提前离体，所以可能减小前段的形状阻力，却增加后段的形状阻力。

习　题

6－1　对于黏性不可压缩流体的平面运动，如果质量力有势，试证明流函数满足以下方程：

$$\frac{\partial}{\partial t}\nabla^2\psi-\frac{\partial(\psi,\nabla^2\psi)}{\partial(x,y)}=\nu\nabla^4\psi$$

式中

$$\frac{\partial(\psi,\nabla^2\psi)}{\partial(x,y)}=\begin{vmatrix}\dfrac{\partial\psi}{\partial x} & \dfrac{\partial\psi}{\partial y}\\ \dfrac{\partial\psi}{\partial x}\nabla^2\psi & \dfrac{\partial\psi}{\partial y}\nabla^2\psi\end{vmatrix}$$

6－2　试导出不可压缩牛顿流体定常轴对称运动在柱坐标系(r,ε,z)中流函数ψ和涡量Ω为变量的运动方程：

$$\begin{cases}\dfrac{\partial}{\partial z}\left(\dfrac{1}{r}\dfrac{\partial\psi}{\partial z}\right)+\dfrac{\partial}{\partial r}\left(\dfrac{1}{r}\dfrac{\partial\psi}{\partial r}\right)+\Omega=0\\ r^2\left[\dfrac{\partial}{\partial z}\left(\dfrac{\Omega}{r}\dfrac{\partial\psi}{\partial r}\right)-\dfrac{\partial}{\partial r}\left(\dfrac{\Omega}{r}\dfrac{\partial\psi}{\partial z}\right)\right]-\nu\left\{\dfrac{\partial}{\partial z}\left[r^3\dfrac{\partial}{\partial z}\left(\dfrac{\Omega}{r}\right)\right]+\dfrac{\partial}{\partial r}\left[r^3\dfrac{\partial}{\partial r}\left(\dfrac{\Omega}{r}\right)\right]\right\}=0\end{cases}$$

其中

$$v_r=-\frac{1}{r}\frac{\partial\psi}{\partial z},v_z=\frac{1}{r}\frac{\partial\psi}{\partial r},\Omega=\frac{\partial v_r}{\partial z}-\frac{\partial v_z}{\partial r}$$

6－3　油在水平圆管内做定常层流运动，已知：$d=75\text{mm}$，$Q=7\text{L/s}$，$\rho=800\text{kg/m}^3$，壁面上$\tau=48\text{N/m}^2$，求油的黏性系数。

6－4　无限大倾斜平板上有厚度为h的一层黏性流体，在重力g的作用下作定常层流运动，自由液面上的压力为大气压p_a且剪切应力为零，流体密度为ρ，运动黏性系数为ν，平板倾斜角为θ（题图 6－1）。试求垂直于x轴的截面上液体的速度分布和压力分布。

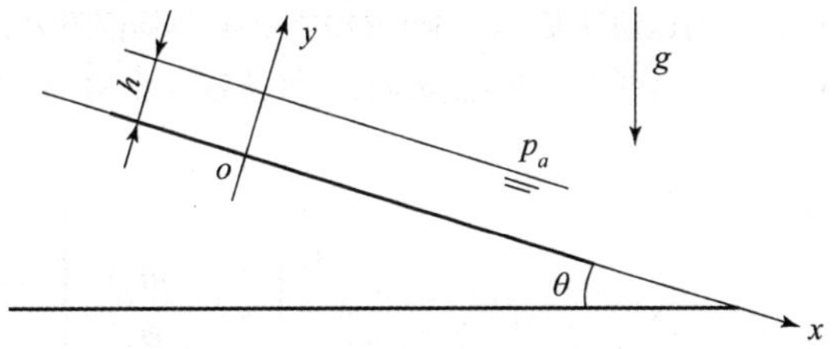

题图 6－1

6－5　如题图 6－2 所示，一薄液层沿倾斜平面均匀流动，试用如图所示的自由体去证明：

（1）流层内的速度分布为$v_x=\dfrac{\rho g}{2\mu}(b^2-s^2)\sin\theta$；

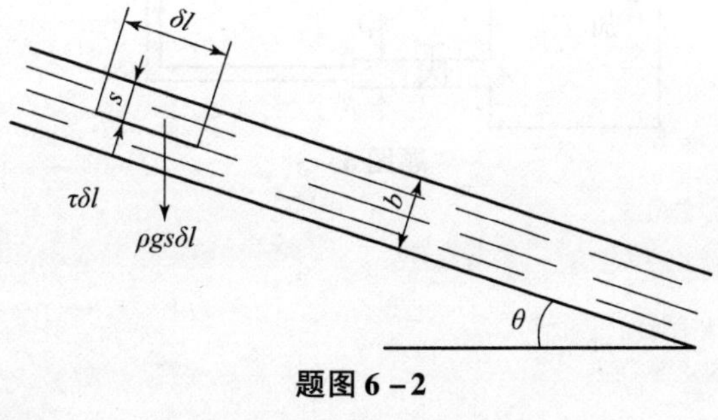

题图 6－2

(2)单位宽度上的流量为 $q'_v = \dfrac{\rho g}{3\mu} b^3 \sin\theta$。

6-6 已知半径为 r_0 的光滑圆管中流体作定常层流流动,流体密度为 ρ,动力黏性系数为 μ,若由接出的两玻璃管测得 l 长度流体的压力降 $\Delta p = \rho g h_0$。

(1)写出沿程阻力系数 λ 与雷诺数 Re 的关系;(2)推导体积流量 Q 与压力降的关系式:

$$Q = \frac{\pi}{8\mu}\frac{\Delta p}{l} r_0^4$$

6-7 试推导出,在不计质量力时,均质不可压缩黏性流体湍流运动中 x 方向的涡量方程可以时均化得到:

$$\frac{\partial \overline{\Omega_x}}{\partial t} + \overline{v_x}\frac{\partial \overline{\Omega_x}}{\partial x} + \overline{v_y}\frac{\partial \overline{\Omega_x}}{\partial y} + \overline{v_z}\frac{\partial \overline{\Omega_x}}{\partial z} + \frac{\partial(\overline{v'_x \Omega'_x})}{\partial x} + \frac{\partial(\overline{v'_y \Omega'_x})}{\partial y} + \frac{\partial(\overline{v'_z \Omega'_x})}{\partial z} =$$

$$\overline{\Omega_x}\frac{\partial \overline{v_x}}{\partial x} + \overline{\Omega_y}\frac{\partial \overline{v_x}}{\partial y} + \overline{\Omega_z}\frac{\partial \overline{v_x}}{\partial z} + \frac{\partial(\overline{v'_x \Omega'_x})}{\partial x} + \frac{\partial(\overline{v'_x \Omega'_y})}{\partial y} + \frac{\partial(\overline{v'_x \Omega'_z})}{\partial z} + \nu \nabla^2 \overline{\Omega_x}$$

6-8 直径为 15mm 的光滑圆管,流体以速度 14m/s 在管中流动,试确定其流动状态。若要管内流体保持为层流,最大的允许速度是多少?这些流体分别为①润滑油;②汽油;③水;④空气。已知 $\nu_{润滑油} = 10 \times 10^{-4} \mathrm{m^2/s}$,$\nu_{汽油} = 0.884 \times 10^{-6} \mathrm{m^2/s}$。

6-9 油的动力黏性系数为 $\mu = 39.49 \times 10^{-3} \mathrm{Ns/m^2}$,重度为 $\rho g = 7252 \mathrm{N/m^3}$,流过直径为 2.54cm 的光滑圆管,平均流速为 0.3m/s,试计算 30m 长度管子上的压力降,并计算管内距管壁 0.6cm 处的流速。

6-10 30℃的水流过直径 $d = 7.62$cm 的光滑圆管,每分钟流量为 0.340m³,求在 915m 长度上的压力降,管壁上的剪应力 τ_0 及黏性底层的厚度。当水温下降到 15℃时,情况又如何?

6-11 一条输水管,长 $l = 1000$m,管径 $d = 0.3$m,设计流量 $Q = 0.055 \mathrm{m^3/s}$。水的运动黏度为 $\nu = 10^{-6} \mathrm{m^2/s}$。如果要求此管段的沿程水头损失为 $h_f = 3$m,试问应选择相对粗糙度 $\dfrac{\varepsilon}{d}$ 为多少的管道?

6-12 如题图 6-3 所示,从密闭加压池通过普通镀锌钢管 $ABCD$(其绝对粗糙度 $\varepsilon = 0.39$mm)向水塔送水,已知流量 $Q = 0.035 \mathrm{m^3/s}$,而水池水位差 $H = 50$m,水管 AB 段长 $l_{AB} = 40$m,直径 $d_1 = 15$cm,水管 BCD 段长 $l_{BCD} = 70$m,直径 $d_2 = 8$cm,水的运动黏度 $v = 1.141 \times 10^{-6} \mathrm{m^2/s}$,且局部阻力分别为:$\zeta_A = 0.5$,$\zeta_E = 4.0$,$\zeta_C = 1.0$,$\zeta_D = 1.0$,$\zeta_B = 0.4$(以细管速度为基准)。试问:为维持这一流动,水泵池的表面压强(表压)p_0 应为多大?(按恒定流动计算)

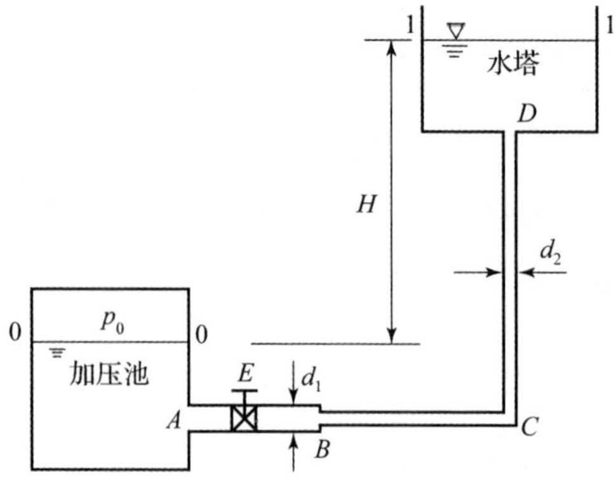

题图 6-3

第 7 章　自由表面流动的基本理论

流体力学中的自由边界是指不同流体介质相接触时的交界面,通常将具有自由边界的流体流动称为自由边界流动。空气与液体形成的气 - 液分界面、油与水以及不同密度海水形成的液 - 液分界面等形式流动,是船舶与海洋工程领域中最为常见的自由边界流动。通常将空气与液体之间形成的交界面流动称为自由表面流动,最典型的就是水波运动;两种不同密度液体层间的流动称为自由界面流动,如海洋内波运动。自由表面流动理论是船舶与海洋结构物设计和营运时,预报波浪载荷与运动响应的重要理论基础。本章主要介绍以水波为代表的自由表面流动理论,在阐述自由表面流动定解条件的基础上,主要对描述和求解自由表面流动的一些理论和方法作介绍。

7.1　自由表面流动定解条件

对于船舶与海洋工程中的自由表面流动问题,流体的压缩性、温度变化,以及表面张力等影响一般可以忽略不计。而对于流体黏性的作用,有的问题不可忽略,而有的完全可以不计其影响,故这里同时给出黏流和势流两种自由表面流动模型。本节只讨论水 - 气自由表面运动形成的水波(波浪)问题,且暂不考虑流场内有海洋结构物的存在。

7.1.1　基于黏流模型的基本方程和边界条件

1. 基本方程

流域 Ω_f 中流体流动控制方程包括不可压缩连续方程:

$$\nabla \cdot \boldsymbol{v} = 0 \tag{7.1.1}$$

和动量方程(N - S 方程):

$$\frac{\partial \boldsymbol{v}}{\partial t} + (\boldsymbol{v} \cdot \nabla)\boldsymbol{v} = \boldsymbol{f} - \frac{1}{\rho}\nabla p + \nu \nabla^2 \boldsymbol{v} \tag{7.1.2}$$

2. 边界条件

流域 Ω_f 的边界包括固壁 $\partial\Omega_b$ 和自由表面 $\partial\Omega_f$ 两部分。

1) 固壁条件

对于黏性流体有两种不同的边界条件,即不可滑移条件:

$$\boldsymbol{v} = \boldsymbol{v}_b \tag{7.1.3}$$

和可滑移条件:

$$\boldsymbol{v}_n = \boldsymbol{v} \cdot \boldsymbol{n}_b = \boldsymbol{v}_{bn} = \boldsymbol{v}_b \cdot \boldsymbol{n}_b \tag{7.1.4}$$

式中:$\boldsymbol{v}_b$ 为固壁速度,对于海底,一般为零;$\boldsymbol{n}_b$ 为固壁法线单位矢量。

2) 自由表面条件

自由表面条件包括运动学条件和动力学条件。黏流条件下的动力学条件是指在自由

表面上,流体必须满足的表面应力条件,若忽略自由表面张力影响,则切向和法向应力条件可表示为

$$\frac{\partial v_n}{\partial \tau}+\frac{\partial v_\tau}{\partial n}=0 \tag{7.1.5}$$

$$-p+2\mu\frac{\partial v_n}{\partial n}=-p_0 \tag{7.1.6}$$

式中:v_n 和 v_τ 分别为波面的法向速度和为切向速度;p_0 为自由表面空气压强,一般取大气压强作为常量。

对于运动学条件,要求组成自由表面的流体质点,永远留在自由表面上。这一条件对于不同的自由表面运动处理技术,会有不同的数学表达形式,这将在后续章节中介绍。

7.1.2 基于势流模型的基本方程和定解条件

1. 基本假设

(1)流体是理想不可压缩的。在风停止后,水体内部摩擦力的存在是使水波逐渐衰退的原因,但其从消失的缓慢过程来看,摩擦力的作用是不大的,近似地可以忽略不计,因此在水波理论中水可以作为理想流体来处理。工程实践证明这假设是合理且有效的。实际分析表明,考虑黏性后波动振幅将乘以因子 $\exp(-2\nu k^2 t)$,其中:ν 为运动黏性系数,k 为波数,t 为时间。若取 $\nu=10^{-6}\mathrm{m^2/s}$,波长 $\lambda=2\pi/k=1.8\times10^{-2}\mathrm{m}$ 的毛细波振幅衰减 $1/e$ 只需 4s,而 $\lambda=1\mathrm{m}$ 的重力波需 3.5h。这说明忽略黏性对重力波的影响是合理的。

(2)水波运动是一种周期性运动,属非定常运动。

(3)流体质量力只有重力。

(4)水波运动是一种无旋运动,从而是势流范畴。这在初等流体力学水波理论部分有专门的说明。

2. 基本方程

如图 7.1.1 所示,取静止自由表面为坐标系的 oxy 平面,z 轴与静止自由表面垂直并向上为正,自由表面升高为 $z=\zeta(x,y,t)$,液体深度为 $z=-d(x,y)$。

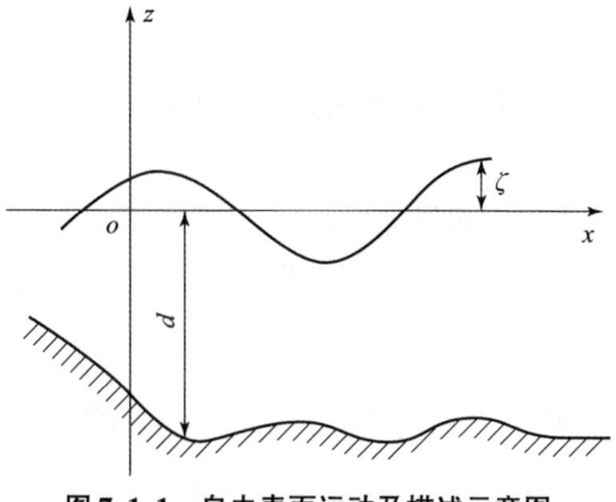

图 7.1.1 自由表面运动及描述示意图

由于流体流动可假设为理想、不可压缩的势流，由第 3 章可知流场速度势满足拉普拉斯方程：

$$\nabla^2\phi=0$$

同时流动满足拉格朗日积分：

$$\frac{\partial\phi}{\partial t}+\frac{v^2}{2}+\frac{p}{\rho}+gz=f(t)$$

式中：$\boldsymbol{v}=\nabla\phi$。引入新的速度势：

$$\varphi=\phi-\int_0^t f(t)\,\mathrm{d}t+\frac{p_0}{\rho}t$$

式中：p_0 为自由表面上压强。新的速度势的引进，并不影响流场速度求解，因为$\nabla^2\varphi=\nabla^2\phi=0$。

则拉格朗日积分方程可改写为

$$\frac{\partial\varphi}{\partial t}+\frac{p-p_0}{\rho}+\frac{v^2}{2}+gz=0 \tag{7.1.7}$$

因此，先由拉普拉斯方程求得流场速度势，其次由拉格朗日积分方程求得自由表面运动引起的压强分布。下面进一步讨论为求得流场速度势所需的边界条件。

3. 边界条件

1）壁面条件

对于势流，壁面条件只需满足可滑移条件，即流体质点法向速度与壁面的法向速度相等：

$$\left.\frac{\partial\varphi}{\partial n}\right|_{S_b}=\boldsymbol{U}\cdot\boldsymbol{n}=v_{bn} \tag{7.1.8}$$

式中：$\boldsymbol{U}$ 为壁面运动速度。如果物面静止不动，则式(7.1.8)可以简化为

$$\left.\frac{\partial\varphi}{\partial n}\right|_{S_b}=0$$

若海底是水平面，则海底的运动学条件为

$$\left.\frac{\partial\varphi}{\partial n}\right|_{z=-d}=\left.\frac{\partial\varphi}{\partial z}\right|_{z=-d}=0$$

对于底部由 $z=-d(x,y)$ 给出的海底运动学条件，可仿照自由表面运动学条件推导得

$$\left.\frac{\partial\varphi}{\partial z}\right|_{z=-d}=-\left.\frac{\partial\varphi}{\partial x}\right|_{z=-d}\frac{\partial d}{\partial x}-\left.\frac{\partial\varphi}{\partial y}\right|_{z=-d}\frac{\partial d}{\partial y}$$

顺便给出海底是运动的运动学条件，此时

$$z=-d(x,y,t)$$

$$\left.\frac{\partial\varphi}{\partial z}\right|_{z=-d}=-\frac{\partial d}{\partial t}-\left.\frac{\partial\varphi}{\partial x}\right|_{z=-d}\frac{\partial d}{\partial x}-\left.\frac{\partial\varphi}{\partial y}\right|_{z=-d}\frac{\partial d}{\partial y}$$

这就是模拟海底地震引起海啸用到的条件。

2）自由表面动力学条件

在自由表面上有 $z=\zeta=\zeta(x,y,t)$，$p=p_o$，由式(7.1.7)得

$$\frac{\partial\varphi}{\partial t}+\frac{v^2}{2}+g\zeta=0$$

求出速度势后即可确定自由表面的起伏(波形):

$$\zeta = -\frac{1}{g}\left(\frac{\partial\varphi}{\partial t} + \frac{1}{2}v^2\right)\bigg|_{z=\zeta} \tag{7.1.9}$$

3)自由表面运动学条件

“运动学条件”是指流体在自由面上法向速度必须与自由面运动速度在法向上投影量相同。下面将采用两种方法来导出自由表面运动学条件的数学表达式。

方法一:利用质点法概念推导。

由自由表面方程 $z=\zeta(x,y,t)$ 得

$$v_z = \frac{\mathrm{d}z}{\mathrm{d}t} = \frac{\mathrm{d}\zeta}{\mathrm{d}t} = \frac{\partial\zeta}{\partial t} + v_x\frac{\partial\zeta}{\partial x} + v_y\frac{\partial\zeta}{\partial y}$$

即

$$\frac{\partial\varphi}{\partial z}\bigg|_{z=\zeta} = \frac{\partial\zeta}{\partial t} + \frac{\partial\varphi}{\partial x}\bigg|_{z=\zeta}\frac{\partial\zeta}{\partial x} + \frac{\partial\varphi}{\partial y}\bigg|_{z=\zeta}\frac{\partial\zeta}{\partial y} \tag{7.1.10}$$

为有限波幅的自由表面运动学条件。

方法二:利用流体质点的法向速度在自由面上必须与自由面运动法向速度一致概念推导。

令自由表面方程为 $F(x,y,t) = z-\zeta(x,y,t) = 0$

自由面单位法向量为

$$\boldsymbol{n} = \frac{F_x\boldsymbol{i} + F_y\boldsymbol{j} + F_z\boldsymbol{k}}{\sqrt{F_x^2 + F_y^2 + F_z^2}} = \frac{\nabla F}{|\nabla F|} \tag{7.1.11}$$

设自由面运动速度为 $\boldsymbol{U}$,则法向速度为

$$U_n = \boldsymbol{U}\cdot\boldsymbol{n} \tag{7.1.12}$$

经 δt 以后,自由面变为

$$F' = F(x+U_1\delta t, y+U_2\delta t, z+U_3\delta t, t+\delta t) = F(x,y,z,\mathrm{t}) + \left[\frac{\partial F}{\partial t} + \boldsymbol{U}\cdot\nabla F\right]\delta t = 0$$

由此得

$$\frac{\partial F}{\partial t} + \boldsymbol{U}\cdot\nabla F = 0 \tag{7.1.13}$$

由式(7.1.11)~式(7.1.13)得

$$U_n = \boldsymbol{U}\cdot\boldsymbol{n} = -\frac{\partial F}{\partial t}\Big/\sqrt{F_x^2 + F_y^2 + F_z^2} \tag{7.1.14}$$

而流体质点在自由面上法向速度为

$$v_n = \nabla\varphi\cdot\boldsymbol{n} = (\boldsymbol{v}\cdot\nabla)F/\sqrt{F_x^2 + F_y^2 + F_z^2} \tag{7.1.15}$$

由式(7.1.15)与式(7.1.14)相等得

$$\frac{\partial F}{\partial t} + (\boldsymbol{v}\cdot\nabla)F = \frac{\mathrm{D}F}{\mathrm{D}t} = 0 \tag{7.1.16}$$

式(7.1.16)物理意义为流体质点一旦在自由表面上,将永远组成自由表面(类似流体涡旋运动的亥姆霍兹第三定理)。式(7.1.16)也可以用于运动的物体表面条件。

由 $F=z-\zeta(x,y,t)$ 及式(7.1.16)可推导出与方法一相同的结论,即式(7.1.9)。方法一简单但物理意义不透彻,方法二充分阐述了其物理意义,即

（1）波浪运动中，自由面流体质点始终在表面上，从而所有物理量满足质点导数为零。

（2）运动学条件实际上表示在自由表面上，流体质点不可穿透自由表面。

正因为上述两点，当水波的表面破碎后，波面不再是单值函数，势流模型的自由表面条件，即式（7.1.10）不再适用，这也是势流理论在处理自由表面运动时存在的局限。由此发展了专门处理，如波面破碎等强非线性自由表面运动的方法，包括流体体积法（VOF法）、水平截距法（Level－set法）、光滑粒子水动力法（SPH）等。这些方法在船舶水动力学领域已得到广泛应用，并仍处于不断改进和拓展过程中。

4. 初始条件

液体表面运动是由初始扰动引起的，如给予液面一个初始位移或者风压强冲量引起的速度（即速度势），这两种情况下的初始条件可以分别表达为

$$\left.\frac{\partial\varphi}{\partial t}\right|_{\substack{t=0\\z=\zeta}}=f(x,y) \tag{7.1.17}$$

$$\varphi\big|_{\substack{t=0\\z=\zeta}}=F(x,y,\zeta) \tag{7.1.18}$$

其中，式（7.1.17）由自由表面上的拉格朗日积分推导得到，式（7.1.18）由前面风压力冲量扰动下速度势推导得到。

在初始速度和初始位移同时存在情况下，需要组合式（7.1.17）和式（7.1.18）以给出初始条件。

归纳上述内容，得到不考虑表面张力时求解自由表面波问题的势流模型（常称为定解条件）为

$$\begin{cases}\nabla^2\varphi=0 & (\text{在流场中}) & ①\\ \dfrac{\partial\varphi}{\partial z}=\dfrac{\partial\zeta}{\partial t}+\dfrac{\partial\varphi}{\partial x}\dfrac{\partial\zeta}{\partial x}+\dfrac{\partial\varphi}{\partial y}\dfrac{\partial\zeta}{\partial y} & (\text{在 } z=\zeta(x,y,t)\text{ 上}) & ②\\ \dfrac{\partial\varphi}{\partial t}+\dfrac{v^2}{2}+g\zeta=0 & (\text{在 } z=\zeta(x,y,t)\text{ 上}) & ③\\ \dfrac{\partial\varphi}{\partial z}=-\dfrac{\partial\varphi}{\partial x}\dfrac{\partial d}{\partial x}-\dfrac{\partial\varphi}{\partial y}\dfrac{\partial d}{\partial y} & (\text{在 } z=-d(x,y)\text{ 上}) & ④\\ \dfrac{\partial\varphi}{\partial t}=f(x,y) & (\text{在 } t=0\text{ 时刻}) & ⑤\\ \varphi=F(x,y,\zeta) & (\text{在 } t=0\text{ 时刻}) & ⑥\\ \dfrac{\partial\varphi}{\partial t}+\dfrac{p-p_0}{\rho}+\dfrac{v^2}{2}+gz=0 & (\text{在流场中}) & ⑦\end{cases} \tag{7.1.19}$$

下面具体介绍基于势流模型的自由表面运动理论。

7.2　基于势流模型的线性自由表面波理论

基于势流模型的自由表面波定解条件是完全非线性的（式（7.1.19）），对其直接求解相当困难，虽然目前在求解方法上已经获得突破，而对于大部分工程问题或者是大部分求解流域，无须直接求解式（7.1.19），可以通过求解线性化的方程组以获得满足工程实际

要求的结果,这样计算量会大大降低。下面将主要介绍如何通过“量阶比较法”,对自由表面运动进行线性化处理。

线性化处理有两种方法:一种是假设自由表面波的波幅相对于波长是小量,由此可以使自由表面边界条件线性化,获得小振幅波解;另一种是当液体深度相对于波长是小量,由此可以使问题变为可解的非线性或线性方程,求得浅水长波解。这里主要介绍前一种情况。

设波幅 A 为自由表面升高 ζ 的特征量,波长 λ 为波动水平方向的长度特征量,液体深度 D 为垂向长度特征量,波动周期 T 为时间的特征量,P 为压强的特征量。因此,速度 v_x,v_y,v_z 的特征量为 A/T,速度势的特征量为 $A\lambda/T$。这样,各物理量的无量纲形式可写为

$$\begin{cases}\zeta' = \dfrac{\zeta}{A} \\ (x',y',z') = \dfrac{(x,y,z)}{\lambda} \\ t' = \dfrac{t}{T} \\ (v'_x,v'_y,v'_z) = \dfrac{T}{A}(v_x,v_y,v_z) \\ \varphi' = \dfrac{T}{A\lambda}\varphi \\ p' = \dfrac{p}{P} \\ d' = \dfrac{d}{D}\end{cases} \tag{7.2.1}$$

将关系式(7.2.1)代入式(7.1.19)的式① ~ 式③、式⑦后,得

$$\begin{cases}\dfrac{A}{T\lambda}\nabla^2\varphi' = 0 & (\text{在流场中}) \\ \dfrac{A}{T}\dfrac{\partial\varphi'}{\partial z'} = \dfrac{A}{T}\dfrac{\partial\zeta'}{\partial t'} + \dfrac{A^2}{T\lambda}\left(\dfrac{\partial\varphi'}{\partial x'}\dfrac{\partial\zeta'}{\partial x'} + \dfrac{\partial\varphi'}{\partial y'}\dfrac{\partial\zeta'}{\partial y'}\right) & \left(\text{在 } z' = \dfrac{A}{\lambda}\zeta' \text{ 上}\right) \\ \dfrac{A\lambda}{T^2}\dfrac{\partial\varphi'}{\partial t'} + \dfrac{A^2}{T^2}\dfrac{v'^2}{2} + Ag\zeta' = 0 & \left(\text{在 } z' = \dfrac{A}{\lambda}\zeta' \text{ 上}\right) \\ \dfrac{A\lambda}{T^2}\dfrac{\partial\varphi'}{\partial t'} + \dfrac{A^2}{T^2}\dfrac{v'^2}{2} + \dfrac{P(p' - p'_0)}{\rho} + \lambda g z' = 0 & (\text{在流场中})\end{cases} \tag{7.2.2}$$

或

$$\begin{cases}\nabla^2\varphi' = 0 & (\text{在流场中}) \\ \dfrac{\partial\varphi'}{\partial z'} = \dfrac{\partial\zeta'}{\partial t'} + \dfrac{A}{\lambda}\left(\dfrac{\partial\varphi'}{\partial x'}\dfrac{\partial\zeta'}{\partial x'} + \dfrac{\partial\varphi'}{\partial y'}\dfrac{\partial\zeta'}{\partial y'}\right) & \left(\text{在 } z' = \dfrac{A}{\lambda}\zeta' \text{ 上}\right) \\ \dfrac{\partial\varphi'}{\partial t'} + \dfrac{A}{\lambda}\dfrac{v'^2}{2} + \dfrac{gT^2}{\lambda}\zeta' = 0 & \left(\text{在 } z' = \dfrac{A}{\lambda}\zeta' \text{ 上}\right) \\ \dfrac{\partial\varphi'}{\partial t'} + \dfrac{A}{\lambda}\dfrac{v'^2}{2} + \dfrac{PT^2}{A\lambda}\dfrac{(p' - p'_0)}{\rho} + \dfrac{gT^2}{A}z' = 0 & (\text{在流场中})\end{cases} \tag{7.2.3}$$

若波浪运动为微幅波动,即 $\dfrac{A}{\lambda} \ll 1$,则式(7.2.3)可以简化为

$$
\begin{cases}
\nabla^2\varphi'=0 & (在流场中)\\
\dfrac{\partial\varphi'}{\partial z'}=\dfrac{\partial\zeta'}{\partial t'} & (在 z'=0 上)\\
\dfrac{\partial\varphi'}{\partial t'}+\dfrac{gT^2}{\lambda}\zeta'=0 & (在 z'=0 上)\\
\dfrac{\partial\varphi'}{\partial t'}+\dfrac{PT^2}{A\lambda}\dfrac{(p'-p_0')}{\rho}+\dfrac{gT^2}{A}z'=0 & (在流场中)
\end{cases}
\tag{7.2.4}
$$

将式(7.2.4)恢复量纲,则微幅波运动问题线性化为

$$
\begin{cases}
\nabla^2\varphi=0 & (在流场中) & ①\\
\dfrac{\partial\varphi}{\partial z}=\dfrac{\partial\zeta}{\partial t} & (在 z=0 上) & ②\\
\dfrac{\partial\varphi}{\partial t}+g\zeta=0 & (在 z=0 上) & ③\\
\dfrac{\partial\varphi}{\partial z}=-\dfrac{\partial\varphi}{\partial x}\dfrac{\partial d}{\partial x}-\dfrac{\partial\varphi}{\partial y}\dfrac{\partial d}{\partial y} & (在 z=-d(x,y)上) & ④\\
\dfrac{\partial\varphi}{\partial t}=f(x,y) & (在 t=0 时刻) & ⑤\\
\varphi=F(x,y,\zeta) & (在 t=0 时刻) & ⑥\\
\dfrac{\partial\varphi}{\partial t}+\dfrac{p-p_0}{\rho}+gz=0 & (在流场中) & ⑦
\end{cases}
\tag{7.2.5}
$$

式(7.2.5)中的自由表面运动学和动力学条件可合并为一个表达式,统称为微幅波的自由表面条件:

$$
\left.\frac{\partial\varphi}{\partial z}\right|_{z=0}=-\frac{1}{g}\left.\frac{\partial^2\varphi}{\partial t^2}\right|_{z=0}
\tag{7.2.6}
$$

“线性”两字含义包括两部分:一是去掉微分方程中二阶小量的二次项;二是波面线性化,对 $z=\zeta$ 用平衡位置 $z=0$ 代替。

下面将介绍微幅波的求解。

7.2.1 平面驻波

假设波浪运动是无限水深的二维平面运动,波形如图 7.2.1 所示。

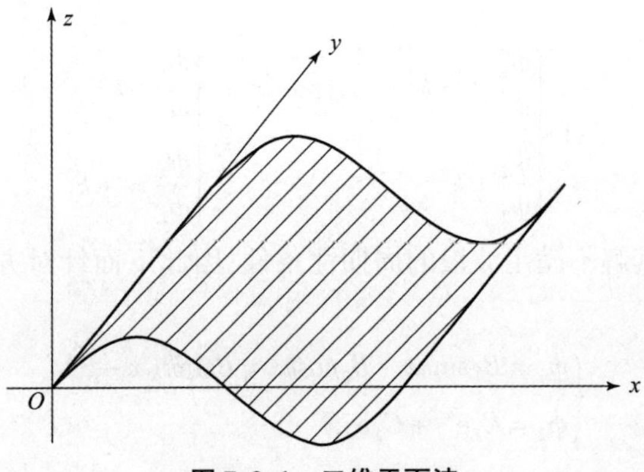

图 7.2.1 二维平面波

由于波浪运动为周期性运动，则其速度势可假定为

$$\varphi(x,y,z,t)=\cos(\omega t+\varepsilon)\cdot\phi(x,y,z) \text{ 或 } \sin(\omega t+\varepsilon)\cdot\phi(x,y,z)$$

甚至可以设

$$\varphi(x,y,z,t)=\cos(\omega t+\varepsilon)\cdot\phi_1(x,y,z)+\sin(\omega t+\varepsilon)\cdot\phi_2(x,y,z)$$

式中：ω 为圆频率；ε 为初相位；$\cos(\omega t+\varepsilon)$ 或 $\sin(\omega t+\varepsilon)$ 等组合形式表示周期性运动；ϕ 或 ϕ_1，ϕ_2 为待定函数。

ϕ 的求解也可由两种途径来说明，但此处由于涉及数理方程等概念，故采用定性加定量方法来描述。

设

$$\varphi(x,y,z,t)=\cos(\omega t+\varepsilon)\cdot\phi(x,y,z) \tag{7.2.7}$$

将式(7.2.4)代入 $\Delta\varphi=0$ 得

$$\Delta\phi=0 \tag{7.2.8}$$

这里需要说明的是，虽然 ϕ 也满足拉普拉斯方程，但它不是自由表面运动的速度势。

另外，由有限或无限水深条件得

$$\frac{\partial\phi}{\partial z}=\frac{\partial\varphi}{\partial z}=0(z=-d \text{ 或 } -\infty)$$

对于二维自由表面运动有

$$\varphi=\varphi(x,z;t)=\cos(\omega t+\varepsilon)\cdot\phi(x,z)$$

下面采用分离变量法求解 ϕ。令

$$\phi(x,z)=\phi_1(x)\phi_2(z)$$

代入式(7.2.8)得

$$\nabla^2\phi=\frac{\partial^2\phi}{\partial x^2}+\frac{\partial^2\phi}{\partial z^2}=\phi_2\frac{\partial^2\phi_1}{\partial x^2}+\phi_1\frac{\partial^2\phi_2}{\partial z^2}=0$$

$$\frac{\phi_1''}{\phi_1}=-\frac{\phi_2''}{\phi_2}$$

令

$$①\frac{\phi_1''}{\phi_1}=-k^2(k>0)\text{；}②\frac{\phi_1''}{\phi_1}=k^2(k>0)$$

则得到两组方程：

$$①\begin{cases}\dfrac{\phi_1''}{\phi_1}=-k^2\\[2ex]\dfrac{\phi_2''}{\phi_2}=k^2\end{cases}\qquad\qquad ②\begin{cases}\dfrac{\phi_1''}{\phi_1}=k^2\\[2ex]\dfrac{\phi_2''}{\phi_2}=-k^2\end{cases}$$

对于方程组②，其解不满足波浪的周期性条件，因此下面针对方程组①加以讨论，其解为

$$\begin{cases}\phi_1=B_1\sin kx+B_2\cos kx=B\sin k(x-\beta)\\ \phi_2=C_1e^{kz}+C_2e^{-kz}\end{cases}$$

其中

$$B^2 = B_1^2 + B_2^2, k\beta = \arctan\left(\frac{B_1}{B_2}\right)$$

组合后波浪运动的速度势为

$$\varphi = \phi\cos(\omega t + \varepsilon) = B(C_1 e^{kz} + C_2 e^{-kz})\sin k(x - \beta)\cos(\omega t + \varepsilon) \tag{7.2.9}$$

下面根据水底边界条件定出 C_1, C_2，最终定出速度势。

(1)无限水深情况：

由于$\left.\frac{\partial\varphi}{\partial z}\right|_{z=-\infty}=0$，因此 $C_2=0$，从而

$$\varphi = C_1 B e^{kz}\sin k(x - \beta)\cos(\omega t + \varepsilon) = a e^{kz}\sin k(x - \beta)\cos(\omega t + \varepsilon) \tag{7.2.10}$$

令 $a = \frac{Ag}{\omega}$，则得到无限水深的驻波速度势特解为

$$\varphi = \frac{Ag}{\omega} e^{kz}\sin k(x - \beta)\cos(\omega t + \varepsilon) \tag{7.2.11}$$

(2)有限水深情况：

方程式(7.2.9)两边对 z 求偏导，并由$\left.\frac{\partial\varphi}{\partial z}\right|_{z=-d}=0$ 条件得

$$C_1 k e^{-kd} - C_2 k e^{kd} = 0 \tag{7.2.12}$$

要满足式(7.2.12)，可令

$$C_1 = \frac{1}{2}Ce^{kd}, C_2 = \frac{1}{2}Ce^{-kd}$$

代入式(7.2.9)得

$$\varphi = \phi\cos(\omega t + \varepsilon) = \frac{CB}{2}[e^{k(z+d)} + e^{-k(z+d)}]\sin k(x - \beta)\cos(\omega t + \varepsilon)$$

即

$$\varphi = BC\cosh k(z + \mathrm{d})\sin k(x - \beta)\cos(\omega t + \varepsilon) = a\cosh k(z + d)\sin k(x - \beta)\cos(\omega t + \varepsilon)$$

令 $a = \frac{Ag}{\omega\cosh kd}$，则得到有限水深的驻波速度势特解为

$$\varphi = \frac{Ag}{\omega\cosh kd}\cosh k(z + d)\sin k(x - \beta)\cos(\omega t + \varepsilon) \tag{7.2.13}$$

当 $d \to -\infty$ 时，$\frac{1}{\cosh kd}\cosh k(z + d) \to e^{kz}$，式(7.2.13)简化为式(7.2.11)，即无限水深波面的速度势。

式(7.2.11)和式(7.2.13)分别代表无限水深和有限水深波浪运动的速度势特解，通解为所有可能特解的迭加，即分别为

$$\varphi = \sum_{i=1}^{n}\frac{A_i g}{\omega_i}e^{kz}\sin k_i(x - \beta_i)\cos(\omega_i t + \varepsilon_i)$$

$$\varphi = \sum_{i=1}^{n}\frac{A_i g}{\omega_i\cosh kd}\cosh k(z + d)\sin k_i(x - \beta_i)\cos(\omega_i t + \varepsilon_i)$$

可以视作由各种频率和相位的微幅驻波(基元波)的叠加。

下面讨论特解代表的波面运动，并叙述描述波面运动的基本参数。不失一般性，可以假设特解中的 $\beta = 0, \varepsilon = 0$，则无限水深和有限水深波的速度势特解分别改写为

$$\varphi = \frac{Ag}{\omega} e^{kz} \sin kx \cos \omega t \tag{7.2.14}$$

$$\varphi = \frac{Ag}{\omega \cosh kd} \cosh k(z + \mathrm{d}) \sin kx \cos \omega t \tag{7.2.15}$$

1. 自由表面的波形

将式(7.2.14)、式(7.2.15)代入式(7.2.5)的第③式中,即 $\zeta = -\frac{1}{g}\frac{\partial \varphi}{\partial t}\Big|_{z=0}$,得到同样形式表达的自由水面波形为

$$\zeta = A\sin kx \sin \omega t$$

可见波面在空间上是正弦曲线,振幅为 A,图 7.2.2 给出了平面驻波的波型图。

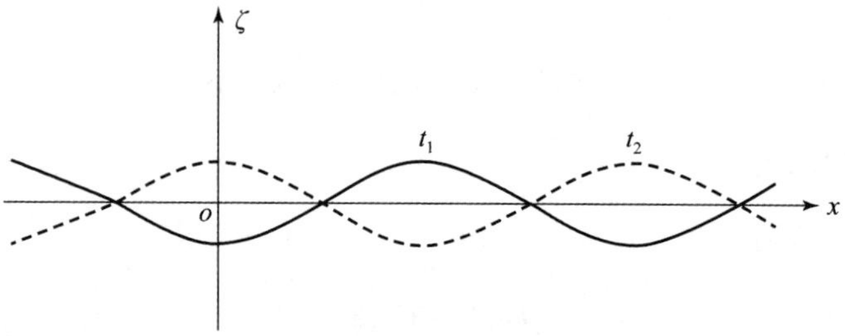

图 7.2.2　平面驻波

波面与轴的交点(波节点)为

$$x = \frac{n\pi}{k}(n = 0, \pm 1, \pm 2, \cdots, \pm k)$$

与时间无关,整个波形不向左右传播,故称此为驻波。驻波通常发生在有界或半无界的流域内,如未装满液体的液舱内的液体晃荡,很容易出现驻波。

2. 波长 λ

相邻波峰(谷)间距离称为波长。由于当 $kx = 2\pi$ 时,出现相邻峰(谷),所以得到波长表达式为

$$\lambda = \frac{2\pi}{k}$$

式中:k 的物理意义为波数,即 2π 距离内波的数目。

3. 周期 T

波面 ζ 重复一次的间隔称为周期。由于当 $\omega t = 2\pi$ 时,出现一次重复,因此周期为

$$T = \frac{2\pi}{\omega}$$

式中:ω 为波浪运动圆频率。

4. 波的色散关系

将无限水深和有限水深速度势分别代入由自由表面综合条件 $\frac{\partial \varphi}{\partial z}\Big|_{z=0} = -\frac{1}{g}\frac{\partial^2 \varphi}{\partial t^2}\Big|_{z=0}$ 得到 ω 和 k 关系。

(1)无限水深驻波:

$$\omega^2 = gk \tag{7.2.16}$$

(2) 有限水深驻波：

$$\omega^2 = gk\tanh kd \tag{7.2.17}$$

式(7.2.16)和式(7.2.17)称为水波"线性色散(频散)关系"。其表示波浪运动中圆频率、波数和水深之间不是独立的，而是存在一定的制约关系，即当水深一定时，周期越大的波，波长也越长，波速也越大(这将在进行波中进一步阐述)，这样不同波长的波在传播过程中就会逐渐分离开来。同时色散关系也表示了波浪传播与水深有关。

5. 平面驻波中流体质点速度、迹线和流线方程及压强分布

1) 无限水深驻波

(1) 质点速度：

$$\begin{cases} v_x = \dfrac{\partial \varphi}{\partial x} = A\omega \mathrm{e}^{kz}\cos kx\cos\omega t \\ v_z = \dfrac{\partial \varphi}{\partial z} = A\omega \mathrm{e}^{kz}\sin kx\cos\omega t \end{cases} \tag{7.2.18}$$

式(7.2.18)表示，在节点 $x = n\pi/k$ 处，垂向速度 $v_z = 0$，而水平速度 $v_x \neq 0$，即质点仅作水平运动。在波峰及波谷处，正好相反，$v_x = 0$，$v_z \neq 0$，即质点仅作上下垂直运动。除节点及峰谷点外，质点同时有水平及垂直方向运动。

(2) 迹线方程：

将式(7.2.18)代入迹线方程得

$$\begin{cases} \dfrac{\mathrm{d}x}{\mathrm{d}t} = v_x = A\omega \mathrm{e}^{kz}\cos kx\cos\omega t \\ \dfrac{\mathrm{d}z}{\mathrm{d}t} = v_z = A\omega \mathrm{e}^{kz}\sin kx\cos\omega t \end{cases} \tag{7.2.19}$$

对于小振幅波，质点 (x,z) 在其平衡位置 (x_0,z_0) 附近波动，则 $\begin{cases} x \approx x_0 \\ z \approx z_0 \end{cases}$，于是式(7.2.19)积分得

$$\begin{cases} x = A\mathrm{e}^{kz_0}\cos kx_0\sin\omega t + C_1 \\ z = A\mathrm{e}^{kz_0}\sin kx_0\sin\omega t + C_2 \end{cases}$$

若选择 $t = 0$ 时，$\begin{cases} x = x_0 \\ z = z_0 + Ae^{kz_0}\sin kx_0 \end{cases}$，则 $C_1 = x_0$，$C_2 = z_0$，或解释为质点在 (C_1, C_2) 附近摆动，则 $C_1 = x_0$，$C_2 = z_0$。所以迹线为

$$\begin{cases} x = A\mathrm{e}^{kz_0}\cos kx_0\sin\omega t + x_0 \\ z = A\mathrm{e}^{kz_0}\sin kx_0\sin\omega t + z_0 \end{cases} \tag{7.2.20}$$

式(7.2.20)即为拉格朗日质点法表达形式，(C_0, z_0, t) 为拉格朗日变数。式(7.2.20)消去 t 得

$$z - z_0 = (x - x_0)\tan kx_0 \tag{7.2.21}$$

即流体质点的迹线为一条直线，直线倾角为 kx_0(图 7.2.3)。在节点处，$\tan kx_0 = \tan n\pi = 0$，迹线为 $z = 0$，质点作水平运动，在峰谷点处，$\tan kx_0 = \infty$，即质点作垂直方向运动，这与速度的分析结果一致。同时质点运动的振幅 $A\mathrm{e}^{kz_0}$ 随深度增加减小，如 $z_0 = -\lambda$ 时，$\mathrm{e}^{kz_0} =$

$e^{-k\lambda}=e^{-2\pi}=1/535$，说明波动具有表面性。它只产生在自由表面附近一层的液体中，较深液体中，实际上保持很微小运动，可看作静止，这就说明了潜体在水下一定深度不受波浪影响。

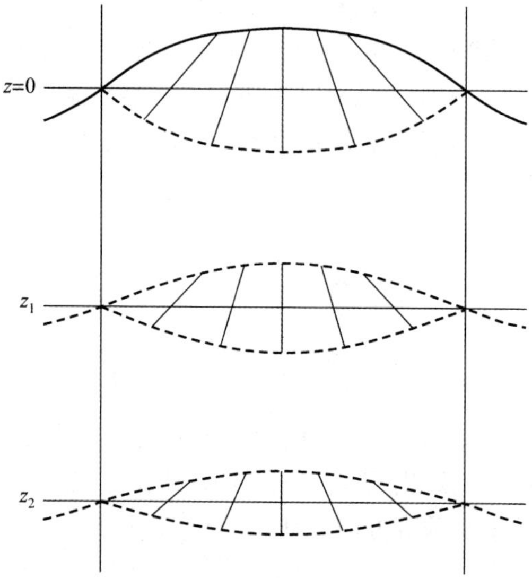

图 7.2.3　驻波迹线

（3）流线方程：

将式（7.2.18）代入流线微分方程得

$$\frac{dx}{\cos kx}=\frac{dz}{\sin kx}$$

经积分有流线方程：

$$e^{kz}\cos kx=C \tag{7.2.22}$$

由于流线方程中不含时间，故流线和迹线重合。可以证明式（7.2.18）与式（7.2.22）是一致的。这是一种特殊的例子，说明即使运动非定常，流线和迹线仍然可以重合，反之也说明了流线和迹线重合不一定是定常运动。

（4）压强分布：

将驻波的速度势代入拉格朗日积分式 $\frac{p-p_0}{\rho}=-\left(gz+\frac{\partial\varphi}{\partial t}\right)$ 可得

$$\frac{p-p_0}{\rho}=-gz+Age^{kz}\sin kx\sin\omega t \tag{7.2.23}$$

而 $z=z_0+Ae^{kz_0}\sin kx_0\sin\omega t$，代入式（7.2.23）得

$$\frac{p-p_0}{\rho}=-gz_0-(Age^{kz_0}-Age^{kz_0})\sin kx_0\sin\omega t$$

所以得到流场的压强分布为

$$\frac{p-p_0}{\rho}=-gz_0 \text{ 或 } p=p_0-\rho gz_0$$

可见，①液体质点在作波浪运动过程中和静止时比较，位置不同，但压力保持不变；②旋转中心在同一水平面上的液体质点（z_0 相同）具有相同压力，即这些质点所组成的曲面为等

压面,这些等压面称为“次波面”,次波面波形为

$$\zeta = -\frac{1}{g}\frac{\partial \varphi}{\partial t}\bigg|_{z=z_0}$$

2)有限水深驻波

以下各项可以仿照无限水深情况一一求出,具体过程不再详述,读者可自行推导。

(1)质点速度:

$$\begin{cases} v_x = \dfrac{\partial \varphi}{\partial x} = A\omega \dfrac{\cosh k(z+d)}{\sinh kd}\cos kx\cos\omega t \\ v_z = \dfrac{\partial \varphi}{\partial z} = A\omega \dfrac{\sinh k(z+d)}{\sinh kd}\sin kx\cos\omega t \end{cases}$$

(2)迹线方程:

$$\begin{cases} x = A\dfrac{\cosh k(z_0+d)}{\sinh kd}\cos kx_0\sin\omega t + x_0 \\ z = A\dfrac{\sinh k(z_0+d)}{\sinh kd}\sin kx_0\cos\omega t + z_0 \end{cases} \tag{7.2.24}$$

消去 t 得

$$z - z_0 = (x - x_0)\tanh k(z_0+d)\tan kx_0$$

(3)流线方程:

$$e^{kz}\tanh k(z_0+d)\cos kx = C$$

(4)压强分布:

$$\frac{p-p_0}{\rho} = -gz + Ag\frac{\cosh k(z+d)}{\cosh kd}\sin kx\sin\omega t \tag{7.2.25}$$

若式(7.2.25)右边第二项中的(x,z)用(x_0,z_0)替代,则由式(7.2.24)得

$$\frac{p-p_0}{\rho} = -gz_0 \text{ 或 } p = p_0 - \rho g z_0$$

上述各项结果汇总在表7.2.1中,以备读者查阅。

表7.2.1　驻波速度势、色散关系、波形、质点速度、压强分布、迹线和流线等

波浪参数	无限水深	有限水深
速度势	$\varphi = \frac{Ag}{\omega}e^{kz}\sin kx\cos\omega t$	$\varphi = \frac{Ag}{\omega\cosh kd}\cosh k(z+d)\sin kx\cos\omega t$
波数与波频关系	$\omega^2 = gk$	$\omega^2 = gk\tanh kd$
波长与周期关系	$\lambda = \frac{g}{2\pi}T^2$	$\lambda = \frac{g}{2\pi}T^2\tanh\frac{2\pi}{\lambda}d$
波形	$\zeta = A\sin kx\sin\omega t$	$\zeta = A\sin kx\sin\omega t$
质点水平速度	$v_x = A\omega e^{kz}\cos kx\cos\omega t$	$v_x = A\omega\frac{\cosh k(z+d)}{\sinh kd}\cos kx\cos\omega t$
质点垂向速度	$v_z = A\omega e^{kz}\sin kx\cos\omega t$	$v_z = A\omega\frac{\sinh k(z+d)}{\sinh kd}\sin kx\cos\omega t$

续表

波浪参数	无限水深	有限水深
压强分布	$p = p_0 - \rho g z_0$	$p = p_0 - \rho g z_0$
迹线方程	$z - z_0 = (x - x_0)\tan kx_0$	$z - z_0 = (x - x_0)\tanh k(z_0 + d)\tan kx_0$
流线方程	$e^{kz}\cos kx = C$	$e^{kz}\tanh k(z_0 + d)\cos kx = C$

7.2.2 平面进行波

平面进行波线性化后的定解条件为式(7.2.5)，为了扩展求解方法，下面将采用一种不同于驻波的形式来求得其解。

令

$$\varphi = \varphi(x,y,z;t) = \mathrm{Re}[\phi(x,y,z)e^{-i(\omega t+\varepsilon)}] \tag{7.2.26}$$

式中：ϕ 为复数，其满足如下条件

$$\begin{aligned} &\nabla^2\varphi = 0 \to \nabla^2\phi = 0 && (\text{流域内}) \\ &\frac{\partial\varphi}{\partial z} = -\frac{1}{g}\frac{\partial^2\varphi}{\partial t} \to \frac{\partial\phi}{\partial z} = \frac{\omega^2}{g}\phi && (z=0) \\ &\frac{\partial\varphi}{\partial z} = 0 \to \frac{\partial\phi}{\partial z} = 0 && (z = -d \text{ 或 } -\infty) \end{aligned} \tag{7.2.27}$$

对于平面波，式(7.2.26)改写为

$$\varphi = \varphi(x,z;t) = \mathrm{Re}[\phi(x,z)e^{-i(\omega t+\varepsilon)}]$$

设

$$\phi = \phi_1(x)\phi_2(z)$$

代入式(7.2.27)得

$$\nabla^2\phi = \phi_2\frac{\partial^2\phi_1}{\partial x^2} + \phi_1\frac{\partial^2\phi_2}{\partial z^2} = 0$$

与7.2.1小节推导方法一样得到两组方程组，其中方程组②不符合波浪运动的周期性条件，因此无需对其进一步求解，只讨论方程组①，其解为

$$\phi_1 = c_1e^{-ikx} + c_2e^{ikx},\ \phi_2 = c_3e^{-kz} + c_4e^{kz}$$

上面有四种组合，均满足$\nabla^2\phi$，且符合进行波条件。下面根据边界条件选出合理组合。

(1)无限水深情况：

由于$\left.\frac{\partial\phi}{\partial z}\right|_{z=-\infty} = 0$，因此 e^{-kz}不符合，故

$$\phi = A_1e^{kz}e^{-ikx} \text{ 或 } A_2e^{kz}e^{ikx}$$

从而波浪速度势为

$$\varphi = \mathrm{Re}[A_1e^{kz-ikx}e^{i\omega t}] \text{ 或 } \mathrm{Re}[A_2e^{kz+ikx}\cdot e^{-i\omega t}]$$

合写为

$$\varphi = \mathrm{Re}[ae^{kz}e^{-i(\omega t\mp kx)}] = ae^{kz}\cos(\omega t \mp kx + \varepsilon) \tag{7.2.28}$$

令 $a=\frac{Ag}{\omega}$,则式(7.2.28)改写为

$$\varphi=\frac{Ag}{\omega}e^{kz}\cos(\omega t\mp kx+\varepsilon) \tag{7.2.29}$$

(2)有限水深情况：

将 e^{-kz}, e^{kz} 用 $\cosh k(z+d)$, $\sinh k(z+d)$ 来替代,则形成四种解,由 $\left.\frac{\partial\varphi}{\partial z}\right|_{z=-d}=0$ 的条件,只能取 $\cosh k(z+d)$。因此

$$\phi=B_1e^{ikx}\cosh k(z+d)\text{ 或 }\phi=B_2e^{-ikx}\mathrm{ch}k(z+d)$$

得到波浪速度势为

$$\varphi=\mathrm{Re}[\varphi^{-i\omega t}]=a\cosh k(z+d)\cos(\omega t\mp kx+\varepsilon)$$

令 $a=\frac{Ag}{\omega\cosh kd}$,则得到有限水深的进行波速度势特解为

$$\varphi=\frac{Ag}{\omega\cosh kd}\cosh k(z+d)\cos(\omega t\mp kx+\varepsilon) \tag{7.2.30}$$

将式(7.2.29)或式(7.2.30)展开可以看到,进行波速度势由两个驻波叠加而得到。设定不同的 ε 值会得到不同形式的速度势表达式(请读者在阅读其他教材时注意这细节),但不会影响流场的其它物理量的求得。不失一般性,下面讨论时设 $\varepsilon=0$。

类似驻波情况,下面对进行波的有关运动特征以及参数加以讨论。

1. 自由表面的波形

无限水深与有限水深一样,有

$$\zeta=-\frac{1}{g}\left.\frac{\partial\varphi}{\partial t}\right|_{z=0}=A\sin(\omega t\mp kx) \tag{7.2.31}$$

由式(7.2.31)可知,进行波为正弦波(或余弦波),振幅为 A。图 7.2.4 给出了平面波型图。

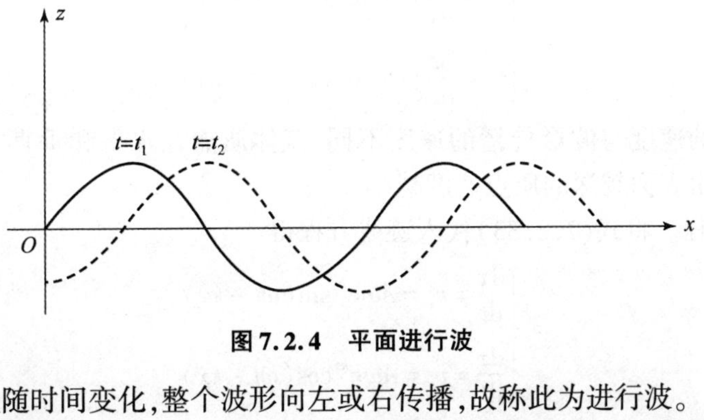

图 7.2.4　平面进行波

显然波节点位置随时间变化,整个波形向左或右传播,故称此为进行波。

2. 波形传播速度 c

根据物理学概念,$kx\mp\omega t=\mathrm{const}$ 为等相面,相位速度就是波形传播速度：

$$c=\frac{\mathrm{d}x}{\mathrm{d}t}=\frac{\pm\omega}{k} \tag{7.2.32}$$

由此可见,$\zeta=A\sin(\omega t-kx)$ 为右行波,$\zeta=A\sin(\omega t+kx)$ 为左行波。下面将只讨论右行波,

所得结论同样可用于左行波，只是波的传播方向相反而已。另外从式(7.2.32)看出，波速随波数，即波长变化，这是色散波的一个重要现象。后面在讨论浅水波的时候将会看到，一些波动是色散的，另一些却是非色散的。

3. 波长、周期

波长和周期的定义及表达式同驻波，即

$$\begin{cases}\lambda = \dfrac{2\pi}{k}\\[2ex] T = \dfrac{2\pi}{\omega}\end{cases}$$

4. 波的色散关系

色散关系同驻波一样，有

$$\omega^2 = gk \quad（无限水深）$$

$$\omega^2 = gk\tanh kd \quad（有限水深）$$

从而波速与波数(波长)的关系为

$$\begin{cases}c_\infty = \dfrac{\omega}{k} = \sqrt{\dfrac{g}{k}} = \sqrt{\dfrac{g\lambda}{2\pi}} \approx 1.25\sqrt{\lambda} \quad（无限水深）\\[2ex] c = \dfrac{\omega}{k} = \sqrt{\dfrac{g}{k}\tanh kd} = \sqrt{\dfrac{g\lambda}{2\pi}\tanh\dfrac{2\pi d}{\lambda}} \quad（有限水深）\end{cases}$$

可见，进行波的波速与波长开平方成正比，波长越长，波行进越快。

5. 平面进行波中流体质点速度、迹线和流线方程及压强分布

1)无限水深进行波

$$\varphi = \frac{Ag}{\omega}e^{kz}\cos(\omega t - kx)$$

(1)质点速度：

$$\begin{cases}v_x = \dfrac{\partial\varphi}{\partial x} = A\omega e^{kz}\sin(\omega t - kx)\\[2ex] v_z = \dfrac{\partial\varphi}{\partial z} = A\omega e^{kz}\cos(\omega t - kx)\end{cases} \tag{7.2.33}$$

可见，流体质点的速度与波形传播的速度不同，流体质点在水平和垂直方向均作简谐运动，且随离开自由表面越深的质点速度越小。

(2)迹线方程。将式(7.2.33)代入迹线方程得

$$\begin{cases}\dfrac{dx}{dt} = v_x = A\omega e^{kz}\sin(\omega t - kx)\\[2ex] \dfrac{dz}{dt} = v_z = A\omega e^{kz}\cos(\omega t - kx)\end{cases}$$

采用驻波求解方法得到迹线方程：

$$\begin{cases}x = -Ae^{kz_0}\cos(\omega t - kx_0) + x_0\\ z = +Ae^{kz_0}\sin(\omega t - kx_0) + z_0\end{cases}$$

消去 t 得

$$(x - x_0)^2 + (z - z_0)^2 = (Ae^{kz_0})^2$$

即流体质点的迹线为圆周，圆心为(x_0,z_0)，半径为Ae^{kz_0}。在自由表面上圆的半径最大，等于波幅；越往下半径越小。当$z_0=-\lambda/2$时，$e^{kz_0}=e^{-k\lambda/2}=e^{-\pi}=1/23$，这与驻波情况是一样的，波动具有表面性。

(3)质点运动和波形传播间关系。流体质点绕(x_0,z_0)作圆周运动，速度为$A\omega e^{kz_0}$。波形传播仅是形状移动，而不是液体质点的移动，正如现实生活中赛场看台上掀起的人浪，每个人好比流体质点，只在原地上下或左右移动，形成的人浪好比是波形。质点运动和波形之间的关系如图 7.2.5 所示。

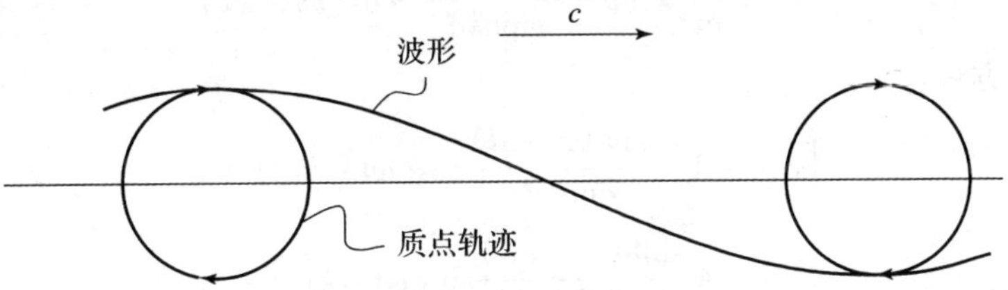

图 7.2.5　进行波迹线与波形

根据波速和流体质点速度表达式可得

$$c:v=\lambda:2\pi A$$

由于λ远大于A，因此波形传播速度远远大于流体质点速度。

(4)流线方程。将式(7.2.33)代入流线微分方程可得

$$\frac{dx}{\sin(\omega t-kx)}=\frac{dz}{\cos(\omega t-kx)}$$

经积分有流线方程：

$$e^{kz}\cos(\omega t-kx)=C(t)$$

可见流线和迹线不重合，流线如图 7.2.6 所示。

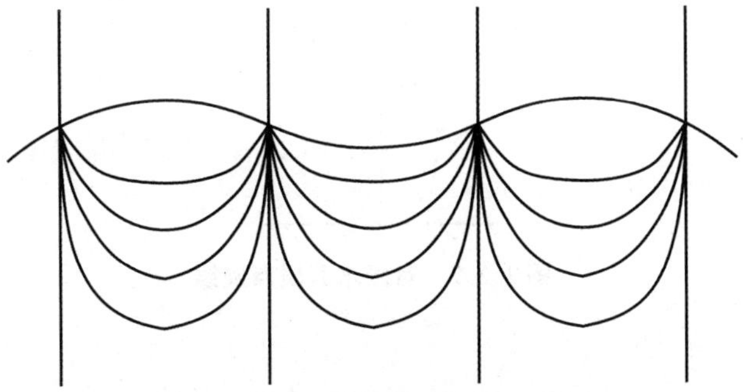

图 7.2.6　进行波流线

(5)压强分布。将进行波的速度势代入拉格朗日积分式$\frac{p-p_0}{\rho}=-\left(gz+\frac{\partial\varphi}{\partial t}\right)$可得

$$\frac{p-p_0}{\rho}=-gz+Age^{kz}\sin(\omega t-kx)$$

与驻波一样，可以用质点平衡点处的(x_0,z_0)代替质点位置(x,z)，近似得到流场的压强分布为

$$\frac{p-p_0}{\rho}=-gz_0\text{，或 } p=p_0-\rho gz_0$$

2）有限水深进行波

以下各项可以仿照无限水深情况一一求出，具体过程不再详述，读者可自行推导。

（1）质点速度：

$$\begin{cases}v_x=\dfrac{\partial\varphi}{\partial x}=A\omega\dfrac{\cosh k(z+d)}{\sinh kd}\sin(\omega t-kx)\\ v_z=\dfrac{\partial\varphi}{\partial z}=A\omega\dfrac{\sinh k(z+d)}{\sinh kd}\cos(\omega t-kx)\end{cases}\tag{7.2.34}$$

（2）迹线方程：

$$\begin{cases}x=-A\dfrac{\cosh k(z_0+d)}{\sinh kd}\cos(\omega t-kx_o)+x_0\\ z=+A\dfrac{\sinh k(z_0+d)}{\sinh kd}\sin(\omega t-kx_o)+z_0\end{cases}$$

消去 t 得

$$\frac{(x-x_0)^2}{\left[A\dfrac{\cosh k(z_0+d)}{\sinh kd}\right]^2}+\frac{(z-z_0)^2}{\left[A\dfrac{\sinh k(z_0+d)}{\sinh kd}\right]^2}=1$$

可见，有限水深波浪运动流体质点运动轨迹为一椭圆，椭圆中心为质点平衡位置(x_0,z_0)，其长短半轴随着水深增加而减小，到达底部时退化为一直线（图 7.2.7）。

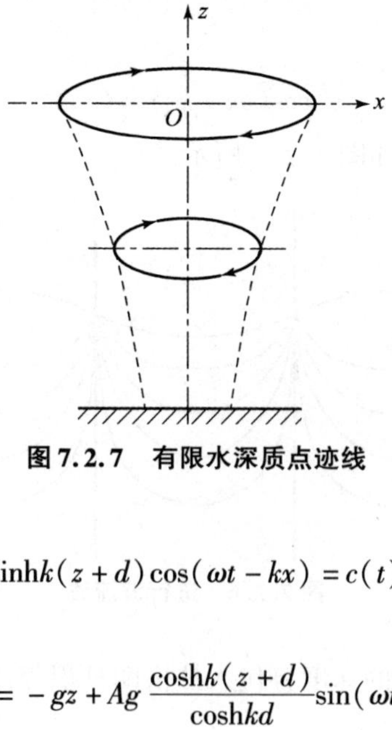

图 7.2.7　有限水深质点迹线

（3）流线方程：

$$\sinh k(z+d)\cos(\omega t-kx)=c(t)$$

（4）压强分布：

$$\frac{p-p_0}{\rho}=-gz+Ag\frac{\cosh k(z+d)}{\cosh kd}\sin(\omega t-kx)$$

近似为

$$\frac{p-p_0}{\rho}=-gz_0\text{ 或 } p=p_0-\rho gz_0$$

上述各项结果汇总在表 7.2.2 中。

表 7.2.2　进行波的速度势、色散关系、波形、质点速度、压强分布、迹线和流线等

波浪参数	无限水深	有限水深
速度势	$\varphi = \dfrac{Ag}{\omega}e^{kz}\cos(\omega t - kx)$	$\varphi = \dfrac{Ag}{\omega\cosh kd}\cosh k(z+d)\cos(\omega t - kx)$
波数与波频关系	$\omega^2 = gk$	$\omega^2 = gk\tanh kd$
波长与周期关系	$\lambda = \dfrac{g}{2\pi}T^2$	$\lambda = \dfrac{g}{2\pi}T^2\tanh kd$
波形	$\zeta = A\sin(\omega t - kx)$	$\zeta = A\sin(\omega t - kx)$
波速	$c_\infty = \dfrac{\omega}{k} = \sqrt{\dfrac{g}{k}} = \sqrt{\dfrac{g\lambda}{2\pi}} \approx 1.25\sqrt{\lambda}$	$c = \dfrac{\omega}{k} = \sqrt{\dfrac{g}{k}\tanh kd} = \sqrt{\dfrac{g\lambda}{2\pi}\tanh\dfrac{2\pi d}{\lambda}}$
质点水平速度	$v_x = \dfrac{\partial\varphi}{\partial x} = A\omega e^{kz}\sin(\omega t - kx)$	$v_x = \dfrac{\partial\varphi}{\partial x} = A\omega\dfrac{\cosh k(z+d)}{\sinh kd}\sin(\omega t - kx)$
质点垂向速度	$v_z = \dfrac{\partial\varphi}{\partial z} = A\omega e^{kz}\cos(\omega t - kx)$	$v_z = \dfrac{\partial\varphi}{\partial z} = A\omega\dfrac{\sinh k(z+d)}{\sinh kd}\cos(\omega t - kx)$
压强分布	$p = p_0 - \rho g z_0$	$p = p_0 - \rho g z_0$
迹线方程	$(x-x_0)^2 + (z-z_0)^2 = (Ae^{kz_0})^2$	$\dfrac{(x-x_0)^2}{\left[A\dfrac{\cosh k(z_0+d)}{\sinh kd}\right]^2} + \dfrac{(z-z_0)^2}{\left[A\dfrac{\sinh k(z_0+d)}{\sinh kd}\right]^2} = 1$
流线方程	$e^{kz}\cos(\omega t - kx) = C(t)$	$\sinh k(z+d)\cos(\omega t - kx) = C(t)$

7.2.3　浅水波

从式(7.2.15)和式(7.2.30)看出，当水深 $d\to\infty$ 时，由于 $\tanh d\to 1$，它们分别变为无限水深时的表达式(7.2.14)和式(7.2.30)；而当水深很浅，即 $d\to 0$ 时，$\sinh d\to d$，$\cosh d\to 1$，$\tanh d\to d$，则可从有限水深进行波的色散关系式 $\omega^2 = gk\tanh kd$ 得到浅水波圆频率与波数之间关系为

$$\omega^2 = gk\tanh kd = k^2 gd$$

由此得到浅水波波速表达式：

$$c_s = \frac{\omega}{k} = \sqrt{gd}$$

可见浅水波波速与波频(波长)无关，只与水深有关，因此它不再属于色散波。浅水波又称为“长波”，海洋中的潮汐波与河道中的水跃均属于长波。

同样，根据双曲函数的渐近关系，由式(7.2.30)推得浅水波的速度势为

$$\varphi = \frac{A}{k}\sqrt{\frac{g}{d}}\cos(\omega t - kx)$$

自由表面波形依然为

$$\zeta = A\sin(\omega t - kx)$$

由速度表达式(7.2.34)得到浅水波的速度近似表达式为

$$\begin{cases} v_x = A\sqrt{\dfrac{g}{d}}\sin(\omega t - kx) \\ v_z = A\omega\left(1 + \dfrac{z}{d}\right)\cos(\omega t - kx) \end{cases}$$

质点运动轨迹为

$$\begin{cases} x = -\dfrac{A}{kd}\cos(\omega t - kx_0) \\ z = A\left(1 + \dfrac{z_0}{d}\right)\sin(\omega t - kx_0) \end{cases}$$

图7.2.8 给出了无限水深、有限水深和浅水波的波速与波长之间的关系,图中 c_∞、c 和 c_s 分别表示上述三种进行波的波速,对应的波长也采用相应的下标表示。由前面结果可得

$$\begin{cases} \dfrac{c}{c_\infty} = \sqrt{\dfrac{\lambda}{\lambda_\infty}\tanh\dfrac{2\pi d}{\lambda}} \\ \dfrac{c}{c_s} = \sqrt{\dfrac{\lambda}{2\pi d}\tanh\dfrac{2\pi d}{\lambda}} \end{cases}$$

可见当波长相同,即 $\lambda_\infty = \lambda$ 时,因为 $\tanh\dfrac{2\pi d}{\lambda} \leqslant 1$,所以无限水深的波速较有限水深的大;因为 $\tanh\dfrac{2\pi d}{\lambda}$ 单调增加,所以随着水深 d 的增加,有限水深的波速 c 增加,并迅速接近于 c_∞。例如:当水深达到波长的一半,即 $\dfrac{d}{\lambda} = \dfrac{1}{2}$ 时,$\tanh\dfrac{2\pi d}{\lambda} = 0.996$,$\dfrac{c}{c_\infty} = 0.998$,说明只要水深大于半个波长,就可以把此波当作无限水深处理。此外,当 $c_\infty = c$ 时,$\dfrac{\lambda}{\lambda_\infty} > 1$,说明无限水深波的波长较有限水深的短,即随着水深 d 的增加,波长减小。对于浅水波(长波)和有限水深波,当水深 d 一定时,$\dfrac{c}{c_\infty}$ 随着波长的减小而减小,说明长波的传播速度快,而短波的慢。

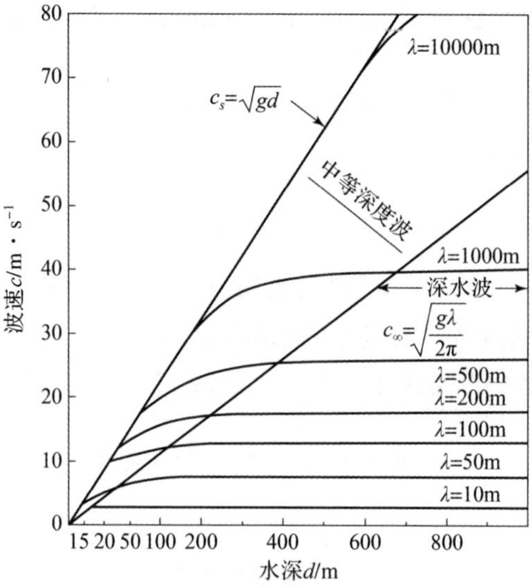

图 7.2.8　波速与波长之间的关系

在工程实际中,通常将深水波、有限水深波和浅水波(长波)按表 7.2.3 所列方式进行划分。

表 7.2.3　深水波、有限水深波和浅水波(长波)划分

波形	水深与波长比	波速	波群速度(波能传播速度)
浅水波(长波)	$\frac{d}{\lambda}<\frac{1}{20}$	$c_s \approx \sqrt{gd}$	$c_g = c = \sqrt{gd}$
有限水深波	$\frac{1}{20}<\frac{d}{\lambda}<\frac{1}{2}$	$c=\frac{\omega}{k}=\sqrt{\frac{g}{k}\tanh kd}=\sqrt{\frac{g\lambda}{2\pi}\tanh\frac{2\pi d}{\lambda}}$	$c_g=\frac{c}{2}\left(1+\frac{2kd}{\sinh 2kd}\right)$
深水波	$\frac{d}{\lambda}>\frac{1}{2}$	$c_\infty=\frac{\omega}{k}=\sqrt{\frac{g}{k}}=\sqrt{\frac{g\lambda}{2\pi}}\approx 1.25\sqrt{\lambda}$	$c_g=\frac{c}{2}=\frac{1}{2}\sqrt{\frac{g}{k}}$

图 7.2.9 给出了不同波长时波速随水深的变化。

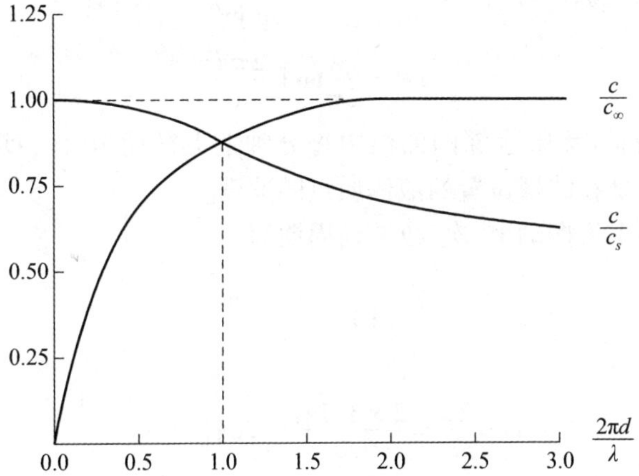

图 7.2.9　不同波长时波速随水深的变化

例题 7.1:证明 $W(\zeta)=A\cos\frac{2\pi}{\lambda}(\zeta+\mathrm{i}d-\Omega t)$ 为水深 H 的进行波的复势,其中 $\zeta=x+\mathrm{i}y$ 为复变函数,y 轴垂直向上,原点在静水面,并进一步证明如下关系式成立:

$$\Omega^2=\frac{g\lambda}{2\pi}\tanh\frac{2\pi d}{\lambda}$$

证明:

(1)利用

$$\begin{cases}\cosh x=\dfrac{\mathrm{e}^x+\mathrm{e}^{-x}}{2},\sinh x=\dfrac{\mathrm{e}^x-\mathrm{e}^{-x}}{2}\\ \sin x=\dfrac{\mathrm{e}^{\mathrm{i}x}-\mathrm{e}^{-\mathrm{i}x}}{2\mathrm{i}},\cos x=\dfrac{\mathrm{e}^{\mathrm{i}x}+\mathrm{e}^{-\mathrm{i}x}}{2}\\ \sin\mathrm{i}x=\mathrm{i}\sinh x,\cos\mathrm{i}x=\cosh x\end{cases}$$

得

$$W(\zeta)=A\cos\frac{2\pi}{\lambda}[(x-\Omega t)+\mathrm{i}(y+d)]$$

$$=A\cos\frac{2\pi}{\lambda}(x-\Omega t)\cos\frac{\mathrm{i}2\pi}{\lambda}(y+d)-A\sin\frac{2\pi}{\lambda}(x-\Omega t)\sin\mathrm{i}\frac{2\pi}{\lambda}(y+d)$$

$$=A\cos\frac{2\pi}{\lambda}(x-\Omega t)\cosh\frac{2\pi}{\lambda}(y+d)-\mathrm{i}A\sin\frac{2\pi}{\lambda}(x-\Omega t)\sinh\frac{2\pi}{\lambda}(y+d)$$

根据复势的定义，得到速度势为

$$\varphi=A\cos\frac{2\pi}{\lambda}(x-\Omega t)\operatorname{ch}\frac{2\pi}{\lambda}(y+d)=A\cos[k(x-\Omega t)]\operatorname{ch}k(y+d)$$

$$\left.\frac{\partial\varphi}{\partial y}\right|_{y=-d}=kA\cos k(x-\Omega t)\sinh k(y+d)\big|_{y=-d}=0$$

说明速度势满足底部条件。波形方程为

$$\eta=-\left.\frac{1}{g}\frac{\partial\varphi}{\partial t}\right|_{y=0}=-\frac{1}{g}Ak\Omega\sin k(x-\Omega t)\cosh k(y+d)=-\frac{2\pi}{g}A\Omega\cosh kd\sin k(x-\Omega t)$$

说明复势代表的是一进行波。

(2)将速度势代入波面综合条件$\left.\frac{\partial\varphi}{\partial y}\right|_{y=0}=-\left.\frac{1}{g}\frac{\partial^2\varphi}{\partial t^2}\right|_{y=0}$得到：

$$\Omega^2=\frac{g\lambda}{2\pi}\tanh\frac{2\pi d}{\lambda}$$

例题7.2：一浮标在无限水深的涌浪中每分钟上下摆动10次，摆幅为2 m。试求波长、波形传播速度及处在波峰位置的液体质点的速度。

解：已知每分钟上下摆动10次，故波动周期为

$$T=\frac{1}{10}(\min)=6\mathrm{s}$$

因此圆频率为

$$\omega=\frac{2\pi}{T}=\frac{2\times3.14}{6.0}=1.047(1/\mathrm{s})$$

由无限水深波浪运动色散关系得

$$k=\frac{\omega^2}{g}=\frac{1.047^2}{9.81}=0.112(1/\mathrm{m})$$

根据波长和波数之间关系求得波长为

$$\lambda=\frac{2\pi}{k}=\frac{2\times3.14}{0.112}=56(\mathrm{m})$$

由波速计算公式得到波浪传播速度为

$$c=\frac{\omega}{k}=\frac{1.047}{0.112}=9.35(\mathrm{m/s})$$

在波峰位置质点的平衡位置为$z=0$，其最大速度为

$$v=\sqrt{v_x^2+v_z^2}=\mathrm{A}\omega=2.0\times1.047=2.094(\mathrm{m/s})$$

例题7.3：已知无限水深微幅波的波幅为0.3m，周期为2s，试求波面的最大波倾角及波幅减小一半的水深。

解：由周期可以求得波动圆频率为

$$\omega=\frac{2\pi}{T}=\frac{2\times3.14}{2.0}=3.142(1/\mathrm{s})$$

由无限水深波浪运动色散关系得

$$k=\frac{\omega^2}{g}=\frac{3.142^2}{9.81}=1.01(1/\mathrm{m})$$

所以波面方程为

$$\zeta=A\sin(\omega t-kx)=0.3\sin(3.14t-1.01x)$$

波面倾角为

$$\tan\alpha=\frac{\partial\zeta}{\partial x}=-0.3\times1.01\cos(3.14t-1.01x)$$

最大波倾角为

$$\alpha_{\max}=\arctan(0.3\times1.01)=16.86°$$

对于深水波,水质点的运动轨迹为圆,其运动半径 Ae^{kz_0} 就是所在位置波动波幅。设水深为 z,则当波幅减为一半时,有如下关系:

$$0.5A=Ae^{kz},即\ e^{kz}=0.5$$

将波数代入上式求得

$$z=\frac{\ln0.5}{1.01}=-0.686(\mathrm{m})$$

7.2.4　波群与群速度

前面讨论的只是单个频率的波。现在讨论由不同频率,即不同波长的波叠加在一起时的情况。由两个及以上不同频率合成的波称为“波群”。

为简单起见,本小节只讨论由两列波幅相同、频率不同的进行波叠加而成的波群运动。设这两列的波形分别为

$$\zeta_1=A\sin(\omega_1t-k_1x)$$
$$\zeta_2=A\sin(\omega_2t-k_2x)$$

两波叠加后的波面为

$$\zeta=A\sin(\omega_1t-k_1x)+A\sin(\omega_2t-k_2x)=2A\sin\left(\frac{\omega_1+\omega_2}{2}t-\frac{k_1+k_2}{2}x\right)\cos\left(\frac{\omega_2-\omega_1}{2}t-\frac{k_2-k_1}{2}x\right)\tag{7.2.35}$$

记 $\omega=\frac{\omega_1+\omega_2}{2},k=\frac{k_1+k_2}{2},\delta k=k_2-k_1,\delta\omega=\omega_2-\omega_1$,则式(7.2.35)可改写为

$$\zeta=A\sin(\omega_1t-k_1x)+A\sin(\omega_2t-k_2x)=2A\sin(\omega t-kx)\cos\left(\frac{\delta\omega}{2}t-\frac{\delta k}{2}x\right)=\zeta'\sin(\omega t-kx)\tag{7.2.36}$$

式(7.2.36)表明,合成后的波仍是正弦波,其波数和圆频率为原来两个波的平均值,但是波幅随位置和时间变化,如图7.2.10所示。

由图7.2.10可见,合成波分列于波形包络线内形成独立的波浪组,这一组波称为波群,此群落的长度为

$$\frac{\pi}{\frac{1}{2}\delta k}=\frac{2\pi}{\delta k}$$

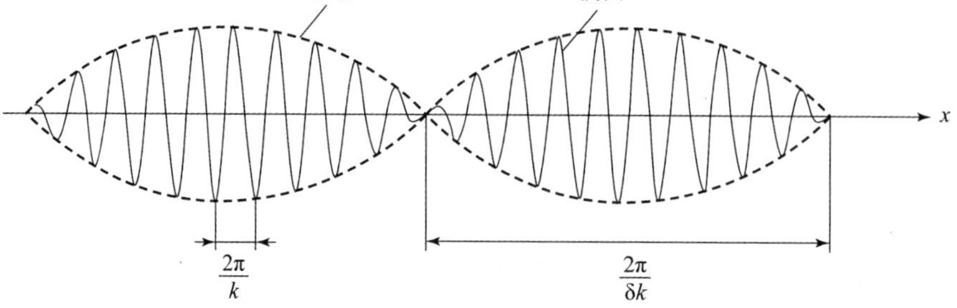

图 7.2.10　波群

则波群(包络波形)的波长为

$$\lambda_g = \frac{4\pi}{\delta k}$$

波群的传播速度为

$$c_g = \frac{\delta\omega}{\delta k} \approx \frac{\mathrm{d}\omega}{\mathrm{d}k} = c + k\frac{\mathrm{d}c}{\mathrm{d}k} = c - \lambda\frac{\mathrm{d}c}{\mathrm{d}\lambda}$$

对于等深有限水深进行波,$\omega^2 = gk\mathrm{th}kd$,故

$$c_g = \frac{c}{2}\left(1 + \frac{2kd}{\sinh 2kd}\right)$$

对于无限水深进行波,$\omega^2 = kg$,则

$$c_g = \frac{c}{2} = \frac{1}{2}\sqrt{\frac{g}{k}}$$

而浅水波:

$$c_g = c = \sqrt{gd}$$

称 $c_g < c$—正常色散,$c_g > c$—反常色散,$c_g = c$—无色散。

例题 7.4:考虑在船模水池一端的造波机生成圆频率为的线性规则波。在以下计算中可以假定波的周期为 2s,波幅为 0.25m,水池长 100m,并假设水深无限。

(1)估算波浪由造波机行进到水池另一端需要多长时间?

(2)设水面上有一个漂浮的软木塞且对波长无扰动,估算软木塞由造波机移动至水池另一端需要多长时间?

(3)水池中最大流体速度为多少?

解:(1)波浪由造波机行进到另一端,以波群速度 c_g 传递,而

$$c_g = \frac{c}{2} = \frac{1}{2}\sqrt{\frac{g}{k}}$$

因此波浪由造波机行进到水池另一端需要的时间为

$$t = \frac{L}{c_g} = \frac{L}{\frac{1}{2}\frac{g}{\omega}} = \frac{2\omega L}{g} = \frac{4\pi L}{Tg} = \frac{4\pi \times 100}{2 \times 9.81} = 64.05(\mathrm{s})$$

(2)软木塞行进速度即波形传播速度:

$$c = \frac{\omega}{k} = \frac{\omega^2}{k\omega} = \frac{g}{\omega} = 2C_g$$

所以软木塞由造波机移动至水池另一端需要的时间

$$t=\frac{L}{c}=32.02(\mathrm{s})$$

(3)水池中流体质点速度：

$$v_x=\omega A\mathrm{e}^{kz}\sin(\omega t-kx),v_z=\omega A\mathrm{e}^{kz}\cos(\omega t-kx)$$

所以质点最大速度为 $v=\sqrt{v_x^2+v_y^2}=\omega Ae^{kz}$

表面上质点最大速度为

$$v_{\max}=\omega A=\frac{2\pi}{2}\times0.25=0.78(\mathrm{m/s})$$

7.2.5　波能的转移及兴波阻力

水体质点运动具有动能,质点上下起伏也引起势能的变化。波能包括动能和势能。

1. 波浪能量

考虑单位宽度、一个波长范围内有限水深波浪的能量,计算流域如图 7.2.11 所示。

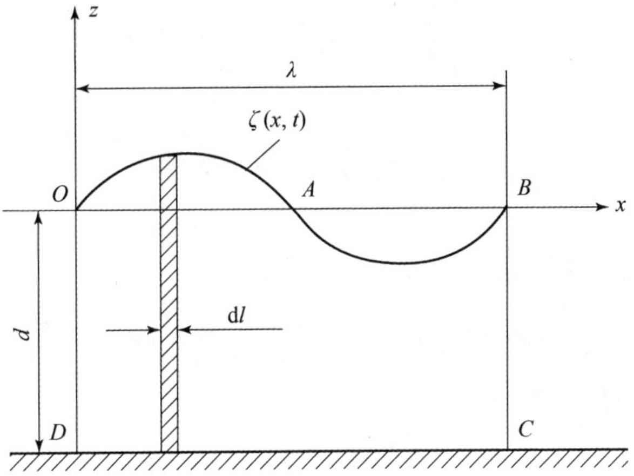

图 7.2.11　波浪能量计算

1)波浪动能

$$T=\iiint_V\frac{1}{2}\rho v^2\mathrm{d}V=\frac{\rho}{2}\iiint_V\nabla\varphi\cdot\nabla\varphi\mathrm{d}V=\frac{1}{2}\rho\oiint_S\varphi\frac{\partial\varphi}{\partial n}\mathrm{d}A \tag{7.2.37}$$

由于 $\mathrm{d}A=\mathrm{d}l\cdot1$,则

$$T=\frac{\rho}{2}\oint_L\varphi v_n\mathrm{d}l \tag{7.2.38}$$

式中:$L=\overline{OAB}+\overline{BC}+\overline{CD}+\overline{DO}$。

在$\overline{OD}$,$\overline{CB}$上,v_n 相同,但方向相反,即

$$\int_{OD}\varphi v_n\mathrm{d}l=-\int_{BC}\varphi v_n\mathrm{d}l \tag{7.2.39}$$

底部$\overline{CD}$上,$v_n=0$,所以

$$\int_{CD}\varphi v_n\mathrm{d}l=0 \tag{7.2.40}$$

将上面式(7.2.39)、式(7.2.40)代入式(7.2.38)并考虑到微幅波的假定,则

$$T=\frac{1}{2}\rho\int_{OAB}\varphi v_n \mathrm{d}l\approx\frac{1}{2}\rho\int_0^\lambda(\varphi v_z)_{z=0}\mathrm{d}x=\frac{1}{2}\rho\int_0^\lambda\left(\varphi\frac{\partial\varphi}{\partial z}\right)_{z=0}\mathrm{d}x \tag{7.2.41}$$

由有限水深进行波的速度势:

$$\varphi=\frac{Ag}{\omega\cosh kd}\cosh k(z+d)\cos(\omega t-kx)$$

得

$$\varphi_{z=0}=\frac{Ag}{\omega}\cos(\omega t-kx)$$

$$\left.\frac{\partial\varphi}{\partial z}\right|_{z=0}=\frac{Ag}{\omega}k\tanh kd\cos(\omega t-kx)=A\omega\cos(\omega t-kx)$$

代入式(7.2.41),得进行波的动能为

$$T=\frac{1}{2}\rho\int_0^\lambda A^2 g\cos^2(\omega t-kx)\mathrm{d}x=\frac{1}{4}\rho gA^2\lambda \tag{7.2.42}$$

同样根据驻波的速度势为

$$\varphi=\frac{Ag}{\omega\cosh kd}\cosh k(z+d)\sin kx\cos\omega t$$

得到驻波的动能为

$$T=\frac{1}{4}\rho gA^2\lambda\cos^2\omega t \tag{7.2.43}$$

2)波浪势能

以 $z=\zeta=0$ 作为零势能点,则波动后势能增加量为

$$V=\int_0^\lambda\mathrm{d}x\left[\int_{-d}^{\zeta}\rho gz\mathrm{d}z-\int_{-d}^{0}\rho gz\mathrm{d}z\right]=\int_0^\lambda\mathrm{d}x\int_0^\zeta\rho gz\mathrm{d}z=\frac{1}{2}\int_0^\lambda\rho g\zeta^2\mathrm{d}x \tag{7.2.44}$$

有限水深进行波的波面方程为

$$\zeta=A\sin(\omega t-kx)$$

将其代入式(7.2.32)并积分得

$$V=\frac{1}{2}\int_0^\lambda\rho g\zeta^2\mathrm{d}x=\frac{1}{2}\int_0^\lambda\rho gA^2\sin^2(\omega t-kx)\mathrm{d}x=\frac{1}{4}\rho gA^2\lambda$$

由有限水深驻波的波面方程:

$$\zeta=A\sin kx\sin\omega t$$

得

$$V=\frac{1}{4}\rho gA^2\lambda\sin^2\omega t$$

由此可见,波浪的动能与势能均与水深无关,而且对于进行波,动能与势能均与时间无关且相等,单位宽度一个波长间总能量为

$$E=T+V=\frac{\rho g}{2}A^2\lambda$$

单位长度平均能量为

$$E_0=\frac{\rho g}{2}A^2$$

对于驻波,动能与势能均与时间有关,但总能量与时间无关:

$$E = T + V = \frac{\rho g}{4} A^2 \lambda \tag{7.2.45}$$

上述结论同样适合于无限水深波。

2. 能量转移

对进行波来说,波浪是向别处传播的。随着波的传播,能量也随之转移。这可以借助图 7.2.12 所示加以解释。

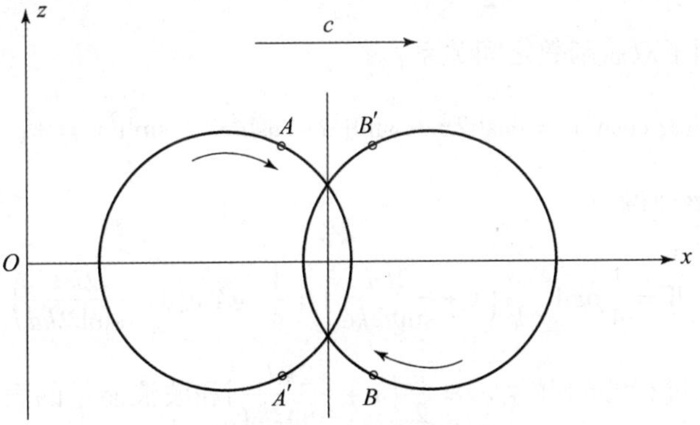

图 7.2.12　能量的转移

图 7.2.12 表示无限水深波浪中两个流体质点沿圆周以等速顺时针转动。第一个质点由 A 运动到 A' 时势能减少,而第二个质点从由 B 运动到 B' 时势能增加。根据能量守恒原理可知,第一个质点的能量传递给了第二个质点。这样,质点的能量通过复杂的内部压强的相互作用,由一个质点逐渐传递给另外的质点,要维持这种运动,则必须在波浪运动方向提供一定的能量,这个能量便沿波形传播方向转移。下面将从二维进行波讨论波能转移的过程。

在与波浪行进方向相垂直的平面 oyz 上取一截面,此截面在 y 方向为单位宽度,z 方向从海底到自由表面,现在计算一个周期内压强在此截面上所做的功为

$$W = \int_{-d}^{0} \mathrm{d}z \int_{0}^{T} p v_x \mathrm{d}t$$

其中

$$\varphi = \frac{Ag}{\omega \cosh kd} \cosh k(z + d) \cos(\omega t - kx)$$

$$p = p_0 - \rho g z + \rho A g \frac{\cosh k(z + d)}{\cosh kd} \sin(\omega t - kx)$$

$$v_x = \frac{\partial \varphi}{\partial x} = A\omega \frac{\cosh k(z + d)}{\sinh kd} \sin(\omega t - kx)$$

这个功在一个周期内的平均值为

$$\begin{aligned} W &= \frac{1}{T} \int_{-d}^{0} \mathrm{d}z \int_{0}^{T} p v_x \mathrm{d}t \\ &= \frac{1}{T} \int_{-d}^{0} \mathrm{d}z \int_{0}^{T} \left[p_0 - \rho g z + \rho A g \frac{\cosh k(z + d)}{\cosh kd} \sin(\omega t - kx) \right] A\omega \frac{\cosh k(z + d)}{\sinh kd} \sin(\omega t - kx) \mathrm{d}t \end{aligned}$$

$$=\frac{1}{T}\int_{-d}^{0}\mathrm{d}z\int_{0}^{T}\rho gA^{2}\omega\frac{\cosh^{2}k(z+d)}{\cosh kd\sh kd}\sin^{2}(\omega t-kx)\,\mathrm{d}t$$

$$=\frac{1}{T}\int_{-d}^{0}\mathrm{d}z\int_{0}^{T}2\rho gA^{2}\omega\frac{\cosh^{2}k(z+d)}{\sinh 2kd}\sin^{2}(\omega t-kx)\,\mathrm{d}t$$

$$=\frac{2\rho gA^{2}\omega}{T\sinh 2kd}\int_{-d}^{0}\cosh^{2}k(z+d)\,\mathrm{d}z\int_{0}^{T}\sin^{2}(\omega t-kx)\,\mathrm{d}t$$

$$=\frac{2\rho gA^{2}\omega}{T\sinh 2kd}\frac{1}{4k}(2kd+\sinh 2kd)\frac{T}{2}$$

上述积分中应用到了双曲函数之间关系：

$\sinh 2x=2\sinh x\cosh x$；$\cosh^{2}x=\cosh 2x-\sinh^{2}x$；$\cosh^{2}x-\sinh^{2}x=1$；$\int\sinh x\mathrm{d}x=\cosh x$；

$\int\cosh x\mathrm{d}x=\sinh x$ 整理得

$$W=\frac{1}{4}\rho gA^{2}\ \frac{\omega}{k}\left(1+\frac{2kd}{\sinh 2kd}\right)=\frac{1}{4}\rho gA^{2}c\left(1+\frac{2kd}{\sinh 2kd}\right)$$

根据有限水深进行波的群速 $c_{g}=\frac{c}{2}\left(1+\frac{2kd}{\sinh 2kd}\right)$和波浪能量的表达式 $E_{0}=\frac{\rho g}{2}A^{2}$，单位时间内转移的能量为

$$W=\frac{1}{4}\rho gA^{2}c\left(1+\frac{2kd}{\sinh 2kd}\right)=\frac{1}{2}E_{0}c=E_{0}c_{g}\qquad(7.2.46)$$

因此群速的另一个物理意义为代表波能的传播速度。下面从另外角度推导波能传播速度。

在流域 $V(t)$ 内波浪总能量的时间导数为

$$\frac{\mathrm{D}E(t)}{\mathrm{D}t}=\rho\frac{\mathrm{D}}{\mathrm{D}t}\iiint_{V(t)}\left(\frac{1}{2}V^{2}+gz\right)\mathrm{d}V=\rho\oint_{S}\left[\frac{\partial\varphi}{\partial t}\frac{\partial\varphi}{\partial n}-\left(\frac{p-p_{0}}{\rho}+\frac{\partial\varphi}{\partial t}\right)U_{n}\right]\mathrm{d}S\qquad(7.2.47)$$

这里用到了流场拉格朗日积分以及雷诺输运定理。对于平面进行波，假设流域 $V(t)$ 由自由表面 S_F，海底 S_0 和界面 S 围成，如图 7.2.13 所示。

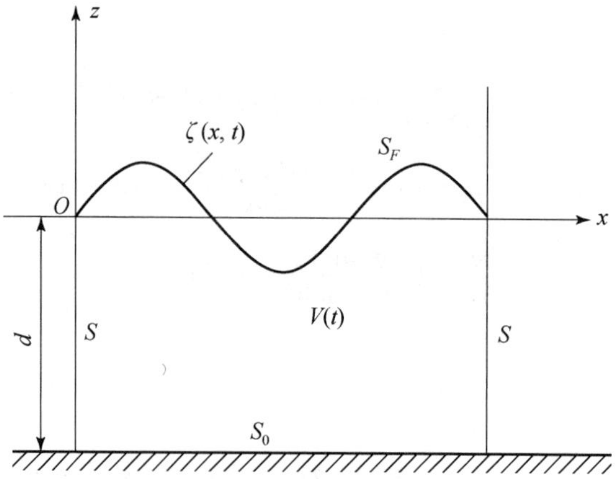

图 7.2.13　平面进行波流域

$$\frac{\mathrm{D}E(t)}{\mathrm{D}t}=\rho\oiint_{S}\left[\frac{\partial\varphi}{\partial t}\frac{\partial\varphi}{\partial n}-\left(\frac{p-p_0}{\rho}+\frac{\partial\varphi}{\partial t}\right)U_n\right]\mathrm{d}S=\iint\limits_{S_F+S_B+S}\left[\frac{\partial\varphi}{\partial t}\frac{\partial\varphi}{\partial n}-\left(\frac{p-p_0}{\rho}+\frac{\partial\varphi}{\partial t}\right)U_n\right]\mathrm{d}S \tag{7.2.48}$$

因在自由表面 S_F 上,有

$$\frac{\partial\varphi}{\partial n}=U_n,p=p_0$$

和海底 S_B 上,有

$$\frac{\partial\varphi}{\partial n}=U_n=0$$

所以式(7.2.48)简化为

$$\frac{\mathrm{D}E(t)}{\mathrm{D}t}=\iint\limits_{S}\left[\frac{\partial\varphi}{\partial t}\frac{\partial\varphi}{\partial n}-\left(\frac{p-p_0}{\rho}+\frac{\partial\varphi}{\partial t}\right)U_n\right]\mathrm{d}S \tag{7.2.49}$$

设 S 由 $x=c_1,x=c_2,y=c_3,y=c_4$ 围成,其中 c_1,c_3,c_4 不变,只有 $x=c_2$ 以速度 U 沿 x 轴正向移动,则通过该控制面的能量流的平均速率为

$$\overline{\frac{\mathrm{D}E(t)}{\mathrm{D}t}}=\frac{1}{T}\int_0^T\rho\int_{-d}^{\zeta}\left[\frac{\partial\varphi}{\partial t}\frac{\partial\varphi}{\partial x}-\left(\frac{p-p_0}{\rho}+\frac{\partial\varphi}{\partial t}\right)U\right]\mathrm{d}z\mathrm{d}t=\frac{1}{T}\int_0^T\rho\int_{-d}^{\zeta}\frac{\partial\varphi}{\partial t}\frac{\partial\varphi}{\partial x}\mathrm{d}z\mathrm{d}t+\frac{1}{2}\rho gA^2U \tag{7.2.50}$$

对于无限水深波,$d\to\infty$,有

$$\overline{\frac{\mathrm{D}E(t)}{\mathrm{D}t}}=\frac{1}{T}\int_0^T\rho\int_{-\infty}^{\zeta}\frac{\partial\varphi}{\partial t}\frac{\partial\varphi}{\partial x}\mathrm{d}z\mathrm{d}t+\frac{1}{2}\rho gA^2U=-\frac{1}{4}\rho gA^2\frac{\omega}{k}+\frac{1}{2}\rho gA^2U \tag{7.2.51}$$

由于

$$\overline{\frac{\mathrm{D}E(t)}{\mathrm{D}t}}=\frac{1}{T}\int_0^T\rho\int_{-d}^{\zeta}\left[\frac{\partial\varphi}{\partial t}\frac{\partial\varphi}{\partial x}-\left(\frac{p-p_0}{\rho}+\frac{\partial\varphi}{\partial t}\right)u\right]\mathrm{d}z\mathrm{d}t=0$$

所以 $U=\frac{1}{2}\frac{\omega}{k}=\frac{1}{2}c=c_g$,同理可以导出有限水深和浅水波的波能传递速度,即分别为 $c_g=g\frac{k}{\omega}\frac{1}{\cosh^2kd}\left(\frac{d}{2}+\frac{\sinh2kd}{4k}\right)=c\left(1+\frac{2kd}{\sinh2kd}\right)$ 和 $c_g=\sqrt{gd}$,这与前面推导出的结论相一致。

7.2.6　兴波阻力

船舶等浮式结构物在水面或近水面上航行时,物体后面会兴起波浪。显然,这个波浪的能量是由运动物体对水体做功提供的,因此物体将由于兴波而遭受阻力,该阻力称为兴波阻力。

设物体是二维的,匀速运动速度为 U,则运动引起的兴波传播速度 $c=U$,如图7.2.14所示。

单位时间内新增波的能量为 E_0U,此波能由两部分组成:一部分来自物体单位时间内为克服兴波阻力所做的功 R_wU,另一部分是原先形成的波转移到而来的能量 E_0c_g。因此

$$E_0U=R_wU+E_0c_g$$

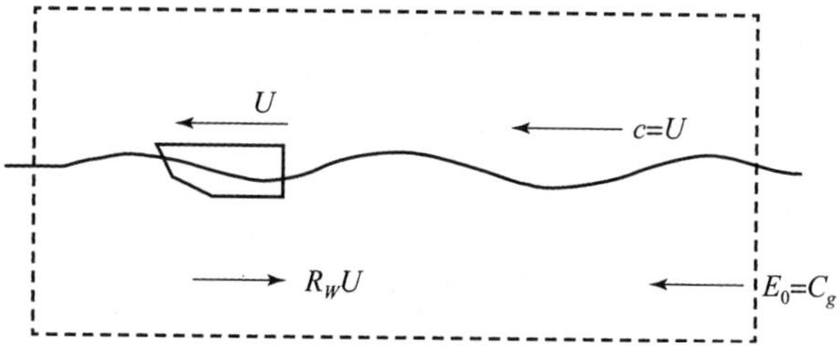

图 7.2.14　船行兴波阻力

对有限水深情况，$c_g = \frac{c}{2}\left(1 + \frac{2kd}{\sinh 2kd}\right)$，所以

$$R_w = \frac{1}{4}\rho g A^2 \left(1 - \frac{2kd}{\sinh 2kd}\right) \tag{7.2.52}$$

对无限水深情况，$c_g = \frac{c}{2}$，有

$$R_w = \frac{E_0}{2} = \frac{1}{4}\rho g A^2 \tag{7.2.53}$$

由此可见，物体在水面附近运动引起的兴波阻力大小主要取决于波幅，减小兴波阻力的主要措施就是要降低兴波的波幅。

上述只是定性地讨论了兴波阻力的概念，实际的船波是三维波，非常复杂，关于兴波阻力详尽概念请读者参考《船舶阻力》《船舶兴波理论》等书籍。

7.2.7　线性波浪的非线性特性

在线性波理论中，速度、加速度和动压与波幅成线性关系。然而，能量不遵循这种线性比例。线性波可以产生一些有趣的非线性波的特性。在本小节中，将从线性波理论推导出时间平均的非线性量，即对应于波陡 kA 的二阶量。

1. 质量输运

对于一阶线性波（艾里波），在有限水深情况下，流体质点的轨迹为椭圆。对于二阶近似，则结果会有所变化。下面以非严格的方式推导二阶近似的轨迹。

$$\begin{gathered}\frac{\mathrm{d}x}{\mathrm{d}t}(x,z,t) = v_x(x,z,t) = v_x(x_0 + x - x_0, z_0 + z - z_0, t) \approx \\ v_x(x_0,z_0,t) + (x - x_0)\frac{\partial v_x}{\partial x}(x_0,z_0,t) + (z - z_0)\frac{\partial v_x}{\partial z}(x_0,z_0,t)\end{gathered} \tag{7.2.54}$$

将一阶近似确定的 $(x - x_0)$ 和 $(z - z_0)$ 代入式(7.2.54)得轨迹的二阶近似为

$$\frac{\mathrm{d}x^{(2)}}{\mathrm{d}t} = A^2 k\omega \frac{\cosh^2 k(z_0 + d)}{\sinh^2 kd}\sin^2(kx_0 - \omega t) + A^2 k\omega \frac{\sinh^2 k(z_0 + d)}{\sinh^2 kd}\cos^2(kx_0 - \omega t)$$

其在一个周期内平均值为

$$\overline{\frac{\mathrm{d}x^{(2)}}{\mathrm{d}t}} = \frac{1}{2}A^2 k\omega \frac{\cosh 2k(z_0 + d)}{\sinh^2 kd} \tag{7.2.55}$$

可见其不为零。因此流体质点轨迹不是完全封闭的，流体质点向波浪传播方向漂移。

图 7.2.15 所示为无限水深下自由表面上一个水质点的运动轨迹,对应的波陡参数 $kA = 0.1\pi$,即 $d/\lambda = 1/10$。可以看到,质点的偏移还是比较大的。

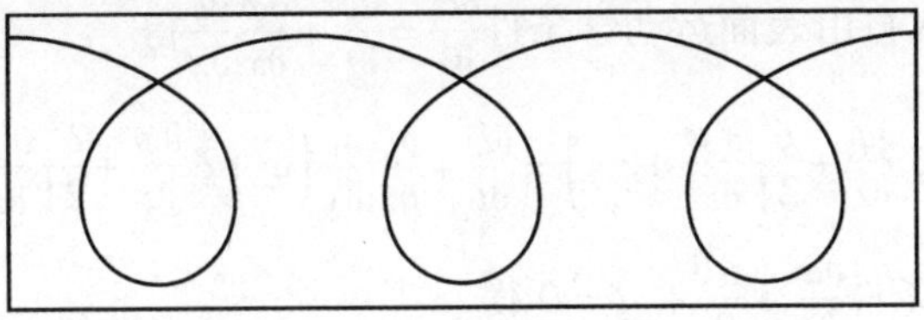

图 7.2.15　二阶非线性波运动下水质点轨迹

沿水深对 $\overline{\mathrm{d}x^{(2)}/\mathrm{d}t}$ 积分,得到流量:

$$Q = \int_{-d}^{0} \overline{\frac{\mathrm{d}x^{(2)}}{\mathrm{d}t}} \mathrm{d}z_0 = \int_{-d}^{0} \frac{1}{2} A^2 k\omega \frac{\cosh 2k(z_0 + d)}{\sinh^2 kd} \mathrm{d}z_0 = \frac{1}{2} A^2 \omega \coth kd \tag{7.2.56}$$

当在一个有限长度的波浪槽内生成波浪时,质量输运必定被一个反向流动所补偿,其速度由式(7.2.57)给出(假定速度剖面是均匀的):

$$v_r = -\frac{1}{2d} A^2 \omega \coth kd \tag{7.2.57}$$

这个速度是不可以忽略的,例如:对波幅 $A = 0.25\mathrm{cm}$,周期 $T = 2\mathrm{s}$ 的波,当水深 $d = 2\mathrm{m}$ 时,将引起 5cm/s 的回流速度。鉴于波浪会引起质量的输运效应,在考虑流的效应时,需要叠加波浪质点漂移引起的流,即波生的流。

7.3　基于势流模型的非线性自由表面波理论

如前面所述,线性波理论是在 $kA \ll 1$ 和 $A/d \ll 1$ 的假设下构建的。当波幅增大超过一定范围时,线性波理论可能就不适用了,因为那些在推导中被忽略的高阶项随着波幅的增大而变得越来越重要。因此,描述大幅波需要采用非线性波理论。

7.3.1　斯托克斯波

对于式(7.1.19)的自由表面波动定解问题,可以采用摄动方法求解,即假定速度势和波面可以按某一小参数 ε 来摄动展开:

$$\begin{cases} \varphi = \varepsilon \varphi_1 + \varepsilon^2 \varphi_2 + \cdots \\ \zeta = \varepsilon \zeta_1 + \varepsilon^2 \zeta_2 + \cdots \end{cases} \tag{7.3.1}$$

由于小参数的作用,式(7.3.1)中右边后一项的都要比前一项小,且式中每一项 φ_n 都满足拉普拉斯方程以及边界条件(以平面波为例)

$$\begin{cases} \dfrac{\partial^2 \varphi_n}{\partial x^2} + \dfrac{\partial^2 \varphi_n}{\partial z^2} = 0 \\ \left. \dfrac{\partial \varphi_n}{\partial z} \right|_{z=-d} = 0 \end{cases} \quad (n = 1, 2, 3, \cdots) \tag{7.3.2}$$

尽管假定每一个 φ_n 都满足自由表面条件,但处理其平方及乘积非线性项仍然困难。考虑到自由表面在 $z = 0$ 附近波动,将 φ 在 $z = \zeta$ 处,用泰勒级数展开,即

$$\varphi = \varphi_{z=0} + \zeta \frac{\partial \varphi}{\partial z}\bigg|_{z=0} + \frac{\zeta^2}{2!}\frac{\partial^2 \varphi}{\partial z^2}\bigg|_{z=0} + \cdots \tag{7.3.3}$$

将式(7.3.3)代入自由表面运动学条件$\frac{\partial \varphi}{\partial z} = \frac{\partial \zeta}{\partial t} + \frac{\partial \varphi}{\partial x}\frac{\partial \zeta}{\partial x}$得

$$\frac{\partial}{\partial z}\left(\varphi + \zeta \frac{\partial \varphi}{\partial z} + \frac{\zeta^2}{2!}\frac{\partial^2 \varphi}{\partial z^2} + \cdots\right) = \frac{\partial \zeta}{\partial t} + \frac{\partial \zeta}{\partial x}\frac{\partial}{\partial x}\left(\varphi + \zeta \frac{\partial \varphi}{\partial z} + \frac{\zeta^2}{2!}\frac{\partial^2 \varphi}{\partial z^2} + \cdots\right) \tag{7.3.4}$$

代入自由表面动力学条件$\frac{\partial \varphi}{\partial t} + \frac{v^2}{2} + g\zeta = 0$ 得

$$\frac{\partial}{\partial t}\left(\varphi + \zeta \frac{\partial \varphi}{\partial z} + \cdots\right) + \frac{1}{2}\left[\frac{\partial}{\partial x}\left(\varphi + \zeta \frac{\partial \varphi}{\partial z} + \cdots\right)\right]^2 + \frac{1}{2}\left[\frac{\partial}{\partial z}\left(\varphi + \zeta \frac{\partial \varphi}{\partial z} + \cdots\right)\right]^2 + g\zeta = 0 \tag{7.3.5}$$

将式(7.3.1)代入式(7.3.4)和式(7.3.5),并按小参数 ε 的幂次数整理合并,得

$$\varepsilon\left(\frac{\partial \varphi_1}{\partial z} - \frac{\partial \zeta_1}{\partial t}\right) + \varepsilon^2\left(\frac{\partial \varphi_2}{\partial z} - \frac{\partial \zeta_2}{\partial t} + \zeta_1 \frac{\partial^2 \varphi_1}{\partial x^2} - \frac{\partial \zeta_1}{\partial x}\frac{\partial \varphi_1}{\partial x}\right) + \cdots = 0$$

$$\varepsilon\left(\frac{\partial \varphi_1}{\partial t} + g\zeta_1\right) + \varepsilon^2\left(\frac{\partial \varphi_2}{\partial t} + g\zeta_2 + \zeta_1 \frac{\partial^2 \varphi_1}{\partial t\,\partial z} + \frac{1}{2}\left(\frac{\partial \varphi_1}{\partial x}\right)^2 + \left(\frac{\partial \varphi_1}{\partial z}\right)^2\right) + \cdots = 0$$

因此得到一阶速度势自由表面条件为

$$\begin{cases} \dfrac{\partial \varphi_1}{\partial z} - \dfrac{\partial \zeta_1}{\partial t} = 0 \\ \dfrac{\partial \varphi_1}{\partial t} + g\zeta_1 = 0 \end{cases} \tag{7.3.6}$$

二阶速度势自由表面条件为

$$\begin{cases} \dfrac{\partial \varphi_2}{\partial z} - \dfrac{\partial \zeta_2}{\partial t} + \zeta_1 \dfrac{\partial^2 \varphi_1}{\partial x^2} - \dfrac{\partial \zeta_1}{\partial x}\dfrac{\partial \varphi_1}{\partial x} = 0 \\ \dfrac{\partial \varphi_2}{\partial t} + g\zeta_2 + \dfrac{\partial}{\partial t}\left(\zeta_1 \dfrac{\partial \varphi_1}{\partial z}\right) + \dfrac{1}{2}\left[\left(\dfrac{\partial \varphi_1}{\partial x}\right)^2 + \left(\dfrac{\partial \varphi_1}{\partial z}\right)^2\right] = 0 \end{cases}$$

三阶、四阶甚至五阶速度势的自由表面条件都可以逐一推导得到。

1. 二阶斯托克斯波

1)速度势及波面方程

$$\varphi = \frac{H\lambda}{2T}\frac{\cosh k(z+d)}{\sinh kd}\sin(kx - \omega t) + \frac{3\pi H^2}{16T}\frac{\cosh 2k(z+d)}{\sinh^4 kd}\sin 2(kx - \omega t) \tag{7.3.7}$$

$$\zeta = \frac{H}{2}\cos(kx - \omega t) + \frac{\pi H^2}{4\lambda}\left(1 + \frac{3}{2\sinh^2 kd}\right)\coth kd \cos 2(kx - \omega t) \tag{7.3.8}$$

式(7.3.8)改写为

$$\zeta = A_1\cos(kx - \omega t) + A_2\cos 2(kx - \omega t) \tag{7.3.9}$$

式中:$A_1 = \frac{H}{2}$;$A_2 = \frac{\pi H^2}{4\lambda}\left(1 + \frac{3}{2\sinh^2 kd}\right)\coth kd$;$\lambda = \frac{gT^2}{2\pi}\tanh kd$

二阶斯托克斯波的波面如图 7.3.1 所示。该波面可以看成是两个振幅不等、相位角成 2 倍关系的余弦波迭加而成。从该图可以看出,在波峰附近波面较陡、在波谷附近波面变得平坦;同时波浪中线(波高的平分线)不再位于静水面,而是相对于静水面有了一个

超高,该超高值为

$$h = A_2 = \frac{\pi H^2}{4\lambda}\left(1 + \frac{3}{2\sinh^2 kd}\right)\coth kd$$

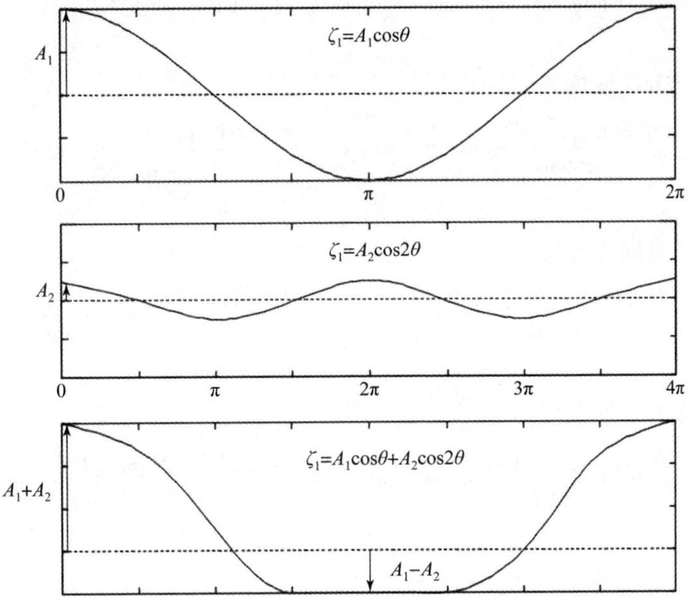

图 7.3.1　二阶斯托克斯波的波形图

二阶斯托克斯波的波面与线性波的波面的比较如图 7.3.2 所示。与线性波相比,二阶斯托克斯波的波峰处变得尖陡,在波峰处变得平坦,波峰波谷不再对称于静水面。

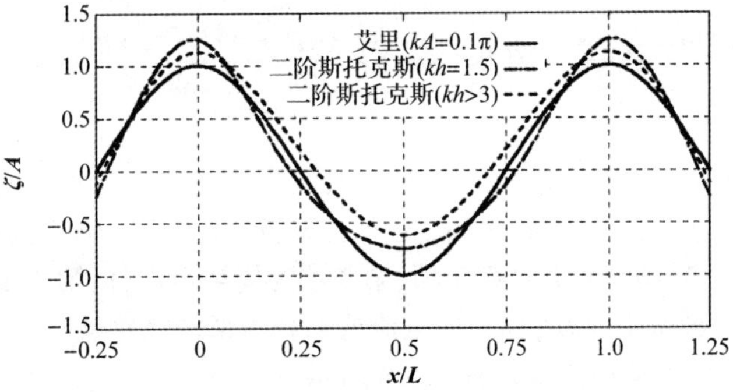

图 7.3.2　斯托克斯二阶波的波面与线性波的波面比较

2)色散关系

对于二阶斯托克斯波,二阶波速 $c^{(2)} = 0$,二阶斯托克斯波的波速为

$$c = c^{(1)} = \sqrt{\frac{g}{k}\tanh kd} \tag{7.3.10}$$

波长为

$$\lambda = \frac{gT^2}{2\pi}\tanh kd \tag{7.3.11}$$

可见,二阶斯托克斯波的色散关系同线性波的一样。

3)水质点的运动速度和加速度

水质点水平方向速度:

$$v_x=\frac{\partial\varphi}{\partial x}=\frac{\pi H}{T}\frac{\cosh k(z+d)}{\sinh kd}\cos(kx-\omega t)+\frac{3}{4}\frac{\pi H}{T}\frac{\pi H}{\lambda}\frac{\cosh 2k(z+d)}{\sinh^4 kd}\cos 2(kx-\omega t) \tag{7.3.12}$$

水质点垂直方向速度:

$$v_z=\frac{\partial\varphi}{\partial z}=\frac{\pi H}{T}\frac{\sinh k(z+d)}{\sinh kd}\sin(kx-\omega t)+\frac{3}{4}\frac{\pi H}{T}\frac{\pi H}{\lambda}\frac{\sinh 2k(z+d)}{\sinh^4 kd}\sin 2(kx-\omega t) \tag{7.3.13}$$

水质点水平方向加速度:

$$a_x=\frac{\partial v_x}{\partial t}=2\left(\frac{\pi^2 H}{T^2}\right)\frac{\cosh k(z+d)}{\sinh kd}\sin(kx-\omega t)+3\left(\frac{\pi^2 H}{T^2}\right)\left(\frac{\pi H}{\lambda}\right)\frac{\cosh 2k(z+d)}{\sinh^4 kd}\sin 2(kx-\omega t) \tag{7.3.14}$$

水质点垂直方向加速度:

$$a_z=\frac{\partial v_z}{\partial t}=2\left(-\frac{\pi^2 H}{T^2}\right)\frac{\sinh k(z+d)}{\sinh kd}\cos(kx-\omega t)+3\left(-\frac{\pi^2 H}{T^2}\right)\left(\frac{\pi H}{\lambda}\right)\frac{\sinh 2k(z+d)}{\sinh^4 kd}\cos 2(kx-\omega t) \tag{7.3.15}$$

4)水质点运动轨迹

$$x=x_0-\frac{H}{2}\frac{\cosh k(z_0+d)}{\sinh kd}\sin(kx_0-\omega t)-\frac{\pi H^2}{4\lambda\sinh^2 2kd}\left[-\frac{1}{2}+\frac{3}{4}\frac{\cosh 2k(z_0+d)}{\sinh^2 kd}\right]$$
$$\sin 2(kx_0-\omega t)+\frac{\pi^2}{2}\left(\frac{H}{\lambda}\right)^2 c\,\frac{\cosh 2k(z_0+d)}{\sinh^2 kd}t \tag{7.3.16}$$

$$z=z_0+\frac{H}{2}\frac{\sin k(z_0+d)}{\sinh kd}\cos(kx_0-\omega t)-\frac{3\pi H^2}{16\lambda}\frac{\sinh 2k(z_0+d)}{\sinh^4 kd}\cos 2(kx_0-\omega t) \tag{7.3.17}$$

同线性波的水质点运动轨迹相比,二阶斯托克斯波水质点运动轨迹方程增加了二阶附加项。其运动轨迹,在有限水深时仍然近似为椭圆,在深水时仍近似为圆,但轨迹线不再是封闭的。式(7.3.16)中,右边第2项、第3项为周期运动,但第4项为净位移项。这净位移项引起了一种水平流动,称为波生流或斯托克斯波漂移流(Stokes Drift Current)。二阶斯托克斯波水质点运动轨迹如图7.3.3所示。

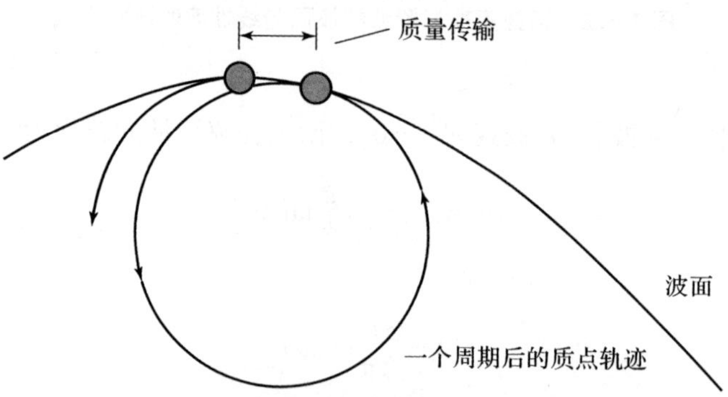

图7.3.3　二阶斯托克斯波水质点运动轨迹

由式(7.3.16)可知,二阶斯托克斯波水质点在一个周期内的净位移为

$$\Delta x=\frac{\pi^2}{2}\left(\frac{H}{\lambda}\right)^2 c\frac{\cosh 2k(z_0+d)}{\sinh^2 kd}T$$

则其平均迁移速度为

$$U=\frac{\Delta x}{T}=\frac{\pi^2}{2}\left(\frac{H}{\lambda}\right)^2 c\frac{\cosh 2k(z_0+d)}{\sinh^2 kd} \tag{7.3.18}$$

对于深水运动,迁移速度为

$$U=\frac{H^2}{4}k^2c_0\mathrm{e}^{2kz_0} \tag{7.3.19}$$

迁移速度随着水深按照指数规律减少。在水面处,$z_0=0$,此时 $U=\frac{H^2}{4}k^2c_0$,达到最大。

5)波动压强

二阶斯托克斯波中二阶波浪动水压力为

$$p_2=-\rho\left(\frac{\partial\varphi_2}{\partial t}+\frac{1}{2}|\nabla\varphi_1|^2\right)$$

代入 φ_1 和 φ_2 得

$$p_2=\rho g\frac{3\pi H}{8}\frac{H}{\lambda}\frac{\tanh kd}{\sinh^2 kd}\left[\frac{\cosh 2k(z+d)}{\sinh^2 kd}-\frac{1}{3}\right]\cos 2(kx-\omega t)-$$
$$\rho g\frac{\pi H}{8}\frac{H}{\lambda}\frac{\tanh kd}{\sinh^2 kd}[\cosh 2(z+d)-1]$$

最终得到二阶斯托克斯波的压强为

$$p=p_1+p_2=-\rho gz+\rho g\frac{H}{2}\rho g\frac{\cosh k(z+d)}{\cosh kd}\cos(kx-\omega t)+$$
$$\frac{3\pi H}{8}\frac{H}{\lambda}\frac{\tanh kd}{\sinh^2 kd}\left[\frac{\cosh 2k(z+d)}{\sinh^2 kd}-\frac{1}{3}\right]\cos 2(kx-\omega t)-\rho g\frac{\pi H}{8}\frac{H}{\lambda}\frac{\tanh kd}{\sinh^2 kd}[\cosh 2(z+d)-1] \tag{7.3.20}$$

6)极限波陡

观测表明:当波高 H 与波长 λ 的比,即波陡 δ 增大到一定值时,波峰附近波面会出现破碎。在深水中,最大破碎波高与波长有关;在有限水深和浅水中,最大破碎波高决定于水深和波长。Stokes(1980)假定当波陡趋于极限时,波峰附近的波面可以视作直线,取波峰定点处水质点的最大水平速度和波形传播速度相等作为波陡的极限条件。Michell(1893)获得的深水极限波陡的理论值为

$$\left(\frac{H_0}{\lambda_0}\right)_{\max}=\frac{1}{7}=0.142 \tag{7.3.21}$$

随后,Havelock(1918)证实了 Michell 对深水极限波陡的理论值。Schwartz(1974)利用保角变换得到的波陡极限值为 0.1412。上述结果仅是理论值,实际经验表明:要生成波陡大于 0.1 的深水规则波是极其困难的,甚至不可能。

对于有限水深,Michell 得出的极限波陡为

$$\left(\frac{H}{\lambda}\right)_{\max}=\left(\frac{H_0}{\lambda_0}\right)_{\max}\tanh kd=0.142\tanh kd \tag{7.3.22}$$

2. 三阶斯托克斯波

1)速度势

$$\varphi=\frac{c}{k}\sum_{n=1}^{3}\frac{1}{n}F_n\cosh nk(z+d)\sin n(kx-\omega t) \tag{7.3.23}$$

其中

$$\begin{cases}F_1=ka\dfrac{1}{\sinh kd}-(ka)^2\dfrac{[1+5\cosh^2 kd]\cosh^2 kd}{8\sinh^5 kd}\\ F_2=\dfrac{3}{4}(ka)^2\dfrac{1}{\sinh^4 kd}\\ F_3=\dfrac{3}{64}(ka)^2\dfrac{11-2\cosh 2kd}{\sinh^7 kd}\end{cases} \tag{7.3.24}$$

2)波面方程

$$\zeta=a\cos(kx-\omega t)+\frac{\pi a^2}{\lambda}f_2\left(\frac{d}{\lambda}\right)\cos 2(kx-\omega t)+\frac{\pi^2 a^3}{\lambda^2}f_3\left(\frac{d}{\lambda}\right)\cos 3(kx-\omega t) \tag{7.3.25}$$

式中

$$\begin{cases}f_2\left(\dfrac{d}{\lambda}\right)=\dfrac{[2+\cosh 2kd]\cosh kd}{2\sinh^3 kd}\\ f_3\left(\dfrac{d}{\lambda}\right)=\dfrac{3}{16}\dfrac{1+8\cosh^6 kd}{\sinh^6 kd}\end{cases} \tag{7.3.26}$$

式(7.3.24)、式(7.3.25)中的 a 为与波高 H 和 kd 相关的参数,由下式确定:

$$H=2a+2\frac{\pi^2 a^3}{\lambda^2}f_3\left(\frac{d}{\lambda}\right) \tag{7.3.27}$$

3)色散关系

$$c^2=\frac{g}{k}\tanh kd\left[1+(ka)^2\frac{14+4\cosh 2kd}{16\sinh^4 kd}\right] \tag{7.3.28}$$

4)水质点速度和加速度

$$\begin{cases}v_x=c\sum\limits_{n=1}^{3}F_n\cosh nk(z+d)\cos n(kx-\omega t)\\ v_z=c\sum\limits_{n=1}^{3}F_n\sinh nk(z+d)\sin n(kx-\omega t)\end{cases} \tag{7.3.29}$$

$$\begin{cases}a_x=\omega c\sum\limits_{n=1}^{3}F_n\cosh nk(z+d)\sin n(kx-\omega t)\\ v_z=-\omega c\sum\limits_{n=1}^{3}F_n\sinh nk(z+d)\cos n(kx-\omega t)\end{cases} \tag{7.3.30}$$

3. 五阶斯托克斯波

1)速度势

$$\varphi=\frac{c}{k}\sum_{n=1}^{5}a_n\cosh nk(z+d)\sin n(kx-\omega t) \tag{7.3.31}$$

其中

$$\begin{cases} a_1 = \varepsilon A_{11} + \varepsilon^3 A_{13} + \varepsilon^5 A_{15} \\ a_2 = \varepsilon^2 A_{22} + \varepsilon^4 A_{24} \\ a_3 = \varepsilon^3 A_{33} + \varepsilon^5 A_{35} \\ a_4 = \varepsilon^4 A_{44} \\ a_5 = \varepsilon^5 A_{55} \end{cases} \tag{7.3.32}$$

式中:ε 是个比值,对于每一个波是一个确定的常数。设 $c_h = \cosh kd$,$s_h = \sinh kd$,系数 A_{ij} 表达式为

$$A_{11} = \frac{1}{s_h}$$

$$A_{12} = -\frac{c_h^2(5c_h^2 + 1)}{8s_h^2}$$

$$A_{15} = -\frac{1184c_h^{10} - 1140c_h^8 - 1192c_h^6 + 2614c_h^4 - 249c_h^2 + 18}{1536s_h^{11}}$$

$$A_{22} = \frac{3}{8s_h^4}$$

$$A_{24} = \frac{192c_h^8 - 424c_h^6 - 312c_h^4 + 480c_h^2 - 17}{768s_h^{10}}$$

$$A_{33} = -\frac{4c_h^2 - 13}{64s_h^7}$$

$$A_{35} = \frac{512c_h^{12} + 422c_h^{10} - 6800c_h^8 - 12808c_h^6 + 16704c_h^4 - 3154c_h^2 + 107}{4096s_h^{13}(6c_h^2 - 1)}$$

$$A_{44} = \frac{80c_h^6 - 816c_h^4 + 1388c_h^2 - 197}{1536s_h^{10}(6c_h^2 - 1)}$$

$$A_{55} = -\frac{2280c_h^{10} - 72480c_h^8 + 324000c_h^6 - 432000c_h^4 + 163470c_h^2 - 16245}{61440s_h^{11}(6c_h^2 - 1)(8c_h^4 - 11c_h^2 + 3)}$$

2)波面方程

$$\zeta = \frac{1}{k}\sum_{n=1}^{5} a_n \cos n(kx - \omega t) \tag{7.3.33}$$

其中

$$\begin{cases} a_1 = \varepsilon \\ a_2 = \varepsilon^2 B_{22} + \varepsilon^4 B_{24} \\ a_3 = \varepsilon^3 B_{33} + \varepsilon^5 B_{35} \\ a_4 = \varepsilon^4 B_{44} \\ a_5 = \varepsilon^5 B_{55} \end{cases} \tag{7.3.34}$$

式中

$$B_{22} = \frac{(2c_h^2 + 1)c_h}{4s_h^3}$$

$$B_{24}=\frac{(272c_h^8-504c_h^6-192c_h^4+322c_h^2+21)c_h}{384s_h^9}$$

$$B_{33}=\frac{24c_h^6+3}{64s_h^6}$$

$$B_{35}=\frac{88128c_h^{14}-208224c_h^{12}+70848c_h^{10}+54000c_h^8-21816c_h^6+6264c_h^4-54c_h^2-81}{12288s_h^{12}(6c_h^2-1)}$$

$$B_{44}=\frac{(768c_h^{10}-488c_h^8-48c_h^6+48c_h^4+106c_h^2-21)c_h}{384s_h^9(6c_h^2-1)}$$

$$B_{55}=\frac{192000c_h^{16}-262720c_h^{14}+83680c_h^{12}+20160c_h^{10}-7280c_h^8+7160c_h^6-1800c_h^4-1050c_h^2+225}{12888s_h^{10}(6c_h^2-1)(8c_h^4-11c_h^2+3)}$$

3）波速

$$kc^2=C_0(1+\varepsilon^2C_1+\varepsilon^4C_2) \tag{7.3.35}$$

式中

$$\begin{cases}C_0=g\tanh kd\\ C_1=\dfrac{8c_h^4-8c_h^2+9}{8s_h^4}\\ C_2=\dfrac{3840c_h^{12}-4096c_h^{10}+2592c_h^8-1008c_h^6+5994c_h^4-1830c_h^2+147}{512s_h^{10}(6c_h^2-1)}\end{cases} \tag{7.3.36}$$

在五阶斯托克斯波的表达式中，需要确定系数 ε、波长 λ 或波数 k。根据波高和波面的关系，即 $H=\zeta|_{\theta=0}-\zeta|_{\theta=\pi}$ 可得

$$H=\frac{2}{k}[\varepsilon+\varepsilon^3B_{33}+\varepsilon^5(B_{35}+B_{55})] \tag{7.3.37}$$

同时根据色散关系式(7.3.35)可得

$$\omega^2=kg\tanh kd(1+\varepsilon^2C_1+\varepsilon^4C_2) \tag{7.3.38}$$

通过联合迭代求解方程式(7.3.37)、式(7.3.38)，可以求得参数 ε、波长 λ 或波数 k。

7.3.2 椭圆余弦波

波浪在近海浅水区($0.05<d/\lambda<0.1$)传播，由于海底边界的摩擦阻力影响的增加，波高和波形将不断变化，波面在波峰附近变得很陡，而两波峰之间的水面间隔较长又平坦；两波峰处的水质点运动特性与波陡 H/λ 的关系减弱，而与相对波高 H/d 的关系增强，即 H/λ 和 H/d 都成为决定波动性质的主要因素，在这种浅水情况下，即使取很高的阶数，用斯托克斯波理论也达不到所要求的精度。此时采用能反映决定波动性质的主要因素 H/λ 和 H/d 的椭圆余弦波理论描述波浪运动，可以取得较满意的结果。

采用如图 7.3.4 所示的坐标系，椭圆余弦波的主要表达如下。

1. 波参数及模数的关系

根据椭圆余弦波理论可知，波长 λ、波高 H、水深 d 及椭圆积分模数 κ 之间有如下关系：

$$\frac{16}{3}[\kappa\cdot K(\kappa)]^2=\left(\frac{\lambda}{d}\right)^2\frac{H}{d} \tag{7.3.39}$$

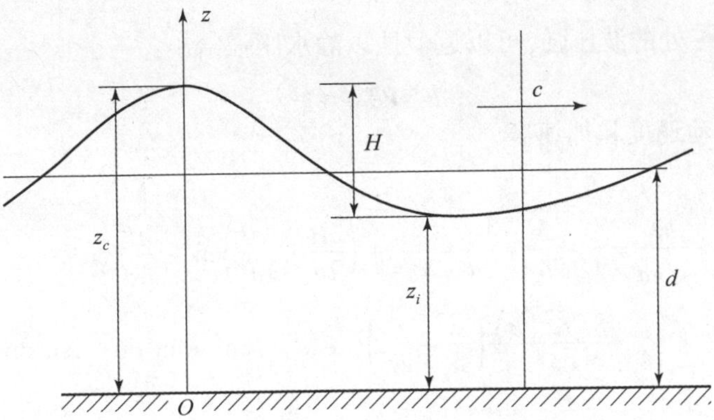

图 7.3.4　椭圆余弦波的坐标系及相关变量

式中：$K(\kappa)$为第一类完全椭圆积分，κ为椭圆积分的模数，其值位于 0～1。$K(\kappa)$的定义式为

$$K(\kappa) = \int_0^{\frac{\pi}{2}} \frac{1}{\sqrt{1-\kappa^2\sin^2\theta}}\mathrm{d}\theta \tag{7.3.40}$$

2. 波速和周期

椭圆余弦波的波速 c 和周期 T 由下式计算：

$$c = \sqrt{gd}\left\{1+\frac{H}{d}\left[-1+\frac{1}{\kappa^2}\left(2-3\frac{E(\kappa)}{K(\kappa)}\right)\right]\right\}^{1/2} \tag{7.3.41}$$

$$T\sqrt{\frac{g}{d}} = \sqrt{\frac{16d}{3H}}\frac{\kappa K(\kappa)}{\sqrt{1+\frac{H}{d}\left[-1+\frac{1}{\kappa^2}\left(2-3\frac{E(\kappa)}{K(\kappa)}\right)\right]}} \tag{7.3.42}$$

式中：$E(\kappa)$为第二类完全椭圆积分，其定义为

$$E(\kappa) = \int_0^{\frac{\pi}{2}} \sqrt{1-\kappa^2\sin^2\theta}\mathrm{d}\theta \tag{7.3.43}$$

3. 波峰和波谷

波峰距海底的高度用 z_c 表示，则

$$z_c = d+\frac{16d^3}{3\lambda^2}K(\kappa)[K(\kappa)-E(\kappa)] \tag{7.3.44}$$

波谷距海底的高度用 z_t 表示，则

$$z_t = z_c - H = d+\frac{16d^3}{3\lambda^2}K(\kappa)[K(\kappa)-E(\kappa)]-H \tag{7.3.45}$$

4. 波面方程

海底以上波面高度为

$$z_s = z_t + H\mathrm{cn}^2\left[2K(\kappa)\left(\frac{x}{\lambda}-\frac{t}{T}\right),k\right] \tag{7.3.46}$$

静水面以上波面高度为

$$\zeta = z_s - d = \frac{16d^3}{3\lambda^2}K(\kappa)[K(\kappa)-E(\kappa)]-H+H\mathrm{cn}^2\left[2K(\kappa)\left(\frac{x}{\lambda}-\frac{t}{T}\right),k\right] \tag{7.3.47}$$

5. 波压强

在海底以上 z 处的波压强,可以近似地以静水压强给出:

$$p = \rho g(z_s - z) \tag{7.3.48}$$

6. 水质点运动速度和加速度

水平速度为

$$\frac{v_x}{\sqrt{gd}} = \left\{ -\frac{5}{4} + \frac{3z_t}{2d} - \frac{z_t^2}{4d^2} + \left(\frac{3H}{2d} - \frac{z_t H}{4d^2}\right)\mathrm{cn}^2 - \frac{H^2}{4d^2}\mathrm{cn}^4 - \right.$$
$$\left. \frac{8HK^2(\kappa)}{\lambda^2}\left(\frac{d}{3} - \frac{z^2}{2d}\right)(-\kappa^2\mathrm{sn}^2\mathrm{cn}^2 + \mathrm{cn}^2\mathrm{dn}^2 - \mathrm{sn}^2\mathrm{dn}^2) \right\} \tag{7.3.49}$$

垂直速度为

$$\frac{v_z}{\sqrt{gd}} = z\frac{2HK(\kappa)}{\lambda d}\left\{ 1 + \frac{z_t}{d} + \frac{H}{d}\mathrm{cn}^2 + \frac{32K^2(\kappa)}{3\lambda^2}\left(d^2 - \frac{z^2}{2}\right) - \right.$$
$$\left. (\kappa^2\mathrm{sn}^2 - \kappa^2\mathrm{cn}^2 - \mathrm{dn}^2) \right\}\mathrm{sncndn} \tag{7.3.50}$$

式中

$$\mathrm{cn}^2 = \mathrm{cn}^2\left(2K(\kappa)\left(\frac{x}{\lambda} - \frac{t}{T}\right), \kappa\right)$$
$$\mathrm{sn}^2 = 1 - \mathrm{cn}^2\left(2K(\kappa)\left(\frac{x}{\lambda} - \frac{t}{T}\right), \kappa\right)$$
$$\mathrm{dn}^2 = 1 - k^2\mathrm{sn}^2\left(2K(\kappa)\left(\frac{x}{\lambda} - \frac{t}{T}\right), \kappa\right) \tag{7.3.51}$$

式中:cn(·)为雅可比椭圆余弦函数;sn(·)为雅可比椭圆正弦函数;dn(·)为雅可比椭圆delta 函数。cn 的周期为 4κ,cn^2 的周期为 2κ。cn^2 使得波峰变陡、波谷变平坦,如图 7.3.5 所示。

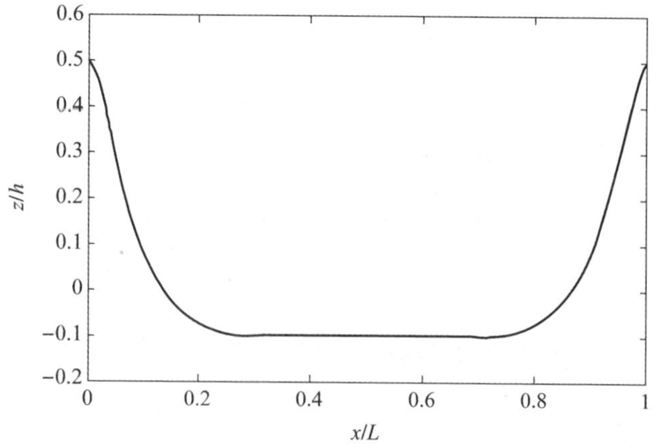

图 7.3.5 对应 $H=0.6\mathrm{m}, d=0.6\mathrm{m}, T=5.0\mathrm{s}$ 的椭圆余弦波波面图

7. 椭圆余弦波的极限情况

当模数时 $\kappa \to 0$ 时,$K(\kappa) = \int_0^{\frac{\pi}{2}} \frac{1}{\sqrt{1-\kappa^2\sin^2\theta}}\mathrm{d}\theta = \frac{\pi}{2}$,$\mathrm{cn}(r,k) = \cos(r)$,此时椭圆余弦波的波面方程变为

$$\zeta = H\cos^2\left[\pi\left(\frac{x}{\lambda}-\frac{t}{T}\right)\right]-d+z_t = H\cos(kx-\omega t)$$

当模数 $\kappa\to 1$ 时，$K(\kappa)\to\infty$，$\mathrm{cn}(r,1)=\mathrm{sech}(r)$，则波面方程为

$$\zeta = H\mathrm{sech}^2\left[\sqrt{\frac{3H}{4d}}\left(\frac{x}{d}-\frac{ct}{d}\right)\right] \tag{7.3.52}$$

此为孤立波。

7.3.3　孤立波

前面讨论的波浪都是周期性或近周期性的，即在波浪运动过程中，水质点既有向前运动也有向后运动。小振幅波是纯周期性的波动，而有限振幅波在波浪前进方向上有质量输移，水质点有向前运动和向后运动，但在一个周期内前进的距离比后退的距离大。

当水质点仅在波浪传播方向运动时，该种波浪运动称为移动波，孤立波就是这种类型。纯粹的孤立波的全部波剖面全部位于静水面以上，波长无限，如图 7.3.6 所示。

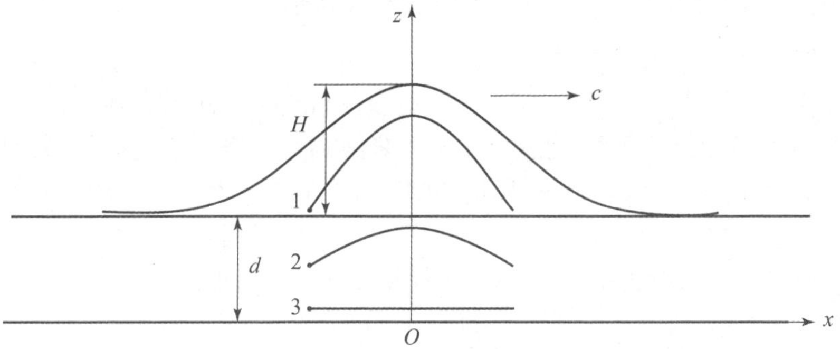

图 7.3.6　孤立波的波剖面与水质点运动

设波峰沿 x 正向传播，当波峰距离水质点很远时，质点 1 的运动可以忽略。随着波峰的移近，质点 1 开始向上向右运动，波峰经过时，质点 1 达到最高点；当波峰移去时，质点倾斜向下运动，直至波峰远去，质点又恢复几乎不动的状态，达到一个新的位置。质点运动轨迹为抛物线，波峰经过时会移动一段水平距离。水面以下的其他质点的运动类似，只是运动的高度小于水面质点，而在水底的质点做水平移动。

前面提到，孤立波是椭圆余弦波的特例，式(7.3.52)给出了孤立波的波面方程。此外，当模数 $\kappa\to 1$ 时，$K(\kappa)\to\infty$，此时函数 $\mathrm{cn}^2\left(2K(\kappa)\left(\frac{x}{\lambda}-\frac{t}{T}\right),\kappa\right)$的周期 $2K(\kappa)\to\infty$，说明其波长 $\lambda\to\infty$。

波速由公式(7.3.41)取极限获得

$$c=\sqrt{gd}\left\{1+\frac{H}{d}[-1+2]\right\}^{1/2}=\sqrt{g(d+H)} \tag{7.3.53}$$

孤立波水质点速度可通过式(7.3.49)、式(7.3.50)中令 $\kappa\to 1$ 得到：

水平速度：

$$\frac{v_x}{\sqrt{gd}}=\frac{H}{d}\mathrm{sech}^2\left[\sqrt{\frac{3H}{4d}}\left(\frac{x}{d}-\frac{ct}{d}\right)\right] \tag{7.3.54}$$

垂直速度：

$$\frac{v_z}{\sqrt{gd}}=\sqrt{3}\left(\frac{H}{d}\right)^{1.5}\operatorname{sech}^2\left[\sqrt{\frac{3H}{4d}}\left(\frac{x}{d}-\frac{ct}{d}\right)\right]\tanh\left[\sqrt{\frac{3H}{4d}}\left(\frac{x}{d}-\frac{ct}{d}\right)\right] \tag{7.3.55}$$

由式(7.3.53)～式(7.3.55)看出，孤立波的性质主要取决于 H/d，当增大至某一值时，将出现波浪破碎。不同学者给出不同破碎的 H/d 极限值，它们在 0.714～1.03，最常用的值是 0.78。

孤立波是一种弱非线性色散波，其中波的非线性被色散完全平衡。波的非线性会使波前变陡，而波的频散会抵消它。因此，孤立波可以传播很长的距离而没有明显的形状变化和能量损失。

7.3.4 随机波理论

前面讲述的波浪都是具有固定波高、周期和传播方向的单色波，其波面形状是规则的，即规则波。然后实际观测得到的海浪由不同波高和传播方向的波浪组成，具有高高低低、长长短短、此起彼伏、瞬息万变特征，波面为不规则现状，并呈现出随机特性，因此称为随机波或不规则波。

1. 随机波要素

随机波的波高和周期，主要采用跨零法来定义。图 7.3.7 所示为某一观测点的波面高度时历曲线，取平均水面为零线，把波面上升与零线的交点定义为上跨零点，如 z_1'，z_2'，…。如果横坐标为时间，则两个相邻上跨零点的间距就是这个波的周期；若坐标轴为距离，则此间距为这个波的波长。把相邻两个上跨零点间的波峰最高点至波谷最低点的垂直距离定义波高。对于中间的小波动，只要不与零线相交就不予考虑。

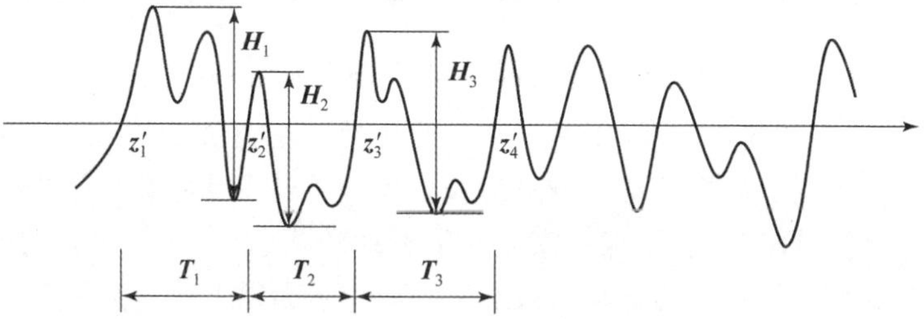

图 7.3.7　上跨零点法定义与波浪要素

由于波面运动的随机性，波高 H 和周期 T 也是随机变量，因而在随机波浪理论中有不同的波高值定义的特征波高。

1）部分大波平均波高

（1）最大波高 H_{max} 和波周期 T_{max}：波浪序列中波高最大值及对应的波浪周期。

（2）平均波高 $\bar{H}$ 和波周期 $\bar{T}$：波浪序列中所有波浪的平均波高和平均周期。

（3）十分之一大波波高 $H_{1/10}$ 和周期 $T_{1/10}$：将波浪序列中各个波从大到小排列，取前面十分之一大波的平均波高和平均周期作为代表性波（特征波）。

（4）三分之一大波波高 $H_{1/3}$ 和周期 $T_{1/3}$：将波浪序列中各个波从大到小排列，取前面三分之一大波的平均波高和平均周期作为代表性波（特征波），又称为有效波，用 H_s 和周期 T_s 表示。

2)超值累积率波高

超值累积率波高 H_F 是指波列中超过此波高的累积概率为 F(通常用百分数表示),常用 $H_{1\%}$,$H_{5\%}$,$H_{13\%}$ 等。部分大波平均波高和超值累积率波高可以由实测资料,通过统计分析得到。大量资料表明:$H_{13\%}$ 约等于 $H_{1/3}$,$H_{4\%}$ 约等于 $H_{1/10}$。

2. 随机波统计描述

工程实践中,一般采用线性理论来模拟不规则波并获得统计值。沿 x 轴正向传播的不规则波的波面升高可为大量单元规则波的叠加,即

$$\zeta = \sum_{j=1}^{N} A_j \sin(\omega_j t - k_j x + \varepsilon_j) \tag{7.3.56}$$

式中:A_j,ω_j,k_j 和分别表示第 j 个单元波的幅值、圆频率、波数和随机相位角。ε_j 在 $0\sim2\pi$ 范围均匀分布且与时间无关,$\omega_j \sim k_j$ 满足波浪传播色散关系,即 $\omega_j^2 = k_j g \tanh kd$(有限水深波)或 $\omega_j^2 = k_j g$(深水波)。

1)海浪频率谱的定义

单元波在单位面积铅直水柱内的能量,在 7.2.5 小节中推导得到:

$$E_j = \frac{\rho g}{2} A_j^2$$

海浪的总能量由其所有的组成波来提供。若组成波的单元波有无穷多个,即波浪的频率分布于 $0\sim\infty$,则位于频率 $\omega \sim \omega + \mathrm{d}\omega$ 内组成波提供的能量为

$$E = \sum_{\omega}^{\omega+\mathrm{d}\omega} \frac{\rho g}{2} A_j^2$$

引入 $S(\omega)$,令

$$S(\omega)\mathrm{d}\omega = \sum_{\omega}^{\omega+\mathrm{d}\omega} \frac{1}{2} A_j^2$$

显然,$S(\omega)$ 比例于频率间隔 $\omega \sim \omega + \mathrm{d}\omega$ 内组成波的能量,所以 $S(\omega)$ 称为波能谱密度函数,简称为能谱。也就是说 $S(\omega)$ 给出了不同频率间隔内组成波提供的能量,代表的是海浪能量对于组成波频率的分布,故又称为频谱。图 7.3.8 为海浪频谱示意图。

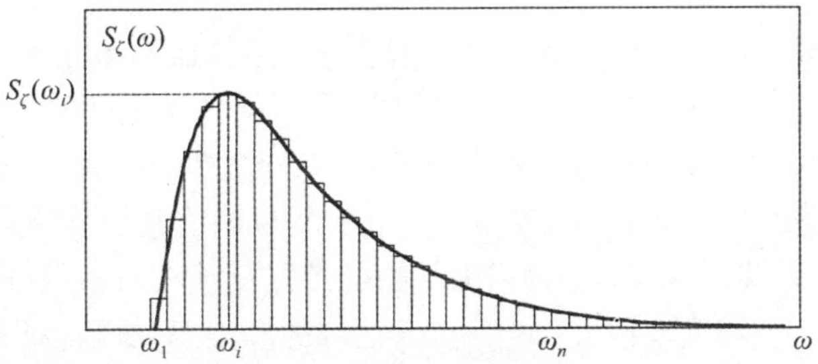

图 7.3.8　海浪频谱

波幅 A_j 可由波浪谱表达为

$$\frac{1}{2} A_j^2 = S(\omega)\Delta\omega \tag{7.3.57}$$

式中:$\Delta\omega$ 是连续频率的间隔。

波浪的瞬时波高服从高斯分布,均值为零,方差为

$$\sigma^2 = \int_0^\infty S(\omega)\,d\omega = \sum_{j=1}^{\infty} \frac{1}{2}A_j^2 \tag{7.3.58}$$

图 7.3.9 为合成波、单元波及波谱之间的关系,即频域与时域之间的关系。

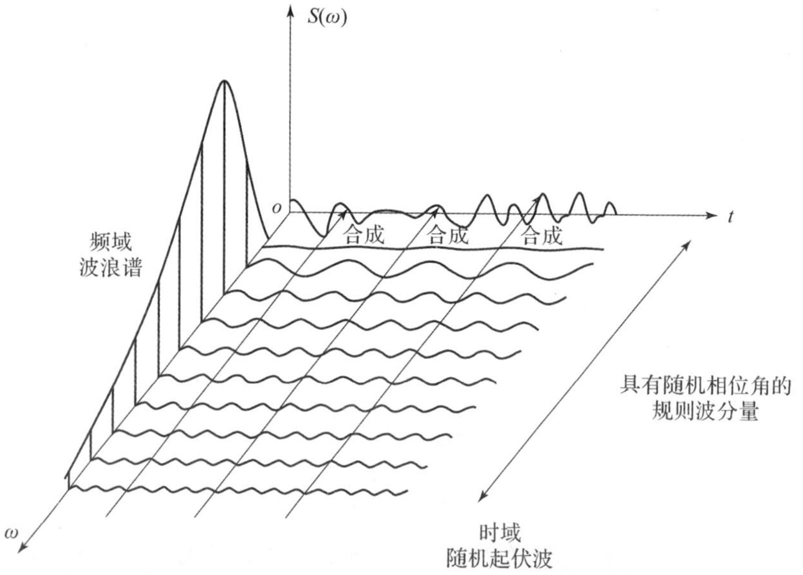

图 7.3.9　合成波、单元波及波谱之间的关系

从图 7.3.8 和图 7.3.9 可见,波谱具有以下特点:

(1)在 $\omega=0$ 附近,$S(\omega)$的值很小;

(2)随着 ω 的增加,$S(\omega)$先急剧增加再逐步减小,当 $\omega\to0$ 时,$S(\omega)\to0$;

(3)频谱曲线下的面积等于海浪的总能量,即

$$E = \int_0^\infty S(\omega)\,d\omega = \sum_{j=1}^{\infty} \frac{1}{2}A_j^2 \tag{7.3.59}$$

也等于海浪的方差,所以海浪谱又称为方差谱。

2)宽带谱与窄带谱

理论上,海浪谱分布于 $\omega=0\sim\infty$ 整个频率带内,但其显著部分却集中于一般狭窄的频带内。对于风浪,其能量分布于较宽的频带内,其对应的频谱一般为宽谱,如图 7.3.10(a)所示;对于涌浪,其对应的频谱一般为窄带谱,如图 7.3.10(b)所示。同时这也表明,在构成海浪的单元波中,频率很小和很大的单元波提供的能量很小,能量主要部分由一狭窄频带内的单元波提供。海浪的这种内部结构的特点反映在海浪的外部表现上,就是频率很小(周期、波长大)和频率很大(周期、波长小)的海浪,其波高都很小。由此可见,对海浪进行谱分析,用一个非随机的谱函数来描述随机过程,比用概率密度分布函数更为深刻。

由于波谱的宽窄能影响到波浪的一些重要特性,一般采用谱宽参数 ε 来表示谱的宽窄。谱宽参数的定义如下:

$$\varepsilon = \sqrt{1 - \frac{m_2^2}{m_0 m_4}} \tag{7.3.60}$$

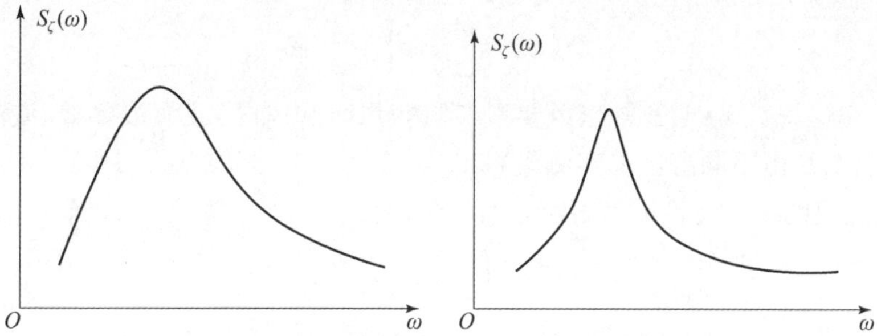

图 7.3.10　宽谱与窄谱

式中:$m_k = \int_0^\infty \omega^k S(\omega)\mathrm{d}\omega$ 为谱的第 k 阶矩;$0 \leqslant \varepsilon \leqslant 1$,$\varepsilon$ 越大,谱越宽。

3)方向谱的定义

实际的海面是三维的,其能量不仅分布在一定频率范围内,而且分布在相当宽的方向范围内。海面上的波动,除了由主波方向的单元波引起外,还由从其他各个方向来的单元波所引起,实际的海面波动是由来自不同方向单元波叠加的结果(主波方向与其他方向的单元波叠加)。其波面高度为

$$\zeta(x,y,t) = \sum_{j=1}^{\infty} A_j \cos(k_j x\cos\theta_j + k_j y\sin\theta_j t - \omega_j t - \varepsilon_j) \tag{7.3.61}$$

表明,在时刻 t 的波面,是由各种方向角 $-\pi < \theta \leqslant \pi$ 和不同频率的无限多个单元波叠加而成。因此,能量不仅相对于单元波的频率有一定的分布,而且相对于单元波的传播方向也有一定的分布。把波能相对于频率和波方向分布的谱称为方向谱,用 $S(\omega,\theta)$ 表示。$S(\omega,\theta)$ 与单元波波幅的关系为

$$S(\omega,\theta)\mathrm{d}\omega = \sum_{\omega}^{\omega+\mathrm{d}\omega}\sum_{\theta}^{\theta+\mathrm{d}\theta}\frac{1}{2}A_j^2$$

图 7.3.11 为海浪方向谱示意图,其给出了不同传播方向上各单元波的能量相对于频率的分布。

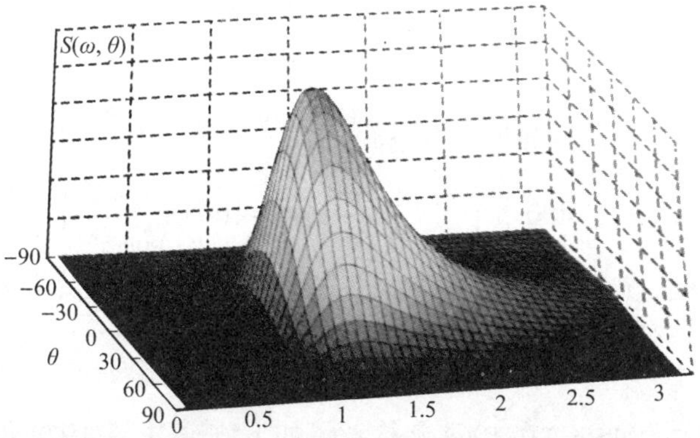

图 7.3.11　方向谱

频谱和方向谱的关系式为

$$S(\omega)\mathrm{d}\omega = \int_{-\pi}^{\pi} S(\omega,\theta)\mathrm{d}\theta \tag{7.3.62}$$

4)海浪谱的表达形式

迄今为止,已经提出了许多风浪频谱,其中相当部分具有纽曼最先于 1952 年提出的形式:

$$S(\omega)=\frac{A}{\omega^{p}}\exp\left[-\frac{B}{\omega^{q}}\right] \tag{7.3.63}$$

式中：$p=4\sim6$；$q=2\sim4$；A，B 常以风要素(风速、风时和风区)或海浪要素(波浪、周期)作为参量；p，q，A，B 由不同海区的实测资料定。

在研究波浪的统计特性时，常用到谱的各阶矩：

$$m_k=\int_0^{\infty}\omega^k S(\omega)\mathrm{d}\omega \tag{7.3.64}$$

将式(7.3.63)代入式(7.3.64)得

$$m_k=AB^{(k-p+1)/q}\frac{1}{q}\Gamma\left(\frac{p-k-1}{q}\right) \tag{7.3.65}$$

由于谱的各阶矩之值不为负，因此该谱型不具有 $p-1$ 阶及高于 $p-1$ 阶矩，且谱宽参数 $\varepsilon=1$，属于宽谱。纽曼谱结构形式简单，使用方便，有四个系数可供调整，对外界因素的适应性强。但其缺点是缺乏理论根据，不存在高阶矩，影响更深入的研究和广泛的应用。下面介绍工程中常用的一些波浪谱。

(1)纽曼(Neumann)谱：

$$S(\omega)=\frac{2.40}{\omega^6}\exp\left[-\frac{145.8}{\omega^2 H_{1/3}^{4/5}}\right] \tag{7.3.66}$$

纽曼谱的峰值频率为

$$\omega_p=6.97/H_{1/3}^{2/5} \tag{7.3.67}$$

式中：$H_{1/3}$为有义波高。

(2)布氏(Breteschneider)谱：

$$S(\omega)=\frac{1.25}{4}H_{1/3}^2\frac{\omega_m^4}{\omega^5}\exp\left[-1.25\left(\frac{\omega_m}{\omega}\right)^4\right] \tag{7.3.68}$$

式中：ω_p 为波谱的峰值频率为

$$\omega_p=5.98/T_{H_{1/3}} \tag{7.3.69}$$

布氏谱适用于成长阶段或充分成长的无限风区的海浪。

(3)光易(Mitsuyasu)谱：

日本学者光易恒建议采用如下的布氏波谱为

$$S(\omega)=400.5\left(\frac{H_{1/3}}{T_{H_{1/3}}^2}\right)^2\frac{1}{\omega^5}\exp\left[-1605\left(\frac{H_{1/3}}{T_{H_{1/3}}\omega}\right)^4\right] \tag{7.3.70}$$

此谱在日本被称为布－光易谱(B－M 谱)，并被日本港湾设施技术标准和各手册广泛引用。B－M 谱的峰值频率与式(7.3.69)相同。

(4)ISSC 谱：

国际船舶结构大会(ISSC)在 1964 年推荐了如下波谱，并在 1978 年第 15 届国际拖曳水池会议(ITTC)上得到推荐：

$$\frac{S(\omega)}{H_{1/3}^2 T_1}=\frac{0.11}{2\pi}\left(\frac{\omega T_1}{2\pi}\right)^{-5}\exp\left[-0.44\left(\frac{\omega T_1}{2\pi}\right)^{-4}\right] \tag{7.3.70}$$

式中：$H_{1/3}$为有义波高；T_1 是平均周期。它们分别由下式计算：

$$H_{\frac{1}{3}}=4\sqrt{m_0} \tag{7.3.71}$$

$$T_1 = 2\pi \frac{m_0}{m_1} \tag{7.3.72}$$

该波浪谱，适用于描述开阔海域、充分发展的波浪。

（5）P－M 谱：

$$S(\omega) = \frac{0.78}{\omega^5}\exp\left[-1.25\left(\frac{\omega_p}{\omega}\right)^4\right] \tag{7.3.73}$$

式中：ω_p 为 P－M 谱的峰值频率，其与有义波高的关系为

$$\omega_p = 1.253/\sqrt{H_{1/3}} \tag{7.3.74}$$

（6）修正的 P－M 谱—ITTC 谱：

因 P－M 谱表达式中仅包含一个参数，不足以表征复杂的海浪情况，于是，第 13 届 ITTC 对其进行了修改，到 1978 年第 15 届 ITTC 已发展为同时考虑波高和周期两个要素的双参数谱，被称为改进的 P－M 谱。其表达式为

$$\begin{aligned} S(\omega) &= \frac{A}{\omega^5}\exp(-B\omega^{-4}) \\ A &= 173H_{1/3}^2 T_1^{-4} \\ B &= 691T_1^{-4} \end{aligned} \tag{7.3.75}$$

（7）JONSWAP 谱：

由英国、荷兰、美国、德国等国家的有关单位，在 1968—1969 年，进行了“联合北海波浪计划”（joint North Sea wave project，JONSWAP），由测得的 2500 个谱导得有限风距的风浪谱，即 JONSWAP 谱。人们常认为，JONSWAP 谱是 P－M 谱的改进形式。在工程应用领域，JONSWAP 谱表达式为

$$S(\omega) = \beta_J H_{1/3}^2 T_1^{-4}\left(\frac{\omega}{2\pi}\right)^{-5}\exp\left[-1.25\left(T_1\frac{\omega}{2\pi}\right)^{-4}\right]\gamma^{\exp\left[-\left(T_1\frac{\omega}{2\pi}-1\right)^2/(2\sigma^2)\right]} \tag{7.3.76}$$

式中：系数 β_J 为

$$\beta_J = \frac{0.06238[1.094 - 0.01915\ln\gamma]}{0.230 + 0.0336\gamma - 0.185(1.9+\gamma)^{-1}} \tag{7.3.77}$$

峰形参数 σ 为

$$\sigma = \begin{cases} 0.07, \omega \leqslant \omega_p \\ 0.09, \omega > \omega_p \end{cases} \tag{7.3.78}$$

γ 为峰高因子，不同海域取不同值，如表 7.3.1 所列。

表 7.3.1　不同海区采用的 JONSWAP 谱峰高因子 γ 值

海区	γ
北海/北大西洋（North Sea /North Atlantic）	3.3
北海北部（Northen North Sea）	7
西非（West Africa）	1.5 ±0.5
墨西哥湾（Gulf of Mexico）	$H_{1/3} \leqslant 6.5$m, $\gamma = 1$ $H_{1/3} > 6.5$m, $\gamma = 2$
巴西近海（Offshore Brazil）	1 ~2

在 17 届 ITTC 会议上，推荐了以下形式的 JONSWAP 谱：

$$S(\omega) = 155 \frac{H_{1/3}^2}{T_1^4\omega^5}\exp\left(\frac{-944}{T_1^4\omega^4}\right)(3.3)^Y (\mathrm{m^2 s}) \tag{7.3.79}$$

式中

$$Y = \exp\left[-\left(\frac{0.191\omega T_1 - 1}{\sqrt{2}\sigma}\right)^2\right]$$

及

$$\sigma = \begin{cases} 0.07, \omega \leqslant 5.24/T_1 \\ 0.09, \omega > 5.24/T_1 \end{cases}$$

式(7.3.79)还可以采用其他特征周期进行表达，因各周期间存在如下的关系式：

$$T_1 = 0.834T_0 = 1.073T_2 \tag{7.3.80}$$

式中：T_0 为波谱模态周期；T_2 为第二平均周期，其与波谱矩存在以下关系：

$$T_2 = 2\pi\left(\frac{m_0}{m_2}\right)^{\frac{1}{2}} \tag{7.3.81}$$

P－M 谱和 JONSWAP 谱是目前国外用得最多的两种波浪谱形式（图 7.3.12）。表 7.3.2 列出了不同海区采用的波浪谱形式。

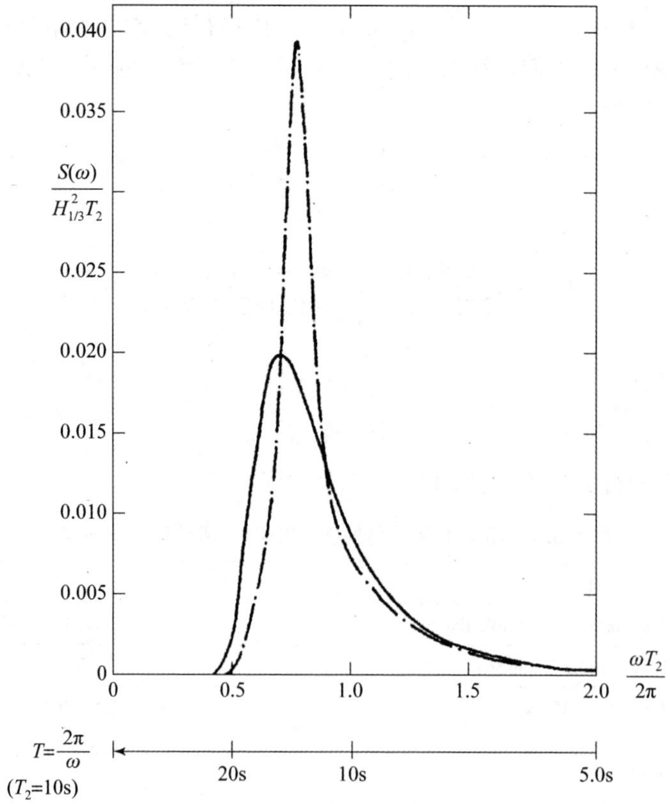

图 7.3.12　波谱图（P－M 谱（实线）和 JONSWAP 谱（虚线））

表7.3.2　国外不同海区采用的波浪谱形式

海区	操作工况	生存工况
北海/北大西洋(North Sea /North Atlantic)	JONSWAP	JONSWAP
北海北部(Northen North Sea)	JONSWAP	JONSWAP
西非(West Africa)	P-M	P-M
墨西哥湾(Gulf of Mexico)	P-M	P-M/JONSWAP
巴西近海(Offshore Brazil)	P-M	P-M/JONSWAP
西澳(Western Australia)	P-M	P-M

(8)普遍风浪谱(文氏谱):

我国文圣常院士分析了各种波谱的优缺点,结合我国不同海区的实测资料,提出了如下的普遍风浪谱表达式:

当$0 \leqslant f \leqslant 1.05/T_{H_{1/3}}$时

$$S(f)=0.0687H_{1/3}^2 T_{H_{1/3}} P \times$$
$$\exp\left\{-95\left[\ln\frac{P(5.813-5.137H^*)}{(6.77-1.088P+0.013P^2)(1.307-1.426H^*)}\right](1.1T_{H_{1/3}}f-1)^{12/5}\right\} \tag{7.3.82a}$$

当$f>1.05/T_{H_{1/3}}$时

$$S(f)=0.0687H_{1/3}^2 T_{H_{1/3}} \times \frac{(6.77-1.088P+0.013P^2)(1.307-1.426H^*)}{(5.813-5.137H^*)}\left(\frac{1.05}{T_{H_{1/3}}f}\right)^{(4-2H^*)} \tag{7.3.82b}$$

式中:H^*为水深因子,其定义为$H^*=0.626T_{H_{1/3}}/d$;P为尖度因子,是一种谱宽的度量,$P=95.3H_{1/3}^{1.35}/T_{H_{1/3}}^{2.7}$,谱峰频率为$f_p=0.91/T_{H_{1/3}}$。

文氏谱计算简单,且与观测结果符合较好,适用于深水和浅水。我国《港口与航道水文规范(JTS145—2015)》已经推荐采用此谱。

除了上述波浪谱外,还有一些学者提出的波谱,如六参数谱(Ochi/Hubble,1976)等。

7.3.5　畸形波

1.畸形波的定义

1965年,Draper提出了一种极限波浪(freak wave),国外研究人员也称这种波为“extreme wave”“abnormal wave”“rouge wave”等,国内学者将其译为“畸形波”。畸形波具有超常的波高,其波峰陡而尖,波谷显得相对平坦,包含畸形波的波浪序列毫无周期性,且闪现闪退,是一种强非线性波浪。其典型特征:自然海况下,最大波高大于有效波高及前后相邻波高的2倍,且波峰与波高之比近似为0.65(图7.3.13)。

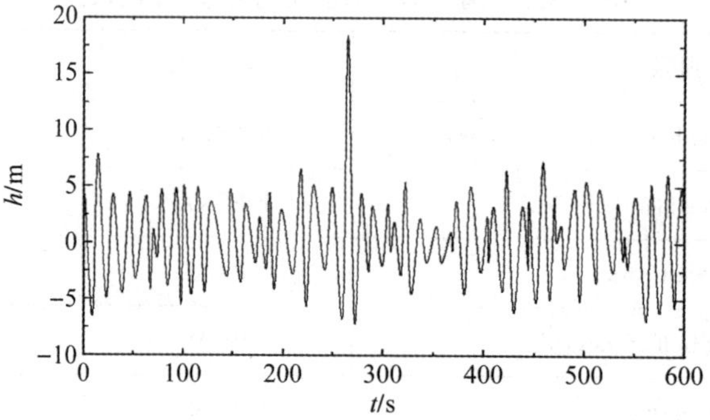

图 7.3.13　畸形波波高时历

2. 畸形波数值模拟方法

在实践中,不规则海浪的模拟是通过线性叠加理论实现的,沿 x 轴传播的长峰不规则波的波面升高可以看作大量不同频率的规则波的叠加组合,即

$$\eta(x,t) = \sum_{i=1}^{i=N} A_i\cos(k_i x - \omega_i t + \varepsilon_i) \tag{7.3.83}$$

式中:A_i 是第 i 个组成波的波幅;k_i 为波数;ω_i 为角频率;N 为组成波的数量。

调制单元波初始相位生成畸形波的方法已经被广泛采用,根据波能聚焦原理可知,要使 N 个余弦波在特定位置 x_p、特定时刻 t_p 产生波能聚焦,那么单元波的初相位应满足

$$k_i x_p - \omega_i t_p + \varepsilon_i = 2m\pi \tag{7.3.84}$$

即 $\varepsilon_i = 2m\pi - k_i x_p + \omega_i t_p, m = 0, \pm1, \pm2, \cdots, i = 1, \cdots, N$。
不妨取 $m = 0$,此时畸形波的自由波面可以表示为

$$\eta(x,t) = \sum_{i=1}^{N} A_i\cos(k_i(x - x_p) - \omega_i(t - t_p)) \tag{7.3.85}$$

式中:A_i 可由海浪谱获得

$$A_i = \sqrt{2S_\eta(\hat{\omega}_i)\Delta\omega_i} \tag{7.3.86}$$

频谱范围 $\omega_{\min} \sim \omega_{\max}$ 的选取,取决于所要求的精度。假设在频谱两侧各允许略去总能量的 $\mu_{\mathrm{down}}, \mu_{\mathrm{up}}$ 部分,则有

$$\mu_{\mathrm{down}} = \frac{\int_0^{\omega_{\min}} S_\eta(\omega)\mathrm{d}\omega}{\int_0^{\infty} S_\eta(\omega)\mathrm{d}\omega}, \mu_{\mathrm{up}} = \frac{\int_{\omega_{\max}}^{\infty} S_\eta(\omega)\mathrm{d}\omega}{\int_0^{\infty} S_\eta(\omega)\mathrm{d}\omega} \tag{7.3.87}$$

角频率区间的划分一般常用等分能量法和等分频率法两种。一般采用等分频率法,即取 $\Delta\omega$ 为一个常量,因此有

$$\Delta\omega_i = \Delta\omega = \frac{\omega_{\max} - \omega_{\min}}{N} \tag{7.3.88}$$

为避免波面以周期 $2\pi/\Delta\omega$ 重复出现,本书中代表角频率 ω_i 由在 $\omega_i \sim \omega_{i+1}$ 范围随机选取的 $\bar{\omega}_i$ 代替,计算 $S_\eta(\hat{\omega}_i)$ 时的 $\hat{\omega}_i = \omega_i + \Delta\omega_i/2$。

相应地,根据推板造波原理,对于平衡位置在 $x = 0$ 处的造波机,生成畸形波的推板运

动速度应为

$$\chi(t)=\sum_{i=1}^{N}\frac{\bar{\omega}_i\sqrt{2S_\eta(\hat{\omega}_i)\Delta\omega}}{Tr(\bar{\omega}_i)}\cos(\bar{k}_i(x-x_p)-\bar{\omega}_i(t-t_p)) \tag{7.3.89}$$

7.3.6　波浪理论的适用性

前面讨论了线性波、斯托克斯波、椭圆余弦波及孤立波等波浪理论，这些波浪理论都是通过某些假设与简化得到的。由于不同的假设与简化，理论计算结果也有差别，故有各自的适用范围。

对于适用范围的划分，Dean(1970)、Le Mehaute B(1969)和竺艳蓉(1983)给出了类似的建议，这里只给出竺艳蓉的建议。竺艳蓉根据海工结构受力特性，通过理论计算和水槽试验资料的对比分析，认为按照斯托克斯二阶波理论计算的波浪力一般偏大，故建议采用五阶斯托克斯波理论更为合适，并给出了各种波浪理论的适用范围：

(1) $T\sqrt{g/d}<6.0$（相当于 $d/\lambda>0.2$），$H/d\leqslant 0.2$ 时，采用线性波浪理论；

(2) $T\sqrt{g/d}\leqslant 10.0$（相当于 $d/\lambda\geqslant 0.1$）时，采用五阶斯托克斯波理论；

(3) $T\sqrt{g/d}>10.0$（相当于 $d/\lambda<0.1$）时，采用椭圆余弦波理论。

7.3.7　运动物体受到的波浪力

前面讨论了无界域中运动物体的受力问题，用动量定理和通量变化率公式不同的方法推导出了物体受力公式。由通量变化率公式得到近场公式，用动量定理推导得到远场公式。这两个公式虽然表达方式不同，但表达的是同一个物理量。对于存在自由表面流动的情况，同样可以推导得相应的运动物体受力公式。就水面浮式结构物或近自由表面运动的结构物而言，其湿表面积是随时间改变的，即 $S_b(t)$。第 1 章中通量变化率公式(1.4.25)中的 $S(t)$ 就是物体的湿表面积 $S_b(t)$，其变化率不是物体运动速度，而是物面上流体质点的运动速度。将式(1.4.25)中的速度用速度势来表达，即 $\boldsymbol{v}=\nabla\varphi$，则

由

$$\frac{\mathrm{d}}{\mathrm{d}t}\iint_{S_b(t)}\boldsymbol{q}\cdot\boldsymbol{n}\mathrm{d}S=\iint_{S_b(t)}\left[\frac{\partial\boldsymbol{q}}{\partial t}+\nabla\varphi(\nabla\cdot\boldsymbol{q})+\nabla\times(\boldsymbol{q}\times\nabla\varphi)\right]\cdot\boldsymbol{n}\mathrm{d}S \tag{7.3.90}$$

可知

$$\nabla\times(\boldsymbol{q}\times\nabla\varphi)=-(\nabla\cdot\boldsymbol{q})\nabla\varphi+(\nabla\varphi\cdot\nabla)\boldsymbol{q}-(\boldsymbol{q}\cdot\nabla)\nabla\varphi$$

则通量变化率公式(7.3.90)改写为

$$\frac{\mathrm{d}}{\mathrm{d}t}\iint_{S_b(t)}\boldsymbol{q}\cdot\boldsymbol{n}\mathrm{d}S=\iint_{S_b(t)}\left[\frac{\partial\boldsymbol{q}}{\partial t}+(\nabla\varphi\cdot\nabla)\boldsymbol{q}-(\boldsymbol{q}\cdot\nabla)\nabla\varphi\right]\cdot\boldsymbol{n}\mathrm{d}S \tag{7.3.91}$$

在式(7.3.91)中分别取 $\boldsymbol{q}$ 为 $\varphi\boldsymbol{i},\varphi\boldsymbol{j},\varphi\boldsymbol{k}$，得到三个积分关系，分别乘上 $\boldsymbol{i},\boldsymbol{j},\boldsymbol{k}$，然后相加得

$$\begin{aligned}\boldsymbol{F}&=-\rho\iint_{S_b(t)}\left(\frac{\partial\varphi}{\partial t}+\frac{1}{2}\nabla\varphi\cdot\nabla\varphi+gz\right)\boldsymbol{n}\mathrm{d}S\\&=-\rho\frac{\mathrm{d}}{\mathrm{d}t}\iint_{S_b(t)}\varphi\boldsymbol{n}\mathrm{d}S-\rho\iint_{S_b(t)}\left[\varphi\frac{\partial}{\partial n}(\nabla\varphi)-\frac{1}{2}\nabla\varphi\cdot\nabla\varphi\right]\boldsymbol{n}\mathrm{d}S-\rho g\iint_{S_b(t)}z\boldsymbol{n}\mathrm{d}S\end{aligned} \tag{7.3.92}$$

取变形斯托克斯公式(1.4.18)中的 $\varphi=\psi$，则受力公式改写成如下形式：

$$\boldsymbol{F}=-\rho\frac{\mathrm{d}}{\mathrm{d}t}\iint_{S_b(t)}\varphi\boldsymbol{n}\mathrm{d}S-\frac{\rho}{2}\iint_{S_b(t)}\left[\varphi\frac{\partial}{\partial n}(\nabla\varphi)-\nabla\varphi\frac{\partial\varphi}{\partial n}\right]\mathrm{d}S-\rho g\iint_{S_b(t)}z\boldsymbol{n}\mathrm{d}S-\frac{\rho}{2}\oint_{l_b(t)}\mathrm{d}\boldsymbol{l}\times(\varphi\nabla\varphi) \tag{7.3.93}$$

其中：$l_b(t)$是波面与物面的交线，其方向与法线 $\boldsymbol{n}$ 构成右手螺旋系。受力公式(7.3.93)是近场公式，积分运算仅在瞬时物面上进行。此公式是在完全非线性势流理论框架下推导出的，对于线性势流理论则可以得到进一步简化，即可以在平均湿表面位置进行积分；对于完全浸没在水中的潜体，则式(7.3.93)右边最后一项不出现，右边第三项与潜体受到的重力相平衡，此时与无界流域中的潜体受力公式(5.10.9)相一致。在无界流的情况下，公式(7.3.93)右边第二项的积分可以采用格林公式转换成远方的积分，在远方有 $\varphi=O(r^{-2})$，$r\to\infty$ 的特性，故第二项积分此时也为零，但当有自由表面波动时，该项积分不为零，需要保留。

当涉及流体作用于物体作用力 $\boldsymbol{F}$ 的平均值时，可采用动量原理导出 $\boldsymbol{F}$ 远场的表达公式。设流域为 $V(t)$，封闭面 $S(t)$ 由物面 $S_b(\mathrm{t})$，自由表面 $S_{\mathrm{f}}(\mathrm{t})$，海底 S_0，以及远方固定的直立圆柱面 S_{c}组成。流域 $V(t)$中流体动量的变化率为

$$\rho\frac{\mathrm{d}}{\mathrm{d}t}\iiint_{V(t)}\nabla\varphi\mathrm{d}V=\rho\frac{\mathrm{d}}{\mathrm{d}t}\oiint_{S(t)}\varphi\boldsymbol{n}\mathrm{d}S=\rho\oiint_{S(t)}\frac{\partial\varphi}{\partial t}\boldsymbol{n}\mathrm{d}S+\rho\iint_{S_b+S_f}\varphi\frac{\partial\varphi}{\partial n}\mathrm{d}S \tag{7.3.94}$$

由动量原理可知，动量的变化率等于所受到的合外力 $\boldsymbol{F}$，并注意到式(7.3.92)，则得

$$\iint_{S_b(t)}\left(\frac{\partial\varphi}{\partial t}+\frac{1}{2}\nabla\varphi\cdot\nabla\varphi+gz\right)\boldsymbol{n}\mathrm{d}S=$$

$$\frac{\mathrm{d}}{\mathrm{d}t}\iint_{S(t)}\varphi\boldsymbol{n}\mathrm{d}S-\iint_{S_c}\frac{\partial\varphi}{\partial t}\boldsymbol{n}\mathrm{d}S+\rho\iint_{S_b+S_f}\left[\frac{1}{2}(\nabla\varphi\cdot\nabla\varphi)\boldsymbol{n}-(\nabla\varphi)\frac{\partial\varphi}{\partial n}-gz\boldsymbol{n}\right]\mathrm{d}S \tag{7.3.95}$$

参照第5章公式(5.10.10)，式(7.3.95)右边最后一个积分的前两项可转移到远方控制面 S_{c}上，则得到作用力 $\boldsymbol{F}$ 的另外一种表达形式：

$$\boldsymbol{F}=-\rho\frac{\mathrm{d}}{\mathrm{d}t}\iint_{S(t)}\varphi\boldsymbol{n}\mathrm{d}S-\rho g\iint_{S_b(t)+S_c}z\boldsymbol{n}\mathrm{d}S+\rho\iint_{S_c}\left\{\left[\frac{\partial\varphi}{\partial t}(\nabla\varphi)+\frac{1}{2}\nabla\varphi\cdot\nabla\varphi\right]\boldsymbol{n}-\nabla\varphi\frac{\partial\varphi}{\partial n}\right\}\mathrm{d}S \tag{7.3.96}$$

下面进一步分析水平方向和垂向的分量。首先考虑水平分量 $F_m(m=1,2)$，可知

$$\iint_{S_b(t)+S_f}zn_m\mathrm{d}S=-\iint_{S_c}zn_m\mathrm{d}S(m=1,2)$$

故得水平分量为

$$F_m=-\rho\frac{\mathrm{d}}{\mathrm{d}t}\iint_{S(t)}\varphi n_m\mathrm{d}S-\rho\iint_{S_c}\left(\frac{p}{\rho}n_m+\frac{\partial\varphi}{\partial x_m}\frac{\partial\varphi}{\partial n}\right)\mathrm{d}S(m=1,2) \tag{7.3.97}$$

再考虑垂向分量。由于远方控制面 S_{c}上法向垂向分量为零，因此垂向力为

$$\boldsymbol{F}_3=-\rho\frac{\mathrm{d}}{\mathrm{d}t}\iint_{S(t)}\varphi n_3\mathrm{d}S-\rho\iint_{S_c}\left(\frac{\partial\varphi}{\partial z}\frac{\partial\varphi}{\partial n}\right)\mathrm{d}S-\rho g\iint_{S_b+S_f}zn_3\mathrm{d}S \tag{7.3.98}$$

式(7.3.97)、式(7.3.98)是远场表达式，与近场表达式(7.3.93)表达同一个量，两者应该相等。

用类似的方法推导出力矩的表达式。作用在结构物上的水动力矩为

$$\boldsymbol{M}=-\rho\iint_{S_b(t)}\left(\frac{\partial\varphi}{\partial t}+\frac{1}{2}\nabla\varphi\cdot\nabla\varphi+gz\right)(\boldsymbol{r}\times\boldsymbol{n})\mathrm{d}S$$

在通量变化率公式(7.3.91)中分别取 $\boldsymbol{q}$ 为 $\varphi(y\boldsymbol{k}-z\boldsymbol{j})$,$\varphi(z\boldsymbol{i}-x\boldsymbol{k})$,$\varphi(x\boldsymbol{j}-y\boldsymbol{i})$,得到三个积分关系,分别乘上 $\boldsymbol{i},\boldsymbol{j},\boldsymbol{k}$ 然后相加得到近场的力矩表达式为

$$\boldsymbol{M}=-\rho\frac{\mathrm{d}}{\mathrm{d}t}\iint_{S_b(t)}\varphi(\boldsymbol{r}\times\boldsymbol{n})\mathrm{d}S-\frac{\rho}{2}\iint_{S_b(t)}\left[\varphi\frac{\partial}{\partial n}(\boldsymbol{r}\times\nabla\varphi)-\frac{\partial\varphi}{\partial n}(\boldsymbol{r}\times\nabla\varphi)\right]\mathrm{d}S-\rho g\iint_{S_b(t)}z(\boldsymbol{r}\times\boldsymbol{n})\mathrm{d}S-\frac{\rho}{2}\oint_{l_b(t)}\boldsymbol{r}\times\mathrm{d}\boldsymbol{l}\times(\varphi\nabla\varphi) \tag{7.3.99}$$

7.4　自由表面流动处理技术

对于需要考虑流体黏性影响的流动、自由表面大幅运动出现破碎的运动等,势流理论处理这样的自由表面运动具有一定的局限性。为此,发展了多种基于黏流理论或者欧拉运动方程的自由表面处理技术,最为典型且较为成熟应用的有流体体积法(VOF 法)、水平截距法(Level－set 法)、光滑粒子水动力法(SPH 法)等。下面只对其理论、方程作简要介绍,对于方程的求解请读者参考计算流体力学有关文献。

7.4.1　流体体积函数(VOF)法

流体体积函数法的基本思想是在整个流场中定义一个函数 C,其值等于流体体积与网格体积的比值,且满足对流方程,称为流体体积函数。空单元中 C 值为 0;满单元中 C 值为 1;C 值介于 0 到 1 之间的单元为界面单元。在任意时刻,通过求解函数满足的输运方程,即可获得全场的流体体积函数分布,进而通过某种途径构造出运动界面。

设计算区域是 Ω,流体 1 所在的区域记为 Ω^1,而流体 2 所在的区域记为 Ω^2。首先定义这样一个函数为

$$\alpha(\boldsymbol{x},t)=\begin{cases}1 & (\boldsymbol{x}\in\Omega^1)\\0 & (\boldsymbol{x}\in\Omega^2)\end{cases} \tag{7.4.1}$$

对于两种互不相混的流体构成的流场,$\alpha(\boldsymbol{x},t)$的物质导数满足

$$\frac{\mathrm{D}}{\mathrm{D}t}\alpha(\boldsymbol{x},t)=\frac{\partial\alpha}{\partial t}+(\boldsymbol{v}\cdot\nabla)\alpha=0 \tag{7.4.2}$$

现由网格 e_{ij}(以矩形网格为例)上定义 C_{ij}为 $\alpha(\boldsymbol{x},t)$在网格上的积分,即

$$C_{ij}=\frac{1}{\Delta V_{ij}}\int_{e_{ij}}\alpha(\boldsymbol{x},t)\mathrm{d}V \tag{7.4.3}$$

将 C_{ij}称为流体体积函数(VOF),其物质导数同样满足(这里将式(7.4.4)下标略去)

$$\frac{\mathrm{D}C}{\mathrm{D}t}=\frac{\partial C}{\partial t}+(\boldsymbol{v}\cdot\nabla)C=0 \tag{7.4.4}$$

通过求解 VOF 方程,得到每个网格的 C 值。根据某种规则和周边网格的 C 值,可以计算自由面的斜率、曲率,给出自由面更精确的描述。只要求出 C,就可以构造出每个网格上的自由面,然后进行控制方程的离散求解。

由于 VOF 与欧拉法相结合,故该方法属于自由表面捕捉法(capturing method)。在 VOF 方法中,一个重要的特点是重构运动界面,即根据网格单元及其邻近网格单元中的 C 值来构造该网格单元的自由界面的位置,并依据某种规则计算自由面的斜率、曲率,给出自由面更精确的描述。因此,可以按照重构运动界面的方法,将 VOF 方法进一步分类,对

此请读者自行参考有关文献。

7.4.2 水平截距(Level-set)法

设欲求解的物理区域为 $\Omega=\Omega^1\cup\Gamma\cup\Omega^2$,子区域 Ω^1 中是1物质,Ω^2 中2物质,Ω^1 与 Ω^2 的界面 $\Gamma(t)$(1物质与2物质的分界面)因受到物理场的制约而随时间运动。1和2两种物质不相容或者状态不同,比如:自由表面的一边是气体,一边是液体,如图7.4.1所示。

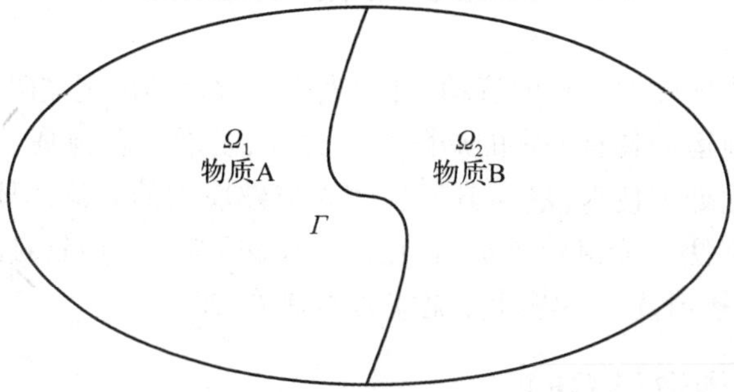

图7.4.1 计算区域中不同介质界面

以平面运动为例,对于不同相流体界面 $\Gamma(t)$,构造一函数 $\varphi(\boldsymbol{x},t)$,使其满足Lipschitz连续条件,又满足下列条件:

$$\varphi(\boldsymbol{x},t)=\begin{cases}>0 & (\boldsymbol{x}\in\Omega^1)\\ 0 & (\boldsymbol{x}\in\Gamma)\\ <0 & (\boldsymbol{x}\in\Omega^2)\end{cases} \tag{7.4.5}$$

求得 $\varphi(\boldsymbol{x},t)$ 值,就可以用寻找 $\varphi(\boldsymbol{x},t)$ 的等值线方法确定不同相流体界面 $\Gamma(t)$ 的位置。

$$\Gamma(t)=\{\boldsymbol{x}:\varphi(\boldsymbol{x},t)=0\} \tag{7.4.6}$$

因此确定自由交界面 $\Gamma(t)$ 就等同于求解下一个时刻的 $\varphi(\boldsymbol{x},t)$。对于 $\varphi(\boldsymbol{x},t)$,其物质导数满足以下方程:

$$\frac{\mathrm{D}\varphi}{\mathrm{D}t}=\frac{\partial\varphi}{\partial t}+(\boldsymbol{v}\cdot\nabla)\varphi=0 \tag{7.4.7}$$

将速度投影到交界面的法向,式(7.4.4)改变为

$$\frac{\partial\varphi}{\partial t}+F_N(\boldsymbol{x},\nabla\varphi,k)\,|\nabla\varphi|=0 \tag{7.4.8}$$

式中:F_N 为位置 $\boldsymbol{x}$、距离函数 $\varphi(\boldsymbol{x},t)$ 的梯度 $\nabla\varphi$ 和界面平均曲率 k 的函数。式(7.4.8)称为Leve-set方程,也属于欧拉法表达。

由于 F_N 也是 $\nabla\varphi$ 的函数,故可以采用Hamilton函数 $H(\boldsymbol{x},\nabla\varphi)$ 代替式(7.4.8)第二项,于是式(7.4.8)可以简化为下面的Hamilton-Jacobi方程:

$$\frac{\partial\varphi}{\partial t}+H(\boldsymbol{x},\nabla\varphi)=0 \tag{7.4.9}$$

通常,$\varphi(\boldsymbol{x},0)$ 取 $\boldsymbol{x}$ 到界面 $\Gamma(0)$ 的符号距离:

$$\varphi(\boldsymbol{x},0)=\begin{cases}d(\boldsymbol{x},\Gamma(0)) & (\boldsymbol{x}\in\Omega^1(0))\\ 0 & (\boldsymbol{x}\in\Gamma(0))\\ -d(\boldsymbol{x},\Gamma(0)) & (\boldsymbol{x}\in\Omega^2(0))\end{cases} \tag{7.4.10}$$

式中：$d(\boldsymbol{x},\Gamma(0))$表示$\boldsymbol{x}$到界面$\Gamma(0)$的距离；$\Omega=\Omega^1\cup\Gamma\cup\Omega^2$。自由表面的法向和曲率为

$$\begin{cases}\boldsymbol{n}=\left.\dfrac{\nabla\varphi}{|\nabla\varphi|}\right|_{\varphi=0}\\ k=\nabla\cdot\left.\left(\dfrac{\nabla\varphi}{|\nabla\varphi|}\right)\right|_{\varphi=0}\end{cases} \tag{7.4.11}$$

7.4.3　光滑粒子流体动力学(SPH)方法

光滑粒子流体动力学(smoothed partide hydrodynamics,SPH)方法是一种基于纯拉格朗日思想的无网格粒子法,因此它不需要追踪自由表面,而是通过追踪自由粒子的运动就可以很容易地确定自由表面,进而得到整个物理系统的特性。本节将介绍SPH方法的基本思想、基本概念及基本方程。

1. SPH方法基本思想

SPH方法的基本思想主要可表述为以下几点：

(1)无网格性。采用一系列任意分布的粒子来表示计算域,粒子之间不需要任何的连接。

(2)数学稳定性。通过核函数的近似积分来表示近似场函数。

(3)紧支性。通过粒子近似法对核函数积分作进一步的近似,即通过应用局部区域内相邻粒子对应的变量值的叠加求和来取代场函数及其导数的积分表示形式。

(4)自适应性。在每一时间步都进行粒子近似过程,所使用的粒子取决于当前局部分布的粒子。

(5)拉格朗日性。将粒子近似法应用于所有描述所研究问题的偏微分方程组的场函数相关项中,得到离散化形式的常微分方程组。

(6)动力学特性。对所得到的常微分方程组进行时间积分,求出所有粒子的场变量随时间的变化值。

(7)将场变量的变化值与前一时刻的场变量值叠加,即可得到粒子当前时刻的场变量值。

可见SPH方法是一种具有完全无网格、稳定的、自适应的,以及拉格朗日性质的数值计算方法,这些特性的优点在自由表面流动数值模拟中可得到充分的展现。

2. SPH方法基本方程

1)函数的积分表示

在SPH方法中,函数$f(\boldsymbol{x})$在点$\boldsymbol{x}$处的值可由下面的积分表示式定义：

$$f(\boldsymbol{x})=\int_\Omega f(\boldsymbol{x}')\delta(\boldsymbol{x}-\boldsymbol{x}')\mathrm{d}\boldsymbol{x}' \tag{7.4.12}$$

式中：$\boldsymbol{x}$表示坐标矢量；f为坐标矢量$\boldsymbol{x}$的函数；Ω为积分体积；$\delta(\boldsymbol{x}-\boldsymbol{x}')$为狄拉克函数。

狄拉克函数的性质为

$$\delta(\boldsymbol{x}-\boldsymbol{x}')=\begin{cases}1 & \boldsymbol{x}=\boldsymbol{x}' \\ 0 & \boldsymbol{x}\neq\boldsymbol{x}'\end{cases}$$

若函数$f(\boldsymbol{x})$在积分域Ω内是连续的，则采用狄拉克函数作为积分权函数的定义式(7.4.12)是精确的。

若用光滑函数$W(\boldsymbol{x}-\boldsymbol{x}',h)$代替狄拉克函数$\delta(\boldsymbol{x}-\boldsymbol{x}')$，则函数$f(\boldsymbol{x})$的积分表达式可改写为

$$f(\boldsymbol{x})\approx\int_{\Omega}f(\boldsymbol{x}')W(\boldsymbol{x}-\boldsymbol{x}',h)\mathrm{d}\boldsymbol{x}' \tag{7.4.13}$$

式中：光滑函数$W(\boldsymbol{x}-\boldsymbol{x}',h)$又称为核函数或光滑核函数；$h$是光滑长度。

采用SPH的习惯写法，核近似算子用角括弧标记，则式(7.4.13)改写为

$$\langle f(\boldsymbol{x})\rangle=\int_{\Omega}f(\boldsymbol{x}')W(\boldsymbol{x}-\boldsymbol{x}',h)\mathrm{d}\boldsymbol{x}' \tag{7.4.14}$$

2)函数一阶导数的积分表示

式(7.4.14)的空间一阶导数的近似式可表达为

$$\langle\nabla\cdot f(\boldsymbol{x})\rangle=\int_{\Omega}[\nabla\cdot f(\boldsymbol{x}')]W(\boldsymbol{x}-\boldsymbol{x}',h)\mathrm{d}\boldsymbol{x}' \tag{7.4.15}$$

根据散度运算的法则，式(7.4.15)可以改写为

$$\langle\nabla\cdot f(\boldsymbol{x})\rangle=\int_{\Omega}\nabla\cdot[f(\boldsymbol{x}')W(\boldsymbol{x}-\boldsymbol{x}',h)]\mathrm{d}\boldsymbol{x}'-\int_{\Omega}f(\boldsymbol{x}')\cdot[\nabla W(\boldsymbol{x}-\boldsymbol{x}',h)]\mathrm{d}\boldsymbol{x}' \tag{7.4.17}$$

利用高斯公式得，式(7.4.17)右边第一项的体积分可以改为面积分，即

$$\langle\nabla\cdot f(\boldsymbol{x})\rangle=\int_{S}\boldsymbol{n}\cdot[f(\boldsymbol{x}')W(\boldsymbol{x}-\boldsymbol{x}',h)]\mathrm{d}S-\int_{\Omega}f(\boldsymbol{x}')\cdot[\nabla W(\boldsymbol{x}-\boldsymbol{x}',h)]\mathrm{d}\boldsymbol{x}' \tag{7.4.18}$$

式中：$\boldsymbol{n}$是面域S的单位法向矢量。显然，$\boldsymbol{x}'$为面域S上的位置矢量，那么如果核函数紧支域的边界位于求解域的内部，则核函数$W(\boldsymbol{x}-\boldsymbol{x}',h)$的值对于任何$\boldsymbol{x}'$都为零，此时式(7.4.18)简化为

$$\langle\nabla\cdot f(\boldsymbol{x})\rangle=-\int_{\Omega}f(\boldsymbol{x}')\cdot[\nabla W(\boldsymbol{x}-\boldsymbol{x}',h)]\mathrm{d}\boldsymbol{x}' \tag{7.4.19}$$

表示，SPH估计将函数的空间导数转化为了核函数的空间导数，因而可以通过核函数求取任意场函数的空间导数。

当支持域在计算域的边界附近时，核函数可能会被边界截断，则式(7.4.18)等号右边第一项不为零，此时应对方程进行修正，以修正边界效应的影响。

2)函数二阶导数的积分表示

空间二阶导数的近似可表达为

$$\langle\nabla^2\cdot f(\boldsymbol{x})\rangle=\int_{\Omega}[\nabla^2\cdot f(\boldsymbol{x}')]W(\boldsymbol{x}-\boldsymbol{x}',h)\mathrm{d}\boldsymbol{x}' \tag{7.4.20}$$

应用根据散度运算法则及高斯公式，式(7.4.20)改写为

$$\langle\nabla^2\cdot f(\boldsymbol{x})\rangle=\int_{S}[\nabla\cdot f(\boldsymbol{x}')]W(\boldsymbol{x}-\boldsymbol{x}',h)\cdot\boldsymbol{n}\mathrm{d}S-\int_{S}f(\boldsymbol{x}')[\nabla\cdot W(\boldsymbol{x}-\boldsymbol{x}',h)]\cdot\boldsymbol{n}\mathrm{d}S+\int_{\Omega}f(\boldsymbol{x}')\cdot[\nabla^2W(\boldsymbol{x}-\boldsymbol{x}',h)]\mathrm{d}\boldsymbol{x}' \tag{7.4.21}$$

由于核函数的紧支性,当支持域位于计算域的内部时,式(7.4.21)等号右边第一项、第二项都为零,因此该式改写为

$$\langle \nabla^2 \cdot f(\boldsymbol{x}) \rangle = \int_\Omega f(\boldsymbol{x}') \cdot [\nabla^2 W(\boldsymbol{x}-\boldsymbol{x}',h)]\mathrm{d}\boldsymbol{x}' \tag{7.4.22}$$

而当支持域在计算域的边界附近时,核函数可能会被边界截断,则式(7.4.21)等号右边第一项与第二项均不为零,此时应对方程进行修正。

3)粒子近似

根据SPH方法基本思想,$f(\boldsymbol{x})$的SPH连续积分表达式(7.4.13),可转化为支持域内所有粒子叠加求和的离散化形式,转化过程如下:

$$\langle f(\boldsymbol{x}) \rangle \approx \int_\Omega f(\boldsymbol{x}') W(\boldsymbol{x}-\boldsymbol{x}',h)\mathrm{d}\boldsymbol{x}' \approx \sum_{j=1}^{N} f(\boldsymbol{x}_j) W(\boldsymbol{x}-\boldsymbol{x}_j,h)\Delta V_j = \sum_{j=1}^{N} \frac{m_j}{\rho_j} f(\boldsymbol{x}_j) W(\boldsymbol{x}-\boldsymbol{x}_j,h) \tag{7.4.23}$$

同理可得空间一阶导数和二阶导数的离散形式:

$$\langle \nabla \cdot f(\boldsymbol{x}) \rangle \approx \sum_{j=1}^{N} \frac{m_j}{\rho_j} f(\boldsymbol{x}_j) \cdot \nabla W(\boldsymbol{x}-\boldsymbol{x}_j,h) \tag{7.4.24}$$

$$\langle \nabla^2 \cdot f(\boldsymbol{x}) \rangle \approx \sum_{j=1}^{N} \frac{m_j}{\rho_j} f(\boldsymbol{x}_j) \cdot \nabla^2 W(\boldsymbol{x}-\boldsymbol{x}_j,h) \tag{7.4.25}$$

式中:m_j为粒子$j(j=1,2,\cdots,N)$的质量;ρ_j为粒子j的密度;N为在粒子j处的支持域内的粒子总数。

在粒子i处,函数的粒子近似式为

$$\langle f(\boldsymbol{x}) \rangle = \sum_{j=1}^{N} \frac{m_j}{\rho_j} f(\boldsymbol{x}_j) W(\boldsymbol{x}_i-\boldsymbol{x}_j,h) = \sum_{j=1}^{N} \frac{m_j}{\rho_j} f(\boldsymbol{x}_j) W_{ij} \tag{7.4.26}$$

$$\langle \nabla \cdot f(\boldsymbol{x}) \rangle \approx -\sum_{j=1}^{N} \frac{m_j}{\rho_j} f(\boldsymbol{x}_j) \cdot \nabla W_{ij} = \sum_{j=1}^{N} \frac{m_j}{\rho_j} f(\boldsymbol{x}_j) \cdot \nabla_i W_{ij} \tag{7.4.27}$$

$$\langle \nabla^2 \cdot f(\boldsymbol{x}) \rangle \approx -\sum_{j=1}^{N} \frac{m_j}{\rho_j} f(\boldsymbol{x}_j) \cdot \nabla^2 W_{ij} \tag{7.4.28}$$

式中

$$W_{ij} = W(\boldsymbol{x}_i-\boldsymbol{x}_j,h) \tag{7.4.29}$$

$$\nabla W_{ij} = \nabla W(\boldsymbol{x}_i-\boldsymbol{x}_j,h) = \frac{\boldsymbol{x}_{ij}}{r_{ij}} \frac{\partial W_{ij}}{\partial r_{ij}} \tag{7.4.30}$$

$$\nabla^2 W_{ij} = \nabla^2 W(\boldsymbol{x}_i-\boldsymbol{x}_j,h) \tag{7.4.31}$$

式中:r_{ij}为粒子间距离。

由此可见,式(7.4.26)~式(7.4.28),粒子近似将函数及其导数的连续积分转换成在任意排列粒子上的离散求和,这是SPH方法无需网格进行计算最根本的原因。

为了得到更为精确的结果,将空间导数的形式进行改写:

$$\nabla \cdot f(\boldsymbol{x}) = \frac{1}{\rho}[\nabla \cdot (\rho f(\boldsymbol{x})) - f(\boldsymbol{x}) \cdot \nabla \rho] \tag{7.4.32}$$

$$\nabla \cdot f(\boldsymbol{x}) = \rho\left[\nabla \cdot \left(\frac{f(\boldsymbol{x})}{\rho}\right) - \frac{f(\boldsymbol{x})}{\rho^2} \cdot \nabla \rho\right] \tag{7.4.33}$$

对式(7.4.32)、式(7.4.33)进行粒子近似得

$$\langle \nabla \cdot f(\boldsymbol{x}) \rangle \approx \frac{1}{\rho_j} \sum_{j=1}^{N} m_j [f(\boldsymbol{x}_j) - f(\boldsymbol{x}_i)] \cdot \nabla_i W_{ij} \tag{7.4.34}$$

$$\langle \nabla \cdot f(\boldsymbol{x}) \rangle \approx \rho_j \sum_{j=1}^{N} m_j \left[\frac{f(\boldsymbol{x}_j)}{\rho_j^2} + \frac{f(\boldsymbol{x}_i)}{\rho_i^2} \right] \cdot \nabla_i W_{ij} \tag{7.4.35}$$

改写后的式(7.4.34)、式(7.4.35)较原来的近似存在一个好处，即右边的场函数值是以成对的粒子形式出现的。

4)流体动力学的 SPH 公式

黏性流体运动满足连续方程、动量方程和能量方程，其拉格朗日描述如下(α 和 β 表示坐标方向)：

(1)质量守恒方程(连续性方程)：

$$\frac{\mathrm{d}\rho_i}{\mathrm{d}t} = -\rho \frac{\partial v^\beta}{\partial x^\beta} (\beta = 1,2,3) \tag{7.4.36}$$

(2)动量守恒方程：

$$\frac{\mathrm{d}v^\alpha}{\mathrm{d}t} = \frac{1}{\rho} \frac{\partial \sigma^{\alpha\beta}}{\partial x^\beta} + F^\alpha (\alpha,\beta = 1,2,3) \tag{7.4.37}$$

(3)能量守恒方程：

$$\frac{\mathrm{d}e}{\mathrm{d}t} = \frac{\sigma^{\alpha\beta}}{\rho} \frac{\partial v^\alpha}{\partial x^\beta} (\alpha,\beta = 1,2,3) \tag{7.4.38}$$

式中：ρ 为流体密度；$\boldsymbol{v}$ 为速度张量；e 为流体内能；$\boldsymbol{F}$ 为单位质量流体上的体力张量；$\boldsymbol{\sigma}$ 为总应力张量，由各向同性压力 p 和黏性应力 τ 两部分组成。

$$\sigma^{\alpha\beta} = -p\delta^{\alpha\beta} + \tau^{\alpha\beta} (\alpha,\beta = 1,2,3) \tag{7.4.39}$$

对于牛顿流体，有

$$\tau^{\alpha\beta} = \mu\varepsilon^{\alpha\beta} = \mu\left(\frac{\partial v^\beta}{\partial x^\alpha} + \frac{\partial v^\beta}{\partial x^\beta} - \frac{2}{3} (\nabla \cdot \boldsymbol{v}) \delta^{\alpha\beta} \right) (\alpha,\beta = 1,2,3) \tag{7.4.40}$$

采用(7.4.26) ~ 式(7.4.28)进行离散，得到流体运动的 SPH 的控制方程：

(1)密度的 SPH 近似为

$$\rho_i = \sum_{j=1}^{N} m_j W_{ij} \tag{7.4.41}$$

(2)质量守恒方程的 SPH 近似为

$$\frac{\mathrm{d}\rho_i}{\mathrm{d}t} = -\rho_i \sum_{j=1}^{N} \frac{m_j}{\rho_j} v_j^\beta \frac{\partial W_{ij}}{\partial x_j^\beta} \tag{7.4.42}$$

或者

$$\frac{\mathrm{d}\rho_i}{\mathrm{d}t} = \rho_i \sum_{j=1}^{N} \frac{m_j}{\rho_j} v_{ij}^\beta \frac{\partial W_{ij}}{\partial x_j^\beta} \tag{7.4.43}$$

式中：$v_{ij}^\beta = (v_i^\beta - v_j^\beta)$。

(3)动量守恒方程的 SPH 近似为

$$\frac{\mathrm{d}v_i^\alpha}{\mathrm{d}t} = -\sum_{j=1}^{N} m_j \frac{p_i + p_j}{\rho_i \rho_j} \frac{\partial W_{ij}}{\partial x_i^\alpha} + \sum_{j=1}^{N} m_j \frac{\mu_i \varepsilon_i^{\alpha\beta} + \mu_j \varepsilon_j^{\alpha\beta}}{\rho_i \rho_j} \frac{\partial W_{ij}}{\partial x_i^\beta} + F^\alpha (\alpha,\beta = 1,2,3) \tag{7.4.44}$$

或者

$$\frac{\mathrm{d}v_i^{\alpha}}{\mathrm{d}t}=-\sum_{j=1}^{N}m_j\left(\frac{p_i}{\rho_i^2}+\frac{p_j}{\rho_j^2}\right)\frac{\partial W_{ij}}{\partial x_i^{\alpha}}+\sum_{j=1}^{N}m_j\left(\frac{\mu_i\varepsilon_i^{\alpha\beta}}{\rho_i^2}+\frac{\mu_j\varepsilon_j^{\alpha\beta}}{\rho_j^2}\right)\frac{\partial W_{ij}}{\partial x_i^{\beta}}+F^{\alpha}(\alpha,\beta=1,2,3) \quad (7.4.45)$$

(4)能量守恒方程的 SPH 近似为

$$\frac{\mathrm{d}e_i}{\mathrm{d}t}=\frac{1}{2}\sum_{j=1}^{N}m_j\frac{p_i+p_j}{\rho_i\rho_j}v_{ij}^{\beta}\frac{\partial W_{ij}}{\partial x_i^{\beta}}+\frac{\mu_i}{2\rho_i}\varepsilon_i^{\alpha\beta}\varepsilon_j^{\alpha\beta}(\alpha,\beta=1,2,3) \quad (7.4.46)$$

或者

$$\frac{\mathrm{d}e_i}{\mathrm{d}t}=\frac{1}{2}\sum_{j=1}^{N}m_j\left(\frac{p_i}{\rho_i^2}+\frac{p_j}{\rho_j^2}\right)v_{ij}^{\beta}\frac{\partial W_{ij}}{\partial x_i^{\beta}}+\frac{\mu_i}{2\rho_i}\varepsilon_i^{\alpha\beta}\varepsilon_j^{\alpha\beta}(\alpha,\beta=1,2,3) \quad (7.4.47)$$

关于核函数的选取、SPH 近似方程的求解以及自由表面的确定等,不在这里叙述,请读者参考 SPH 法的有关文献或专著。

自由表面流动处理技术,除了常用的 VOF 法、Level - set 法、SPH 法外,还有其他方法。这些方法要么属于欧拉方法范畴、要么属于拉格朗日方法范畴。随着研究问题的日益深入以及计算技术的不断发展,这些方法不断得到改进,甚至创建新的方法。自由表面流动处理技术是船舶与海洋工程水动力学领域富有创新活力的研究方向。

习　题

7 - 1　试证明自由表面运动的完全非线性自由表面条件为

$$\frac{\partial^2\varphi}{\partial t^2}+g\frac{\partial\varphi}{\partial z}+2\nabla\varphi\cdot\nabla\frac{\partial\varphi}{\partial t}+\frac{1}{2}\nabla\varphi\cdot\nabla(\nabla\varphi\cdot\nabla\varphi)=0$$

7 - 2　请用流函数建立平面波浪运动的基本方程和边界条件。

7 - 3　求波长为 300m 的深水线性波浪的传播速度及振动周期。

7 - 4　假设深水中线性波浪周期为 20s,试求其波长及传播速度。

7 - 5　有一全长 70m 的船沿某一方向以等速 U 航行。今有追随在船后并与航行方向一致的波浪以传播速度 c 追赶该船。它超过一个船长所需时间为 16.5s,而超过一个波长所需要的时间为 6s。求波长及船速 U。

7 - 6　已知有限深液体进行波的波长 $\lambda=35$m,波幅 1.5m,水深 7m。求波形传播速度及液体质点在自由面及底部的轨迹曲线。如果这一有限深液体的波浪为从无限深液体处传播来的,假设在传播过程中其周期保持不变,问原来在无限深液体中波长及波形传播速度各为多少?

7 - 7　波长为 λ 的无限深液体的进行波在自由面上经过。在未被扰动前自由表面下深度为 d 的某一点,波浪经过时该点深度设为 $d+\eta$。试证此时该点的压力与未扰动前压力之比为

$$1+\frac{\eta}{d}\exp\left(-\frac{2\pi d}{\lambda}\right):1$$

7 - 8　在某水深处的海底设置压力式波高仪,测得周期 T,最大压强和最小压强分别为(相对压强)$p_{\max}$,$p_{\min}$。试求当地水深和波高。

7 - 9　试导出公式(7.2.37)

7 - 10　已知深水波浪的周期 $T=8$s,则该波浪在破碎前的最大波高为多少?

7 - 11　周期 $T=8$s 的波浪向近岸传播,假定海底为均匀坡度,求水深 $d=200$m 和 $d=3$m 处波速和波长。

7 - 12　设有密度及深度各不相同的两层液体,平衡时期间有一水平界面。当界面受到初始扰动后,就形成界面波,如题图 7 - 1 所示。请写出该界面波的基本方程以及边界条件。

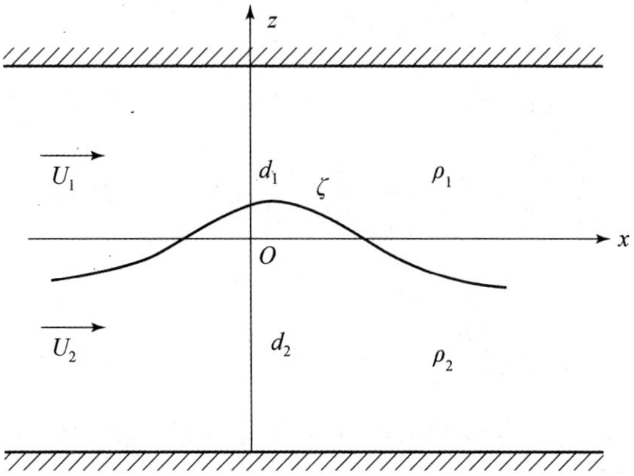

题图 7-1

7-13 假设无限水深的宽广水域，水面初始受到一扰动，即 $t=0, z=0$ 时，$\zeta = B_0 \sin lx$，$\frac{\partial \varphi}{\partial t} = -g\zeta = -gB_0 \sin lx$，$\varphi = 0$。请证明该扰动引起的线性波动解为

$$\varphi = -\frac{B_0 g}{\omega} e^{lz} \sin lx \sin \omega t$$

$$\zeta = B_0 \sin lx \cos \omega t$$

7-14 假定有如题图 7-2 所示的海浪谱，则

(1) 由 $H_{1/3}$ 和 T_1 的定义，验证 $a = 1.5, b = (32\pi)^{-1}$；

(2) T_2 和 T_1 之间有何关系？

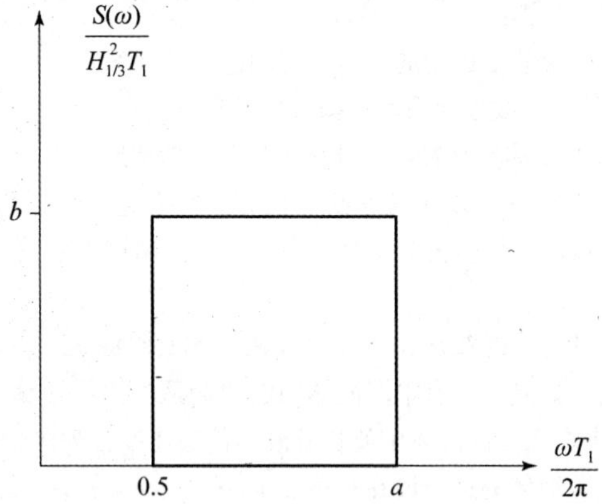

题图 7-2

参考文献

[1]吴望一. 流体力学[M].2 版.北京:北京大学出版社,2021.

[2]周光埛,严宗毅,许世雄,等. 流体力学[M].2 版.北京:高等教育出版社,2000.

[3]朱之墀,王希麟.流体力学理论例题与习题[M].北京:清华大学出版社,1986.

[4]刘应中,缪国平.高等流体力学[M].上海:上海交通大学出版社,2000.

[5]王献孚,熊鳌魁.高等流体力学[M].武汉:华中科技大学出版社,2003.

[6]付强,魏岗,关晖,等.高等流体力学[M].南京:东南大学出版社,2015.

[7]刘全中,李小斌.高等流体力学[M].哈尔滨:哈尔滨工业大学出版社,2017.

[8]朱克勤,彭杰.高等流体力学[M].北京:科学出版社,2017.

[9]归柯庭,钟文琪.高等流体力学[M].北京:科学出版社,2018.

[10]张晓东.高等工程流体力学[M].北京:中国电力出版社,2019.

[11]董志勇.高等流体力学[M].北京:科学出版社,2020.

[12]樊洪明,刁彦华.高等流体力学[M].北京:机械工业出版社,2020.

[13]戴遗山,段文洋.船舶在波浪中运动的势流理论[M].北京:国防工业出版社,2008.

[14]朱仁传,缪国平.船舶在波浪上的运动理论[M].上海:上海交通大学出版社,2019.

[15]王树青,梁丙臣.海洋工程波浪力学[M].青岛:中国海洋大学出版社,2013.

[16]BERNAD MOLIN.海洋工程水动力学[M].刘水庚,译.北京:国防工业出版社,2012.

[17]FALTINSEN O M. Sea Loads on Ships and Structures[M]. London:Cambridge University Press,1990.

[18]许维德.流体力学[M].北京:国防工业出版社,1989.

[19]朱仁庆,杨松林,王志东.船舶流体力学[M].2 版.上海:上海交通大学出版社,2022.

[20]强洪夫.光滑粒子流体动力学新方法及应用[M].北京:科学出版社,2017.

[21]MA Q W. Advances in Numerical Simulation of Nonlinear Water Waves[M]. Singapore: World Scientific Publishing Co. Pte. Ltd. ,2010.

[22]竺艳蓉.几种波浪理论适用范围的分析[J].海岸工程,1983,2(2):11 -27.

[23]珐式小蛋糕.珐式的计算流体力学[EB/OL].(2024 -1 -30)[2025 -04 -07]. https://www. zhihu. com/column/c_1366438067440574464.

[24]MENTER F R. Two - equation eddy - viscosity turbulence models for engineering applications[J]. AIAA Journal,32(1994):1598 -1605.

参考文献